改訂 第8版

# LaTeX2ε 美文書作成入門

奥村晴彦／黒木裕介 著

DVD-ROM
for Windows,
Mac, Linux,
etc.

技術評論社

本書は『LaTeX 美文書作成入門』(1991 年),『LaTeX 入門』(1994 年),『LaTeX $2_\varepsilon$ 美文書作成入門』(1997 年),『[改訂版] LaTeX $2_\varepsilon$ 美文書作成入門』(2000 年),『[改訂第 3 版] LaTeX $2_\varepsilon$ 美文書作成入門』(2004 年)『[改訂第 4 版] LaTeX $2_\varepsilon$ 美文書作成入門』(2007 年)『[改訂第 5 版] LaTeX $2_\varepsilon$ 美文書作成入門』(2010 年)『[改訂第 6 版] LaTeX $2_\varepsilon$ 美文書作成入門』(2013 年)『[改訂第 7 版] LaTeX $2_\varepsilon$ 美文書作成入門』(2017 年)を最新の TeX Live 2020 に合わせて改訂したものです。

本書は TeX Live 2020 に含まれる LaTeX システム,原ノ味フォント(源ノ明朝・源ノ角ゴシックをベースにしたもの),Latin Modern フォント(Computer Modern フォントをベースにしたもの)など,すべてフリーのツールとフォントで制作しました(一部の例示フォントを除きます)。

# 序

本書は，本や論文などを印刷・電子化するためのオープンソースソフト TeX（テックまたはテフと読む）の仲間，特に LaTeX（ラテックまたはラテフと読む）の最新版 LaTeX $2_\varepsilon$ および関連ソフトについて，できるだけやさしく解説したものです。この第 8 版では，pLaTeX などの「レガシー LaTeX」と，LuaLaTeX などの「モダン LaTeX」をバランスよく記述するよう努めました。

数式を含む文書を書くためのソフトとして，LaTeX は世界中で事実上の標準として長年にわたって使われています。日本でも特に理系の本はかなりのものが LaTeX で作られるようになりました。本書も LaTeX で制作したものです※1。

※1　本書制作に用いたTeX環境一式（TeX Live 2020ほか）を簡単にインストールできるようにしたセットアップツール（Windows版・Mac版）が付録DVD-ROMに収録されています。

理系の本や論文に限らず，LaTeX は名簿・カタログ・シラバスなどの自動組版といった通常の DTP の流れに載せにくい一括処理にも向いています。また，LaTeX は数式が得意ですので，これで数式を組んでほかの DTP ソフトに配置するといった使い方もできます。オープンソースのソフトですので，Web 上で PDF ベースの帳票印刷システムを構築するといった用途にも，ライセンスを気にせず使えます。

LaTeX は，Windows，Mac，Linux，FreeBSD など，およそどんなコンピュータでも使えます。使い慣れたパソコンで手軽に美しい文書を作りたい著者，自分で本をレイアウトしたいが DTP オペレータの領分には入りたくない著者にも，LaTeX をお薦めします。

LaTeX 記法は，数式記述の標準としての意味もあります。Wikipedia の数式記述言語も LaTeX です。Web 上で LaTeX 記法で数式を表示する MathJax などがあります。最近の Microsoft の Office や Apple の Pages，Keynote などは LaTeX 記法による数式入力に対応しています。

LaTeX を使えば，

$$\left(\int_0^\infty \frac{\sin x}{\sqrt{x}}\,dx\right)^2 = \sum_{k=0}^\infty \frac{(2k)!}{2^{2k}(k!)^2}\frac{1}{2k+1} = \prod_{k=1}^\infty \frac{4k^2}{4k^2-1} = \frac{\pi}{2}$$

のような複雑な数式でも，辻・辻，叱・叱や，邊邊邊邊邊邊邊邊邉邉邉邉邉邉邉邉邉邉邉邉邉邉のような怒涛の異体字も，コンピュータの種類に依存せず出力できます。

本書はほぼ 3 年ごとに改訂を繰り返している「美文書」シリーズ[※2] の最新改訂版です。

2020 年現在，LuaLaTeX を日本語対応にする LuaTeX-ja プロジェクトの成果が従来からの pLaTeX を凌駕するまでに成熟しました。LuaLaTeX を使えば，LaTeX の鬼門だったフォントや多言語化の問題が嘘のように簡単に解決できます。TeX Live 2020 には源ノ明朝・源ノ角ゴシックベースの「原ノ味」14 書体が同梱され，デフォルトの日本語フォントになりました。本書も LuaLaTeX と新しい jlreq ドキュメントクラスと原ノ味で組版しました。

一方，学会スタイルファイル類はまだまだ pLaTeX に依存しています。

本書はこの難しい現状を踏まえて，pLaTeX などのレガシー LaTeX と LuaLaTeX などのモダン LaTeX のバランスに悩みつつ，書き上げました。奥村が基本部分を執筆し，黒木が Windows・Beamer 関係，いくつかのコラム執筆のほか，全体を精読して問題点を洗い出し，付録 DVD-ROM 作成の総指揮を取りました。

※2 『LaTeX美文書作成入門』(1991年)，『LaTeX入門――美文書作成のポイント』(1994年)，『LaTeX2ε美文書作成入門』(1997年)，『[改訂版] LaTeX2ε美文書作成入門』(2000年)，『[改訂第3版] LaTeX2ε美文書作成入門』(2004年)，『[改訂第4版] LaTeX2ε美文書作成入門』(2007年)，『[改訂第5版] LaTeX2ε美文書作成入門』(2010年)，『[改訂第6版] LaTeX2ε美文書作成入門』(2013年)，『[改訂第7版] LaTeX2ε美文書作成入門』(2017年)

最後に，TeX を作られた Donald E. Knuth さん，LaTeX を作られた Leslie Lamport さん，LaTeX 2ε を作られた LaTeX 3 プロジェクトチーム，pTeX，pLaTeX 2ε を作られた中野賢さんほかの皆様，W32TeX（Windows 用の TeX）や TeX Live の Windows バイナリを作られている角藤亮さん，dviout for Windows を作られた大島利雄さんと乙部厳己さん，初期の Mac 環境での pTeX 関連ソフトを作られた内山孝憲さん，pTeX の写研ドライバや jis フォントメトリックを作られた小林肇さん，otf パッケージを作られた齋藤修三郎さん，日本語対応の dvipdfm(x) を作られた平田俊作さん，조진환（Jin-Hwan Cho）さん，旧版へのコメントを多数いただいた大石勝さん，刀祢宏三郎さん，旧版の取材でお世話になった三美印刷㈱，㈱加藤文明社の皆様，ptetex および ptexlive を開発された土村展之さん，ε-pTeX を開発され LuaTeX-ja プロジェクトを立ち上げられた北川弘典さん，upTeX を開発された田中琢爾さん，原ノ味フォントを作られた細田真道さん，旧版の「LaTeX 2ε における多言語処理」をご執筆いただいた永田善久さん，栗山雅俊さん，稲垣徹さん，安田功さん，いろいろお教えくださった山下弘展さん，八登崇之さん，Norbert Preining さん，日本語 TeX 開発コミュニティの皆様，LuaTeX-ja プロジェクトチームの皆様[※3]，本書付録 DVD-ROM のセットアップツール等を準備してくださった阿部紀行さん（jlreq の作者），寺田侑祐さん，山本宗宏さん，本書スタイルファイルを作成され原稿をブラッシュアップしてくださった編集部の須藤真己さん，ほか大勢の方々に，心から感謝いたします。

※3 北川弘典さん，前田一貴さん，八登崇之さん，黒木，阿部紀行さん，山本宗宏さん，本田知亮さん，齋藤修三郎さん，马起园さん

2020 年 10 月 23 日

奥村 晴彦，黒木 裕介

# 目次

# 第1章 TEX, LATEXとその仲間

TEXとその仲間（pdfTEX，XƎTEX，LuaTEX，pTEX，upTEX）とLATEXとの関係について説明します。

## 1.1 TEX, LATEXって何？

TeX /ték/ 名〘コンピュータ〙テフ, テック
《テキストベースの組み版システム;数式の処理を得意とする》。
――『ジーニアス英和大辞典』（大修館書店，2001年）

TEXは，組版（くみはん）ソフトです。

組版（typesetting）は印刷用語で，活字を組んで版（はん）（印刷用の板）を作ることを意味します。TEXは，コンピュータでテキストと図版をうまく配置して，版にあたるもの（PDFまたはPostScriptファイル）を出力する（タイプセットする）ためのソフトです※1。

TEXには次のような特徴があります。

- TEXはオープンソースソフトですので，無料で入手でき，自由に中身を調べたり改良したりできます。商用利用も自由にできます。
- TEXは，WindowsでもMacやLinuxなどのUNIX系OSでも，まったく同じ動作をします。つまり，入力が同じなら，原理的には，まったく同じ出力が得られます。
- TEXへの入力はテキスト形式なので，普通のテキストエディタで読み書きでき，再利用・データベース化が容易です。
- 自動ハイフネーション，ペアカーニング※2，リガチャ※2，孤立行（ウィドウまたはオーファン）処理※2など，高度な組版技術が組み込まれています。
- 特に数式の組版については定評があり，数式をテキスト形式で表す事実上の標準となっています。

※1　今ではPDFでの出力が普通になりましたが，過去には写研の写植機を含む個々のプリンタ等のTEX用ドライバが用意されていました。拙著『C言語による最新アルゴリズム事典』の最初の版(1991年)はTEXから写研の写植機で出力しました。

※2　**ペアカーニング**：AVやToなど相補的な形の文字を食い込ませる処理。
**リガチャ**：fi, fl, ffi, ffl などのような合字（ごうじ）（対応フォントだけ）。
**孤立行処理**：段落の最初の行だけ，あるいは最後の行だけが別ページになることを抑制する処理。

## 1.2 TEXの読み方・書き方

TEX の作者 Knuth（クヌース）先生（次ページのコラム参照）によれば，TEX はギリシャ語から命名したもので，最後の X は，口の奥で発音する無声の「ハ」に近い音だそうですが，英語でこれに一番近い音は /k/ なので，「テック」と読む人が多いようです（ドイツ語では「テッヒ」が多いようです）。

日本では，特に大学関係者の間では，昔から「テフ」と呼びならわされていますが，英語圏で TEX を覚えた人や出版関係者の間では「テック」という発音が広く行われています。

TEX は，ご覧のように E を少し下げて，字間を詰めて書きます。このような文字の上げ下げや詰めは TEX が得意とするところですが，これができない場合は TeX と表記することになっています（TEX や Tex とは書かない約束ですが，なかなか守られていません）。

## 1.3 LATEXって何?

LATEX は DEC（現 HP）のコンピュータ科学者 Leslie Lamport（レスリー ランポート）[※3] によって機能強化された TEX です。もともとの TEX と同様，オープンソースソフトとして配布されています。

※3　Lamportはその後2001年にMicrosoft Researchに移籍しました。2013年にはチューリング賞を受賞しています。

LATEX は日本ではラテックまたはラテフと読まれます。英語圏では**レ**イテックと読む人が多いようです。

参考　Web で “latex” を検索すると，latex（乳液，ラテックス）関係のページがたくさん見つかってしまいます。こちらは英語読みでは**レ**イテックスです（アクセントの位置を圏点付きの**太字**で示しました）。

最初の LATEX は 1980 年代に作られましたが，1993 年には LATEX $2_\varepsilon$（ツーイー）という新しい LATEX ができ，現在では LATEX といえば LATEX $2_\varepsilon$ を指すようになりました（古い LATEX は LATEX 2.09 と呼ばれます）。本書でも LATEX $2_\varepsilon$ を以下では単に LATEX と書くことにします。

LATEX は，ご覧のように A を小さく上付きにして書きます。字の上げ下げができないなら LaTeX と書くことになっています。同様に，LATEX $2_\varepsilon$ と書けないなら LaTeX2e と書きます[※4]。

※4　日本では全角の ε（エプシロン）を使ったLaTeX2ε という表記もよく見かけますが，Unicode時代なら最後の文字はU+1D700 (MATHEMATICAL ITALIC SMALL EPSILON) にするのがいいかもしれません。

LATEX の特徴は，文書の論理的な構造と視覚的なレイアウトとを分けて考えることができることです。

例えば「はじめに」という節（セクション）の見出しがあれば，文書ファイルには

```
\section{はじめに}
```

のように書いておきます。この `\section{...}` という命令が，紙面上のデザイン，例えば「14 ポイントのゴシック体で左寄せ，前後のアキはそれぞれ何ミリを標準とし，何ミリ以内なら伸ばしてよい……」というレイアウトに対応するといったことは，様式・判型ごとに別ファイル（クラスファイル，スタイルファイル）に記述されています。標準のクラスファイルのデザインが気に入らないなら，自由に変更できます。クラスファイルだけ変更すれば，同じ文書ファイルでも違ったレイアウトで出力できます。

仮に文書ファイルに「ここは 14 ポイントのゴシック体で 3 行どり中央に……」などと書き込んでしまったのでは，あとで組み方を変更しようとすると，原稿全体に手を入れなければなりません。下手をすると，節ごとに見出しの体裁が違ってしまうことにもなりかねません。文書の再利用も難しくなります[※5]。

※5 LaTeXによる文書の構造化はHTMLと同じ考え方だと気づかれたかもしれません。HTMLはSGMLに基づいて作られましたが，LaTeXの影響も受けています。LaTeXはScribeというシステムの影響を受けていますが，ScribeはGML（SGMLの元）と同じころ作られました。

さらに，LaTeX は章・節・図・表・数式などの番号を自動的に付けてくれますし，参照箇所には番号やページを自動挿入できます。目次・索引・引用文献の処理まで自動的にしてくれます。また，柱（はしら）（本書ではページ上部にあり，左ページには章の名前，右ページには節の名前を入れています）も自動的に作ってくれます。

このような便利な機能のため，LaTeX 利用者が飛躍的に増え，TeX を使っているといっても実際には LaTeX であることが多くなりました。

LaTeX は，TeX のプログラミング機能（マクロ機能）を使って作られたものです。一方，TeX 本体（マクロと区別するためにエンジンと呼ぶことがあります）も改良され，特に日本では日本語の扱いに優れた pTeX（ピー）というエンジンが広く使われるようになりました（より現代的なエンジンについては後述します）。pTeX 用にマクロを修正した LaTeX が pLaTeX（pLaTeX $2_{\varepsilon}$）です。

LaTeX は理系の論文や本の製作に広く使われています。多くの論文誌や arXiv（アーカイブ）[※6] のようなプレプリントサーバは LaTeX での論文投稿を推奨[※7] していますし，理系の出版社は多くの本を LaTeX で製作しています。一例を挙げれば，『岩波数学辞典』の最新版（第 4 版）はすべて LaTeX（pLaTeX $2_{\varepsilon}$）で作られています。Wikipedia も数式は LaTeX 形式で書きます（Wikipedia サーバ上の LaTeX で SVG 画像にしています）。

※6 https://arxiv.org/

※7 “the best choice is TeX/LaTeX” (https://arxiv.org/help/submit)
arXiv内でLaTeX処理ができるようになっています。2020年10月1日付でTeX Live 2016から2020に更新されました。

### ◆ TEXは誰が作ったの?　COLUMN

クヌース……計算機科学の分野でもっとも偉大な学者の一人
——『岩波情報科学辞典』（岩波書店，1990 年）

TEX を作ったのはスタンフォード大学の Donald E. Knuth（クヌース）教授（1938〜）です（現在は退職されています）。Knuth 先生は数学者・コンピュータ科学者で，1974 年にチューリング賞（コンピュータ科学で最も権威のある賞），1996 年に京都賞を受賞しています。主著 *The Art of Computer Programming* シリーズはコンピュータ科学の聖典とでもいうべきものです（邦訳がアスキードワンゴから出ています）。これ以外にもたくさんの著書があります。数学小説『超現実数』（好田順治訳，海鳴社，1978）という型破りの数学書も著しておられます。

Knuth 先生の主著 *The Art of Computer Programming* は，予定では全 7 巻ですが，第 1 巻は 1968 年，第 2 巻は 1969 年，第 3 巻は 1973 年に出版され，第 1，2 巻の第 3 版が 1997 年に，第 3 巻の第 2 版が 1998 年に，第 4A 巻が 2011 年に出版されました。ここまでは KADOKAWA から邦訳が出ています。その後，第 4B 巻の 2/3 ほどが分冊 5・6 として仮出版されたところです。

この第 1 巻の第 2 版まではすべて職人が活字を組む活版（かっぱん）印刷で作られました。しかし，活字を組む職人の確保が次第に難しくなり，第 2 巻の第 2 版はいったんコンピュータで組版されました（1976 年）。ところが，この仕上がりは活版印刷に比べてかなり見劣りのするものでした。

がっかりした Knuth 先生は，この出版を見合わせ，活版印刷に劣らない美しい組版のできるコンピュータ・ソフトウェア TEX を作る決心をされたのです。

Knuth 先生はたいへんな完全主義者で，古今の組版技術を研究し，その最も優れた部分を TEX に取り入れました。また，文字をデザインするためのソフト METAFONT（メタフォント）を作り，Computer Modern というフォントをご自分でデザインされました。

こうしてできあがった TEX とフォントを使って *The Art of Computer Programming* 第 2 巻の第 2 版が組み上がったのは 4 年後の 1980 年（実際の出版は 1981 年）です。

このあとも Knuth 先生は TEX やフォントの改良に余念がなく，1982 年には現在の TEX とほぼ同じものを完成させ，これを使って 1984 年の *The TEXbook*（邦訳がアスキーから出ていました），1986 年の *TEX: The Program* に始まる *Computers & Typesetting* シリーズ全 5 巻を書き上げました。

1982 年以降は，Knuth 先生は TEX の拡張より安定化に力を注がれたので，1989 年に入力が 7 ビットから 8 ビットに拡張されたことを除き，基本的な仕様の変更はほとんどありません。そして，TEX 第 3.1 版（1990 年 9 月）の時点で次のような終決宣言を出されました。

- もうこれ以上 TEX は拡張しない。
- もし著しい不具合があれば修正して第 3.14 版，第 3.141 版，第 3.1415 版，... と番号を進めていき，自分の死と同時に第 $\pi$ 版とする。それ以後はどんな不具合があっても誰も手をつけてはならない。
- TEX に関することはすべて文書化したので，このノウハウを生かして新たにソフトを作ることは自由である。

TEX プロジェクト開始から 40 年近くの歳月がたち，今や TEX はコンピュータ科学の大先生の作品と呼ぶにふさわしい完成度の高いソフトになりました。現在の Knuth 先生は TEX を使っての著作に専念しておられます。

## 1.4 TEX, LATEXの処理方式

一般のワープロソフトと異なり，TEX，LATEX は高度な最適化をしているので，段落の最後に 1 文字追加するだけで段落の最初の改行位置が変わることもありえます。このような処理を，キーボードから 1 文字入力するごとに行うのは，かなりの計算パワーを必要とします。

そのため，TEX，LATEX では，キーを打つたびに画面上の印刷結果のイメージを更新する方式[※8] ではなく，一括して全体を処理するバッチ処理を採用しています。

※8 画面表示と印刷イメージが同じ (What You See Is What You Get) という意味で，WYSIWYG (ウィジウィグ) 方式と呼ぶことがあります。

原稿は自分の使いなれたソフト（テキストエディタ）で書いて，テキストファイルとして保存しておきます。これをあとで LATEX で一括処理します。

例えば LATEX で

```
\documentclass{jsarticle}
\begin{document}

これはサンプルの文書です。
テキストファイル中では，
どこで改行してもかまいません。
印刷結果の改行の位置は勝手に決めてくれます。

段落の切れ目には空の行を入れておきます。

\end{document}
```

※左の入力例の \ (逆斜線，バックスラッシュ) はWindowsの和文フォントでは ¥ と表示されます。本書旧版では ¥ で統一していましたが，Windowsでも \ と表示される場合が増えたため，第7版以降ではほぼすべての箇所で \ を使っています。

のようなテキストファイルを入力すると，

> これはサンプルの文書です。テキストファイル中では，どこで改行してもかまいません。印刷結果の改行の位置は勝手に決めてくれます。
> 段落の切れ目には空の行を入れておきます。

のように出力されます（\ で始まる行は LATEX の命令です）。

テキストファイルを使うことの利点は，たくさんあります。

- 文書入力は自分の慣れているソフトで行うほうが楽です。どんな文書入力ソフトでもテキストファイルで保存できますので，LATEX は入力ソフトを選びません。

- テキストファイルはコンピュータの機種に依存しません。どんなコンピュータやスマホでも，テキストファイルなら安全にやりとりできます。

- テキストファイルの変換は簡単です。そのため，データベース出力や Web フォーム入力，XML 文書などから LATEX に変換して組版するといったことがよく行われています。
- テキストファイルで文書を用意するほうが，コンピュータのパワーユーザーの心理に合っているのかもしれません。数式を考えなければ Adobe InDesign のようなリアルタイムで LATEX 同様の処理をするレイアウトソフトがありますし，数式についても WYSIWYG な数式エディタがあります。しかしこれらは今のところ LATEX を不要にするに至っていません。

## 1.5　TEX, LATEXの処理の流れ

もともとの TEX，LATEX は，組版結果を dvi（ディーヴィーアイ）ファイルという中間ファイルに書き出します[※9]。dvi は device independent（装置に依存しない）という英語の略です。この dvi ファイルを読み込んでパソコンの画面，各種プリンタ・写植機，および PostScript・PDF・SVG などのファイルとして出力するための専用ソフト（dvi ドライバ，dvi ウェア）が，出力装置や出力ファイル形式ごとに用意されています。特に画面出力用の dvi ドライバのことを dvi ビューアともいいます。

※9　dviはDVIとも書きます。Digital Visual InterfaceのDVIとは無関係です。

このようなレガシーな TEX，LATEX に対して，モダンな TEX，LATEX では，dvi ファイルを介さず，いきなり PDF ファイルを出力します。文書ファイルも Unicode になり，扱える文字数の上限が事実上なくなりました。

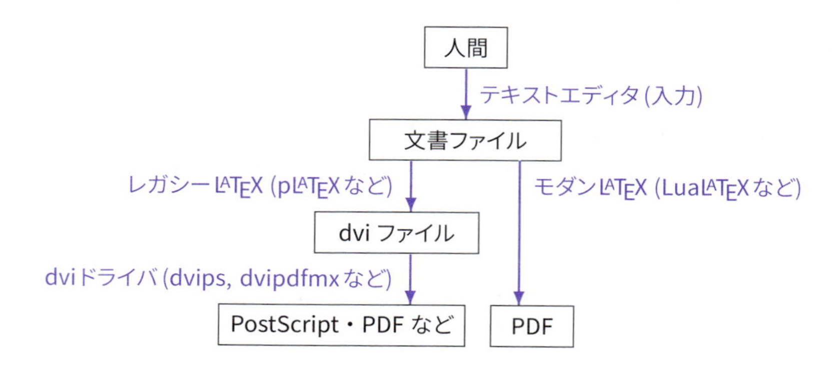

## 1.6 TEX, LATEX と日本語

日本語の文字数は非常に多く，多数のフォントに分割すればオリジナルのTEX でも扱えないことはありませんが，厄介です。

本格的に TEX を日本語化する試みはいくつかありましたが，今日広く使われているのは，在りし日の㈱アスキーが開発した pTEX[※10] およびそれを Unicode 対応にした upTEX（田中琢爾さん作）です。これらを LATEX 化したものが pLATEX，upLATEX です。

※10 pTEXの昔の版は「アスキー日本語TEX」と呼ばれていました。なお，pTEX以外にNTT JTEXもかつては広く使われていました。

日本語なら文字はみな同じ幅だから単純に組んでいけばよいかというと，そうはいきません。次のような処理が必要です。

- 句読点，終わり括弧（閉じ括弧）類，中黒（・），繰返し（々ゝ），感嘆符（！），疑問符（？）が行頭にこないようにする必要があります（行頭禁則処理）。促音文字（っ），拗音文字（ゃゅょ），長音記号（ー，音引き）などもなるべく行頭にきてほしくありません。
- 同様に，始め括弧（開き括弧）類が行末にこないようにする必要があります（行末禁則処理）。
- 「括弧類」「句読点」が「行頭」，「行末」にきたときや，「括弧類」「句読点」が連なったとき，空白が空きすぎて見えるので，詰める必要があります（この段落は例示のためにわざと括弧類を多用しました）。
- 段落の最後の行が 1 文字と句読点になるのは，なるべく避けたいところです。 ←なるべくここで終わってほしくありません（文字ウィドウ処理）。

これらの条件を満たすためには，字の間隔を微調整しなければなりません（詰め処理，延ばし処理）。しかし，調整しすぎると字の間隔が揃わず，かえって見苦しくなります。例えば，拗促音文字（ゃゅょっ）はなるべく行頭にこないほうがよいし，文字ウィドウもなるべく避けたいのですが，あまり厳密にこれらのルールをあてはめるとかえって不自然になることがあります。そこで pTEX は，どの文字が行頭にくると何点減点，行末にくると何点減点，文字ウィドウは何点減点，字の間隔がどれだけ伸びると何点減点という具合に点数を計算し，減点の合計が最小になるように組みます。点数の配分は調節できます。

pTEX，pLATEX の日本語組版がたいへん優れていたので，広く使われるようになった一方で，海外で普及しつつあったモダン LATEX（XƎLATEX や LuaLATEX）でも日本語が扱えるようになりました。特に LuaLATEX で日本語を扱う仕組み（LuaTEX-ja）の進歩のおかげで，今や pLATEX 以上の品質の組版が可能になりました。本書は第 7 版までは pLATEX で組んでいましたが，この第 8 版は全編 LuaLATEX で組みました。

## 1.7 TEX, LATEXのライセンス

本書付録 DVD-ROM に収めた TEX 関連のソフトは，すべてオープンソースのライセンスで配布されており，商用利用も含めて自由に使えます[※11]。詳しくは各ソフトのマニュアルをご覧ください。ターミナルに「texdoc ソフト名」と打ち込めばマニュアルや関連ドキュメントが表示されます（26 ページ参照）。

オリジナルの TEX は，付加価値を付けたものを有償で販売することも自由です。ただし，TEX との完全な互換性を持たないものは TEX と名乗ってはいけないとされています[※12]。米国での TEX の商標は American Mathematical Society（米国数学会）が登録していますが，これは無関係な人に商標登録されることを防ぐためで，TEX を使う際に「TEX は……の商標です」などと断る必要はありません。

LATEX は LPPL（LATEX Project Public License）[※13] に従い，ファイル名さえ変えれば改変したものの再配布も自由です。

pLATEX 等については，在りし日の㈱アスキーが開発したものですが，日本語 TEX 開発コミュニティ[※14] による「コミュニティ版」に移行しています。これらは（修正）BSD ライセンスに従っており，オリジナルの著作権表示などを残す限り改変・再配布は自由です。

※11 詳しくはコラム「オープンソースライセンス」をご覧ください。

※12 例えばpTEXはTEXと完全に互換ではありませんので，TEXとは名乗っていません。

※13 https://www.latex-project.org/lppl/

※14 https://texjp.org

### ◆ オープンソースライセンス　COLUMN

TEX 関係のソフトウェアの多くは，オープンソースのライセンスで配布されています。「オープンソース」は，ソースコード（ソフトウェアの設計図にあたるもの）へのアクセス，改変，再配布が自由にできることを意味します。The Open Source Initiative（https://opensource.org/）の定める「The Open Source Definition」（オープンソースの定義）によれば，商用利用など利用分野についての制限や，特定の人あるいはグループについての制限は認められていません。TEX のライセンス，LATEX の LPPL，BSD ライセンス，GNU GPL は，このオープンソースの定義に合致します。

本書付録 DVD-ROM に収録した TEX Live などのソフトウェアはすべてオープンソースのライセンスで配布されています。ただ，TEX Live に含まれる多数のファイルの中には，微妙なものもあります。具体的には，multicol パッケージ（ファイル名 multicol.sty）と，これに基づく adjmulticol パッケージ（ファイル名 adjmulticol.sty）とは，ファイルの先頭に “Moral obligation” と題して「商用利用では有用さに応じて寄付を求める（有用でないと思えば払わなくてよい）」といった内容が書き込まれています。この文言は，捉え方によっては上述のオープンソースの定義とは相容れないものです。

一方，Aladdin Free Public License に従うものは，配布手数料も取ってはならないことになっています。この類のものは「nonfree」と分類され，通常の TEX Live の配布物には含まれていません（本書付録 DVD-ROM にも含まれていません）。これらは必要に応じて別途ダウンロードすることになります（367 ページ参照）。

## 1.8 TEXディストリビューション

もともとのTEXはPascalをベースとしたKnuthのWEB※15という「文芸的プログラミング」ツールで作成されていますが，UNIX上では通常はC言語に変換してからコンパイルしています。これが現在の多くのTEXの実装の起源であるWeb2cの由来です。

このWeb2cをベースにThomas Esserが集大成したteTEXというTEXディストリビューション※16が広く使われるようになり，日本では土村展之さんがこれに基づくptetexを配布されていました。

一方，Windowsでは角藤亮（あきら）さんのW32TEXというディストリビューションが広く使われるようになります。

その後，TEX Liveという超巨大な集大成が広く使われるようになり，土村さんもこれに基づくptexliveを開発されました。これが現在ではすべてTEX Live本体に取り込まれました。本書DVD-ROMに収録したものはWindows用もMac用もすべてTEX Liveに基づくものです。

※15 World Wide WebのWebとは無関係です。KnuthのWEBのほうが古いものです。

※16 ディストリビューションとは，配布用にパッケージされたソフトウェア群のことです。

## 1.9 これからのTEX

最初のTEXが作られたのは1978年です。これだけ長い間安定して使われているソフトはほかに例を見ません。TEXはコンピュータ組版の歴史における一つの不動点（フィクストポイント）と言えるでしょう。

しかし，既存のTEXに満足していては進歩がありません。今日に至るまで，TEX本体（エンジン）およびマクロに，いろいろな拡張が行われています。エンジンの拡張としては次のようなものがあります。

- ε（イー）-TEX（e-TeX）※17は，TEXの種々のレジスタ（変数）の個数を拡張（256個→32768個）したほか，右から左に組む機能などを追加したものです。現在ではLATEXそのものがε-TEX拡張を仮定しています。
- TEXを日本語化したpTEXも，北川弘典さんによりε-TEX拡張されました（ε-pTEX（e-pTeX））。
- 田中琢爾さんのupTEX（upTeX，読み方はユーピーTEXまたはユプTEX）は，(ε-)pTEXの内部をUnicode化したものです。
- Hàn Thế Thành さん作のpdfTEX（pdfTeX）はTEXの出力形式をdviではなくPDFにし，ε-TEX拡張に加えて，microtypographyという高度な組版アルゴリズムを組み込んだものです。現在ではオリジナルのTEXを置き換えて広く使われています。

※17 TEX関係の名前の多くは，「TEX」のようなロゴと，「TeX」のような普通の文字だけで表した形があります。ここでは，後者を括弧に入れて示しています。

- Jonathan Kew さん作の XƎTeX（ズィー）（XeTeX）はもともと Mac 上で動作し，システムの OpenType フォントをそのまま使え，PDF を出力する TeX ですが，Windows や Linux にも移植されています[※18]。入力ファイルは Unicode で，IVS（異体字セレクタ）にも対応し，日中韓の文字も自由に使えます。

※18　Windowsへの移植は角藤さんによって行われています。

- Taco Hoekwater さん，Hartmut Henkel さん，Hans Hagen さん作の LuaTeX（ルア）は，pdfTeX に軽量スクリプト言語 Lua を組み込んだものです。IVS を含めて Unicode に対応し，システムの OpenType フォントに対応しています。pdfTeX の後継として今最も注目されているものです。LuaTeX-ja プロジェクトの成果と組み合わせれば，pTeX 以上の自由度で和文組版が可能になります。

- Clerk Ma（马起园）さんによる pTeX-ng[※19] は，Web2c ベースではなく C 言語で開発された Y&Y TeX から出発して，pTeX，upTeX の機能を取り込んだもので，PDF を直接出力します。まだまだ開発中のものです。

※19　https://github.com/clerkma/ptex-ng

一方，LaTeX も，LaTeX 2$_\varepsilon$ ができてもう 20 年経ちます。現在は LaTeX 3 の開発が進行しており，すでに LaTeX 3 の成果物が LaTeX に組み込まれつつあります。今後 LaTeX 内部は LaTeX 3 の実装に次第に置き換えられ，機能的に進化する代わりに，「お行儀の良くない」LaTeX 2$_\varepsilon$ 文書は処理できなくなる可能性もあります。

また，LaTeX とまったく異なるマクロパッケージ ConTeXt（コンテクスト）（Hans Hagen さん作）も特にヨーロッパでユーザー層を広げています。現在の ConTeXt は LuaTeX 上で動きます。

さらに，TeX を置き換えるべく開発中の組版システムとして，諏訪敬之（すわたかし）さんの SATySFi（サティスファイ）があります[※20]。これは，静的型付けにより可読性とエラー報告の向上を目指したものです。

※20　https://github.com/gfngfn/SATySFi/

また，Web 技術から発展した CSS 組版の流れでは，村上真雄（しんゆう）さんたちが開発されている Vivliostyle があります[※21]。

※21　https://vivliostyle.org

一方，LaTeX の数式表記法は事実上の標準となり，Microsoft の Office や Apple の Pages，Numbers，Keynote，iBooks Author で LaTeX 表記の数式入力が可能になっています。また，Web 上で LaTeX とほぼ互換の数式組版機能を JavaScript，CSS，Web フォントで実現したものとして，MathJax や KaTeX（KaTeX）が広く使われています。

Web ベースの帳票印刷システムでも，サーバ側で LaTeX 経由で PDF を生成し，クライアント側で印刷するといった用途で LaTeX を使うことがあります。

最近では，Markdown という非常に簡単な形式で文書を記述し，必要に応じて LaTeX，HTML などに変換しようという流れがあります。多様な形式間を相互変換する pandoc などのツールと組み合わせて，文書処理の自動化に貢献しています。

# 第2章 使ってみよう

2.1 節では Web で LaTeX を利用する方法を説明します。

2.2 節以下では，インストールと設定が完了しているパソコンで LaTeX を使う方法を説明します。本書では，Windows で TeXworks，Mac で TeXShop，一般の OS でコマンドによる方法を説明します。

LaTeX のインストールについては付録 A をご覧ください。

## 2.1 Webで LaTeXを使う

パソコンに LaTeX をインストールしなくても Cloud LaTeX や Overleaf のようなサイトで Web ブラウザ経由で使うことができます。

### Cloud LaTeX

Cloud LaTeX[※1] は日本のサイトで，説明もすべて日本語です。

※1 https://cloudlatex.io 本書執筆時点では TeX Live 2019 最終版が使えます。

ログインしたら，まずは新しいプロジェクトを作成しましょう。例えば「test1」という名前のプロジェクトを作成したとします。左のプロジェクト名のリンクをクリックすると，「main.tex」というファイルがあります。それをクリックすると，中央にサンプル文書が入力された編集用の窓が現れます。右側はそのプレビュー（PDF ファイルを小さく表示したもの）です。サンプル文書を適当に編集して右上の「コンパイル」をクリックすると，編集内容がプレビューに反映されます。

簡単な例をやってみましょう。

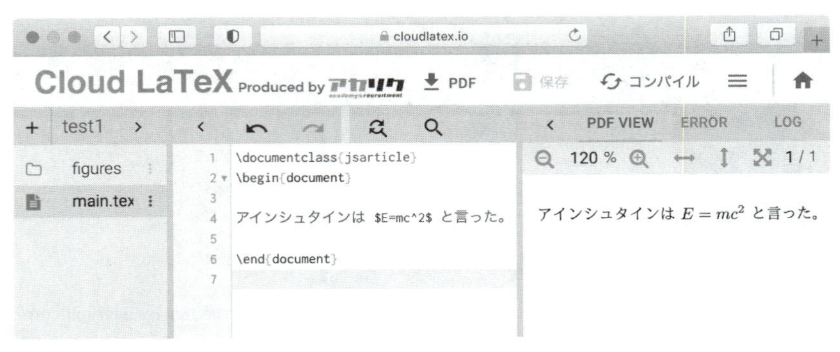


▲ Cloud LaTeX (https://cloudlatex.io)

```
\documentclass{jsarticle}
\begin{document}

アインシュタインは $E=mc^2$ と言った。

\end{document}
```

※LaTeX文書の書き方は次章以降で詳しく説明します。今のところ，最初の2行と最後の1行はオマジナイだと思ってこの通り書いてください。ドル印 $ でサンドイッチされた部分は数式です。

右上の「コンパイル」をクリックし，うまくいったらその2つ左の「PDF」をクリックして，PDFファイルをダウンロードしてみましょう。

## Overleaf

Overleaf※2 は世界で最もよく使われている Web 上の LaTeX システムです。複数の著者が同時に編集できるので，共同作業には最適です※3。

英語が苦手な場合は，「Click here to use Overleaf in Japanese」というボタンが出るところまでたどりつけば，あとはメニューを日本語にできます。

「新規プロジェクト」をクリックし，「空のプロジェクト」を選び，プロジェクト名（例えば test1）を打ち込みます。Cloud LaTeX と同様に，main.tex の編集画面が中央に，プレビューが右に現れます。中央の部分を編集し，「再編集」をクリックすれば，プレビューに反映されます。

このままでは日本語は通りません。日本語を含む例を試してみましょう。サンプルの中身を全部消して，次のように書き込みます（Cloud LaTeX の例と違って，最初の行の中括弧の中は ltjsarticle（エルティー） です）※4。

※2　https://www.overleaf.com
本書執筆時点ではTeX Live 2019の途中のバージョンが使えます。

※3　GitHubとも連携できますし，Overleafそのものがgitサーバとしての機能も持っています。

※4　ltjsarticleにする理由は，現状のOverleafではpLaTeXを使うには余分な手間が必要だからです（13ページのコラム参照）。ここではLuaLaTeXを使って手間を省いています。

```
\documentclass{ltjsarticle}
\begin{document}

アインシュタインは $E=mc^2$ と言った。

\end{document}
```

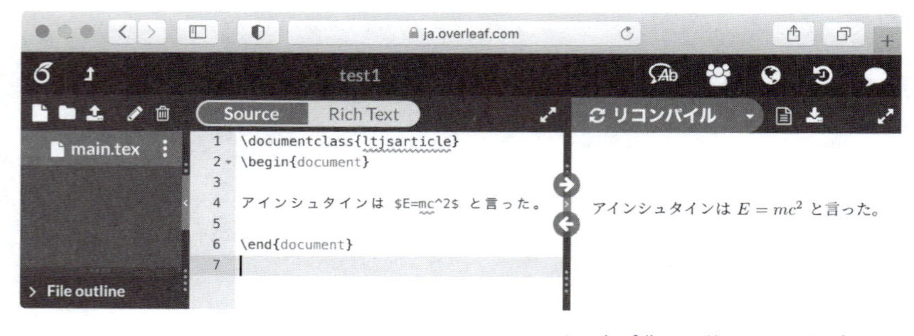


▲ Overleaf (https://www.overleaf.com)

◆ **Overleafでp$\LaTeX$, up$\LaTeX$を使う** COLUMN

Overleafの「コンパイラ」メニューには今のところ「pdfLaTeX」「LaTeX」「XeLaTeX」「LuaLaTeX」の4通りしかありません。Overleafの使っているTEX Liveはp$\LaTeX$，up$\LaTeX$も含んでいるので，メニューに「pLaTeX」「upLaTeX」も付けてほしいと言っているのですが……。奥の手として，プロジェクトのフォルダにlatexmkrcというファイル（拡張子なし）を作り，それに次のように書いておけば，p$\LaTeX$が使えるようになります（latexmkrcの詳細は363ページをご覧ください）。この場合，「コンパイラ」は「LaTeX」に設定します。

```
$ENV{'TZ'} = 'Asia/Tokyo';
$latex = 'platex';
$bibtex = 'pbibtex';
$dvipdf = 'dvipdfmx %O -o %D %S';
$makeindex = 'mendex %O -o %D %S';
$pdf_mode = 3;
```

同様に，up$\LaTeX$を使うには，次のように書いておきます。

```
$ENV{'TZ'} = 'Asia/Tokyo';
$latex = 'uplatex';
$bibtex = 'upbibtex';
$dvipdf = 'dvipdfmx %O -o %D %S';
$makeindex = 'upmendex %O -o %D %S';
$pdf_mode = 3;
```

左上の「メニュー」をクリックして「コンパイラ」のところを「LuaLaTeX」にし，上の「リコンパイル」ボタンを押せば，右側にプレビュー画面が現れます。

## 2.2 TEXworks (Windows)

**ご注意：先に付録Aの設定を済ませてください。**

TEXworks（TeXworks）は，WindowsやMacやLinux上で$\LaTeX$を簡単に使うためのツールです[※5]。ここではWindowsでTEXworksを使う方法を説明します。

※5 TEXworksは，より正確に言えば，$\LaTeX$を簡単に起動するための仕組みを備えたテキストエディタとPDFビューアの統合環境です。TEXworksには$\LaTeX$は含まれていませんので，必ず$\LaTeX$環境一式を別途インストールしておかなければなりません。本書付録DVD-ROMでこれらすべてがインストールできます。詳しくは付録Aをご覧ください。

### ▶ TEXworksの起動

スタートメニューまたは検索ボックス（またはCortana（コルタナ））でTeXworks editor を探して，起動します。ターミナル（コマンドプロンプトやPowerShell）に `texworks` と打ち込んでも起動できます。

### ▶ 文書ファイルの作成

TEXworks の白い編集用画面（テキストエディタ）が起動したら，まずは簡単な例を打ち込んでみましょう。

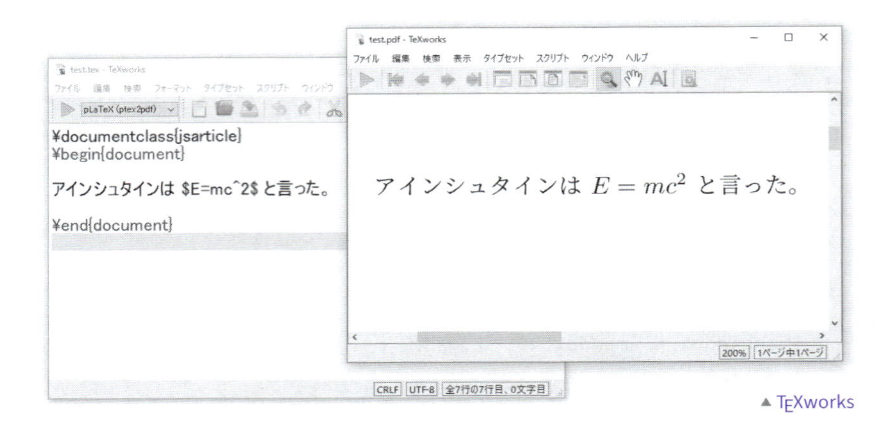


▲ TEXworks

※これはWindowsの例ですので，\ の代わりに ¥ を使っています（このページ下のコラム「逆斜線か円印か」参照）。Windowsで \ が ¥ になるのは一種の文字化けですので，もしPDFファイルからコピペされる場合は ¥ ではなく \ を使ったお手本からコピペしてください。

```
¥documentclass{jsarticle}
¥begin{document}

アインシュタインは $E=mc^2$ と言った。

¥end{document}
```

Windows の一般的なフォントでは \（バックスラッシュ，逆斜線）が ¥（円印）になることにご注意ください（次のコラム「逆斜線か円印か」参照）。

### ◆ 逆斜線か円印か　COLUMN

LATEX の命令は逆斜線 \（バックスラッシュ，16 進記法で「5C」の文字）で始まります。

この文字は，歴史的経緯から，Windows の和文フォントでは円印 ¥ に置き換えて表示されることが多いので，注意が必要です。TEXworks でも［編集］→［設定］→［エディタ］でフォントを例えば Consolas に変えれば \ になります。

Unicode（ユニコード）には \（U+005C「REVERSE SOLIDUS」）と ¥（U+00A5「YEN SIGN」）の両方の文字があり，このうち LATEX の命令の開始の意味になるのは \ だけです。

Windows の標準キーボードには ¥ \ 両方のキーがありますが，どちらも直接入力では \ になります。

Mac の JIS キーボードには ¥ しかありませんが，システム環境設定→キーボード→入力ソース→日本語の「“¥” キーで入力する文字」で「¥（円記号）」か「\（バックスラッシュ）」かが選べます。どちらに設定しても，option + ¥ でもう一方の文字が入力できます。

打ち込み終わったら，左上の ●「タイプセット」ボタンを探してください。そのすぐ右に，もし「pdfLaTeX」などと出ていたら，クリックして「pLaTeX (ptex2pdf)」に変更します。こうしてから「タイプセット」ボタンを押すと，まだ保存していないので，ファイル名を聞いてきます。untitled-1.tex のようなファイル名が提案されますので，そのままでもかまいませんが，ここでは test.tex という名前にしました。その下の「ファイルの種類」は「TeX 文書 (*.tex)」のままにしておきます。保存先のフォルダは，デフォルト（ホーム）のままでかまいませんが，練習用に適当なフォルダを作って使えば，別のファイルを間違えて上書きする事故が減らせます。

テキストエディタの下に処理の様子が現れ，エラーがなければ test.pdf という PDF に変換されて，プレビュー（PDF 表示）の窓が現れます。

インストールがうまくいっていないか，¥ で始まる命令の綴りを間違うと，エディタの下にエラーが表示されます。そのときは，「エラーが起きたなら」（23 ページ）にお進みください。

## 2.3　TeXShop (Mac)

**ご注意：先に付録 A の設定を済ませてください。**

Mac 用の TeXworks もありますが，Mac ではむしろ TeXShop が広く使われています[※6]。

本書付録 DVD-ROM から標準構成でインストールした場合は，Dock に TeXShop，TeXworks，TeX2img が登録されているはずです。見つからなければ，Finder で「アプリケーション」の中の「TeXLive」フォルダを開き，その中から TEX のようなアイコンの TeXShop を探して起動します[※7]。「名称未設定-1」のような入力窓が現れます（もし現れなければ［ファイル］→［新規作成］で窓を出します）。その中に，次のような簡単な例を打ち込んでみましょう。

```
\documentclass{jsarticle}
\begin{document}

アインシュタインは $E=mc^2$ と言った。

\end{document}
```

打ち込み終わったら［タイプセット］を押します。すると，名前（ファイル名）と場所（フォルダ）を聞いてきます。ここでは test.tex という名前にして保存しておきましょう。

※6　TeXworks同様，これも LaTeX そのものではなく，LaTeX を簡単に起動するための仕組みを備えたテキストエディタとPDFビューアの統合環境です。TeXShopには LaTeX は含まれていませんので，必ず LaTeX 環境一式もインストールしておかなければなりません。

※7　初回起動時に「アップデートを自動で確認しますか?」と聞いてきますので，できれば「自動で確認」を選んでおきます。

※Windowsの和文フォントで ¥ と表示される文字はMacでは \ になる点にご注意ください（14ページのコラム「逆斜線か円印か」参照）。

すると，エラーがなければ test.pdf という PDF に変換されて，プレビュー（PDF 表示）の窓が現れます。

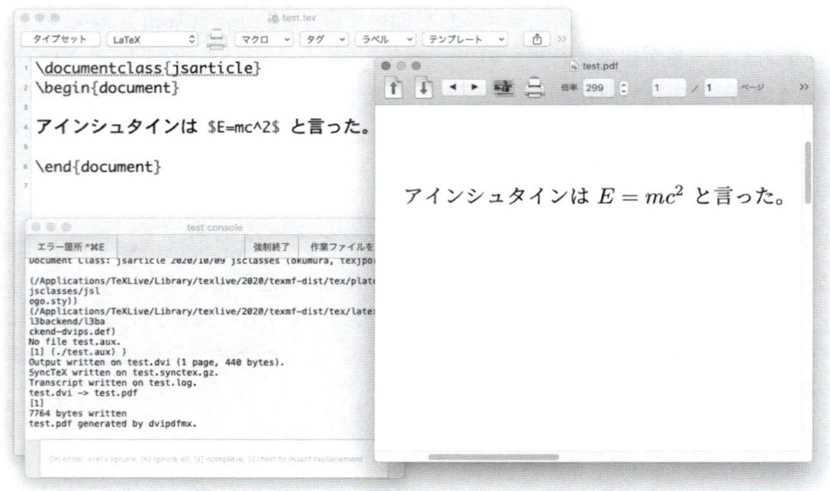

▲ TeXShop

エラーが起きた場合は，「エラーが起きたなら」（23 ページ）にお進みください。

## 2.4　コマンドで行う方法

**ご注意：先に付録 A の設定を済ませてください。**

Windows のコマンドプロンプトや PowerShell，Mac や Linux などのターミナルで，コマンドを打ち込んで使う場合について説明します。普段 TeXworks や TeXShop などを使う場合でも，問題が生じたときは，コマンドで実行してみると，問題点がはっきりします。

▶ ターミナル (コマンドプロンプト・PowerShell) の起動

- コマンドプロンプトも PowerShell も，Cortana や検索ボックスに「コマンド」（または「cmd」），「PowerShell」と打ち込んで検索して起動できます。最近は Windows Store で配布されているオープンソースの Windows Terminal から PowerShell またはコマンドプロンプト（または Linux のシェル）を起動するのが流行りです。

- Mac の「ターミナル」は［アプリケーション］→［ユーティリティ］の中にあります。

以下ではこれらをまとめて「ターミナル」と呼ぶことにします。

ターミナルを起動したなら，まずは現在位置（カレントディレクトリ）に注意しましょう。必要に応じて cd コマンドでディレクトリを移動します（351 ページ以降参照）。最近は「デスクトップ」や「ドキュメント」がクラウド（☁）に設定されていることがありますが，ネットワーク負荷を考えて，なるべくローカル（クラウド以外）のディレクトリを選んで作業します。

### ▶ テキストエディタの起動

LaTeX の文書ファイルを作るには，テキストファイルを作成・編集するための「テキストエディタ」（単に「エディタ」ともいいます）を使います。

テキストエディタにはたくさんの銘柄があります。TeXworks や TeXShop の編集用の窓もテキストエディタですし，Windows の「メモ帳」（notepad）や Mac の「テキストエディット」（TextEdit）は典型的なテキストエディタです。より高度なテキストエディタとしては，古くから使われている Emacs や vim のほか，最近は Visual Studio Code（VS Code）が人気です（19 ページのコラム参照）。

LaTeX の文書ファイル名は，たとえば test.tex のように，拡張子（かくちょうし）（ファイル名の末尾）を tex にするのが一般的です。以下では test.tex という文書ファ

---

### ◆ メモ帳 (notepad)　　COLUMN

本文ではターミナルで notepad test.tex と打ち込んでメモ帳を起動しましたが，より一般的な方法は，検索ボックスに「メモ帳」（あるいは「notepad」）と入力して検索して探します。

行が右端で折り返されないときは，メニューの［書式］で［右端で折り返す］にチェックを付けます。

保存する際に「文字コード」を適切に設定する必要があります（20 ページ参照）。さらに，「ファイルの種類」が最初は「テキスト文書（*.txt）」になっていますが，「すべてのファイル（*.*）」に直さなければなりません。その上で，例えば test.tex というファイル名で保存しますが，それでも Windows のバージョンによっては，test.tex.txt というファイル名になってしまうことがあるようです。ファイル名を変更して test.tex にしたら，ダブルクリックしても「メモ帳」で開かなくなります。

この状況を改善するには，エクスプローラーを立ち上げて，拡張子 tex のファイルを右クリックして［プロパティ］で，「プログラム：」の欄の［変更］をクリックし，「メモ帳」を設定します（TeXworks などほかのテキストエディタを使う場合は，そちらを設定します）。

「メモ帳」はテキストエディタとしては低機能ですので，本格的に使うには VS Code などの高機能エディタをお薦めします。

イルを作成し，それを pLaTeX で処理してみましょう。

Windows の場合，ターミナルから

```
notepad test.tex
```

のように打ち込むと「メモ帳」が立ち上がります[※8]。「ファイル test.tex が見つかりません。新しく作成しますか？」と聞いてきたら［はい］と答えます。

※8　17ページのコラム「メモ帳 (notepad)」を参照してください。

エディタを起動したら，簡単な例を入力してみましょう。

※右の入力例の \ はWindowsの和文フォントでは ¥ と表示されます（14ページのコラム「逆斜線か円印か」参照）。

```
\documentclass{jsarticle}
\begin{document}

アインシュタインは $E=mc^2$ と言った。

\end{document}
```

打ち込み終わったら，エディタの起動時にファイル名を指定していない場合は，test.tex というファイル名で保存します。保存するフォルダ（ディレクトリ）は必ずさきほどのターミナルの現在位置と同じにしておきます。保存するときの文字コード（エンコーディング）は UTF-8 にします。

▶ コマンドでpLaTeXを起動

さっそく test.tex を pLaTeX で処理しましょう。

ターミナルに次のように打ち込みます。

```
platex test
```

すると，次のように表示されます。

```
This is e-pTeX, Version 3.14159265-p3.8.3-191112-2.6
...中略...
No file test.aux.
[1] (./test.aux) )
Output written on test.dvi (1 page, 440 bytes).
Transcript written on test.log.
```

ここで行ったことは，文書ファイル test.tex を test.dvi という中間ファイルに変換する作業です[※9]。LuaLaTeX や XeLaTeX ならいきなり PDF ファイルができるのですが，pLaTeX ではいったん中間ファイルにする必要があります。

なお，画面に No file test.aux. というメッセージが出ていますが，これはエラーメッセージではありませんので無視してください。拡張子が aux のファイルは相互参照に使うもので，第 10 章で詳しく説明します。同じファイルを再度 pLaTeX で処理するとこのメッセージは出なくなります。

※9　この作業を「タイプセットする」あるいは「コンパイルする」ともいいます。コンパイル (compile) とは，コンピュータのソースコード (テキストファイル) をオブジェクトコード (バイナリファイル) に変換する作業を指す言葉です。これらをLaTeXの処理にあてはめて，「LaTeXソース」(テキストファイル) をdviファイルまたはPDFファイル (バイナリファイル) に変換する作業を「コンパイル」するというのです。

エラーメッセージが出て止まってしまったら，「エラーが起きたなら」（23ページ）にお進みください。

正常に終了したなら，文書ファイル `test.tex` が入っているフォルダに次の三つの新しいファイルができているはずですので，確認してください。

`test.aux`　aux ファイルまたは補助（auxiliary）ファイルと呼ばれるものです。テキストファイルですから，「メモ帳」などのテキストエディタで読むことができます。LaTeX の「相互参照」という機能を使わない場合は何の意味もありません。すぐ消してもかまいません。

`test.log`　log ファイルと呼ばれるものです。実行の途中で画面に表示されるメッセージや，実行状態についての情報がここに書き込まれます。ログ（log）とは航海日誌または一般に業務日誌を意味する英語です。テキストファイルですから，テキストエディタで読むことができます。エラーが生じたときその原因を調べるために使いますが，ここでは消してしまってもかまいません。

`test.dvi`　これが組版結果の中間ファイル（`dvi` ファイル）です。バイナリファイル（テキストファイルでないファイル）なので，通常のテキ

### ◆ VS Code　COLUMN

Visual Studio Code（VS Code）は Microsoft が配布するオープンソースのテキストエディタです。LaTeX Workshop という拡張機能をインストールすると，VS Code の中で LaTeX が使えるようになります。

LuaLaTeX でコンパイルできるソース `test.tex` を編集し，左端のサイドバーにある TeX をクリックして，メニューから Build LaTeX project → Recipe: latexmk (lualatex) を選びます。エラーがなければ，メニューの View LaTeX PDF を選ぶと，右側にプレビュー画面が現れます。

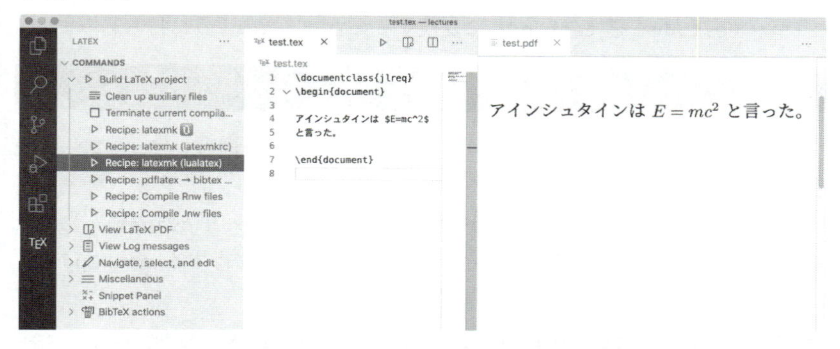


VS Code の LaTeX Workshop は latexmk（363 ページ）を使っているので，pLaTeX や upLaTeX を使うには `latexmkrc` を使うのが簡単です（13 ページ）。

### ◆ 文字コード・改行コード

COLUMN

日本語ファイルの文字コード（エンコーディング）には，JIS（ISO-2022-JP），シフトJIS（SJIS），日本語 EUC，UTF-8 などがあります。「メモ帳」では「ANSI」と表示されるものがシフト JIS（厳密には，Microsoft がシフト JIS を拡張した「コードページ 932」）です。

シフト JIS は，古くから Windows や Mac で使われてきましたが，機種依存性があり，しばしば文字化けの原因となってきました。pLaTeX や upLaTeX では起動オプション `-kanji=sjis` を与えるとシフト JIS ファイルが処理できます。

今から作成するファイルはできるだけ UTF-8 に統一しましょう。Windows 版の pLaTeX や upLaTeX は文字コードを自動判断してくれますが，UTF-8 のほうがたくさんの欧文の文字が扱えます。

UTF-8 ファイルの先頭に BOM（byte order mark）と呼ばれる 3 バイトのバイト列（EF BB BF）が付くことがあります。特に Windows では BOM が付くことが多く，逆に BOM なし UTF-8 を「UTF-8N」ということがあります。BOM はファイルの文字コードの自動判断のためにしばしば使われます。しかし，Windows 以外では BOM を付けないほうが正統とされ，スクリプトやシステムファイルに BOM が付いていると誤動作することもあります。Windows の「メモ帳」は長らく「ANSI」がデフォルトでしたが，今は UTF-8（BOM なし）がデフォルトになりました。

改行コードは，Enter キーでテキストファイルに入力される特殊文字で，3 通りの流儀があります（CR，LF，CRLF）。LaTeX 関係のツールは，このどれにも対応しているはずです。TeX Live で配布されるファイルの多くは LF を使っています。Windows の「メモ帳」は長らく CRLF にしか対応しませんでしたが，今は自動判断するようになりました。

ストエディタでは読めません。pdfLaTeX，LuaLaTeX，XeLaTeX の場合は，このファイルは作られず，いきなり PDF ファイルができます。

pdfLaTeX，LuaLaTeX，XeLaTeX の場合は，これだけで PDF ファイルができますが，pLaTeX，upLaTeX の場合は，さらに dvi ファイルを PDF ファイルに変換する必要があります。それには dvipdfmx というコマンドを使います。ここでは，test.dvi を test.pdf に変換するために，次のように打ち込みます。

```
dvipdfmx test
```

できあがった PDF ファイルをダブルクリックすれば，適当なビューアーで表示されるはずです[※10]。

以上では，トラブル箇所が見つけやすいように，platex と dvipdfmx に分けて順に実行しましたが，実際には，この二つをまとめて実行する ptex2pdf というコマンド（362 ページ）を使うと便利です。

```
ptex2pdf -l test
```

TeXworks などのメニューに「pLaTeX (ptex2pdf)」とあるのは，この

※10　PDFビューアーによっては，PDFファイルをロックしてしまうため，いったん閉じないと，PDFファイルの作り直しができません。特にWindowsのAcrobat Readerの類は注意が必要です。

ptex2pdf というコマンドを通じて pLaTeX を使うという意味です。

ptex2pdf は PDF ファイル生成後に中間ファイル（dvi ファイル）を消してくれますので，フォルダの整理のためにも便利です。

### ▶ コマンドで upLaTeX を起動

upLaTeX を使えば Unicode 文字が使えます。1 行目の書き方がちょっと違うことにご注意ください。

```
\documentclass[uplatex]{jsarticle}
\begin{document}

アインシュタインは $E=mc^2$ と言った。

森鷗外と内田百閒が髙島屋でPokémonをした。

\end{document}
```

ターミナルに打ち込むコマンドは

```
uplatex test
dvipdfmx test
```

ですが，これらをまとめて実行する次のコマンドもあります。

```
ptex2pdf -l -u test
```

### ▶ コマンドで LuaLaTeX を起動

LuaLaTeX でも Unicode が自由に使えます。1 行目の書き方がちょっと違うことにご注意ください。

```
\documentclass{ltjsarticle}
\begin{document}

アインシュタインは $E=mc^2$ と言った。

森鷗外と内田百閒が髙島屋でPokémonをした。

\end{document}
```

ターミナルに打ち込むコマンドは

```
lualatex test
```

です。最初はシステム全体のフォントのキャッシュを作るためにかなり時間がかかりますが，しばらくすると `test.pdf` ができるはずです。

システムにインストールされているフォントが自由に使えるのが LuaLaTeX の利点ですが，これについては後で説明します。

## 2.5 LaTeXでレポートに挑戦

ちょっと先走って，LaTeX でレポートを書いてみましょう。

```
\documentclass{jsarticle}
\begin{document}

\title{数学レポート}
\author{201999 技評太郎}
\maketitle

\section{はじめに}

2次方程式 $ax^2+bx+c=0$ の解は次の式で与えられる。

\[ x = \frac{-b\pm\sqrt{b^2+4ac}}{2a} \]

このレポートでは，このことを証明する。

\section{証明}

自明である。

\end{document}
```

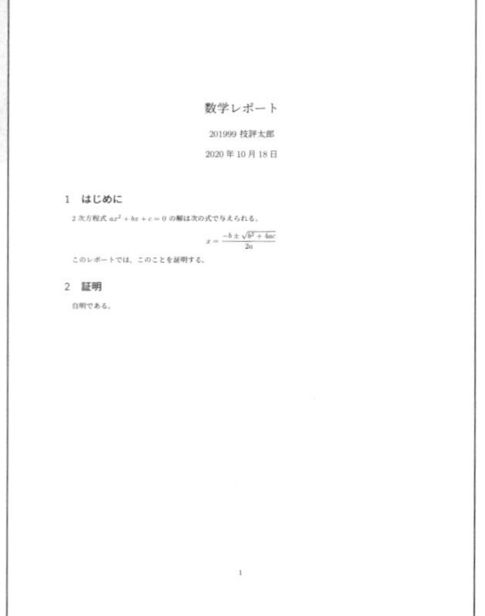

数学レポート

201999 技評太郎

2020 年 10 月 18 日

1　はじめに

2 次方程式 $ax^2 + bx + c = 0$ の解は次の式で与えられる。

$$x = \frac{-b \pm \sqrt{b^2 + 4ac}}{2a}$$

このレポートでは，このことを証明する。

2　証明

自明である。

1

ここで使われている LaTeX のコマンドの意味や数式の書き方は次章以降で説明します。

◆ **SyncTeX**　　COLUMN

SyncTeX は，エディタ（LaTeX 文書編集画面）と PDF プレビュー画面との相互リンクのための仕組みです。TeXworks や TeXShop，VS Code の LaTeX Workshop のような統合環境のほか，いくつかの PDF ビューアやテキストエディタで対応しています。

例えば TeXworks では，エディタの画面を Ctrl + 左クリック すると PDF の該当箇所にジャンプし，逆に PDF の画面を Ctrl + 左クリック するとソースの該当箇所にジャンプします。あまり短い文書ではうまくいきませんので，複数ページの文書でお試しください。

LaTeX 側でも SyncTeX に対応している必要があります。今はほぼすべての LaTeX システムで

```
platex -synctex=1 test
```

のように `-synctex=1` オプションを付ければ SyncTeX が有効になり，入力・出力の位置の対応関係が ファイル名`.synctex.gz` という圧縮ファイルに書き出されます。PDF ファイル自体に何かが挿入されるわけではありません。

## 2.6　エラーが起きたなら

本書に出ている数行の例でも，あるいはもっと長い雛形でも，とにかく確実にタイプセットできる例を出発点として，一つずつ新しい技を覚えましょう。

初めのうちは，一つ命令を追加したらすぐタイプセットしてみることをお勧めします。そうすれば，どこでエラーが起きたのか，自（おの）ずとわかります。

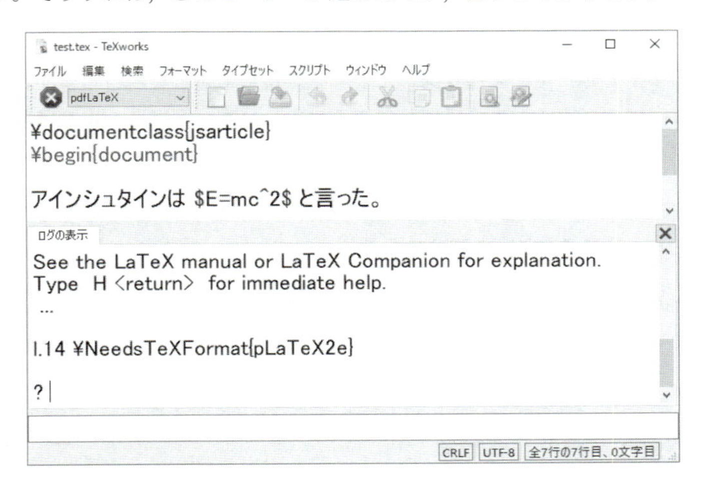


これは `\NeedsTeXFormat{pLaTeX2e}` というよくあるエラーです。`\documentclass{jsarticle}` で始まる LaTeX 文書は pLaTeX で処理しなければいけないのに，そうなっていないというものです。よくみると，左上の赤い × の右が「pdfLaTeX」となっています。これを「pLaTeX（ptex2pdf）」に

直してタイプセットし直します。

\（または ¥）で始まる命令の綴りを間違えた場合，エラーメッセージが現れ，入力待ちの状態になります。

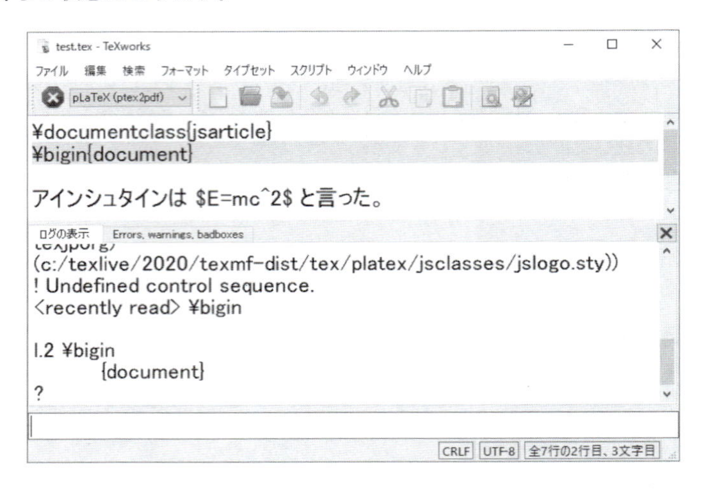


メッセージ `! Undefined control sequence.` は，未定義（undefined）の命令（control sequence，制御綴（せいぎょつづり））が使われているという意味です。

次の `l.2` は2行目（line 2）を意味し，`\bigin`（`¥bigin`）のところにエラーがあると言っています。要するに，`\begin` と入力すべきところを `\bigin` と入力してしまったのです。

ここで次の処理が選べます。

- そのまま Enter キーを押せば，エラーを無視して処理を続行します。うまくいけばエラー箇所以外の処理ができるかもしれません（この場合は無理そうです）。
- x（エックス）を入力して Enter キーを押せば，LaTeX による処理を中断します。x は exit（終了）の意味です[※11]。
- 左上の「File」メニューの下の赤い ⊗ ボタンをクリックすると，処理を中断します。

※11　間違えてquitのつもりで q を打つと，エラーを表示せずに続行するquietモードになってしまいます。

ここではエラーの原因は明らかなので，処理を中断し，`\bigin` を `\begin` に直して再度タイプセットします。

### ▶ 不明なエラーが出たときは

もし原因不明のエラーが出て，対処法がわからないときは，まずエラーメッセージを Google などで検索してみましょう。たいてい何らかのヒントが得られます。

### ◆ Markdown と pandoc　COLUMN

Markdown は構造化文書を作成するための簡単な記法です。# で始まる行が大見出し，## で始まる行が中見出し，という具合に，LaTeX と比べて非常に簡単です。GitHub や Jupyter Notebook など，いろいろな場面で使われています。

高機能のテキストエディタには Markdown 文書作成支援機能が備わったものがあります。例えば VS Code には Markdown Preview Enhanced などの拡張機能があり，数式も含めて高速にプレビューできます。

汎用の文書変換ツール pandoc を使えば，Markdown 形式で書いた文書（*.md）を LaTeX 経由で PDF に変換できます。例えば

```
# 相対性理論

## はじめに

アインシュタインは $E=mc^2$ と言った。
```

と書いて test.md というファイル名で保存し，コマンド

```
pandoc test.md -o test.pdf --pdf-engine=lualatex \
            -V documentclass=jlreq
```

を打ち込めば，test.pdf ができます。documentclass= には jlreq や ltjsarticle など LuaLaTeX に対応したドキュメントクラスを指定します。別行数式は `\[ ... \]` ではなく `$$ ... $$` で囲みます。

```
pandoc -s test.md -o test.tex -V documentclass=jlreq
```

でまず LaTeX 形式に変換し，手直しをしてからタイプセットすることもできます。LaTeX 以外に HTML などにも変換できますので，ワンソース・マルチユース（一つのソースを用意すれば何通りにも使える）が実現できます。

それでもわからない場合は，遠慮なく質問用掲示板（413 ページ）でお尋ねください。

もっとも，「インストールしたけれど動きません。どうしたらいいですか」といった漠然とした質問では，だれも答えられません。例えば「Windows 10 に美文書第 8 版 DVD からインストールした TeX Live 2020 で，TeXworks に○ページの例を入力して［タイプセット］ボタンを押すと次のようなエラーメッセージが出ます」といった具体的な質問であれば，どなたかが答えてくださるでしょう。

肝心なのは，エラーが再現できる材料をすべて示すことです。ただ，もし何百行もあるファイルでエラーが起こっても，それを全部送る必要はなく，本質的でない部分を少しずつ削って短くし，これ以上短くするとエラーが出なくなる（あるいは別のエラーが出る）ところまで短くしてみましょう。これがいわゆる「エ

### ◆ TeX2img　COLUMN

寺田侑祐さん（Windows 版は阿部紀行さん）作の TeX2img は，LaTeX 出力を画像にするためのツールです。PDF，EPS，PNG，SVG，EMF など多様な画像形式をサポートしています。LaTeX で出力した数式を別のソフト（DTP ソフト，ワープロソフト，プレゼンソフトなど）や Web ページに貼り付けたりするために便利です。Mac 版，Windows 版があります。本書付録 DVD-ROM にも収録しました。

使い方は，LaTeX ソースを貼り付けて「画像生成」ボタンを押すだけです。詳しくは TeX2img 配布サイト https://tex2img.tech をご覧ください。

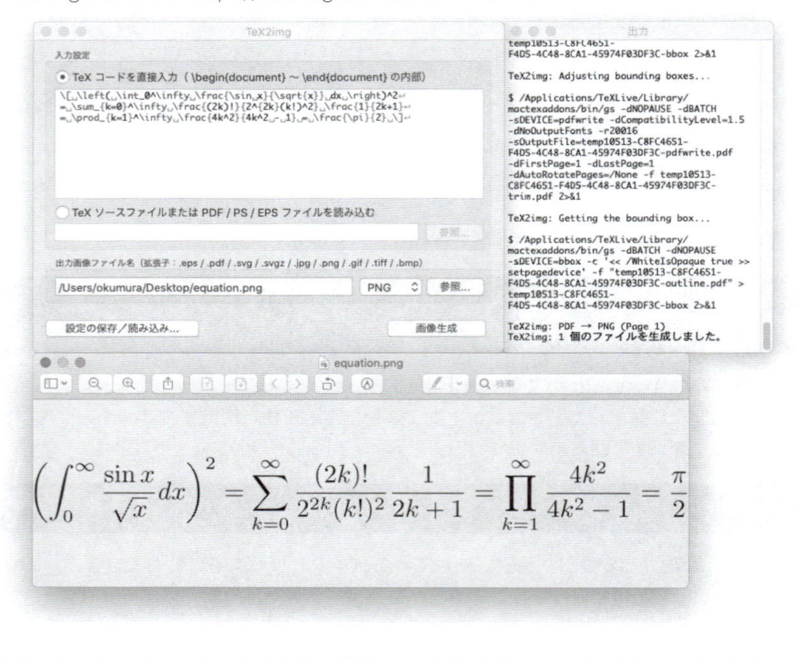


ラーの再現する最小例」[※12] です。厳密に「最小」である必要はありませんが，このようにエラーを保ったままファイルを切り詰めることで，エラーの原因が自ずと明らかになることが多々あります。

※12　MWE (minimal working example) ともいいます。

## 2.7　texdocの使い方

TeX Live のマニュアルは「texdoc」というコマンドで読めます。例えば jsarticle の詳しい使い方を知りたければ，Windows なら「コマンドプロンプト」か「PowerShell」，Mac なら「ターミナル」というアプリを立ち上げ，次のように打ち込みます。

```
texdoc jsarticle
```

これで「pLaTeX 2ε 新ドキュメントクラス」というマニュアルが画面に現れます。texdoc jsarticle だけでなく texdoc jsbook とか texdoc jsclasses と打ち込んでも同じマニュアルが現れます[※13]。こういったマニュアルの参照箇所を，本書では texdoc jsclasses のような記号で示しています。残念ながら，マニュアルの大部分は英語です。

※13 より詳しい使い方は359ページをご覧ください。

# 第3章
# LaTeXの基本

LaTeXには，昔から使われているレガシーなLaTeX（pLaTeXなど）と，新しいモダンなLaTeX（LuaLaTeXなど）とがあります。この章で扱う基本では，両方の違いはごくわずかですので，まとめて説明することにします。

## 3.1 LaTeXの入力・印刷の完全な例

pLaTeX，upLaTeX，LuaLaTeXのどれにも対応する新しいドキュメントクラス jlreq を使った文書の例です（ドキュメントクラスについては後で詳しく説明します)。jlreq が使えない古いシステムの場合は jsarticle に直してください。

エディタで次のようなテキストファイルを作成します。ファイル名の拡張子（かくちょうし）は tex とします。ここではファイル名を test.tex とでもしておきましょう[※1]。

```
\documentclass{jlreq}
\begin{document}

「何人ものニュートンがいた（There were several Newtons）」
と言ったのは，科学史家ハイルブロンである．同様にコーヘンは
「ニュートンはつねに二つの貌を持っていた
（Newton was always ambivalent）」と語っている．

近代物理学史上でもっとも傑出しもっとも影響の大きな人物が
ニュートンであることは，誰しも頷くことであろう．
しかしハイルブロンやコーヘンの言うように，
ニュートンは様々な，ときには相矛盾した顔を持ち，
その影響もまた時代とともに大きく変っていった．

\end{document}
```

保存したら，pLaTeX または upLaTeX または LuaLaTeX で処理し，できたPDFファイルを画面に表示します[※2]。TeXworks や TeXShop を使えば1クリックでできますが，コマンドの場合は次のように打ち込みます：

※1　一般に，ファイル名は半角英数字に限るのが安全です。ファイル名に全角文字・スペース・記号類が含まれると，うまくいかないことがあります。ファイルを保存する際の文字コード（エンコーディング）はUTF-8が推奨です（Windows版pLaTeX，upLaTeXは文字コードを自動判断します）。LuaLaTeXはUTF-8専用です。

※ \ はWindowsの和文フォントでは ¥ と表示されます（14ページのコラム「逆斜線か円印か」参照）。

※2　手順の詳細は第2章をご覧ください。

```
ptex2pdf -l test        (pLaTeX の場合)
ptex2pdf -l -u test     (upLaTeX の場合)
lualatex test           (LuaLaTeX の場合)
```

次のように表示できたでしょうか。

> 「何人ものニュートンがいた(There were several Newtons)」と言ったのは,科学史家ハイルブロンである.同様にコーヘンは「ニュートンはつねに二つの貌を持っていた(Newton was always ambivalent)」と語っている.
>
> 近代物理学史上でもっとも傑出しもっとも影響の大きな人物がニュートンであることは,誰しも頷くことであろう.しかしハイルブロンやコーヘンの言うように,ニュートンは様々な,ときには相矛盾した顔を持ち,その影響もまた時代とともに大きく変っていった.

山本義隆『熱学思想の史的展開』(現代数学社, 1987年)より

上の入力例のように,途中で適当に Enter キー(「リターン」キー)で改行するのが,昔からの LaTeX 流の方法です。LaTeX では,ほとんどの改行は無視されるだけです。ただ,改行を 2 回続けて打つと(つまり,空行(くうぎょう)があると),段落の区切りになります。

段落の頭は自動的に 1 文字だけ下がりますので,全角スペースは入れないでください。

バックスラッシュ(逆斜線)\ で始まる文字列は,\ も含めて,いわゆる半角文字で入力します[※3]。Windows の和文フォントでは \ が ¥ と表示されるので注意を要します(14 ページのコラム「逆斜線か円印か」参照)。本文の英語の部分も半角文字で入力しますが,日本語の句読点や括弧は全角文字を使います。

※3 Windowsなら半角/全角キーで直接入力の状態に切り替えて入力するのが安全です。

PDF に埋め込まれる英語のフォント(欧文フォント)は,レガシー LaTeX では Computer Modern というフォント,モダン LaTeX では Computer Modern を拡張した Latin Modern というフォントになります。これを変える方法は第 12 章をご覧ください。また,日本語のフォント(和文フォント)は,TeX Live 2020(本書付録 DVD-ROM に収録)を新規インストールした環境では,本書と同じ原ノ味(はらのあじ)フォント(Adobe の源ノ(げんの)明朝+源ノ角ゴシックを再編成したもの)になっているはずです。より古い TeX Live では IPAex フォントです。これを変える方法は第 13 章をご覧ください。いずれにしても,すべてのフォントが PDF ファイルに埋め込まれます。

## 3.2 最低限のルール

文書ファイルを作る際に，とりあえず次のルールさえ知っていれば，ベタの文書なら間違いなく作れます。個々のルールについてはあとで詳しく述べます。

- 文書ファイル名の最後に `.tex` を付けます（例：`chap15.tex`）。日本語のファイル名や空白や記号類は，うまく使えないことがあります。英語のアルファベット・数字・アンダーバー（_）に限るのが安全です。

- 最初の行（ドキュメントクラスの指定）の書き方は，とりあえず

```
\documentclass{jlreq}
```

  と書いておけば，pLaTeX でも upLaTeX でも LuaLaTeX でも大丈夫です。`jlreq` については 33 ページのコラムをご覧ください。より古くからあるドキュメントクラス `jsarticle` を使うなら，

| | |
|---|---|
| pLaTeX | `\documentclass{jsarticle}` |
| upLaTeX | `\documentclass[uplatex]{jsarticle}` |
| LuaLaTeX | `\documentclass{ltjsarticle}` |

  のように LaTeX の種類によって書き方が少し変わります。`ltjsarticle` の頭の `lt` は Lua の `l`（エル）と TeX の `t` です。`js` は Japan Standard の意味で，`article` は論文・レポートの類のことです。ドキュメント（文書）クラスは，LaTeX 以外のソフトで「スタイル」または「テンプレート」と呼んでいるものに相当します。

- 次に，「これから文書が始まるよ」という意味の次の命令を書きます。

```
\begin{document}
```

- 文書の最後には，次の命令を書きます。

```
\end{document}
```

- これらの命令はすべて半角のバックスラッシュ（逆斜線）\ で始まりますが，Windows の「メモ帳」などでデフォルトで設定されている和文フォントでは，バックスラッシュは円印 ¥ として表示されます（14 ページのコラム「逆斜線か円印か」参照）。

- 入力しやすいように，適当に Enter キーで改行（かいぎょう）してかまいません。ただし，Enter キーを 2 回続けて打つ（空（から）の行を作る）と，そこが段落の区切りになります。段落の頭は，自動的に全角 1 文字分の字下げ（インデント）になります。字下げしたくない段落は，頭に `\noindent` を付けます：

```
\noindent この段落は字下げしたくない。
```

- 半角文字の # $ % & _ { } \ ^ ~ の 10 文字は，LaTeX では特別な意味を持っているので，そのままではうまく出力できません。また，< > | の 3 文字はレガシー LaTeX（pLaTeX など）で文字化けすることがあります[※4]。これらの文字を出力する方法はあとで述べますが，とりあえず全角文字を使ってください。

※4　モダンLaTeXでは < > | の3文字は文字化けしません。レガシーLaTeXでもT1エンコーディングに設定すれば文字化けが防げます。詳しくは第12章をご覧ください。

以下では，LaTeX のルールをさらに詳しく説明します。

## 3.3　ドキュメントクラス

LaTeX の文書ファイルの最初の \documentclass{...} のような行は，ドキュメント（文書）のクラス（種類）を指定するものです。この波括弧 { } の中に入れる標準的なものを挙げておきます：

| 用途 | 欧文 | 和文 | 和文 (LuaLaTeX 用) | 和文 (新) |
|---|---|---|---|---|
| 論文・レポート | article | jsarticle | ltjsarticle | |
| 長い報告書 | report | jsreport | ltjsreport | jlreq |
| 本 | book | jsbook | ltjsbook | |

article は，論文やレポートなど，いくつかの節（section）からなる文書です。report と book は，長い報告書や書籍など，いくつかの章（chapter）からなる文書です。article と report は用紙の片面に印刷，book は用紙の両面に印刷することを想定したデザインになっています。

これらを日本語化したものが jsarticle，jsreport，jsbook で，LuaLaTeX に対応させたものが ltjsarticle，ltjsreport，ltjsbook です。縦書きにも対応した新しいドキュメントクラス jlreq については次ページのコラムもご覧ください。

これら以外にも，たくさんのドキュメントクラスが，出版社や学会により提供されています。用途に合ったものをお使いください[※5]。

※5　jsarticle, jsbook が現れる以前は，jarticle, jreport, jbook, および その縦書き版 tarticle, treport, tbook, というドキュメントクラスが広く使われていました。これらは現在はほとんど使われていないと思われますので，本書では扱いません。なお，ujarticle, ujreport, ujbook, utarticle, utreport, utbook はこれらをupLaTeX対応にしたものです。

\documentclass[a5paper]{jsarticle} のような角括弧 [ ] の中は，ドキュメントクラスのオプションといいます。オプションの書き方はドキュメントクラスによって違い，例えば jsarticle のオプションと jlreq のオプションは書き方が違います。以下では (lt)jsarticle，(lt)jsreport，(lt)jsbook のオプションの概要を説明します。詳しくは第 14 章もご覧ください。

「デフォルト」と書いたものは，無指定でそのようになるので，特に指定する必要はありません。

複数のオプションを指定するときは，

```
\documentclass[uplatex,dvipdfmx,12pt,b5paper,papersize]{jsarticle}
```

### ◆jlreqドキュメントクラス

COLUMN

jlreqは，阿部紀行（のりゆき）さんが作られた新しいドキュメントクラスです。W3C（World Wide Web Consortium）の「日本語組版処理の要件」（https://www.w3.org/TR/jlreq/）にほぼ準拠しているのが特徴です。pLaTeX，upLaTeX，LuaLaTeX に対応しています（自動で判断します）。たいへん優れたものですので，新しいプロジェクトではぜひ利用をご検討ください。特に縦書きの場合は最有力の候補です。本書でもこれを使っています。

ドキュメントクラスのオプションの与え方は`jsarticle`などと違います。本文フォントサイズは，和文も欧文もデフォルトで 10 pt ですが，`jsarticle`などと違って欧文・和文について独立に設定でき，小数も含めて値に制限がないのが便利なところです。

- `tate` 縦書き
- `book` 本
- `report` 報告書
- `paper=b5` 用紙サイズ（デフォルトa4）
- `fontsize=10.5pt` 本文の欧文フォントサイズを10.5 ptにする（デフォルト`10pt`）
- `jafontsize=13Q` 本文の和文フォントサイズを13 Qにする（デフォルト`fontsize`と同じ）
- `hanging_punctuation` ぶら下げ組

フォントサイズをDTPポイント（1/72 インチ）で指定する場合は単位を`pt`ではなく`bp`（ビッグポイント）にします。

ほかに`oneside`，`twoside`，`onecolumn`，`twocolumn`，`titlepage`，`notitlepage`，`draft`，`final`，`openright`，`openany`，`leqno`，`fleqn`といった`jsarticle`などと共通のオプションも使えます。詳しくは，273 ページ以降や，マニュアル（texdoc jlreq）をご覧ください。

のように，半角のコンマ（,）で区切ります（順不同）。

主なオプションを挙げておきます。

- `uplatex` `js`で始まる名前のドキュメントクラスでupLaTeXを使う場合にこのオプションが必要です。
- `dvipdfmx` pLaTeX, upLaTeXでPDF出力にdvipdfmxを使う場合に，このオプションを付けることが推奨されています[※6]。
- `10pt`，`11pt`，…… 本文の文字サイズ（デフォルト`10pt`）（`jlreq`以外）

本文の文字サイズは，欧文用（`article`等）は`10pt`，`11pt`，`12pt`の3通りですが，`(lt)js…`は`9pt`，`10pt`，`11pt`，`12pt`，`14pt`，`17pt`，`21pt`，`25pt`，`30pt`，`36pt`，`43pt`といったオプションがあります。`jlreq`では`fontsize=12.5pt`のように任意の値を指定できます。

※6 TeX Live 2020以降の新しいpLaTeX, upLaTeXでは，`dvipdfmx`オプションを付けないと，PDF出力ではなくPostScript出力のための`dvips`オプションが付いたものとして処理されます。今のところグラフィックを含まない文書では出力に違いはないようですが，将来的に違いが出るかもしれません。

次の用紙サイズオプションは jlreq 以外用です。jlreq では paper=b5 のような指定のしかたをします。

- a4paper　A4判（210 mm × 297 mm，和文デフォルト）
- a5paper　A5判（148 mm × 210 mm）
- b4paper　B4判（257 mm × 364 mm，和文のみ）
- b5paper　B5判（和文 182 mm × 257 mm，欧文 176 mm × 250 mm）
- letterpaper　レター判（8.5 インチ × 11 インチ，欧文デフォルト）
- papersize　dvipdfmxに用紙サイズを伝える（js… 専用）

js… ドキュメントクラスは，デフォルト以外の用紙サイズを指定したら，必ず papersize というオプションも指定する必要があります。jlreq では次節のように bxpapersize パッケージを利用します。モダン LaTeX では papersize オプションは不要です。

さらに詳しいオプションについては第 14 章をご覧ください。

## 3.4　プリアンブル

LaTeX 文書ファイルの \documentclass[...]{...} と \begin{document} の間にさらに細かい指定を書くことができます。この部分のことをプリアンブル（preamble，前口上）といいます。

jlreq など papersize オプションのないドキュメントクラスを A4 判以外の用紙サイズに設定して pLaTeX，upLaTeX で使う際には，プリアンブルに

```
\usepackage{bxpapersize}
```

と書いておきます。例えば B6 判の用紙に出力するなら，

```
\documentclass[paper=b6]{jlreq}
\usepackage{bxpapersize}
\begin{document}
  （本文）
\end{document}
```

のように書きます。モダン LaTeX では bxpapersize は不要です。

ページ番号を振りたくないときは，プリアンブルに \pagestyle{empty} と書きます。

文書全体についてのフォント指定もプリアンブルで行います。

たとえば欧文や数式を Times 系のフォントにするには

```
\usepackage{newtxtext,newtxmath}
```

とします。また，欧文や数式を Palatino 系のフォントにするには

```
\usepackage{newpxtext,newpxmath}
```

とします。

フォント指定については第 12 章・第 13 章をご覧ください。

## 3.5 文書の構造

文書は，タイトル，著者名，章の見出し，節（セクション）の見出し，段落，… のような構造を持っています。LaTeX で文書ファイル中に書き込むのは，このような文書の構造です。これに対して，いわゆるワープロソフトは，文書の構造とレイアウト（文字サイズや書体）とが明確に分かれていません。LaTeX の作者 Leslie Lamport は，ワープロソフト等による視覚デザイン（visual design）に対して，LaTeX の文書作成方式を論理デザイン（logical design）と呼んでいます。

参考　Web ページを制作するための HTML についても，同じことが言えます。HTML で表すのは文書の構造です。これを実際のレイアウトに結びつけるのは，CSS（スタイルシート）です。LaTeX では，CSS に相当するものがドキュメントクラスやパッケージファイルです。

参考　現在の多くのワープロソフトでは，スタイル指定により文書の構造とレイアウトを対応づけることができます。しかし，スタイルから逸脱することが簡単にできてしまうため，よほど注意しないと不統一なレイアウトになってしまいます。

例えば次の文書を考えましょう。

> **1　序章**
>
> **1.1　チャーチルのメモ**
>
> 1940 年，潰滅の危機に瀕した英国の宰相の座についたウィンストン・チャーチルは，政府各部局の長に次のようなメモを送った．
>
> > われわれの職務を遂行するには大量の書類を読まねばならぬ．その書類のほとんどすべてが長すぎる．時間が無駄だし，要点をみつけるのに手間がかかる．
> >
> > 同僚諸兄とその部下の方々に，報告書をもっと短くするようにご配意ねがいたい．

木下是雄『理科系の作文技術』中公新書624 (中央公論社, 1981)

この文書で「1　序章」は原文では章の見出しですが，ここでは節(セクション)の見出しにしています。「1.1　チャーチルのメモ」は小節(サブセクション)の見出しにしています。また，この文書は三つの段落から成りますが，最後の二つの段落は，地の文章ではなく，引用した文章です。

LaTeXに入力する文書ファイルでは，これらを次のように表現します。

```
\documentclass{jlreq}
\begin{document}

\section{序章}

\subsection{チャーチルのメモ}

1940年，潰滅の危機に瀕した英国の宰相の座についたウィンストン・
チャーチルは，政府各部局の長に次のようなメモを送った．

\begin{quotation}
  われわれの職務を遂行するには大量の書類を読まねばならぬ．
  その書類のほとんどすべてが長すぎる．時間が無駄だし，
  要点をみつけるのに手間がかかる．

  同僚諸兄とその部下の方々に，
  報告書をもっと短くするようにご配意ねがいたい．
\end{quotation}

\end{document}
```

参考　上の入力例では `\begin{quotation}` と `\end{quotation}` の間の行の頭に半角空白が二つずつ入っていますが，これは入れなくてもかまいません。LaTeXでは行頭・行末の半角空白を無視しますので，入れても入れなくても同じことです。単に `\begin` と `\end` の対応を見やすくするために，このように字下げする習慣があるだけです。実際にはLaTeX対応のエディタが自動的にこのような字下げをしてくれます。LaTeX対応でないエディタなら，強いて字下げする必要はありません。いずれにしても，全角空白は入れないでください。

この例では，文書の構造を記述するために，次のような命令が使われています。

- `\section{何々}`　セクション(節)の見出し
- `\subsection{何々}`　サブセクション(小節)の見出し
- `\begin{quotation}`　引用の始め
- `\end{quotation}`　引用の終わり

このほかに必要に応じて次のような命令で文書の構造を表します。

- ▹ \part{何々} 第何部という部見出し
- ▹ \chapter{何々} 章見出し(book, report を含む名前のドキュメントクラス,あるいは jlreq に book, report オプションを付けた場合)
- ▹ \subsubsection{何々} サブサブセクション(小々節)の見出し
- ▹ \paragraph{何々} パラグラフ(段落)の見出し
- ▹ \subparagraph{何々} サブパラグラフ(小段落)の見出し
- ▹ \begin{quote} 短い引用の始め(上記 quotation 環境と違って段落の頭を下げない)
- ▹ \end{quote} 短い引用の終わり

段落も文書の構造の一つです。段落の区切りは空行によって表されます※7。

※7 強制改行のコマンド \\ を段落の区切り代わりに使うべきではありません。

## 3.6 タイトルと概要

タイトルを出力するためには次の四つの命令を使います。

- ▹ \title{何々} 文書名の指定
- ▹ \author{何々} 著者名の指定
- ▹ \date{何々} 日付の指定(省略すると今日の日付になる)
- ▹ \maketitle 文書名・著者名・日付の出力

例えば次のようにします。

```
\documentclass{jlreq}
\begin{document}

\title{理科系の作文技術}
\author{木下　是雄}
\date{1981年9月25日}
\maketitle

\section{序章}

\subsection{チャーチルのメモ}

1940年，潰滅の危機に瀕した英国の……

\end{document}
```

結果は次のようになります。

理科系の作文技術

木下 是雄

1981 年 9 月 25 日

1　序章

1.1　チャーチルのメモ

1940 年，潰滅の危機に瀕した英国の……

\title, \author, \date は \maketitle の前ならどこにあってもかまいませんし，この三つの順序もどれが先でもかまいません。実際にタイトルを出力するのは \maketitle です。

タイトル，著者名，日付が長いときは，\\ で区切るとそこで改行します。

```
\title{非常に長いタイトルを \\ 二行に分ける是非について}
\author{寿限無寿限無五劫のすりきれ \\ 海砂利水魚の水行末}
\date{2020年7月8日投稿 \\ 2020年9月10日受理}
```

また，著者が複数いるときは，次のように \and で区切ります。\and の直後に必ず半角空白を入れてください。\and の直前の半角空白はあってもなくても同じです。

```
\author{アルファ \and ベーテ \and ガモフ}
```

タイトルや著者名に脚注を付けるときは \thanks という命令で

```
\author{湯川秀樹\thanks{京都大} \and 朝永振一郎\thanks{東教大}}
```

のようにします。なぜ \thanks かというと，研究費を援助してくれた機関を著者名の脚注で書くのが慣わしになっているからです。

次のように著者名の途中に \\ で改行を入れることもできます。

```
\author{湯川秀樹 \\ 京都大 \and 朝永振一郎 \\ 東教大}
```

\date 指定を省略すれば，文書ファイルを LaTeX で処理した日付を出力します。

((lt)js)article，jlreq クラスのデフォルトでは，タイトルは本文第 1 ページの上部に出力されます。もしタイトルのページを独立に 1 ページとりたいなら，

```
\documentclass[titlepage]{jsarticle}
```

のようにドキュメントクラスのオプションとして titlepage を指定します。

また，\maketitle の直後に \begin{abstract} と \end{abstract} で囲んで論文の要約（概要）を書いておけば，タイトルと本文の間に出力されます（titlepage オプションを指定した場合は独立のページに出力されます）。

## 3.7 打ち込んだ通りに出力する方法

半角文字の # $ % & _ { } \ ^ ~ は，そのままではうまく出力できません。笑顔のつもりで (^_^) などと書けばエラーになってしまいます。また，改行は無視され，半角のスペースは何個並べても 1 個分のスペースしか空きません（これらのルールについてはあとで詳しく述べます）。

ちゃんとしたルールを学ぶ前に，とりあえず入力画面の通りに出力する方法を書いておきます。

次のように \begin{verbatim}，\end{verbatim} で囲んだ部分は，入力画面の通りに出力されます。この "verbatim"（ヴァー**ベ**イティム）[※8] は「文字通りに」という意味の英語です。

※8 **べ**に強勢があるので太字にしました。

```
\documentclass{jlreq}
\begin{document}

メールで使われる記号類
\begin{verbatim}
    :-)       元祖スマイル
    ^^;       冷や汗
\end{verbatim}

\end{document}
```

これを出力すると次のようになります。

```
メールで使われる記号類

  :-)      元祖スマイル
  ^^;      冷や汗
```

半角文字は幅一定の typewriter 書体になりますが，半角文字と全角文字の幅の比は一般に 1 : 2 ではありません。

参考　フォントのサイズを変えるか（第 12 章），あるいは \scalebox（第 7 章）を使って横方向に変形すれば，Typewriter のような全角のちょうど半分の幅の文字ができます。しかし，半角・全角・倍角などという文字指定は昔のワープロじみていて LaTeX らしくないので好まれません。

この verbatim はコンピュータのプログラムを出力するときに便利です。

これは行単位でしたが，文字単位なら \verb|...| という書き方を使います。例えば (^_^) と出力したいなら \verb|(^_^)| と書きます。区切りは縦棒 | に限らず，両側が同じなら \verb/(^_^)/ でも \verb"(^_^)" でも \verb@(^_^)@ でもかまいません。出力したい部分に含まれない文字でサンドイッチします。

\begin{verbatim*} … \end{verbatim*} や \verb*|...| のように * 印を付けると，半角空白が ␣ という文字で出力されます。

なお，\chapter{...} や \section{...} のような \何々{...} 型の命令の { } の中では \verb 命令はたいてい使えないので，特殊文字の出力はほかの方法によらなければなりません（72 ページ）。これはあとで出る \何々 [...] 型の命令の [ ] の中でも同様です。

## 3.8　改行の扱い

ここでいう改行（かいぎょう）とは，Enter キーを打つことです。

### ▶ 改行は無視される（行末が和文文字の場合）

InDesign などの DTP ソフトと違って，LaTeX は通常は改行を無視するので，LaTeX 用の入力ファイルには，ポエムのように改行をふんだんに入れる人が多いようです。そのほうが，Git などのバージョン管理システムで変更点がよくわかって便利です。

ただし，空（から）の行（何も入力していない行，Enter だけの行）があると，LaTeX はそこを段落の区切りと解釈します。

つまり，Enter キーを 1 度だけ打っても LaTeX はそれを無視しますが，2 度続けて Enter を打てば，空行ができるので，そこで段落が改まり，通常の設定では次の行の頭に 1 文字分の空白（字下げ，インデント）が入ります（全角下がり）。

以下の例でこの点をよく理解してください。

入力
```
改行は
無視されます。
```

出力

　改行は無視されます。

入力
```
空行があると
                          ← この行には何も入力せず Enter キーだけ押す
段落が改まります。
```

出力

　空行があると

　段落が改まります。

### ▶ 改行は空白になる (行末が欧文文字の場合)

入力ファイルの改行は（空の行でない限り）無視されると書きましたが，これは和文入力の場合だけです。もっと詳しく言うと，行の最後の文字が和文の文字（かな・漢字など，いわゆる全角文字）であれば，その直後に打った Enter キーは無視されます。

参考　和文文字の後に半角空白をいくつか打ってから Enter キーを打っても，その半角文字と Enter はまとめて無視されます。

ところが，行の最後の文字が半角文字（欧文の文字）であれば，その直後に打った Enter キーは，半角空白と同じ意味になります。

ちょっとややこしそうですが，実際に欧文を入力してみればごく自然なルールであることがわかります。

次の例では半角文字 a の直後の Enter が空白になります。

入力
```
Here's a
good example.
```

出力

Here’s a good example.

なお，欧文の場合でも，空行（何も入力していない行）があると，LaTeX はそこを段落の区切りと解釈します。

## 3.9　注釈

欧文では改行は空白になりますが，場合によっては改行を単に無視してほしいときもあります。このようなときは，最後の文字の直後に % を書きます。

入力
```
Supercalifragilistic%
expialidocious!
```
出力

Supercalifragilisticexpialidocious!

この % は，その行のそれ以降を LaTeX に無視させる特殊な命令です。この文字から後は改行文字 Enter を含めてすべて無視されますので，コメント（注釈）を書くのに便利です。

入力
```
% 2020/07/08 思いついた小説の書き出し
吾輩は
% 犬である。
猫である。% 2020/09/10 上の行と置き換える
```
出力

吾輩は猫である。

この場合，最後の文字の直後に % を書かないと，余分な空白が入ってしまいます（␣ は半角空白）。

入力
```
吾輩は␣%ええっと何にしようかな
猫である。
```
出力

吾輩は 猫である。

## 3.10　空白の扱い

空白（スペース）には全角空白と半角空白があります。本書では，まぎらわしい場合には半角空白を ␣ と表記しています。

エディタの画面上では半角空白 2 個 ␣␣ と全角空白 1 個とは区別がつきにくいのですが，LaTeX にとってはこれらの意味はまったく違います。

全角空白を並べれば，単にその個数分の全角空白が出力されるだけです。

半角空白 ␣ は，欧文の単語間のスペース（欧文フォントによって違いますが全角の 1/4 から 1/3 程度の空白）を出力しますが，ページの右端を揃えるためにかなり伸び縮みします。また，半角空白は何個並べても 1 個分の空白しか出力しません。

入力
```
Fill␣in␣the␣(␣␣␣␣␣␣)'s.
```

出力 Fill in the ( )'s.

半角空白をいくつも出力するためには \ で区切ります。

入力
```
Fill␣in␣the␣(␣\␣\␣\␣\␣\␣\␣)'s.
```
出力 Fill in the (　　　)'s.　　← 括弧内は半角の空白 6 個分

途中で改行されると困るときは ~（波印，チルダ）を使います。~ は半角空白 ␣ と同じ幅の空白を出力する命令ですが，~ で空けた空白では改行が起こりません[※9]。

※9　標準的なJISキーボードでは，シフトキーを押しながら「へ」を叩くと ~ が出ます。

入力
```
Fill␣in␣the␣(~~~~~~)'s.
```
出力 Fill in the (　　　)'s.　　← 括弧内は半角の空白 6 個分

参考　ただし，あまり長いものに対して途中の改行を禁止すると，LaTeX が最適な改行位置を見つけられないことがあります。このようなときは次のいずれかの警告メッセージを出力します。

```
Underfull \hbox  語と語の間が空きすぎになってしまった
Overfull \hbox   少し右端がはみ出してしまった
```

このようなときは，字句を修正するのが手っ取り早い方法です。より詳しくは第 16 章で扱います。

なお，行頭・行末の半角空白 ␣ は何個あっても無視されます。

入力
```
␣␣␣␣␣␣これは␣␣␣␣␣␣
␣␣␣␣␣␣例です。␣␣␣␣
```
出力 これは例です。

## 3.11　地の文と命令

LaTeX の入力ファイルには，地(じ)の文と組版命令とが混ざっています。

組版命令にはいろいろありますし，自前の命令を作ることもできます。

LaTeX という組文字を出力する命令は \LaTeX です。このような命令は，一般に \LaTeX␣ のように，直後に半角空白 ␣ を付けて使うのが安全です。この半角空白は，命令と地の文の区切りの意味しか持ちません。空白が出力されるわけではありません。

入力
```
この本は\LaTeX で書きました。
```
（この本は：地の文　\LaTeX：命令　で書きました。：地の文）

出力 | この本はLATEXで書きました。

もし半角空白を入れずに“この本は\LaTeXで書きました”と書くと，

この本は\LaTeXで書きました。
地の文 命令（こんな命令はない）

```
! Undefined control sequence.
l.4 この本は\LaTeXで書きました
                              。
?
```

と解釈されてしまい，右のようなエラー（誤り）になります。

エラーにしないためには，次のいずれかの書き方をします。

| | |
|---|---|
| この本は\LaTeX␣で書きました。 | ← 半角空白を付ける |
| この本は\LaTeX<br>で書きました。 | ← 改行する |
| この本は\LaTeX{}で書きました。 | ← {} を付ける |
| この本は{\LaTeX}で書きました。 | ← {...} で囲む |

例外として，命令の前後の文字が（半角・全角を問わず）句読点・括弧の類（いわゆる約物（やくもの））であれば，半角空白や {} は省略してもかまいません。例えば

\LaTeX，がんばれ！

のように書いてもエラーになりません。

なお，\LaTeX␣ の半角空白 ␣ は区切りの意味しか持ちませんので，

\LaTeX␣is␣awesome! → LATEXis awesome!

のように書いても，上記の通りスペースは出力されません。スペースを増やしても同じです。

\LaTeX␣␣␣␣␣␣␣is␣awesome! → LATEXis awesome!

こういうときは，スペースを入れる命令 \␣ を使うか，{} で区切るかします。

\LaTeX\␣is␣awesome! → LATEX is awesome!
\LaTeX{}␣is␣awesome! → LATEX is awesome!
{\LaTeX}␣is␣awesome! → LATEX is awesome!

## 3.12 区切りのいらない命令

$ はLATEXでは数式モードの区切りという特別な意味を持っています。「29ドル」という意味で $29 と書きたいときは，\ 印を付けて \$29 と書きます。

同様に，# % & _ { } も，\# \% \& _ \{ \} のように頭に \ を付ければ，# % & _ { } のように出力できます。

これらも \ で始まるので LaTeX の命令の一種ですが，\ にアルファベットでない記号・数字が付いてできた命令は，\LaTeX のような命令と少し違った性質をもちます。

- これらの命令は \ の後ろに 1 文字しかつきません。例えば \$ という命令はありますが \$# や \$foo という命令はありえません。
- \$ のような命令は，\$␣29 のように空白で区切る必要はありません。単に \$29 のように書きます。もし \$␣29 のように空白を付ければ，$ 29 のように実際に空白が出力されてしまいます。

## 3.13　特殊文字

© や £ や æ のような特殊文字は，入力さえできれば，モダン LaTeX ならそのまま出力できますし，レガシー LaTeX でも比較的新しいもの（2018 年 4 月以降）ならほぼそのまま出力できます（ファイルの文字コードは UTF-8 にする必要があります）[※10]。

これらの文字も含め，LaTeX ではいろいろな文字や記号をバックスラッシュ（\）で始まる命令で入力できます。その一部を以下に列挙します。詳しくは付録 E（385 ページ〜）をご覧ください。

| 入力 | 出力 | 入力 | 出力 | 入力 | 出力 | 入力 | 出力 |
|---|---|---|---|---|---|---|---|
| \# | # | \copyright | © | \L | Ł | ``\,` | “‘ |
| \$ | $ | \pounds | £ | \ss | ß | '\,'' | ’” |
| \% | % | \oe | œ | ?` | ¿ | - | - |
| \& | & | \OE | Œ | !` | ¡ | -- | – |
| _ | _ | \ae | æ | \i | ı | --- | — |
| \{ | { | \AE | Æ | \j | ȷ | \textregistered | ® |
| \} | } | \aa | å | ` | ‘ | \texttrademark | ™ |
| \S | § | \AA | Å | ' | ’ | \textasciitilde | ~ |
| \P | ¶ | \o | ø | `` | “ | \TeX | TeX |
| \dag | † | \O | Ø | '' | ” | \LaTeX | LaTeX |
| \ddag | ‡ | \l | ł | * | * | \LaTeXe | LaTeX $2_\varepsilon$ |

参考　\copyright はフォントによってはうまく出ないようです。その場合は \textcopyright というコマンドをお試しください。

※10　2018年以前のレガシー LaTeXは，プリアンブルに \usepackage[utf8]{inputenc} と書いておく必要があります。

ただし，例えば Ångstrøm を `\AAngstr\om` と書いたのでは，LaTeX は「`\AAngstr` という命令はない」「`\om` という命令はない」というエラーになります。区切りの波括弧 `{}` を使って

`\AA{}ngstr\o{}m`　または　`{\AA}ngstr{\o}m`

と書くか，半角スペースで `\AA␣ngstr\o␣m` のように区切ってください。`\&` のような記号で終わる命令は，区切りは不要です（半角スペースで区切ると，半角スペースがそのまま出力されます）。

記号類は `\&` などと書く代わりに全角（和文）文字を使ってもかまいません（デザインは少し違います）。

| | | | | | | | | | |
|---|---|---|---|---|---|---|---|---|---|
| 半角 (Latin Modern Roman) | # | $ | % | & | _ | { | } | § | £ |
| 半角 (Times) | # | $ | % | & | _ | { | } | § | £ |
| 半角 (Palatino) | # | $ | % | & | _ | { | } | § | £ |
| 全角 (源ノ明朝体) | ＃ | ＄ | ％ | ＆ | ＿ | ｛ | ｝ | § | ￡ |

星印 ⋆ を入力すると * のように上寄りに出力されますが，`$*$` のように `$` でサンドイッチすると $*$ のように中央に出ます[※11]。`\textasteriskcentered` というコマンドでも ∗ が出力できます（付録 E 参照）。

※11　$ でサンドイッチした部分は数式モードになります。数式中で $a * x$ のように演算記号として使われるので，欧文小文字の高さの半分くらいのところに出ます。

“`---`” は — のような欧文用のエムダッシュ（通常 1 em の長さのダッシュ。56 ページ参照）を出力する命令です。これは文中で間を置いて読むべきところ——例えば説明的な部分の区切り——に使われます：

Remember, even if you win the rat race—you're still a rat.

**参考**　和文では「——」のような倍角ダッシュを使います。ただ，ダッシュ記号―（U+2015 HORIZONTAL BAR）を二つ並べた「——」は，フォントによっては切れ目が目立ちます[※12]。対策については 76 ページをご覧ください。

※12　ヒラギノでは目立ちますが，原ノ味ではつながって見えます。

以上のほかに，特殊文字ではありませんが，今日の日付を出力する命令 `\today` は便利です。これは `\date` を省略したときの `\maketitle` と同様に，年月日を出力します。

**参考**　`\today` で出力される年の形式は，`jsarticle` や `jlreq` などではデフォルトで「2020 年 10 月 26 日」のような西暦になりますが，`\和暦` と宣言しておけば「令和 2 年 10 月 26 日」のような和暦になります。

数式モードを使えばもっといろいろな記号が出力できます。数式モードについては第 5 章をご覧ください。

参考 コンピュータプログラムでは c_str のようなアンダーバー入りの名前をよく使います。これを \texttt{c_str} と書くとレガシー LaTeX のデフォルトでは c_str のようになり，アンダーバーだけタイプライタ体になりません。\verb|c_str| と書くか，\usepackage[T1]{fontenc} とプリアンブルに書いて T1 エンコーディングに切り替えれば解決できます（第 12 章）。

## 3.14 アクセント類

以下は欧文で使用する種々のアクセント類を出力する命令です[※13]。

| 入力 | 出力 | 入力 | 出力 | 入力 | 出力 | 入力 | 出力 |
|---|---|---|---|---|---|---|---|
| \`{o} | ò | \~{o} | õ | \v{o} | ǒ | \d{o} | ọ |
| \'{o} | ó | \={o} | ō | \H{o} | ő | \b{o} | o̲ |
| \^{o} | ô | \.{o} | ȯ | \t{oo} | o͡o | \r{a} | å |
| \"{o} | ö | \u{o} | ŏ | \c{c} | ç | \k{a} | ą |

使用例をいくつか挙げておきます。

| 入力 | 出力 | 入力 | 出力 |
|---|---|---|---|
| Schr\"{o}dinger | Schrödinger | Pok\'{e}mon | Pokémon |
| al-Khw\={a}rizm\={\i} | al-Khwārizmī | Erd\H{o}s | Erdős |

参考 \ にアルファベット以外の記号の付く命令では { } がなくても大丈夫です。例えば Schrödinger は Schr\"odinger でもかまいません。

数式モードを使えば，もっといろいろなアクセントが出力できます。数式モードについては第 5 章をご覧ください。

※13 これらもモダンLaTeXならUTF-8で書き込んで直接処理できます。レガシーLaTeXでも新しいものはほぼ同様に出力できます。詳細は第12章をご覧ください。

※セディーユ（セディーラ）\c は，T1, OT1エンコーディングでは任意の文字に付けられますが，TUエンコーディングのLatin Modernフォントでは特定の文字にしか付かないようです。

## 3.15 書体を変える命令

先に述べたように，LaTeX ではなるべく文書の構造を指定する命令だけを使い，書体や文字サイズを直接指定する命令は避けるべきなのですが，とりあえずワープロ代わりに使いたいときもあるでしょうから，書体や文字サイズを変える方法も説明しておきます。

### ▶ 和文書体

和文書体については第 13 章で詳しく説明しますが，とりあえず**ゴシック体**に変える命令 `\textgt{...}` だけ挙げておきます。

入力
```
\textgt{ゴシック体}は見出しなどに使う。
```
出力

**ゴシック体**は見出しなどに使う。

参考　`\textbf{...}` でもゴシック体になることがあります。`\textbf` は本来は太字（boldface）にする命令で，本文に明朝体を使っていれば**明朝体の太字**になるのが合理的ですが，当時の PostScript プリンタに和文 2 書体（明朝体・ゴシック体）しかなかったのでゴシック体で代用したという経緯があります。現在では `\textbf` の和文に対する効果は設定に依存するので，ゴシック体を使いたいなら `\textgt` のほうがいいでしょう。なお，欧文のサンセリフ体にするコマンド `\textsf` でも（設定によりますが）和文がゴシック体になります。LaTeX の和文を多書体にする `otf` パッケージについては 261 ページをご覧ください。

### ▶ 欧文書体

欧文書体については第 12 章で詳しく説明しますが，LaTeX でよく使われる 7 書体について，簡単な指定方法を挙げておきます。

| | | |
|---|---|---|
| `\textrm{Roman}` | Roman | 本文 (デフォルト) |
| `\textbf{Boldface}` | **Boldface** | 見出し |
| `\textit{Italic}` | *Italic* | 強調, 書名 |
| `\textsl{Slanted}` | *Slanted* | *Italic* の代用 |
| `\textsf{Sans Serif}` | Sans Serif | 見出し |
| `\texttt{Typewriter}` | `Typewriter` | コンピュータの入力例 |
| `\textsc{Small Caps}` | SMALL CAPS | 見出し |

参考　`\textit{...}` の代わりに `\emph{...}` という命令も使えます。こちらのほうが LaTeX の論理デザインの考え方に合っています。`\emph` による強調の設定については 263 ページをご覧ください。

## 3.16　文字サイズを変える命令

文字の大きさについても第 12 章で説明しますが，よく使われるのは，次のように標準からの相対的な大きさを指定するコマンドです。欧文フォントが 10 ポイントの場合の実サイズとともに挙げておきます。

| | | |
|---|---|---|
| `\tiny` | 5 ポイント | 見本 Sample |
| `\scriptsize` | 7 ポイント | 見本 Sample |
| `\footnotesize` | 8 ポイント | 見本 Sample |
| `\small` | 9 ポイント | 見本 Sample |
| `\normalsize` | 10 ポイント (標準) | 見本 Sample |
| `\large` | 12 ポイント | 見本 Sample |
| `\Large` | 14.4 ポイント | 見本 Sample |
| `\LARGE` | 17.28 ポイント | 見本 Sample |
| `\huge` | 20.74 ポイント | 見本 Sample |
| `\Huge` | 24.88 ポイント | 見本 Sample |

このうち `\normalsize` は標準の大きさなので特に指定する必要はありません。

これらの命令は，`{\small␣小さな文字}` のように，命令の後に区切りの半角空白を入れ，適用範囲を `{ }` で囲みます。

入力

```
\LaTeX␣で{\Large␣大きな}文字を出す。
\textgt{\large␣大きいゴシック体},
{\large\textgt{これも同じ}}
```

出力

LaTeX で大きな文字を出す。**大きいゴシック体，これも同じ**

参考　段落や別行数式全体に `\large` 等を適用する際には，その段落の終わり（空行）で `\large` が生きているかどうかで段落全体の行送りが変わります。次の例をご研究ください。

```
前の段落……。
                                          ← 段落の区切り
{\LARGE 文字だけ大きくしたい段落……。}
                                          ← 段落の区切り
{\LARGE 文字も行送りも大きくしたい段落……。
                                          ← 段落の区切り
}
```

ただ，空行のあとに閉じ中括弧だけあるのは見落としやすいので，空行と同じ効果のある `\par`（段落 paragraph の意）という命令をよく使います。

```
{\LARGE 文字も行送りも大きくしたい段落……。\par}
```

## 3.17 環境

\begin{何々} … \end{何々} のような対になった命令を環境（environment）といいます。例えば \begin{quote} … \end{quote} なら quote 環境といいます。環境の内側は一種の別天地で，いろいろな設定が環境の外側と異なります。例えば quote 環境なら左マージン（左余白）が周囲より広くなります。

環境の中で書体などを変えても，環境の外には影響が及びません。

入力

```
ここは環境の外。
\begin{quote}
  ここは環境の中。ここで\small 文字サイズを変えても…
\end{quote}
環境の外では元の書体に戻る。
```

出力

ここは環境の外。

> ここは環境の中。ここで文字サイズを変えても…

環境の外では元の書体に戻る。

quote 以外によく使う環境は次の三つです。

- **flushleft 環境**　左寄せ
- **flushright 環境**　右寄せ
- **center 環境**　センタリング(中央揃え)

これらの環境の途中で改行するには \\ を使います。

例えば次のように出力したいとしましょう。

2020年10月10日

読者各位

東京都新宿区市谷左内町21-13<br>（株）技術評論社

セミナーのご案内

拝啓　時下ますますご清祥のこととお慶び申し上げます。平素は格別のお引き立てに預かり，厚く御礼申し上げます。

　さて，このたび弊社では……。

　まずは略儀ながら書中をもってご案内申し上げます。

敬具

記

1. 日 時　　2020 年 11 月 2 日（月）午後 3 時
2. 場 所　　技術評論社 2 階セミナールーム

※　地図を同封いたしました。

このように出力するには，次のように入力します。

```
\documentclass[12pt]{jsarticle}
\begin{document}

\begin{flushright}
  2020年10月10日
\end{flushright}

\begin{flushleft}
  読者各位
\end{flushleft}

\begin{flushright}
  東京都新宿区市谷左内町21-13 \\
  （株）技術評論社
\end{flushright}

\begin{center}
  \LARGE セミナーのご案内
\end{center}

\noindent
拝啓　時下ますますご清祥のこととお慶び申し上げます。
平素は格別のお引き立てに預かり，厚く御礼申し上げます。

さて，このたび弊社では……。

まずは略儀ながら書中をもってご案内申し上げます。

\begin{flushright}
  敬具
\end{flushright}
```

```
\begin{center}
  記
\end{center}

\begin{quote}
  1. 日 時　　2020年11月2日（月）午後3時 \\
  2. 場 所　　技術評論社2階セミナールーム
\end{quote}

※　地図を同封いたしました。

\end{document}
```

このようなワープロ風の出力をするには，全角や半角の空白を適宜入れたり，均等割り（74 ページ）を使ったりするとよいでしょう。「記」の下の部分は箇条書きや表組み（第8章）もよく使います。

参考　たいていのエディタやワープロソフトは一連のキー操作を登録できるようになっていて，ある操作をすると `\begin{center}` と `\end{center}` が現れるように設定できます。

## 3.18　箇条書き

環境の例として，いろいろな箇条書きの方法を説明します。

### itemize環境

頭に ● などの記号を付けた箇条書きです。

入力

```
\LaTeX には
\begin{itemize}
\item 記号付き箇条書き
\item 番号付き箇条書き
\item 見出し付き箇条書き
\end{itemize}
の機能がある。
```

出力

LaTeX には

- 記号付き箇条書き
- 番号付き箇条書き
- 見出し付き箇条書き

の機能がある。

入れ子にすると，標準の設定では次のように記号が変わります。

入力

```
\begin{itemize}
\item 第1レベルの箇条書き
  \begin{itemize}
  \item 第2レベルの箇条書き
    \begin{itemize}
    \item 第3レベルの箇条書き
      \begin{itemize}
      \item 第4レベルの箇条書き
      \end{itemize}
    \end{itemize}
  \end{itemize}
\end{itemize}
```

出力

- 第 1 レベルの箇条書き
  - 第 2 レベルの箇条書き
    - 第 3 レベルの箇条書き
      - 第 4 レベルの箇条書き

参考　各項目の頭に付く ● などの記号は，クラスファイルの中で定めています。第 1〜4 レベルの記号を出力する命令はそれぞれ \labelitemi，\labelitemii，\labelitemiii，\labelitemiv です。たとえば第 1 レベルの ●（\textbullet または $\bullet$）が大きすぎるので和文の「・」（中黒（なかぐろ））に替えたいなら，

```
\renewcommand{\labelitemi}{・}
```

とします。

参考　\item[★] のようにすると，そこだけ項目の記号が変えられます。

## enumerate環境

頭に番号を付けた箇条書きです。

入力

```
\LaTeX には
\begin{enumerate}
\item 記号付き箇条書き
\item 番号付き箇条書き
\item 見出し付き箇条書き
\end{enumerate}
の機能がある。
```

出力

LaTeX には

1. 記号付き箇条書き
2. 番号付き箇条書き
3. 見出し付き箇条書き

の機能がある。

入れ子にすると，標準の設定では次のように番号の付け方が変わります。

入力

```
\begin{enumerate}
\item 第1レベルの箇条書き
  \begin{enumerate}
  \item 第2レベルの箇条書き
    \begin{enumerate}
    \item 第3レベルの箇条書き
      \begin{enumerate}
      \item 第4レベルの箇条書き
      \end{enumerate}
    \end{enumerate}
  \end{enumerate}
\end{enumerate}
```

出力

1. 第 1 レベルの箇条書き
   (a) 第 2 レベルの箇条書き
      i. 第 3 レベルの箇条書き
         A. 第 4 レベルの箇条書き

参考　第 1 レベルの番号は 1.，2.，3.，… と続きますが，特定の項目で箇条の見出しを変えるには `\item` の次に見出しを `[ ]` で囲んで書きます。そこでは番号は増えません。たとえば `\item`，`\item[1a.]`，`\item` の 3 項目があれば，番号は 1.，1a.，2. となります。

参考　番号の付け方はクラスファイルの中で定めています。第 1〜4 レベルの番号を出力する命令はそれぞれ `\labelenumi`，`\labelenumii`，`\labelenumiii`，`\labelenumiv` です。たとえば第 1 レベルの番号の後のピリオドを取るには

```
\renewcommand{\labelenumi}{\theenumi}
```

とします。また，番号に括弧を付けるには，

```
\renewcommand{\labelenumi}{(\theenumi)}
```

とします。ローマ数字（i，ii，…）にするには，

```
\renewcommand{\theenumi}{\roman{enumi}}
```

とします。この `\roman` を `\arabic`，`\alph`，`\Alph`，`\Roman` にすれば，それぞれ算用数字（最初の状態），英小文字（a，b，…），英大文字（A，B，…），ローマ数字大文字（I，II，…）となります。

参考　enumitem パッケージ[※14]（texdoc enumitem）を読み込めば，番号の付け方や字下げ・空きの量が簡単に変えられるようになります。例えば `\begin{enumerate}[label=例\arabic*]` とすれば，番号の付け方が「例 1」「例 2」… となります。オプション `[label=...]` の `\arabic*` などは，すぐ上で述べた算用数字などを表す命令に * を付けたものです。

※14　古いenumerateパッケージを置き換えるものです。

## description環境

左寄せ太字で見出しを付けた箇条書きです。たとえば

第 7 回 LaTeX 勉強会の開催について（案内）

下記のとおり行いますので，万障お繰り合わせの上，ご参集ください。

記

**日時**　2020 年 11 月 2 日 午後 3 時

**場所**　当社 2 階会議室

**用意するもの**　技術評論社『LaTeX $2_\varepsilon$ 美文書作成入門』（特に第 3 章をよく読んでおいてください）

以上

のように出力するには，

```
\begin{center}
  \large 第7回\LaTeX 勉強会の開催について（案内）
\end{center}

下記のとおり行いますので，
万障お繰り合わせの上，ご参集ください。
\begin{center} 記 \end{center}
\begin{description}
\item[日時] 2020年11月2日 午後3時
\item[場所] 当社2階会議室
\item[用意するもの] 技術評論社『\LaTeXe 美文書作成入門』
  （特に第3章をよく読んでおいてください）
\end{description}
\begin{flushright} 以上 \end{flushright}
```

のように，\begin{description} … \end{description} を使います。それぞれの箇条の頭には \item[見出し] を付けます。

見出しの直後で改行したい場合は，単に強制改行 \\ を入れてもうまくいきません。次のように \mbox{} という見えない箱を入れるとうまくいきます。

```
\begin{description}
\item[日時] \mbox{} \\
  2020年11月2日 午後3時
\item[場所] \mbox{} \\
  当社2階会議室
\end{description}
```

参考 これら以外に汎用の `\begin{list}{}{} … \end{list}` という環境があります。最初の空の `{}` には，必要に応じて `\item` で出力されるものを指定します。2番目の空の `{}` には，必要に応じて `\setlength\leftmargin{3\zw}` のような組版上の設定を書き込みます。

## 3.19 長さの単位

LaTeX で使える長さの単位には次のものがあります。最後の 4 つは pLaTeX, upLaTeX だけで使えます。LuaLaTeX の日本語対応（LuaTeX-ja）では zw，zh の代わりに `\zw`，`\zh` というマクロが定義されています。

**cm** センチメートル（1 cm = 10 mm）
**mm** ミリメートル
**in** インチ（1 in = 2.54 cm）
**pt** ポイント（72.27 pt = 1 in）
**pc** パイカ（1 pc = 12 pt）
**bp** ビッグポイント（72 bp = 1 in），DTP ポイント
**sp** スケールドポイント（65536 sp = 1 pt）
**em** 文字サイズの公称値（元来は“M”の幅）
**ex** 現在の欧文フォントの“x”の高さ（公称値）
**zw** (u)pLaTeX のみ。現在の和文フォントのボディの幅（ベタ組み時の字送り量）
**zh** (u)pLaTeX のみ。使わないほうがいい（元来は現在の和文フォントの高さ）
**Q** (u)pLaTeX のみ。級（1 Q = 0.25 mm）
**H** (u)pLaTeX のみ。歯（は）（1 H = 0.25 mm）

印刷関係ではポイント（point，pt，ポ）という単位をよく使います。ポイントの定義は国によって若干の違いがありますが，LaTeX では 1 ポイントを $1/72.27$ インチと定義しています。日本産業規格[※15]（JIS）の 1 ポイント = 0.3514 mm と実質的に同じです。DTP ソフトや Word などでは 1 ポイントを $1/72$ インチ（LaTeX でいうビッグポイント，bp）としています。

※15 旧称は日本工業規格

写植機で使われてきた級数（歯数）は和製の単位で，1 級（Q）= 1 歯（H）= 0.25 mm です。1 mm の $1/4$（quarter）だから Q というのです。文字の大きさには級を，送りの指定には歯を使う習慣になっています。

欧文の書籍では 10 ポイントの文字を使うことが多く，LaTeX でも欧文 10 ポイントが標準となっています。この 10 ポイントというのは，活版印刷では活字の上下幅，つまり詰めものをしないで活字を詰めたときの行送り量です。コンピュータのフォントではどの長さが 10 ポイントかはっきりしないのですが，LaTeX 標準の Computer Modern Roman 体（およびこれを拡張した Latin

Modern Roman 体）の 10 ポイント（cmr10，lmr10）では，括弧 ( ) の上下幅がちょうど 10 ポイントになっています（ベースラインから上 7.5 pt，下 2.5 pt）。また，たまたま cmr10・lmr10 の数字 2 文字分の幅も 10 ポイントです（cmr9・lmr9 の数字 2 文字分の幅は 9 ポイントではありません）。

この 10 ポイントの欧文に合わせる和文の文字として，`jsarticle` 等では 13 Q（約 9.247 ポイント）としています。つまり，`jsarticle` 等では 1 zw は 9.247 pt です。

zw が全角の幅（width）であるのに対して，zh は元来は全角の高さ（height）ですが，歴史的な理由により，伝統的な pTEX の和文フォントメトリックでは 1 zh は 1 zw よりわずかに小さい値になっています（ほぼ 1 zw = 1.05 zh）。現在では 1 zh の値は特に意味がないので使わないほうがいいでしょう。なお，`otf` パッケージや LuaTEX-ja のフォントメトリックなど，新しいものでは正方形（正確に 1 zw = 1 zh）になっています。

## 3.20 空白を出力する命令

以下で長さと書いた部分には `1zw`※16 や `12.3mm` など LaTEX で使える単位を付けた数を書き込みます。

※16 LuaLATEXの日本語対応版では `1zw` ではなく `1\zw` とする必要があります。

左右にスペースを入れるには次のどちらかの命令を使います。

- ▷ `\hspace{長さ}` 行頭・行末では出力されません。
- ▷ `\hspace*{長さ}` 行頭・行末でも出力されます。`\hspace*{1zw}` は全角空白を一つ入れるのと同じことです。

行頭・行末で `\hspace{...}` が出力されないことを図示すると次のようになります。

段落間などにスペースを入れるには次のどちらかの命令を使います。

- ▷ `\vspace{長さ}` ページ頭・ページ末では出力されません。段落間に余分のスペースを入れるときによく使います。
- ▷ `\vspace*{長さ}` ページ頭・ページ末でも出力されます。図を貼り込むスペースを空けるときなどに使います。

たとえば 0.5 行分のアキを入れるには `\vspace{0.5\baselineskip}` とします。

## 3.21 脚注と欄外への書き込み

このページの下[1] にあるような脚注を出力するには，\footnote{…} という命令を使って，次のように書きます。

```
このページの下\footnote{これが脚注です。}␣にあるような脚注……
```

本書では \footnote{…} の直後に上の例のように半角空白 ␣ を入れるか，あるいは

```
このページの下\footnote{これが脚注です。}\
にあるような脚注
```

のように行末に \ を入れる方式をお勧めしています。行末の \ は半角空白と同じ意味になります。行末に \ を入れないと，その直前が全角文字なので，空白は出力されません。

欧文では，文の途中の \footnote は

```
Gee\footnote{Note.}␣whiz.
```

のように単語に密着し，後ろは空白 ␣ または改行にします。コンマやピリオドのような記号がある場合は，

```
Gee␣whiz.\footnote{Note.}␣Foo␣bar.
```

のようにします。

和文の場合は

```
かくかく\footnote{脚注。}。しかじか。
```

のように句読点の直前に \footnote を入れるのが一般的です。

欄外への書き込み

また，例えば \marginpar{欄外への書き込み} と書くと，その行の横の欄外にこのように「欄外への書き込み」と出力されます。\marginpar は欄外（margin）に出力される段落（paragraph）の意です。

欄外への書き込みが出力される位置は次の通りです。

- 奇数ページ・偶数ページのデザインが同じ jarticle，jsarticle などのドキュメントクラスでは右欄外に出力されます。
- 奇数ページ・偶数ページのデザインが異なる jbook，jsbook などでは外側の欄外（右側ページは右欄外，左側ページは左欄外）に出力されます。
- 二段組では近いほうの欄外（左段なら左欄外，右段なら右欄外）に出力されます。

---

1） これが脚注です。

`\reversemarginpar` という命令で標準位置の逆側に出力するようになります。元に戻すには `\normalmarginpar` とします。

どちら側の欄外に出力されるかによって文言を変えることができます。例えば

```
\marginpar[左です]{右です}
```

と書けば，右欄外の場合は「右です」，左欄外の場合は「左です」と出力されます。

## 3.22 罫線の類

LaTeX 標準の下線・枠線などを引く機能を挙げておきます。より複雑な効果は，第 7 章や付録 D を参照してください。

- `\underline{...}` で下線が引けます。例えばほげ（`\underline{ほげ}`）となります。LaTeX 標準の下線は途中で改行ができません。別の方法については 301 ページをご覧ください。
- `\hrulefill` で水平の罫線が引けます。例えば

  ________________________________________

  のようになります。
- `\dotfill` で水平の点線が引けます。例えば

  ..........................................................................

  のようになります。
- `\fbox{...}` で囲み枠が描けます。例えば `\fbox{ABC}` で ABC となります。
- `\framebox[`$w$`]{...}` で幅 $w$ の囲み枠が描けます。例えば `\framebox[2cm]{ABC}` で ABC となります。同様に `\framebox[2cm][l]{ABC}` で左揃え ABC，`\framebox[2cm][r]{ABC}` で右揃え ABC となります。
- `\rule[`$d$`]{`$w$`}{`$h$`}` で中身の詰まった長方形が描けます。$w$ は幅，$h$ は下端からの高さで，オプションの $d$ はベースラインから下端までの距離です。$d$，$w$，$h$ を調節して任意の太さの縦罫・横罫が引けます。しばしば $w = 0$ にして見えない縦罫の支柱を作り，行送りを微調整するのに使われます。

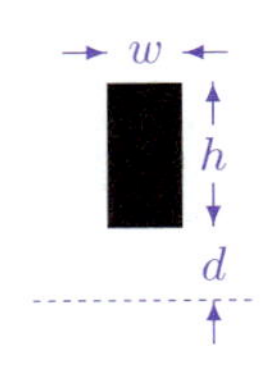


参考　`\fbox` や `\framebox` の枠と中身の隙間は `\fboxsep` という長さで決まります。この長さはデフォルトでは 3 pt ですが，例えば `\setlength{\fboxsep}{0mm}` とすれば ほげ のように隙間がなくなります。

参考　\fbox や \framebox の枠の太さは \fboxrule という長さで決まります。この長さはデフォルトでは 0.4 pt です。例えば \setlength{\fboxrule}{0.8pt} とすれば ほげ のように太くなります。

## 3.23 pLaTeX 以外の主な LaTeX

これまで pLaTeX を主として扱ってきましたが，ここでは元祖 LaTeX，pdfLaTeX，upLaTeX，XeLaTeX，LuaLaTeX について解説します。

### 元祖 LaTeX, pdfLaTeX

コマンド latex で起動するのが元祖 LaTeX，pdflatex で起動するのが pdfLaTeX です。これらは欧文専用のもので，日本語を扱うには不向きですが，欧文論文誌ではこれら，特に pdfLaTeX を想定していることが多いようです。

現在では，latex も pdflatex も，中身は同じものです（両方とも pdftex という実体へのシンボリックリンクです）。latex というコマンド名で起動すれば dvi を出力し，pdflatex というコマンド名で起動すれば PDF を出力します。

### upLaTeX

upLaTeX は，pLaTeX との互換性を重んじながら Unicode 対応にしたものです。田中琢爾（たくじ）さんが作られました。pLaTeX と比べて利点しかないのですが，古いドキュメントクラス（学会の和文誌用など）が upLaTeX に対応していないので，まだ pLaTeX を置き換えるに至っていません。

次のように，Unicode 和文文字がそのまま使えます。jsarticle など既存のドキュメントクラスも，今は upLaTeX に対応するように改修されています。その場合には [uplatex] オプションを付けます。あるいは [autodetect-engine] オプションを付けておけば pLaTeX か upLaTeX かを自動判定します[※17]。

※17　jlreq ドキュメントクラスなら pLaTeX, upLaTeX, LuaLaTeX を自動判定しますが，現状では半角カナが全角組になってしまいます。本書は jlreq で組んでいるのですが，フォントメトリックは LuaTeX-ja デフォルトのものを使っています（第13章）。

```
\documentclass[uplatex]{jsarticle}
\begin{document}

森鷗外と内田百閒が髙島屋で⛄を作った。
①②③ⅠⅡⅢ㈱ｶﾅ
Pokémon

\end{document}
```

これを upLaTeX（コマンド名 uplatex）で処理し，dvipdfmx で PDF にします。一部の文字は，全角扱いにするか欧文文字扱いするかの指定が必要です（208 ページ参照）。

## XƎLaTeX

XƎLaTeX（ズィー）（XeLaTeX）は，LuaLaTeX より先に開発された Unicode 対応の LaTeX で，（Lua が使えない点を除けば）LuaLaTeX とほぼ同等の機能を持つものです。

日本語にも配慮されていて，例えば

```
\documentclass{article}
\usepackage{fontspec}
\setmainfont{SourceHanSerif-Regular}
        [BoldFont=SourceHanSerif-Bold]
\setsansfont{SourceHanSans-Medium}
        [BoldFont=SourceHanSans-Bold]
\XeTeXlinebreaklocale "ja"
\XeTeXlinebreakskip=0em plus 0.1em minus 0.01em
\setlength{\parindent}{1em}
```

とするだけで，源ノ明朝・源ノ角ゴシックが対応する文字すべてを扱うことができます。これで LuaLaTeX（LuaTeX-ja）より高速に日中韓欧の混植ができ，Web 上での PDF 生成などに便利です。

より jsarticle などに近い和文組版をするには，八登崇之（やとうたかゆき）さんの BX ドキュメントクラスを使います。

```
\documentclass[xelatex,ja=standard]{bxjsarticle}
\begin{document}

\jachar{①}も\jachar{☃}も使えます。

\end{document}
```

和文の特殊文字は，間違って欧文として処理され，文字抜けが生じることがあります。その場合は，上の例のように，1 文字ごとに \jachar{...} で囲んでください（BXjscls 1.1a 以降）。

bxjsarticle のところは bxjsbook，bxjsreport，bxjsslide にできます。和文フォントはデフォルトが原ノ味フォントです※18。これ以外のフォントを指定する場合は，

```
\documentclass[xelatex,ja=standard,jafont=ms]{bxjsarticle}
```

のように jafont= に続けて指定します。ms で MS 明朝・MS ゴシック，hiragino-pron でヒラギノ ProN になります。

※18 BXjsclsバージョン2.0未満ではデフォルトがIPAexフォントでした。

### LuaLaTeX

Lua は軽量スクリプト言語の一つです。LuaTeX，LuaLaTeX には Lua 処理系が組み込まれていて，`\directlua` という命令を使って呼び出すことができます。例えば

```
$\sqrt{2} = \directlua{tex.print(math.sqrt(2))}$
```

と書けば $\sqrt{2} = 1.4142135623731$ と出力されますし，

```
\directlua{
  for i = 1, 100 do tex.print("羊が" .. i .. "匹\\par") end
}
```

と書けば「羊が 1 匹」「羊が 2 匹」……と延々と出力されます[※19]。

※19　`\par` は段落を区切る命令で，改行を2回するのと同じことです。Lua言語の `"..."` の中ではバックスラッシュを重ねて書きます。

このような機能を使って LuaLaTeX で (u)pLaTeX と同等以上の日本語組版を実現しようというのが LuaTeX-ja パッケージです。すでに説明したドキュメントクラス `ltjsarticle` や `jlreq` を使えば LuaTeX-ja パッケージが読み込まれ，(u)pLaTeX とほぼ互換になりますが，全角幅を 1 とする単位 `zw` は `\zw` のようにバックスラッシュが必要です。また，(u)pLaTeX で和文文字どうしの空き量を指定する `\kanjiskip`，和文文字・欧文文字間の空き量を指定する `\xkanjiskip` の指定は `\setlength` を使って行いましたが，LuaTeX-ja では設定は例えば `\ltjsetparameter{kanjiskip=0pt plus 1\zw}`，利用は例えば `\hspace{\ltjgetparameter{kanjiskip}}` のように行います。

LuaLaTeX は，TeX Live に同梱されているフォント以外に，システムのフォント（Mac であれば `(/System)/Library/Fonts` 以下と `~/Library/Fonts` 以下）を自由に使えます。これ以外のフォントを使うには，TeX Live のフォントディレクトリからシンボリックリンクしておきます（具体的には付録 C の cjk-gs-integrate-macos の記述を参照してください）。

**参考**　古い LaTeX パッケージを新しい LuaLaTeX で動かす際にトラブルが生じた場合には，文書ファイルの 1 行目（`\documentclass` より前）に `\RequirePackage{luatex85}` と書くと直ることがあります。

# 第4章 パッケージと自前の命令

TEX には自前の命令（マクロ）を作る機能があります。LATEX は，このマクロ機能を使って TEX を拡張したものです。この機能を使えば LATEX をさらに拡張することができます。

自前の命令は文書ファイルに直接書き込むこともできますが，パッケージ化して別ファイルに保存しておくこともできます。LATEX にはさまざまな出来合いのパッケージが付属しています。

ここでは，既存のパッケージの利用のしかたと，自分で命令やパッケージを作る方法を説明します。

最後の「（どこまで）マクロを使うべきか」という節もぜひお読みください。

## 4.1 パッケージ

パッケージとは，LATEX の機能を簡単に拡張するためのしくみです。

例えば，ルビ（振り仮名）を振りたいとしましょう。LATEX にはルビを振る命令がありませんので，何らかの方法で LATEX を拡張しなければなりません。こんなときに使うものがパッケージです。

ルビを振る命令はいろいろなパッケージで定義されていますが，ここでは拙作の okumacro というパッケージ（レガシー LATEX 用）を使うことにします。そのためには，文書ファイルのプリアンブル（\documentclass{...} と \begin{document} の間の部分）に次のように書きます。

```
\usepackage{okumacro}
```

こうしておけば，ルビを振る命令 \ruby が使えるようになります。

入力

```
\documentclass{jsarticle}
\usepackage{okumacro}
\begin{document}

\ruby{拙}{せっ}\ruby{作}{さく}のパッケージです。

\end{document}
```

出力

拙作（せっさく）のパッケージです。

\usepackage{okumacro} と書くと，LaTeX は okumacro.sty というファイルを読み込んで，その中にある命令の定義を取り込みます。つまり，パッケージ okumacro の実体は okumacro.sty という名前のファイルです。もしこのファイルがパソコンの中にないと，次のようなエラーメッセージが出力されます。

```
! LaTeX Error: File `okumacro.sty' not found.

Type X to quit or <RETURN> to proceed,
or enter new name. (Default extension: sty)

Enter file name:
```

このようなエラーが出るのは okumacro の綴りを間違えたか，あるいは実際に okumacro.sty というファイルが入っていないのでしょう（本書付録 DVD-ROM からインストールした場合は入っているはずです）。

もし本当にないなら，ネットで okumacro.sty をダウンロードしてどこかに入れればいいわけです。入れる場所は，現在の LaTeX 文書ファイル（ソースファイル）と同じフォルダの中にするのが一番簡単です。

参考　LaTeX 関連ファイルを入れる一般的な場所については，TeX Live のディレクトリ構造を理解する必要がありますので，付録 B でまとめて説明します。

参考　より高度なルビのためのパッケージとしては，pxrubrica や，LuaLaTeX（LuaTeX-ja）用の luatexja-ruby パッケージがあります。詳しくは 257 ページをご覧ください。

パッケージファイルには，新しい命令や環境の定義などが書き込まれています。以下では，このような新しい命令や環境を作るための方法を順を追って解説します。

## 4.2　簡単な命令の作り方

LaTeX で用紙の左右中央に

記

と書くには,

```
\begin{center} 記 \end{center}
```

と書きます。

この入力を簡単にするため, \記 という自前の命令を作ってみましょう。このような命令は別ファイルに書き溜めておくのが普通ですが, ここではとりあえず, 文書ファイルの中でその命令を使いたいところより前（例えばプリアンブル）に, 次のように \記 の定義を書いておきます。

```
\newcommand{\記}{\begin{center} 記 \end{center}}
```

この \newcommand という命令は, 新しい（new）命令（command）を作るための命令です。上のようにファイルに書いておけば, それ以後 \記 と書けば, \begin{center} 記 \end{center} と書くのとまったく同じ意味になります。

LaTeX の命令のことを一般にコマンド（command）あるいは制御綴（せいぎょつづり）（control sequence）といいますが, このような自前の命令のことを特にマクロ（macro）[※1] ということがあります。

※1　macroinstructionを 縮めてできたコンピュータ用語で, 一般に「複数の命令に展開されるような一つの命令」という意味です。実はLaTeX自体がTeXの上に巨大なマクロで構築されたシステムです。

念のため, このマクロ定義を含む完全な例を挙げておきます。ここで

```
\begin{description} … \end{description}
```

は見出し付きの個条書きを出力する命令で, 各 \item[...] が見出しになります（第 3 章）。

```
\documentclass{jsarticle}
\newcommand{\記}{\begin{center} 記 \end{center}}
\begin{document}

次の要領で会議を行います。

\記

\begin{description}
\item[日時] 2020年10月24日 午後3時
\item[場所] 第2会議室
```

```
\end{description}

\end{document}
```

これを LaTeX で処理して出力すると，次のようになります。

次の要領で会議を行います。

記

**日時**　2020 年 10 月 24 日 午後 3 時
**場所**　第 2 会議室

もう一つ例を挙げましょう。小さい字で弊社と何度も書く必要があるなら，次のように \弊社 という命令を作っておきます。

```
\newcommand{\弊社}{{\small 弊社}}
```

右側の波括弧は二重にしなければなりません。単に

```
\newcommand{\弊社}{\small 弊社}
```

としたなら，\弊社 と書けば \small 弊社 と書いたのと同じことになり，\small を閉じ込める括弧がないので，これ以降，文書の最後まで小さい字になってしまいます。

また，この命令を使う際に，

```
\弊社では，……
```

と書いたのでは，\弊社では という命令が未定義であるというエラーになりますので，

- \弊社␣では　　← 半角空白を入れる
- \弊社{}では　　← {} を入れる
- {\弊社}では　　← {} で囲む

のどれかの書き方をします。

参考　\弊社 のような命令が入力ファイルの行の最後にきたときは，区切りの半角空白や波括弧は不要です。単に

```
このたび\弊社
では……
```

としてかまいません。行末に余分な半角空白があっても無視されますので，エ

ディタで一括置換する際には \弊社␣ のように半角空白を入れておくのもいいでしょう。これに対して，

```
このたび\弊社{}
では……
```

のように } が入力ファイルの行末の直前にきてしまうと，「弊社」と「では」の間に余分な空白が入ってしまいます[※2]。

※2 LuaTEX-jaでは行末に {} があっても余分な空白が入りません。

## 4.3 パッケージを作る

マクロがいくつかできたら，自分用のパッケージに登録しておきましょう。

エディタを起動して，例えば mymacro.sty という名前のファイルを作ります。名前は何でもかまいませんが，拡張子は sty にしておきます。これに自分が作った命令をいくつでも並べて書き込んでおきます。例えば次のようにします。

```
\newcommand{\弊社}{{\small 弊社}}
\newcommand{\記}{\begin{center} 記 \end{center}}
```

この mymacro.sty はとりあえず，LaTeX で処理したい *.tex ファイルと同じフォルダに置いておけばいいでしょう。

個々の文書ファイルでは，次のようにプリアンブルの \usepackage 命令でこのパッケージを読み込んで使います。

```
\documentclass{jsarticle}
\usepackage{mymacro}
\begin{document}

次の要領で会議を行います。
\記
\begin{description}
\item[日時] 2020年10月24日 午後3時
\item[場所] 第2会議室
\end{description}

\end{document}
```

このような命令が充実すればするほど，タイピングの量やレイアウトを考える必要が減り，文書の論理構成に集中できます。

文書ファイル中に

```
\begin{center} 記 \end{center}
```

と書けば，ワープロソフトと同様に，文書のレイアウトを指定していることになります。これに対して，\記 と書けば，そこから文書の「記」という要素が始まるという文書の構造を示したことになります。

あとで mymacro.sty をいじれば，「記」を大きめのゴシック体にしたり，直前の行から何 cm か離したりすることができます。

なお，読み込むパッケージが複数ある場合は，

```
\usepackage{okumacro}
\usepackage{mymacro}
```

のようにしても，

```
\usepackage{okumacro,mymacro}
```

のように並べてもかまいません[※3]。

※3　ただし，同じ名前のマクロが定義されている場合などは，パッケージを読み込む順番によって効果が異なったりエラーになったりすることがあります。

## 4.4　命令の名前の付け方

命令の名前は，\FooBar のような英字でも，\命令 のような漢字でも，両者の混合でもかまいません[※4]。大文字と小文字は区別されますので，\foo と \FOO はまったく別の名前です。

※4　実際には，その命令の機能を類推できるような名前を付けましょう。

\foo_bar や \a4 のような記号・数字を含む命令は通常は作れません。

例外として，句読点・括弧などの記号類や数字 1 文字だけからなる命令は，作ることができます。例えば \3 という命令は作れます。しかし，\33 や \3K や \K3 は（通常の方法では）作れません。

\foo や \命令 のようなアルファベットや漢字の命令では，直後の半角空白は区切りの役割をするだけですが，\3 のような数字・記号 1 文字の命令では，直後の半角空白は空白として出力されます。

同じ名前の命令がすでに存在する場合は，\newcommand は使えません。例えば

```
\newcommand{\begin}{abcde}
```

などとすれば，\begin という命令はすでに存在するので，次のようなエラーメッセージが画面に出ます。

```
! LaTeX Error: Command \begin already defined.
…
l.9 \newcommand{\begin}{abcde}
```

すでに存在する命令の定義を変更するには，\newcommand の代わりに \renewcommand という命令を使います。自分で作った命令でも LaTeX で定義されている命令でも，定義を変更することができます。

\renewcommand で再定義しようとした命令が未定義であれば，次のようなエラーメッセージが出ます。

```
! LaTeX Error: \abc undefined.
…
l.11 \renewcommand{\abc}
                        {abcde}
```

英語の命令は，すでに LaTeX で定義されている場合があるので，自前の命令の名前としては日本語を使うのも一つの手です。一般的な日本語用ドキュメントクラスで定義済みの日本語名の命令は，\西暦 と \和暦（および \if西暦，\西暦true，\西暦false など）くらいのものです。

参考　\providecommand は，古い定義を優先します。

```
\providecommand{\foo}{bar}
```

のように使います。

参考　古い定義があるかどうかをチェックせず新しい定義をする TeX の命令として

```
\def\foo{bar}
```

があります（LaTeX でなく TeX の命令だという理由で嫌う人もいます）。この場合は \foo の部分は波括弧で囲みません。

参考　上の \def を使わずに同じことをするには，

```
\providecommand{\foo}{}
\renewcommand{\foo}{bar}
```

とすればよいでしょう。

## 4.5 自前の環境

\begin{quote} … \end{quote} のような，\begin で始まり \end で終わる命令を，環境（environment）といいます（第3章）。

環境も自前で作ることができます。新しい環境を作るための命令は \newenvironment です。これは

```
\newenvironment{なになに}{かくかく}{しかじか}
```

の形で使います。これで

```
\begin{なになに} → {かくかく
```

```
\end{なになに}      → しかじか}
```

という意味になります。

もう少し実用的な例として，先ほど作った \記 という命令の拡張版を作ってみましょう。

```
\newenvironment{記}
  {\begin{center} 記 \end{center}\begin{description}}
  {\end{description}}
```

こう宣言しておくと，そのあとでは

```
\begin{記} = {\begin{center} 記 \end{center}\begin{description}
  \end{記} = \end{description}}
```

という等式が成り立ちます。

これで

```
\begin{記}
\item[日時] 2020年10月24日 午後3時
\item[場所] 第2会議室
\end{記}
```

とすれば，この章の 4.2 節の例と同じことになります。

なお，すでに存在する命令と同じ名前の環境は作れません。先ほどの例で `\newcommand{\記}{...}` と命令を作っていれば，`\newenvironment{記}{...}{...}` とはできません。すでにある定義を上書きしたい場合は，`\newenvironment` の代わりに `\renewenvironment` という命令を使います。

## 4.6　引数をとるマクロ

ゴシック体でほげほげと出力するには，`\textgt{ほげほげ}` と書きました。このような命令の直後の { } で包んだ部分を，その命令の引数（ひきすう）（argument）といいます。上の例ではほげほげが `\textgt` の引数です。

引数を付けて使う命令のことを「引数をとる命令」といいます。

引数をとる命令も `\newcommand` や `\renewcommand` で作れます。例えば小さいゴシックで出力する命令 `\sg` を作ってみましょう。

```
\newcommand{\sg}[1]{\textgt{\small #1}}
```

使うときは `\sg{ほげほげ}` のようにします。

もう一つの例として，[ ア ] のように，小さいゴシックを幅 1 cm の長方形で囲む命令 `\f{...}` を作ってみましょう。これは試験問題の空欄を作るのに使えそうです。

```
\newcommand{\f}[1]{\framebox[1cm]{\textgt{\small #1}}}
```

ここで使った `\framebox[1cm]{何々}` は，幅 1 cm の枠で囲んで「何々」を出力する命令です。

これで

大化の改新は `\f{ア}` 年である → 大化の改新は [ ア ] 年である

となります。

このように，引数をとるマクロは

```
\newcommand{\命令の名前}[引数の個数]{定義内容}
```

の形式で定義します。マクロの定義の中の `#1` が引数で置き換えられます。引数がいくつもあるときは，`#1` が第 1 の引数，`#2` が第 2 の引数，……に置き換えられます。引数は 9 個まで使えます。

次の例を解読してください。

入力

```
\newcommand{\謎}[2]{#2の#1は#1#2}
\謎{子}{猫}，\謎{親}{犬}。
```

出力

猫の子は子猫，犬の親は親犬。

最初の引数をオプションにすることもできます。例えば 373 ページで定義する `\keytop{...}` というマクロは，

```
\newcommand{\keytop}[2][12]{......}
```

のように定義され，引数は 2 個ですが，`[12]` を付けているので，最初の引数はオプションになり，無指定では 12 を与えたことと同じ意味になります。つまり，`\keytop{A}` は `\keytop[12]{A}` と同じ意味になります。

## 4.7 マクロの引数の制約

\newcommand でも \newenvironment でも同じことができる場合，どちらを使うのがよいでしょうか。例えば

```
\newcommand{\sg}[1]{\textgt{\small #1}}
これは\sg{ほげほげ}です。
```

とするのと

```
\newenvironment{sg}{\gtfamily\small}{}
これは\begin{sg}ほげほげ\end{sg}です。
```

とするのとでは同じことのように見えます。

しかし，マクロの引数の中では \verb など一部の命令が使えないという制約があります。先ほどの \sg マクロで

```
\sg{冷汗 \verb|(^_^;)|}
```

としようとするとエラーが出てしまいます。一方，環境のほうは

```
\begin{sg}冷汗 \verb|(^_^;)|\end{sg}
```

としても大丈夫です。

\section など既存のマクロの引数の中でも \verb は使えません。目的がタイプライタ体で出力するだけなら，代わりに \texttt{...} が使えます。

参考　\texttt でうまく出力できない特殊文字は，\symbol{文字コード} という命令で出力できます。例えば \（バックスラッシュ）は文字コードが 5C（16 進）ですので \texttt{\symbol{"5C}} とすればタイプライタ書体のバックスラッシュが出力できます。ここで「文字コード」というのは厳密には LaTeX 内部のエンコーディング（OT1，T1，TU など）の番号です（205 ページ）。

参考　lrbox 環境を併用すれば \verb をマクロ引数の中で使えます。ただし，大きさも箱に入れた時点で決まってしまいますので，次の例のように \section 中で使うなら \Large にしておく必要があります。

```
\newsavebox{\mybox}   % \myboxという箱を作る
\begin{lrbox}{\mybox} % その箱に \Large\verb|\TeX| を入れる
  \Large\verb|\TeX|
\end{lrbox}
\section{\usebox{\mybox} コマンドについて}
```

参考　どんなマクロの引数にも \verb が使えないというわけではなく，jsarticle などの脚注 \footnote{...} の中では \verb が使えるように工夫してあります。

参考　\usepackage{url} とすれば，ほとんど \verb と同じ働きをする \url という命令が使えます。これならマクロの引数の中でもたいてい使えるので便利です。ただ，\section など，目次出力を伴うマクロの引数に \url を使うと “\url used in a moving argument.” というエラーになります。この理由は

\verb が使えないこととは少し違い，\section{\protect\url{\foo_bar} について} のように \protect を付ければ使えるようになります。あるいは，\section[http://example.com]{\url{http://example.com}} のように，\section のオプション引数に目次用の内容を別に指定するという手もあります。

## 4.8　ちょっと便利なマクロ

いくつかの便利な小物マクロを挙げておきます。これらの命令は LaTeX ではなく裸の TeX や plain TeX の知識を使っています。詳しくは *The TeXbook*[※5] をご参照ください。なお，ここに載せたものや，その改良版が，TeX Live に含まれる okumacro というパッケージに入っています。

※5　Donald E. Knuth, *The TeXbook* (Addison-Wesley, 1986). 邦訳：斎藤信男監修，鷺谷好輝訳『［改訂新版］TeXブック』(アスキー, 1992)。

### ▶ 丸囲みの文字

丸印と数字を合成して ① ② … を出すには，次のようなマクロを作っておき，\MARU{1} \MARU{2} … とします[※6]。

※6　フォントによっては丸のサイズがうまく合いません。

```
\newcommand{\MARU}[1]{{\ooalign{\hfil#1\/\hfil\crcr
          \raise.167ex\hbox{$\bigcirc$}}}}
```

応用として，大学入学共通テスト（旧センター試験）でよく使われる楕円の番号のマクロが付録 D にあります。

### ▶ 時候のあいさつ

次の命令 \挨拶 は「拝啓　陽春の候，ますますご清栄のこととお喜び申し上げます」のような挨拶をその月に合わせて出力します。\month には LaTeX で処理した月（1〜12）が入ります。\ifcase は数値 0，1，2，… によって条件分岐する命令です。拝啓の直後は全角空白です。

```
\newcommand{\挨拶}{\noindent 拝啓　\ifcase\month\or
  厳寒\or 春寒\or 早春\or 陽春\or 新緑\or 向暑\or
  猛暑\or 残暑\or 初秋\or 仲秋\or 晩秋\or 初冬\fi
  の候，ますますご清栄のこととお喜び申し上げます。}
```

### ▶ 曜日

今日は\曜␣曜日です と書くと，「今日は金曜日です」のように，LaTeX で処理した日の曜日を出力します。Zeller の公式[※7] というものを使っています。

※7　奥村著『［改訂新版］C言語による標準アルゴリズム事典』(技術評論社, 2018年) 参照

```
\newcount\tmpx
\newcount\tmpy
```

```
\newcommand{\曜}{{%
    \tmpx=\year
    \tmpy=\month
    \ifnum \tmpy<3
      \advance \tmpx by -1
      \advance \tmpy by 12
    \fi
    \multiply \tmpy by 13
    \advance \tmpy by 8
    \divide \tmpy by 5
    \advance \tmpy by \tmpx
    \divide \tmpx by 4
    \advance \tmpy by \tmpx
    \divide \tmpx by 25
    \advance \tmpy by -\tmpx
    \divide \tmpx by 4
    \advance \tmpy by \tmpx
    \advance \tmpy by \day
    \tmpx=\tmpy
    \divide \tmpy by 7
    \multiply \tmpy by 7
    \advance \tmpx by -\tmpy
    \ifcase \tmpx 日\or 月\or 火\or 水\or 木\or 金\or 土\fi}}
```

もともと \year には現在の年，\month には現在の月，\day には現在の日が入っています。\newcount で新しいカウンター（整数型の変数）\tmpx，\tmpy を作って，それに対して，代入（=），比較（\ifnum），足し算（\advance），掛け算（\multiply），割り算（\divide）をし，最後に \ifcase で \tmpx の値に応じて曜日を出力します。

### ▶ 均等割り

均等割りの命令は次のようにして作れます。ただし和文だけです[※8]。

※8　このやりかたでは，句読点や括弧などの約物が入るとうまくいきません。

```
\newcommand{\kintou}[2]{%
  \leavevmode
  \hbox to #1{%
    \kanjiskip=0pt plus 1fill minus 1fill
    \xkanjiskip=\kanjiskip
    #2}}
```

参考　LuaLaTeX（LuaTeX-ja）では 4～5 行目は次のようになります。

```
\ltjsetparameter{kanjiskip=0pt plus 1fill minus 1fill}%
\ltjsetparameter{xkanjiskip=\ltjgetparameter{kanjiskip}}%
```

\leavevmode は TEX の「垂直モード vertical mode を抜ける」という命令で，\hbox（水平ボックス，horizontal box）を段落の最初でも使えるようにするオマジナイです。\leavevmode \hbox to 5zw {あいう}[※9] で「あいう」を 5 zw の箱の中に書き込むという意味になりますが，均等割りにするために，和文文字間のアキ \kanjiskip，和文・欧文文字間のアキ \xkanjiskip を標準で 0 ポイント，それにプラスマイナス 1 fill（いくらでも延びる値）に設定しています。

※9 LuaLATEX (LuaTEX-ja) では zw は \zw と書きます。

入力

```
5文字の幅に4文字を\kintou{5zw}{均等割り}する。
```

出力

5文字分

5 文字の幅に 4 文字を均 等 割 りする。

この命令を使うと，3 文字の幅に 4 文字を無理矢理詰め込むこともできます。

### ▶ 振り仮名 (ルビ)

ルビの振り方にもいくつかの流儀がありますが，次のマクロは幅を長いほうに合わせて，短いほうは 1 : 2 : 2 : ⋯ : 2 : 1 の割合に均等割りするものです[※10]。

※10 LuaLATEXでは一つ前の例にならって少し修正が必要です。

```
\newcommand{\ruby}[2]{%
  \leavevmode
  \setbox1=\hbox{#1}%
  \setbox3=\hbox{\fontsize{0.5zw}{0pt}\selectfont #2}%
  \ifdim\wd1>\wd3 \dimen1=\wd1 \else \dimen1=\wd3 \fi
  \hbox{%
    \kanjiskip=0pt plus 2fil
    \xkanjiskip=0pt plus 2fil
    \vbox{\hbox to \dimen1{%
      \fontsize{0.5zw}{0pt}\selectfont \hfil\unhbox3\hfil
    }%
    \nointerlineskip
    \hbox to \dimen1{\hfil\unhbox1\hfil}}}}
```

使い方は，

```
\ruby{漢字}{かんじ}
```

とすると漢字(かんじ)となり，

```
\ruby{漢}{かん}\ruby{字}{じ}
```

とすると漢字(かんじ)となります。前者の場合は途中で改行が起こりません。

また，`\ruby{圏}{・}\ruby{点}{・}` のように入力すると圏点のような圏点が打てます。

上の定義では，文字サイズを変えてもルビのサイズは変わりません。もう少し大掛かりなマクロの定義が okumacro パッケージに収めてあります。

ルビでは，颯々(さっさつ)ではなく颯々(さつさつ)のように，拗音・促音を小書きしないのが活版時代からの伝統です（本書では小書きしています）。

### ▶ 倍角ダッシュ

半角のマイナスを“--”のように二つ連続して入力すると – のような欧文のエヌダッシュができます。また，“---”のように三つ連続して入力すると — のような欧文のエムダッシュになります。和文の――のような倍角ダッシュ（2 倍ダーシ）は JIS コード 213D の―を二つ並べてもできますが，フォントによっては隙間ができることがあります[※11]。次のようにすれば隙間ができません[※12]。

※11　現状では，原ノ味明朝はつながりますが，原ノ味ゴシックはつながりません。

※12　(u)pLaTeX以外の日本語ドキュメントクラスでは zw は \zw と書く必要があります。

```
\def\――{―\kern-.5zw―\kern-.5zw―}
```

これで `海\――山` とすると「海――山」となります。

同様なマクロが okumacro パッケージで定義されています。

参考　JIS コード 213D のダッシュ記号は，Unicode では U+2014（EM DASH）に対応するはずですが，多くの実装では U+2015（HORIZONTAL BAR）に対応づけられています。okumacro では念のため全角マイナス（U+2212 MINUS SIGN）をマクロ名として使ったものも定義してあります。こちらを使うほうが安全かもしれません。

参考　厳密にいうと，― のような記号は 1 文字のマクロ `\―` しか作ることができません。したがって，この `\――` は `\―` までがマクロです。その次の ― は，マクロ `\―` には必ず ― が伴うという意味です。上のようなマクロ定義をして `\―` を使おうとすると，

```
! Use of \― doesn't match its definition.
```

というエラーメッセージが出ます。なお，このような後続文字を伴うマクロは `\newcommand` ではなく `\def` で作ります。

### ▶ 用語

教科書などで，例えばこれこれこういう概念を内積と呼ぶ，というように，新しく出た用語を目立たせるためにフォントを変えることがあります。そのようなときに，`\textsf{内積}` としたり `\textbf{内積}` としたりすると，統一がとれなくなり，LaTeX の論理デザインの考え方からも外れます。

こんなときは，`\term` というマクロを定義しましょう。

```
\newcommand{\term}[1]{{\sffamily #1}}
```

これで \term{内積} と書けば内積と表示されます。後でもっと目立つフォントにしたくなれば

```
\newcommand{\term}[1]{{\sffamily\bfseries #1}}
```

のように書き換えます。

このような用語を索引に出力するために，\index{内積} という命令が自動的に入るようにすると便利です（第 10 章）。

```
\newcommand{\term}[1]{{\sffamily\bfseries #1}\index{#1}}
```

しかしこれでは読み方が入らないので索引を五十音順に並べるのが面倒です。そんなときには，オプション引数をとるマクロにすればいいのですが，オプションがある場合とない場合を区別するのに工夫が必要です。いろいろな工夫が考えられますが，例えば

```
\newcommand*{\term}[2][]{%
  {\sffamily\bfseries #2}%
  \ifx\relax#1\relax\index{#2}\else\index{#1@#2}\fi}
```

とすれば，\term[ないせき]{内積} のようにオプションで読み方を入れられます。読み方が不要な場合は \term{ターム} または \term[]{ターム} のようにオプションなしで使います。

参考　上で使った \relax は「何もしない命令」で，\ifx は次の二つを比較する命令です。最初の引数 #1 が空であれば \ifx の条件が成立し，そうでなければ成立しません。

#### ▶ 内積

LaTeX の作者 Lamport が論理デザインの例として挙げているものです。$A$ と $B$ の内積は例えば $(A, B)$ で表しますが，

```
\newcommand{\ip}[2]{(#1,#2)}
```

と定義しておけば $\ip{A}{B}$ と書くことができます。これだけではタイピングの節約になりませんが，後で内積を $\langle A|B\rangle$ という記号で表すことに変更した場合，本文はそのままで，マクロの定義を

```
\newcommand{\ip}[2]{\langle #1 | #2\rangle}
```

に変えるだけで済みます。

## 4.9　(どこまで) マクロを使うべきか

プログラミングの好きな人は，自分でいろいろなマクロを作ったり，既存のマクロを改良したりするのが楽しくなります（そのための情報源については付録Gをご覧ください）。

しかし，本や論文は著者一人で作るものではなく，少なくとも編集者との共同作業です。特に論文やシリーズ本については，論文誌やシリーズ全体で体裁の統一がとれなければなりません。マクロを駆使して見栄えを「改良」した原稿が入稿されると，編集者はたいへん苦労することになります。

最近では，LaTeXで書いた原稿でも，別形式に変換してデータベース化し，そこからPDFやHTMLを自動生成する論文誌が増えました。書籍でもEPUBに変換して電子書籍にすることが増えました。そうした変換の支障になるのが「自前のマクロ」です。

マクロを使うときは，編集者や共著者との意思疎通が必要です。

# 第5章 数式の基本

TEX を作った Knuth 先生は数学者でもあり，数式関係の TEX の機能は抜群です。

この章では，LATEX の標準機能による数式の書き方を説明し，次の章では，amsmath パッケージによる高度な数式の書き方を説明します。

## 5.1 数式の基本

例えば

> アインシュタインは $E = mc^2$ と言った。

と出力するには，LATEX では[※1]

```
\documentclass{...}
\begin{document}

アインシュタインは $E=mc^2$ と言った。

\end{document}
```

と書きます。この $ （ドル記号）でサンドイッチされた部分が数式です。

E や m や c のようなアルファベットが，数式中では $E$ や $m$ や $c$ のような数式用フォント（イタリック体）で出力されます。また，^（山印）に続く文字が「上付き文字（うえつきもじ）」（superscript）になります。^（山印）は通常の JIS キーボードでは「へ」のキーで入力できます。

数式にはもう一種類あります。

> アインシュタインは
> $$E = mc^2$$
> と言った。

※1 ドキュメントクラスはお好きなものをお使いください（例：jsarticle, ltjsarticle, jlreq）。

のような別行立て（べつぎょうだ）ての数式，あるいは別行数式（displayed formula，display math）と呼ばれるものです。これは

```
\documentclass{...}
\begin{document}

アインシュタインは
\[ E=mc^2 \]
と言った。

\end{document}
```

のように，`\[ … \]` でサンドイッチします。

別行立ての数式に対して，最初の例のような本文内の数式を「インライン数式」（inline math）と呼ぶことがあります。

これだけの基本がわかっていれば，あとはいろいろな記号の書き方を覚えるだけです。

## 5.2　数式用のフォント

デフォルトの数式フォントは，レガシー LaTeX では Computer Modern，モダン LaTeX では Latin Modern フォントです。

本文を Times 系のフォントにするには，プリアンブルに

```
\usepackage{newtxtext}
```

と書けばいいのですが，本文だけでなく数式も Times 系のフォントにするには

```
\usepackage{newtxtext,newtxmath}
```

と書きます。同様に，本文も数式も Palatino フォントにするには，

```
\usepackage{newpxtext,newpxmath}
```

と書きます。あるいは，少しデザインが変わりますが，

```
\usepackage{mathpazo}
```

でも本文・数式が Palatino になります。

いろいろな数式用フォントの使い方と出力例は第 12 章をご覧ください。

## 5.3 数式の書き方の詳細

数式モードでは，次の例のように，半角空白を入れても出力は変わりません[※2]。

```
$a + (- b) = a - b$   →  a+(−b)=a−b
$a+(-b)=a-b$          →  a+(−b)=a−b
```

※2 半角空白の入れ方にかかわらず，プラスやマイナスの記号が単項演算子・2項演算子のどちらで使われているかをLaTeXが判断して出力スペース量が決まります。

また，数式の書体 $xyz$（`$xyz$`）は本文用イタリック体 *xyz*（`\textit{xyz}`）とは微妙に異なることがあります。特に文字間の間隔が違います。本文のイタリック体の代わりに数式モードを使うと次のようにおかしなことになります。

（正）`\textit{difference}` → *difference*
（誤）`$difference$` → $difference$

参考　約物（句読点や括弧類）以外の文字と数式との間には，半角の空白 ␣ を入れるのが普通です：

方程式␣`$f(x)=0$`␣の解　← 通常は半角空白を入れる
方程式「`$f(x)=0$`，`$g(x)=0$`」の解　← 約物との間には空白を入れない

昔の pTeX では，半角空白を入れないと，和欧文間に入るべきグルー（`\xkanjiskip`）が，文字によって入ったり入らなかったりするというバグがありました。このバグを避けるためにも，このように必ず半角空白を入れることが推奨されていました。しかし，pTeX 2.1.5 でこのバグが完全に修正されましたので，現在は半角空白を入れるかどうかは好みの問題だけとなりました。ドキュメントクラスに `jsarticle` や `jsbook` を使い，本文欧文フォントに Times や Palatino を使うなら，スペースの量に差はありません。

次のような例では，コンマの使い分けは微妙です。

（全角本文）解は␣`$x=1$`，`$2$`␣である． → 解は $x=1$，$2$ である．
（半角本文）解は␣`$x=1$`,␣`$2$`␣である． → 解は $x=1$, $2$ である．
（半角数式）解は␣`$x=1,2$`␣である． → 解は $x=1,2$ である．

列挙のためのコンマは本文に属すると考えれば，本文と同じ全角コンマが自然です[※3]。しかし，句読点は直前の文字と同じ書体のものを使うというルールもあり（このルール自体が問題ですが），それに従えば 2 番目の書き方になります。3 番目の書き方は “$x = 1,2$” のような列挙全体が一つの数式であるという立場です。

※3 全角コンマの後の空白を取るにはコンマの直後に `\<` と書き込みます（301ページ）。

参考　数式と本文で異なるフォントを使う場合は，`$x=1$`，2 と書くと，1 と 2 の書体が違ってしまいます。どのようなフォントを使うことになるかわからない場合は，なるべく `$x=1$`，2 のような書き方は避けるのが安全です。

参考　`$x=1$`，`$2$` や `$x=1$`,␣`$2$` と書くと，コンマの直後で行が改まることがあり，読みにくくなります。このようなときは，

解は `$x=1$`，`\nobreak $2$` である　（全角コンマの場合）
解は `$x=1$,~$2$` である　（半角コンマの場合）

のようにすると，コンマのあとで行が改まりません。`\nobreak` は行分割をさせない命令です。波線 `~` は行分割しない半角空白です。

座標や集合の要素を区切るときには，数式中のコンマを使います。

```
$(x, y)$        → (x,y)
$\{ 0, 1 \}$    → {0,1}
```

数式中では，`$(x,y)$` のように詰めて書いても，コンマの後ろに少し空きが入ります。大きい数値の 3 桁ごとにコンマを入れる場合は，`$1{,}234$` とするか，`$\textrm{1,234}$` のように本文のフォントを使うとよいでしょう。

`$a+b=c$` のような数式中でも，$+$ や $=$ などの記号の直後で改行が起こり得ます。改行したくない場合は `${a+b=c}$` のように波括弧でグループ化します。

## 5.4　上付き文字，下付き文字

累乗（一般に上付き文字）$x^2$ は `$x^2$` と書きます。

けれども，$x^{10}$ と出力するつもりで `$x^10$` と書くと $x^10$ となってしまいます。ここは `$x^{10}$` と書かなければなりません。このグループ化の `{ }` は忘れやすいので，たとえ指数が 1 文字でも `$x^{2}$` と書く癖をつけるのもよいでしょう。

また，$a_n$ のような添字（一般に下付き文字）を付けるには `$a_n$` のように書きます。これも添字が 2 文字以上なら `$a_{ij}$` のように `{ }` が必要です。

いくつかの複雑な例を挙げておきます[※4]：

| | | |
|---|---|---|
| `$2^{2^{2^2}}$` | → | $2^{2^{2^2}}$ |
| `$a^{k_{ij}}$` | → | $a^{k_{ij}}$ |
| `$\mathrm{^{137m}Ba}$` | → | $\mathrm{^{137m}Ba}$ |
| `$^{137}_{\hphantom{0}55}\mathrm{Cs}$` | → | $^{137}_{\hphantom{0}55}\mathrm{Cs}$ |
| `$R^{\rho}{}_{\sigma\mu\nu}$` | → | $R^{\rho}{}_{\sigma\mu\nu}$ |
| `$R^{\rho}_{\hphantom{\rho}\sigma\mu\nu}$` | → | $R^{\rho}_{\hphantom{\rho}\sigma\mu\nu}$ |

※4　`\mathrm` は数式用文字をイタリック体でなく立体にする命令です。`\hphantom` は幅だけを確保して何も出力しない命令です。

参考　mathtools パッケージを使えば `$\prescript{137}{55}{\mathrm{Cs}}$` で $^{137}_{55}\mathrm{Cs}$ が出力できます。mathtools については第 6 章でも説明します。

参考　tensor パッケージを使えば `$\tensor{R}{^{\rho}_{\sigma\mu\nu}}$` または `$R\indices{^{\rho}_{\sigma\mu\nu}}$` で $R^{\rho}{}_{\sigma\mu\nu}$ が出力できます。同様に `$\tensor*[^{137}_{55}]{\mathrm{Cs}}{}$` で $^{137}_{55}\mathrm{Cs}$ が出力できます。

参考　余談ですが，$2^{2^{2^2}} = 65536$ です。R では累乗 `^` は右結合なので `2^2^2^2` は 65536 になります（Python でも Ruby でも `2**2**2**2` は 65536）が，Excel では左結合なので `2^2^2^2` は 256 になります。

## 5.5 別行立ての数式

すでに説明したように，\[ … \] で囲めば別行立ての数式になります。

無指定では，別行立ての数式は行の中央に置かれます。左端から一定の距離に置くには，ドキュメントクラスのオプションに fleqn を指定します。つまり，文書ファイルの最初の行を

```
\documentclass[fleqn]{...}
```

のようにします。左端からの距離を全角 2 文字分（2 zw）にするには，さらに

```
\setlength{\mathindent}{2zw}
```

のように指定します（LuaLaTeX では 2\zw と書きます）。

数式番号を付けるには，\[ \] の代わりに equation 環境を使って

```
別行……とは，
\begin{equation}
  y = ax^2 + bx + c
\end{equation}
のように……
```

のように書きます。右端に数式番号が

$$y = ax^2 + bx + c \tag{1}$$

のように自動的に出力されます。章に分かれた本（jsbook ドキュメントクラスなど）の場合は，第 5 章の最初の数式なら

$$y = ax^2 + bx + c \tag{5.1}$$

のようになります。

数式番号は標準では右側に付きます。左側に付けたいなら

```
\documentclass[leqno]{...}
```

のように leqno オプションを付けます。

## 5.6　和・積分

和の記号 $\sum$ を出力する命令は \sum です。

$$\sum_{k=1}^n a_k = a_1 + a_2 + a_3 + \cdots + a_n$$

と出力するには

```
\[ \sum_{k=1}^n a_k = a_1 + a_2 + a_3 + \cdots + a_n \]
```

と書きます。この _{k=1} や ^n は上下の添字を付ける命令と同じですが，$\sum$ のような特殊な記号については，別行立ての数式として使ったときに限り，添字は記号の上下に付きます。上限・下限は片方だけでも，まったく付けないでもかまいません。

同じ \sum でも，本文中で

```
和 $\sum_{k=1}^n a_k$ を求めよ。
```

と書くと，

和 $\sum_{k=1}^n a_k$ を求めよ。

のように上下限の付き方が変わります。本文中で $\displaystyle\sum_{k=1}^n a_k$ のように別行立て数式のような和記号を使いたいときは，

```
$\displaystyle \sum_{k=1}^n a_k$
```

のように \displaystyle という命令を使います。逆に，別行立ての数式で本文中のような記号 $\sum_{k=1}^n$ にするには，

```
\[ \textstyle \sum_{k=1}^n a_k \]
```

のように \textstyle という命令を使います。

\displaystyle，\textstyle を使うと，和記号・積分記号・分数の大きさ，添字の位置などが変わります。大きさを変えないで添字の付き方だけを変えたいなら\limits，\nolimits を使います：

```
\[ \textstyle\sum_{k=1}^n \]          →
\[ \textstyle\sum\limits_{k=1}^n \]   →
\[ \sum\nolimits_{k=1}^n \]           →
```

$\textstyle\sum_{k=1}^n$

$\textstyle\sum\limits_{k=1}^n$

$\sum\nolimits_{k=1}^n$

積分記号 $\int$ は \int という命令で出力します。これも，和記号と同様に，上下

限を `_` `^` で指定します。例えば `\int_0^1` は，別行立て数式では $\displaystyle\int_0^1$，本文中では $\int_0^1$ のようになります。$\int_{a_i}^{a^{i+1}}$ のような場合は `$\int_{a_i}^{a^{i+1}}$` のように `{ }` によるグループ化が必要です。

参考　標準の数式フォントでは `\large` や `\small` を使っても和記号や積分記号の類が拡大・縮小されず，バランスが悪くなります。この場合はプリアンブルに `\usepackage{exscale}` と書き込みます。

## 5.7　分数

分数（fraction）を書く命令は `\frac{分子}{分母}` です。

例えば `\[ y=\frac{1+x}{1-x} \]` と書けば

$$y = \frac{1+x}{1-x}$$

と出力されます。本文中で `$y=\frac{1+x}{1-x}$` と書けば $y = \frac{1+x}{1-x}$ のように小さめの字になります。しかしこれは `$y=(1+x)/(1-x)$` と書いて $y = (1+x)/(1-x)$ のようにするほうが良いスタイルであるとされています。同様な理由で，分子・分母の中の分数，行列の中の分数も，小さめになります。どうしても $y = \dfrac{1+x}{1-x}$ のように大きい分数を本文中で使いたいときは，

```
$\displaystyle y=\frac{1+x}{1-x}$
```

のように書きます。逆に，別行立ての数式を本文中の数式の形式にするには `\textstyle` を使います。

なお，第 6 章で説明する amsmath パッケージには，大きい分数を出力する `\dfrac`，小さい分数を出力する `\tfrac` が定義されていますので，そちらを使うほうが便利です。

## 5.8　字間や高さの微調整

数式中の字間は多くの場合 LaTeX が正しく判断してくれます。例えば `$x-y$` と書いたときと `$-y$` と書いたときでは $-$ と $y$ の間隔は違うのが正しいのですが，LaTeX はちゃんとこれを判断してくれます。しかし，LaTeX の判断には限界があります。例えば `$f(x,y)dxdy$` と書くと $f(x,y)dxdy$ となってしまい，意味の上での区切りがわかりにくくなります。このようなとき $f(x,y)\,dx\,dy$ のように若干の空きを入れるには `$f(x,y)\,dx\,dy$` のように `\,` を適宜挿入します。同様に，`\sqrt{2}x` より `\sqrt{2}\,x` と書くほうがよいかもしれません。

```
$\sqrt{2}x$       → √2x
$\sqrt{2}\,x$     → √2 x
```

数式中に強制的にスペースを入れる命令は `\,` 以外にもいろいろあります。まず `\quad` は，本文に 10 ポイントの文字を使っているなら 10 ポイントのアキを入れる命令です。本文に小さな文字を使っているならそれに応じて `\quad` の長さも変わります[※5]。`\quad` は数式中でも本文中でも使えます。

※5　日本の活版印刷屋さんが使っていた全角単位の込め物「クワタ」はこのquadが語源です。

この `\quad` のほかに，次の命令があります。

| | |
|---|---|
| `\qquad` | `\quad` の 2 倍 |
| `\,` | `\quad` の 3/18 ほど |
| `\>` | `\quad` の 4/18 ほど（数式モードのみ） |
| `\;` | `\quad` の 5/18 ほど（数式モードのみ） |
| `\!` | `\quad` の − 3/18 ほど（数式モードのみ） |

上で「ほど」と書いたのは，状況に応じて若干伸び縮みするからです。`\>` は足し算の ＋ の両側の空き，`\;` は等号 ＝ の両側の空きに相当します。この最後の `\!` は負の空き，つまり後戻りを意味します。これ以外に数式中で `\␣` とすると，本文の半角スペース ␣ 相当の空きが入ります（`\quad` の 1/3〜1/4）。

`\,` などの空白は，`$i\,j$` のように使ったときと `$a_{i\,j}$` のように添字の中で使ったときとで，長さが変わります。

2 重積分 $\iint$ は，単純に `\int\int` と書くと $\int\int$ のように積分記号の間隔が広くなりすぎます。`\!` を 2〜3 個はさめばうまくいきます。ただし，これらは第 6 章で説明する `amsmath` パッケージで定義されている `\iint` という命令を使うほうが簡単です。3 重積分 `\iiint` なども同様です。`newtxmath`，`newpxmath` パッケージでも `\iint`，`\iiint` などが定義されています。

文字の高さも微調整するとよい場合があります。例えば

```
$\sqrt{g} + \sqrt{h}$
```

と書くと $\sqrt{g} + \sqrt{h}$ のように根号（ルート）の高さが不揃いになりますので，`\mathstrut` という命令を使って

```
$\sqrt{\mathstrut g} + \sqrt{\mathstrut h}$
```

とすると $\sqrt{\mathstrut g} + \sqrt{\mathstrut h}$ のように多少ましになりますが，フォントによってはこれでも不揃いになります。112 ページでさらに凝った方法を説明します。

**参考**　`\mathstrut` は数式用の支柱（strut）で，上下サイズが数式中の括弧 “(” と同じ（Computer Modern フォントではベースラインから上 7.5 pt，下 2.5 pt）で幅がゼロの，見えない文字です。

参考 もう少し高い支柱として \strut があります。\strut は上下幅が行送り（\baselineskip）に等しい支柱で，ベースラインから上が 70 %，下が 30 %の割合になっています。

参考 別の考え方として，$gh$ と同じ高さ・深さを持ち，幅がゼロの垂直な支柱 \vphantom{gh} を挿入して

```
$\sqrt{\vphantom{gh}g} + \sqrt{\vphantom{gh}h}$
```

とする方法があります。同様な命令として，$x$ と同じ幅を持ち，高さ・深さがゼロの水平な支柱 \hphantom{x}，$x$ と同じ幅・高さ・深さを持つ空白 \phantom{x} があります。

## 5.9 式の参照

LaTeX は数式に自動的に番号をつけてくれますが，書き手は数式を番号でなく適当な名前で管理するほうが便利です。例えば

$$E = mc^2 \tag{12}$$

という数式があったとします。この数式の番号は (12) ですが，追加・削除したり順番を変えたりすると番号は変わってしまいます。そこで，この数式に例えば eq:Einstein という名前をつけて，この名前で管理すると便利です。それには \label という命令を使って，

```
\begin{equation}
  E = mc^2 \label{eq:Einstein}
\end{equation}
```

と書いておきます。この数式番号を参照したいときには，命令 \ref を使います。また，数式のページを参照したいときには，命令 \pageref を使います。例えば

```
\pageref{eq:Einstein} ページの式 (\ref{eq:Einstein}) によれば...
```

とすれば "87 ページの式 (12) によれば ..." のように出力されます。参照する側とされる側のどちらが先にあってもかまいません。

ただし，このような参照機能を用いる際には，文書ファイルを LaTeX で少なくとも 2 回処理することが必要です。例えば foo.tex というファイルなら，LaTeX は 1 回目の実行で補助ファイル foo.aux に参照表を書き出し，2 回目の実行で foo.aux から参照番号を拾い出します。なお，1 回目の処理の際には

```
LaTeX Warning: Label(s) may have changed. Rerun to get
cross-references right.
```

という警告が表示されます。1回の処理だけでは参照番号の代わりに **??** という太字の疑問符が出力されます。

## 5.10 括弧類

括弧類（区切り記号，delimiters）には次のような種類があります。

まず，左右の区別があるものです。

| 入力 | 出力 | 入力 | 出力 | 入力 | 出力 |
|---|---|---|---|---|---|
| `(x)` | $(x)$ | `\{ x \}` | $\{x\}$ | `\lceil x \rceil` | $\lceil x \rceil$ |
| `[x]` | $[x]$ | `\lfloor x \rfloor` | $\lfloor x \rfloor$ | `\langle x \rangle` | $\langle x \rangle$ |

次は左右の区別のないものです。

| 入力 | 出力 | 入力 | 出力 | 入力 | 出力 |
|---|---|---|---|---|---|
| `/` | $/$ | `\uparrow` | $\uparrow$ | `\updownarrow` | $\updownarrow$ |
| `\backslash` | $\backslash$ | `\Uparrow` | $\Uparrow$ | `\Updownarrow` | $\Updownarrow$ |
| `\|` | $\vert$ | `\downarrow` | $\downarrow$ | | |
| `\\|` | $\Vert$ | `\Downarrow` | $\Downarrow$ | | |

これらを少し大きくするには，前に `\big` を付けます。ただし，左括弧の類は `\bigl`，右括弧の類は `\bigr` とするほうがバランスがよくなります。また，2項関係を表す記号を大きくするには `\bigm` を付けます。

```
$\bigl| |x| + |y| \bigr|$
$\bigl\lfloor \sqrt{X} \bigr\rfloor$
$\bigl\{ a_k \bigm| k \in \{1,2,3\} \bigr\}$
$\bigl( x - f(x) \bigr)
            \big/ \bigl( x + f(x) \bigr)$
```

$\bigl| |x| + |y| \bigr|$

$\bigl\lfloor \sqrt{X} \bigr\rfloor$

$\bigl\{ a_k \bigm| k \in \{1,2,3\} \bigr\}$

$\bigl( x - f(x) \bigr) \big/ \bigl( x + f(x) \bigr)$

`\big` より大きくするには `\Big`，`\bigg`，`\Bigg` をつけます。`\Bigl`，`\biggl`，`\Biggl`，`\Bigr`，`\biggr`，`\Biggr`，`\Bigm`，`\biggm`，`\Biggm` も同様です。

```
$( \bigl( \Bigl( \biggl( \Bigg($
```

$( \bigl( \Bigl( \biggl( \Bigg($

次のように `\left`，`\right` を使えば，区切り記号の大きさが自動的に選ばれます。

```
$\left( x \right)$
$\left( x^2 \right)$
```

$\left( x \right)$

$\left( x^2 \right)$

```
\[ \left( \frac{A}{B} \right) \]
```

$$\left( \frac{A}{B} \right)$$

\left と \right は必ずペアで使います。片方だけ括弧を付けたいときは，

```
$\left( x^2 \right.$
```

$\left( x^2 \right.$

のように，もう片方はピリオド（.）にします。この場合のピリオドは出力されません。

あまり古くないシステム（ε-TEX 拡張されたもの）では次のような \middle という命令も使えます。

```
\[ \left( \frac{A}{B} \middle/ \frac{C}{D} \right) \]
```

$$\left( \frac{A}{B} \middle/ \frac{C}{D} \right)$$

## 5.11 ギリシャ文字

数式モードで使うギリシャ文字です。

小文字は英語名の前に \ を付けるだけです。ただし $o$（omicron）だけは英語のオーと同じですから特に用意されていません。

| 入力 | 出力 | 入力 | 出力 | 入力 | 出力 | 入力 | 出力 |
|---|---|---|---|---|---|---|---|
| \alpha | $\alpha$ | \eta | $\eta$ | \nu | $\nu$ | \tau | $\tau$ |
| \beta | $\beta$ | \theta | $\theta$ | \xi | $\xi$ | \upsilon | $\upsilon$ |
| \gamma | $\gamma$ | \iota | $\iota$ | o | $o$ | \phi | $\phi$ |
| \delta | $\delta$ | \kappa | $\kappa$ | \pi | $\pi$ | \chi | $\chi$ |
| \epsilon | $\epsilon$ | \lambda | $\lambda$ | \rho | $\rho$ | \psi | $\psi$ |
| \zeta | $\zeta$ | \mu | $\mu$ | \sigma | $\sigma$ | \omega | $\omega$ |

一部のギリシャ文字（小文字）には変体文字が用意されています。

| 入力 | 出力 | 入力 | 出力 | 入力 | 出力 |
|---|---|---|---|---|---|
| \varepsilon | $\varepsilon$ | \varpi | $\varpi$ | \varsigma | $\varsigma$ |
| \vartheta | $\vartheta$ | \varrho | $\varrho$ | \varphi | $\varphi$ |

大文字は，次の 11 通り以外は英語のアルファベットの大文字と同じです。

| 入力 | 出力 | 入力 | 出力 | 入力 | 出力 | 入力 | 出力 |
|---|---|---|---|---|---|---|---|
| \Gamma | $\Gamma$ | \Lambda | $\Lambda$ | \Sigma | $\Sigma$ | \Psi | $\Psi$ |
| \Delta | $\Delta$ | \Xi | $\Xi$ | \Upsilon | $\Upsilon$ | \Omega | $\Omega$ |
| \Theta | $\Theta$ | \Pi | $\Pi$ | \Phi | $\Phi$ | | |

数式中のギリシャ文字は，習慣に従って，小文字だけ斜体になります。大文字も斜体にしたいときは，第 6 章の amsmath パッケージを使って，例えば \varDelta と書けば $\varDelta$ が出ます。

参考　別の方法として，$\varDelta$ は \mathnormal{\Delta} または \mathit{\Delta} でも出せます。

参考　unicode-math パッケージを使う場合は math-style=ISO オプションを付けて読み込んでおけば，\Delta と書いただけで斜体の $\varDelta$ が出ます。

逆に，小文字を立体にしたいときは，一部の文字についてはマクロが定義されています（387 ページ。例：\textmu で µ）。もっと広範囲に立体を使いたいなら \usepackage{upgreek} として \up... という命令を使います。例えば $\mu$ の立体は $\upmu$ （µ）です。

参考　SI 単位系で $10^{-6}$ を意味する µ を使うには，古くは SIunits パッケージ，新しいものでは siunitx パッケージがあります。後者で単独の µ を出すには $\si{\micro}$ と書きます。

参考　本格的にギリシャ語を書くなら babel パッケージ（212 ページ）を使うか，あるいは XeTeX か LuaTeX を使います（第 12 章参照）。

## 5.12　筆記体

大文字の筆記体は数式モードで \mathcal という命令で書きます。標準では次のようなフォントになります。

```
$\mathcal{ABCDEFGHIJKLMNOPQRSTUVWXYZ}$
```

→ $\mathcal{ABCDEFGHIJKLMNOPQRSTUVWXYZ}$

もしプリアンブルに \usepackage{eucal} と書けば

$\mathcal{ABCDEFGHIJKLMNOPQRSTUVWXYZ}$

のようになります。

参考　物理でハミルトニアンやラグランジアンを $\mathscr{H}$ や $\mathscr{L}$ のようにかっこよく書くには，\usepackage{mathrsfs} とプリアンブルに書いておき，$\mathscr{H}$ とします。このフォントは RSFS（Ralph Smith's Formal Script）といいます。

$\mathscr{ABCDEFGHIJKLMNOPQRSTUVWXYZ}$

参考　RSFS がちょっと大胆すぎると感じられるなら，\usepackage{rsfso} として $\mathcal{H}$ すれば $\mathcal{H}$ のように少しおとなしくなります。

$\mathcal{ABCDEFGHIJKLMNOPQRSTUVWXYZ}$

## 5.13　2項演算子

足し算，引き算の記号の仲間です。おのおの単独で用いたり，$\pm a$（`$\pm a$`）のように単項演算子として用いたりすることもできます。

| 入力 | 出力 | 入力 | 出力 | 入力 | 出力 | 入力 | 出力 |
|---|---|---|---|---|---|---|---|
| `+` | $+$ | `\circ` | $\circ$ | `\vee` | $\vee$ | `\oplus` | $\oplus$ |
| `-` | $-$ | `\bullet` | $\bullet$ | `\wedge` | $\wedge$ | `\ominus` | $\ominus$ |
| `\pm` | $\pm$ | `\cdot` | $\cdot$ | `\setminus` | $\setminus$ | `\otimes` | $\otimes$ |
| `\mp` | $\mp$ | `\cap` | $\cap$ | `\wr` | $\wr$ | `\oslash` | $\oslash$ |
| `\times` | $\times$ | `\cup` | $\cup$ | `\diamond` | $\diamond$ | `\odot` | $\odot$ |
| `\div` | $\div$ | `\uplus` | $\uplus$ | `\bigtriangleup` | $\bigtriangleup$ | `\bigcirc` | $\bigcirc$ |
| `*` | $*$ | `\sqcap` | $\sqcap$ | `\bigtriangledown` | $\bigtriangledown$ | `\dagger` | $\dagger$ |
| `\ast` | $\ast$ | `\sqcup` | $\sqcup$ | `\triangleleft` | $\triangleleft$ | `\ddagger` | $\ddagger$ |
| `\star` | $\star$ | | | `\triangleright` | $\triangleright$ | `\amalg` | $\amalg$ |

参考　よく $\amalg$（`\amalg`）を独立の記号 ⫫ の代わりに使っているのを見ます。⫫ は `cmll` パッケージ（または `newtxmath` か `newpxmath`）で `\Perp` として出ます。あるいは手抜きですが `\perp\!\!\!\perp` のようにして出すこともできます。

参考　これ以外の 2 項演算子を作るには `\mathbin` という命令を使います。例えば `a \mathbin{\%} b` とすれば $a \mathbin{\%} b$ となります。単に `$a \% b$` とすれば $a\%b$ のように詰まってしまいます。

## 5.14　関係演算子

等号 $=$，不等号 $<$，$>$ の仲間です。
まず，左向きと右向きのあるものです。

| 入力 | 出力 | 入力 | 出力 | 入力 | 出力 | 入力 | 出力 |
|---|---|---|---|---|---|---|---|
| `<` | $<$ | `>` | $>$ | `\subset` | $\subset$ | `\supset` | $\supset$ |
| `\le`, `\leq` | $\le$ | `\ge`, `\geq` | $\ge$ | `\subseteq` | $\subseteq$ | `\supseteq` | $\supseteq$ |
| `\prec` | $\prec$ | `\succ` | $\succ$ | `\sqsubseteq` | $\sqsubseteq$ | `\sqsupseteq` | $\sqsupseteq$ |
| `\preceq` | $\preceq$ | `\succeq` | $\succeq$ | `\vdash` | $\vdash$ | `\dashv` | $\dashv$ |
| `\ll` | $\ll$ | `\gg` | $\gg$ | `\in` | $\in$ | `\ni` | $\ni$ |
| | | | | `\notin` | $\notin$ | | |

参考　等号付き不等号は海外では $\le$，$\ge$ を使うところが多いので，LaTeX の `\le`，`\ge` もそうなっています。後述の AMSFonts を使えば $\leqq$（`$\leqq$`），$\geqq$（`$\geqq$`）が出力できますが，やや $<$ と $=$ の間が空いてしまい，日本人好みでないかもし

れません。≥，≦ のように出力する命令 \GEQQ，\LEQQ は次のようにして作れます（okumacro に含まれています）。

```
\newcommand{\LEQQ}{\mathrel{\mathpalette\gl@align<}}
\newcommand{\GEQQ}{\mathrel{\mathpalette\gl@align>}}
\newcommand{\gl@align}[2]{%
    \lower.6ex\vbox{\baselineskip\z@skip\lineskip\z@
        \ialign{$\m@th#1\hfil##\hfil$\crcr#2\crcr=\crcr}}}
```

どうしても「全角文字」のデザインが良い場合は

```
\newcommand{\LEQQ}{\mathrel{≦}}
```

とする手もあります。いずれにしても，論文誌に LaTeX 原稿（LaTeX ソース）で投稿する際には，ちょっとした見栄えの改良のために自前のマクロを使うと，論文誌全体で見栄えの統一がとれなくなるばかりか，LaTeX から別システムに変換している場合にエラーになりかねません。また，国際誌への投稿では全角文字はご法度です。

次は左向きと右向きのないものです。

| 入力 | 出力 | 入力 | 出力 | 入力 | 出力 | 入力 | 出力 |
|---|---|---|---|---|---|---|---|
| = | $=$ | \sim | $\sim$ | \propto | $\propto$ | \parallel | $\parallel$ |
| \equiv | $\equiv$ | \simeq | $\simeq$ | \models | $\models$ | \bowtie | $\bowtie$ |
| \neq | $\neq$ | \asymp | $\asymp$ | \perp | $\perp$ | \smile | $\smile$ |
| \doteq | $\doteq$ | \approx | $\approx$ | \mid | $\mid$ | \frown | $\frown$ |
| | | \cong | $\cong$ | : | $:$ | | |

≑ などの記号は AMSFonts（第 6 章）を使います。

斜線を重ねるには \not を冠します[※6]。

※6　\notin (∉) と \not\in (∉) では少し仕上がりが異なります。

| 入力 | 出力 |
|---|---|
| $x \not\equiv y$ | $x \not\equiv y$ |

$D\!\!\!/$ のように文字の上に斜線を引くには \not ではうまくいきません。

```
\newcommand{\Slash}[1]{{\ooalign{\hfil/\hfil\crcr$#1$}}}
```

というマクロ定義をしておけば $\Slash{D}$ で $D\!\!\!/$ になります。また，slashed パッケージを \usepackage して \slashed{D} としても同様になります。\iff のような長い関係演算子は centernot パッケージで \centernot \iff とします。

参考　自分で関係演算子を作るには，先の ≥，≦ の例のように，\mathrel{記号} とします。関係演算子の前後には \; と同じ幅の空白が入ります。

```
$\{ x \mid x \leq 1 \}$          →  {x | x ≤ 1}
$\{ x \mathrel{|} x \leq 1 \}$   →  {x | x ≤ 1}
```

これを `$\{ x | x \leq 1 \}$` とすると $\{x|x \leq 1\}$ のようにバランスが悪くなります。同様に，条件付き確率 $p(x \mid \theta)$ も `\mid` を使うべきですが，簡単な場合は $p(x|\theta)$ と書いてスペースを節約することも広く行われています。

参考 $a \neq b$ ではなく $a \mathrel{\reflectbox{$\neq$}} b$ のようにするには，

```
$a \mathrel{\reflectbox{$\neq$}} b$
```

とするのが一つの手です（要 graphicx パッケージ）。

参考 `\mid` を少し大きくしたい場合は `\bigm\mid` ではなく `\bigm|` とします。両側のスペースも入ります。

参考 残念ながら `\mid` などは括弧に合わせて大きくなりません：

```
\[ \left\{ x \mid x \leq \frac{1}{2} \right\} \]
```

→ $\left\{ x \mid x \leq \frac{1}{2} \right\}$

一方で，`\middle|` とすれば（ε-TeX 拡張された新しい LaTeX や pLaTeX では）括弧に合わせて大きくなりますが，両側に `\;` と同じ幅の空白が入りません。これを解決する方法の一つは，

```
\newcommand{\relmiddle}[1]{\mathrel{}\middle#1\mathrel{}}
```

と定義しておき，

```
\[ \left\{ x \relmiddle| x \leq \frac{1}{2} \right\} \]
```

→ $\left\{ x \mathrel{}\middle|\mathrel{} x \leq \frac{1}{2} \right\}$

とします。

参考 コロン `:` も数式の中では関係演算子扱いになり，両側に `\;` 相当の空白が入ります。このような空白を取るには `{:}` のように波括弧で囲みます。次のような場合に適切な空白を入れる `\colon` というコマンドもあります。

| | | |
|---|---|---|
| `$f : A \to B$` | → | $f : A \to B$ |
| `$f{:}\ A \to B$` | → | $f{:}\ A \to B$ |
| `$f\colon A \to B$` | → | $f\colon A \to B$ |

## 5.15　矢印

矢印は，括弧類（88 ページ）で挙げたもの以外に，次のものがあります。

| 入力 | 出力 | 入力 | 出力 |
|---|---|---|---|
| \leftarrow (\gets) | $\leftarrow$ | \longleftarrow | $\longleftarrow$ |
| \Leftarrow | $\Leftarrow$ | \Longleftarrow | $\Longleftarrow$ |
| \rightarrow (\to) | $\rightarrow$ | \longrightarrow | $\longrightarrow$ |
| \Rightarrow | $\Rightarrow$ | \Longrightarrow | $\Longrightarrow$ |
| \leftrightarrow | $\leftrightarrow$ | \longleftrightarrow | $\longleftrightarrow$ |
| \Leftrightarrow | $\Leftrightarrow$ | \Longleftrightarrow | $\Longleftrightarrow$ |
| \mapsto | $\mapsto$ | \longmapsto | $\longmapsto$ |
| \hookleftarrow | $\hookleftarrow$ | \hookrightarrow | $\hookrightarrow$ |
| \leftharpoonup | $\leftharpoonup$ | \rightharpoonup | $\rightharpoonup$ |
| \leftharpoondown | $\leftharpoondown$ | \rightharpoondown | $\rightharpoondown$ |

なお，\iff も \Longleftrightarrow と同じ記号 $\Longleftrightarrow$ を出力しますが，両側のアキは \iff のほうが広くなります。

参考　同じことが \Longrightarrow と amsmath パッケージの \implies，\Longleftarrow と amsmath パッケージの \impliedby についても言えます。

| 入力 | 出力 | 入力 | 出力 | 入力 | 出力 |
|---|---|---|---|---|---|
| \nearrow | $\nearrow$ | \swarrow | $\swarrow$ | \rightleftharpoons | $\rightleftharpoons$ |
| \searrow | $\searrow$ | \nwarrow | $\nwarrow$ | | |

## 5.16 雑記号

空集合の記号 $\emptyset$（\emptyset）はギリシャ文字 $\phi$（\phi）で代用することがありますが，本来はゼロを串刺しにしたような記号です。

| 入力 | 出力 | 入力 | 出力 | 入力 | 出力 |
|---|---|---|---|---|---|
| \aleph | $\aleph$ | \prime | $\prime$ | \neg (\lnot) | $\neg$ |
| \hbar | $\hbar$ | \emptyset | $\emptyset$ | \flat | $\flat$ |
| \imath | $\imath$ | \nabla | $\nabla$ | \natural | $\natural$ |
| \jmath | $\jmath$ | \surd | $\surd$ | \sharp | $\sharp$ |
| \ell | $\ell$ | \top | $\top$ | \clubsuit | $\clubsuit$ |
| \wp | $\wp$ | \bot | $\bot$ | \diamondsuit | $\diamondsuit$ |
| \Re | $\Re$ | \angle | $\angle$ | \heartsuit | $\heartsuit$ |
| \Im | $\Im$ | \triangle | $\triangle$ | \spadesuit | $\spadesuit$ |
| \partial | $\partial$ | \forall | $\forall$ | | |
| \infty | $\infty$ | \exists | $\exists$ | | |

## 5.17 mathcompで定義されている文字

旧 textcomp パッケージで定義されていた記号（387 ページ）を数式モードで出すための mathcomp パッケージによる記号です。デフォルトのフォントは Computer Modern Roman ですが，例えば \usepackage[ppl]{mathcomp} とすれば，Palatino（ppl）フォントになります。\tcdigitoldstyle はオールドスタイルの数字を出力する命令です。

| 入力 | 出力 | 入力 | 出力 |
|---|---|---|---|
| \tcohm | Ω | \tcmu | µ |
| \tcdegree | ° | \tccelsius | ℃ |
| \tcperthousand | ‰ | \tcpertenthousand | ‱ |
| \tcdigitoldstyle{0} | 0 | \tcdigitoldstyle{9} | 9 |

参考 45° を昔は $45^\circ$ と書いていましたが，今はテキストモードでは \textdegree，数式モードでは mathcomp の \tcdegree を使うべきです。なお，℃ は単位記号ですので，数字との間に若干のスペース \, を入れるのが正しいとされています。

```
45\textdegree     → 45°
$45\tcdegree$     → 45°
45\,\textcelsius  → 45 ℃
$45\,\tccelsius$  → 45 ℃
```

## 5.18　大きな記号

和・積分の類です。

| 入力 | 出力 | 入力 | 出力 | 入力 | 出力 |
|---|---|---|---|---|---|
| \sum | $\sum$ | \bigcap | $\bigcap$ | \bigodot | $\bigodot$ |
| \prod | $\prod$ | \bigcup | $\bigcup$ | \bigotimes | $\bigotimes$ |
| \coprod | $\coprod$ | \bigsqcup | $\bigsqcup$ | \bigoplus | $\bigoplus$ |
| \int | $\int$ | \bigvee | $\bigvee$ | \biguplus | $\biguplus$ |
| \oint | $\oint$ | \bigwedge | $\bigwedge$ | | |

## 5.19　log型関数とmod

log のような関数はイタリック体ではなくアップライト体（立体）で書きます。$\log x$ と出力するつもりで `$log x$` と書くと $logx$ のような見苦しい出力になってしまいます。正しくは `\log` という命令を使って `$\log x$` と書きます。

この類の関数はまだまだあります。

| 入力 | 出力 | 入力 | 出力 | 入力 | 出力 |
|---|---|---|---|---|---|
| \arccos | arccos | \dim | dim | \log | log |
| \arcsin | arcsin | \exp | exp | \max | max |
| \arctan | arctan | \gcd | gcd | \min | min |
| \arg | arg | \hom | hom | \Pr | Pr |
| \cos | cos | \inf | inf | \sec | sec |
| \cosh | cosh | \ker | ker | \sin | sin |
| \cot | cot | \lg | lg | \sinh | sinh |
| \coth | coth | \lim | lim | \sup | sup |
| \csc | csc | \liminf | lim inf | \tan | tan |
| \deg | deg | \limsup | lim sup | \tanh | tanh |
| \det | det | \ln | ln | | |

これらの演算子のうち上限・下限をとるものは `^` と `_` で指定します。

| 入力 | 出力 |
|---|---|
| `$\lim_{x \to \infty} f(x)$` | $\lim_{x \to \infty} f(x)$ |
| `\[ \lim_{x \to \infty} f(x) \]` | $$\lim_{x \to \infty} f(x)$$ |

第6章（112ページ）でこの類の追加と，これに類似の命令を新たに作る方法

を説明します。

log 型関数と似たものに次の 2 種類の mod があります。`\bmod` は 2 項(binary) 演算子の mod です。`\pmod` は括弧付き（parenthesized）の mod です。

| 入力 | 出力 |
|---|---|
| `$m \bmod n$` | $m \bmod n$ |
| `$a \equiv b \pmod{n}$` | $a \equiv b \pmod{n}$ |

## 5.20 上下に付けるもの

数式モードだけで使えるアクセントです。

| 入力 | 出力 | 入力 | 出力 | 入力 | 出力 |
|---|---|---|---|---|---|
| `\hat{a}` | $\hat{a}$ | `\grave{a}` | $\grave{a}$ | `\dot{a}` | $\dot{a}$ |
| `\check{a}` | $\check{a}$ | `\tilde{a}` | $\tilde{a}$ | `\ddot{a}` | $\ddot{a}$ |
| `\breve{a}` | $\breve{a}$ | `\bar{a}` | $\bar{a}$ | | |
| `\acute{a}` | $\acute{a}$ | `\vec{a}` | $\vec{a}$ | | |

$i$, $j$ にアクセントを付けるときは，$\imath$（`\imath`），$\jmath$（`\jmath`）を使って，例えば $\tilde{\imath}$（`$\tilde{\imath}$`）のようにします。

次は，伸縮自在の上下の棒です。

| 入力 | 出力 | 入力 | 出力 |
|---|---|---|---|
| `\overline{x+y}` | $\overline{x+y}$ | `\overbrace{x+y}` | $\overbrace{x+y}$ |
| `\underline{x+y}` | $\underline{x+y}$ | `\underbrace{x+y}` | $\underbrace{x+y}$ |
| `\widehat{xyz}` | $\widehat{xyz}$ | `\overrightarrow{\mathrm{OA}}` | $\overrightarrow{\mathrm{OA}}$ |
| `\widetilde{xyz}` | $\widetilde{xyz}$ | `\overleftarrow{\mathrm{OA}}` | $\overleftarrow{\mathrm{OA}}$ |

以上のうち `\widehat`，`\widetilde` はある程度しか伸びません。

これらは重ねたり入れ子にしたりできます。

`\overbrace`，`\underbrace` は和記号と同じような添字の付き方をします。

| 入力 | 出力 |
|---|---|
| `\overbrace{a + \cdots + z}^{26}` | $\overbrace{a + \cdots + z}^{26}$ |
| `\underbrace{a + \cdots + z}_{26}` | $\underbrace{a + \cdots + z}_{26}$ |

記号の上に式を乗せるには `\stackrel{上に乗る式}{記号}` とします。できあがった記号は関係演算子として扱われます。

| 入力 | 出力 | 入力 | 出力 |
|---|---|---|---|
| `\stackrel{f}{\to}` | $\stackrel{f}{\to}$ | `\stackrel{\mathrm{def}}{=}` | $\stackrel{\mathrm{def}}{=}$ |

ここで `\mathrm` は書体をローマン体に変える命令です（次節）。

## 5.21　数式の書体

数式中でも次のように書体を変えられます。

| 入力 | 出力 | 入力 | 出力 |
|---|---|---|---|
| `x + \mathrm{const}` | $x + \mathrm{const}$ | `H(x)` | $H(x)$ |
| `x\,\mathrm{cm}^2` | $x\,\mathrm{cm}^2$ | `\mathrm{H}(x)` | $\mathrm{H}(x)$ |
| `x_\mathrm{max}` | $x_\mathrm{max}$ | `\mathcal{H}(x)` | $\mathcal{H}(x)$ |
| `\mathbf{x}` | $\mathbf{x}$ | `\mathsf{H}(x)` | $\mathsf{H}(x)$ |
| `\mathit{diff}(x)` | $\mathit{diff}(x)$ | `\mathtt{H}(x)` | $\mathtt{H}(x)$ |

*diff* のような 1 語となったものは `$\mathit{diff}$` とします。もし単に `$diff(x)$` とすれば $diff(x)$ のような見苦しい出力になってしまいます（これは $d \times i \times f \times f(x)$ と解釈されるためです）。

数式モード中で通常のローマン体の欧文を出すには，`\mathrm` を使う方法と `\textrm` を使う方法があります。`\mathrm` では数式用のローマン体フォントになり，`\textrm` では本文用のローマン体フォントになります。数式用フォントでは `\mathrm{for all}` と書いてもスペースが入りません。`\mathrm{for\ all}` あるいは `\textrm{for all}` とします。`\textrm` の代わりに `\mbox` を使うこともできます。ただ，これらでは添字中でもサイズが変わりませんので，amsmath パッケージの `\text` を使うほうがよいでしょう（110 ページ）。

数式中で和文を出す場合は，`\textmc{...}`（明朝体），`\textgt{...}`（ゴシック体）を使うか，amsmath パッケージの `\text` を使います。

参考　数式中に和文フォントを使うこともできますが，数式書体を増やすパッケージを使うと，数式用フォント数の上限（16）を超えてしまい，“Too many math alphabets ...” というエラーが出ることがありますので，和文フォントを数式用に登録しないオプション disablejfam が用意されています。

```
\documentclass[disablejfam]{...}
```

のようにするとフォントが節約できます。本書もかつては disablejfam を指定していました（今でも luatexja のオプションとして指定するとメモリが節約できます）。いずれにしても，`\mbox` や `\textmc` や amsmath の `\text` 命令を用いれば数式中でも和文が使えます。それでも数式フォント領域が不足したら `\mathsf` を `\textsf` で置き換えるなどの手で逃げます。もっとドラスティックな方法として，プリアンブルで \DeclareMathVersion{normal2} と宣言しておき，特に数式フォントを消費する部分（本書ならこの章）の前に \mathversion{normal2} という命令を入れ，その部分が終わるところで \mathversion{normal} に戻すという手があります。なお，2016/11/29 版の pLaTeX・upLaTeX で数式フォント数の上限が 16 から 256 に緩和されています。

数式中の太字（ボールド体）は \mathbf{...} で出力できます。しかし \mathbf{A} とすると $\mathbf{A}$ のようにローマン体の太字になってしまいますし，記号やギリシャ文字の小文字は太くなりません。$\boldsymbol{A}$ のようなイタリック体の太字にするには bm（boldmath）パッケージを使います。プリアンブルに

```
\usepackage{bm}
```

と書いておけば \bm というコマンドが使えるようになります。例えば $\boldsymbol{\alpha}$（太字の \alpha）なら \bm{\alpha}，$\boldsymbol{\nabla}$（太字の \nabla）なら \bm{\nabla} のようにして出力します。また，同じ太字を何度も使うなら，

```
\bmdefine{\balpha}{\alpha}
```

のように定義すれば \balpha で $\boldsymbol{\alpha}$ が出るようになります。

```
\bmdefine{\boldA}{A}
\bmdefine{\boldB}{B}
\bmdefine{\bnabla}{\nabla}
\[ \boldB = \bnabla \times \boldA \]
```

$$\boldsymbol{B} = \boldsymbol{\nabla} \times \boldsymbol{A}$$

newtxmath や mathpazo 等の数式フォントを変更するパッケージと併用する場合，\usepackage{bm} はそれらのパッケージの後に書きます。

**参考** 太字の命令は amsmath パッケージ（第 6 章）でも \boldsymbol{...} という命令が用意されています。太字フォントが存在しない場合，\bm は重ね打ち（poor man's bold）にしますが，\boldsymbol は太くなりません。amsmath パッケージでは重ね打ちは \pmb{...} という別命令となっています。bm パッケージが LaTeX の標準になったので，bm を使うほうが一般的には勧められていますが，newtxmath などではすべての文字の太字が存在しますので，そちらを使ってもかまいません。

**参考** unicode-math パッケージを使う場合は，bm は不要で，\symbf{...} で太字にします。この際，unicode-math に与えるオプションで太字の挙動が変わりますが，\usepackage[bold-style=ISO]{unicode-math} が素直な挙動になります。

## 5.22 ISO/JISの数式組版規則

昔からの数式の組版規則では，

- 数字はローマン体にする（$3.14$ でなく 3.14）
- 複数文字からなる名前はローマン体にする（$sin\, x$ でなく $\sin x$）
- 単位記号はローマン体にする（$3m$ でなく $3\,\mathrm{m}$）

というルールになっています。また，$\sin x$ の sin と $x$ の間や，$3\,\mathrm{m}$ の 3 と m の間には，少しだけ空きを入れます。ただし，$\sin(a+b)$ のように括弧が来る場合は空けません。LaTeX では `$\sin x$`，`$\sin(a + b)$` などと書けば自動的に適当な空きになります。$3\,\mathrm{m}$ のほうは `3\,m` または `$3\,\mathrm{m}$` のように手で `\,`（改行できない狭めのスペース）を入れる必要があります。

一般に，sin のような複数文字の演算子はローマン体にします。例として，『岩波数学辞典』第 3 版（1985 年）や，全編 LaTeX で組まれた第 4 版（2007 年）では，事象 $E$ の確率 $P(E)$，事象 $\varepsilon$ の起こる確率 $\Pr(\varepsilon)$ のような書き方がしてあります。例外として，ユニタリ群 $U(n)$ に対して特殊ユニタリ群 $SU(n)$ のように，複数文字でも群や体の名前はイタリックになっています。$GF(n)$，$Spin(n)$ も同様です。

しかし，ISO や JIS の流儀では，1 文字でも演算子や定数はローマン体にすることになっています。

例えば数学流の微分の書き方 $dx$ に対して，こちらの流儀では $\mathrm{d}x$ のように立てて書きます（`$\mathrm{d}x$`）。また，自然対数の底などの定数も，こちらの流儀では $e$ や $\pi$ ではなく $\mathrm{e} = 2.718\cdots$，$\mathrm{\pi} = 3.14\cdots$ のように立てて書きます[※7]。

※7　さらに言えば，ISOの正式の書き方では小数点はコンマですので，$\mathrm{e} = 2{,}718\cdots$ が正しいことになります（ただし英語圏で広く使われているピリオドも許容されています）。

どちらが正しいということはありませんので，投稿論文の決まりに従ってください。

なお，$g$ は重力加速度で，それ以外は $g$ と書くという人もいますが，根拠はなさそうです。両者は単なるデザインの差で，Latin Modern Italic は $g$，Times Italic は $g$ のデザインです。前者をオープンテール（シングルストーリー），後者をループテール（ダブルストーリー）あるいは俗に「眼鏡の g」と呼びます。`newtxmath` は後者ですが，`\varg` で前者が出力できます。

**参考**　後述の `unicode-math` では `$\symup{\pi}$` で立体の $\mathrm{\pi}$ が出ます。

## 5.23　プログラムやアルゴリズムの組版

プログラムの組版は verbatim 環境を使うのが最も簡単です。verbatim だけでは左寄せになるので，さらに quote で囲むか，あるいは jsverb パッケージの verbatim を使います。後者の場合，\setlength\verbatimleftmargin{3zw} などのようにして左マージンを設定できます。なお，タブコードは半角空白 1 個分として扱われますので，あらかじめ適当な個数の空白に置換しておきます。

```
\begin{quote}
\setlength{\baselineskip}{12pt}
\begin{verbatim}
sum1 = sum2 = 0;
for (k = 1; k <= 10; k++) {
    sum1 += k;  sum2 += k * k;
}
\end{verbatim}
\end{quote}
```

行送り（\baselineskip）を 12 ポイントにしたのは，和文の本文の行送り（15〜16 ポイント）では行間が空きすぎになってしまうからです。

Pascal 類似の言語で少し凝って，例えば

**function** *BaseOfLn*: real;<br>
**var** $n$: integer;<br>
　　$e$, $a$, *prev*: real;<br>
**begin**<br>
　$e := 0$; $a := 1$; $n := 1$;<br>
　**repeat**<br>
　　$prev := e$; $e := e + a$; $a := a/n$; $n := n + 1$<br>
　**until** $e = prev$;<br>
　$BaseOfLn := e$<br>
**end**;

のように組版するには，次のようにします。

```
\begin{quote}
  \baselineskip=12pt
  \sfcode`;=3000
  \newcommand{\q}{\hspace*{1em}}
  \textbf{function} \textit{BaseOfLn}: real; \\
  \textbf{var} $n$: integer; \\
  \hphantom\textbf{var} $e$, $a$, \textit{prev}: real; \\
  \textbf{begin} \\
  \q $e := 0$; $a:= 1$; $n := 1$; \\
  \q \textbf{repeat} \\
```

```
    \q\q $\mathit{prev}:=e$; $e:=e+a$; $a:=a/n$; $n:=n+1$ \\
    \q \textbf{until} $e = \mathit{prev}$; \\
    \q $\mathit{BaseOfLn} := e$ \\
    \textbf{end};
  \end{quote}
```

以下は上の説明です。

- \sfcode はスペースファクタを変える命令で，これを増すとその文字の後ろの空きが増えます。ここでは“;”のスペースファクタを“.”と同じにして，その後ろのアキを少し増します。
- 1 em だけ空ける命令 \hspace*{1em} を \q と定義しました。
- イタリック体にしたい一続きの語は，本文中では \textit{prev}，数式中では \mathit{prev} とします。
- \hphantom{何々} は“何々”の幅の空白を出力する命令です。

## 5.24　array 環境

array 環境は，第 8 章の tabular 環境とほぼ同じものですが，tabular 環境が本文中で使うのに対して，array 環境は数式中で使うというところが違います。

```
\[ \begin{array}{lcr}
    abc & abc & abc \\
    x   & y   & z
  \end{array} \]
```

$$\begin{array}{lcr} abc & abc & abc \\ x & y & z \end{array}$$

このように，\begin{array} に続く波括弧 { } の中に，各列の揃え方を並べます。中央揃えは c，左揃えは l，右揃えは r です。array 環境の本体では，各列は & で区切り，各行は \\ で区切ります。

従来の LaTeX では，この array 環境に装飾を施して行列の類を出力していました。例えば \left( … \right) で囲めば，括弧付きの行列になります。

```
\[ A = \left(
      \begin{array}{@{\,}cccc@{\,}}
        a_{11} & a_{12} & \ldots & a_{1n} \\
        a_{21} & a_{22} & \ldots & a_{2n} \\
        \vdots & \vdots & \ddots & \vdots \\
        a_{m1} & a_{m2} & \ldots & a_{mn}
      \end{array}
      \right) \]
```

$$A = \left( \begin{array}{@{\,}cccc@{\,}} a_{11} & a_{12} & \ldots & a_{1n} \\ a_{21} & a_{22} & \ldots & a_{2n} \\ \vdots & \vdots & \ddots & \vdots \\ a_{m1} & a_{m2} & \ldots & a_{mn} \end{array} \right)$$

行指定を {cccc} でなく {@{\,}cccc@{\,}} としたのは，括弧と中身の間の空きを調節するためのトリックです。@{} でいったん余分な空白を除いてから，\, でほんの少し空白を入れ直しています。

第 6 章で述べる amsmath パッケージを使えば，もっと素直に行列が書けます。

ただ，array 環境は次のように行列の中に罫線を引くときに便利です。縦罫線は |，横罫線は \hline です。

```
\[ A = \left(
       \begin{array}{@{\,}c|ccc@{\,}}
        a_{11} & 0      & \ldots & 0      \\ \hline
        0      & a_{22} & \ldots & a_{2n} \\
        \vdots & \vdots & \ddots & \vdots \\
        0      & a_{m2} & \ldots & a_{mn}
       \end{array}
      \right) \]
```

$$A = \left( \begin{array}{@{\,}c|ccc@{\,}} a_{11} & 0 & \ldots & 0 \\ \hline 0 & a_{22} & \ldots & a_{2n} \\ \vdots & \vdots & \ddots & \vdots \\ 0 & a_{m2} & \ldots & a_{mn} \end{array} \right)$$

## 5.25 数式の技巧

分数を $\frac{1}{4}$ でなく ¹⁄₄ にするには次のようにします[※8]。

```
\newcommand{\FRAC}[2]{\leavevmode\kern.1em
  \raise.5ex\hbox{\the\scriptfont0 #1}\kern-.1em
  /\kern-.15em\lower.25ex\hbox{\the\scriptfont0 #2}}
```

これで $\FRAC{1}{4}$ と書けば ¹⁄₄ と出力できます。

数学でよく $n$-dimensional のような書き方をしますが，

※8 Donald E. Knuth, *TUGboat*, 6(1): 36; *The TEXbook*, Exercise 11.6.

```
$n$-dimensional
```

と書くと dimensional の中で行分割（ハイフネーション）できません。これはハイフンを含む単語ではハイフンのある箇所でしか行分割しない約束になっているからです。ちょっとしたトリックとして

```
$n$-\hspace{0pt}dimensional
```

と書くとうまくいきます。この技法は (joint-)\hspace{0pt}distribution のような場合にも応用できます。

非常に長い数式をどうしても 1 行に収めたいときは，graphicx パッケージの \resizebox コマンドが使えます（134 ページ）。また，*Physical Review* のように 2 段組で長い数式だけ左右の段にわたって入れるには，REVTEX パッケージを使うか，あるいは multicol パッケージを使ってとりあえず次のようにすることで可能です。

```
\begin{multicols}{2}
  本文
\end{multicols}
\noindent\rule[10pt]{0.5\linewidth}{.4pt}
\begin{equation}
  左右の段にわたる数式
\end{equation}
\begin{flushright}
  \rule{0.5\linewidth}{.4pt}
\end{flushright}
\begin{multicols}{2}
  残りの本文
\end{multicols}
```

# 第6章 高度な数式

米国数学会（American Mathematical Society）が開発したamsmath
パッケージとAMSFontsを使った高度な数式の書き方を説明します。

## 6.1 amsmathとAMSFonts

Leslie Lamport が LaTeX を作っているとき，米国数学会（American Mathematical Society）は Michael Spivak による AMS-TeX という数学論文記述に特化したマクロパッケージの開発を後押ししていました。AMS-TeX の数式記述能力はすばらしいものでしたが，世の中ではより使いやすい LaTeX が主流になってきて，LaTeX の枠内で AMS-TeX の数式記述能力を使いたいという要望が高まりました。そこで，LaTeX 3 プロジェクトチームの Frank Mittelbach と Rainer Schöpf が中心になって，AMS-LaTeX が開発されました。

AMS-LaTeX のバージョン 1.1 までは `amstex.sty` というファイルが核となっていました。これはまだ AMS-TeX 時代のしがらみをとどめており，LaTeX の流儀と一致しない部分がありました。しかし，AMS-LaTeX 1.2 で内容が一新され，LaTeX $2_\varepsilon$ の枠内で使えるようになりました。また，後述の AMSFonts パッケージとの役割分担も見直され，フォント関係の命令は AMSFonts に移りました。1999 年 12 月の AMS-LaTeX 2.0 からは “AMS-LaTeX ＝ `amsmath` パッケージ ＋ 米国数学会用クラスファイル群” という性格がますますはっきりするようになりました。

AMSFonts は米国数学会が開発した数式用フォントで，

| | |
|---|---|
| `msam`, `msbm` | Math Symbols A/B Medium-weight |
| `eurm`, `eurb` | Euler Roman Medium-weight/Bold |
| `eusm`, `eusb` | Euler Script Medium-weight/Bold |
| `euex` | Euler-compatible Extension |
| `eufm`, `eufb` | Euler Fraktur Medium-weight/Bold |
| `wncyr` 等 | Cyrillic（Washington 大学で開発） |

などから成ります。中心となるのは記号類（`msam`, `msbm`）です。Fraktur（フラクトゥール）は旧ドイツ文字（$\mathfrak{ABC}$...），Cyrillic はロシア文字の類です。`euex` を除く Euler（オイラー）フォントは著名なフォントデザイナー Hermann Zapf

によるものです。Euler フォントの数式（239 ページ）は，Knuth の有名な教科書 *Concrete Mathematics*（付録 G 参照）のほか，結城 浩さんの『数学ガール』シリーズに使われています。

高度な数式を使う LaTeX 文書では，amsmath と AMSFonts が標準的に使われます。AMSFonts を使うためのパッケージは amssymb ですので，プリアンブルには

```
\usepackage{amsmath,amssymb}
```

と書いておきましょう。

参考　amsmath の若干の不具合を修正して仕様を拡張する mathtools パッケージがあります。これは内部で amsmath を読み込みますので，

```
\usepackage{mathtools,amssymb}
```

と書いておいてもいいでしょう。

TX/PX フォントなどは，AMSFonts の機能を含んでいますので，AMSFonts を読み込む必要はありません。例えば新 TX フォントなら単に

```
\usepackage{amsmath}
\usepackage{newtxtext,newtxmath}
```

とします。

参考　PostScript Type 1 フォントを使うためのオプション psamsfonts は，AMSFonts v3 では不要になりました。

AMSFonts に含まれるいろいろな数学記号を表の形であげておきます。

数学記号では，まず 2 項演算子には次のものがあります。

| 入力 | 出力 | 入力 | 出力 | 入力 | 出力 |
|---|---|---|---|---|---|
| \boxdot | $\boxdot$ | \Cap | $\Cap$ | \circleddash | $\circleddash$ |
| \boxplus | $\boxplus$ | \curlywedge | $\curlywedge$ | \divideontimes | $\divideontimes$ |
| \boxtimes | $\boxtimes$ | \curlyvee | $\curlyvee$ | \lessdot | $\lessdot$ |
| \centerdot | $\centerdot$ | \leftthreetimes | $\leftthreetimes$ | \gtrdot | $\gtrdot$ |
| \boxminus | $\boxminus$ | \rightthreetimes | $\rightthreetimes$ | \ltimes | $\ltimes$ |
| \veebar | $\veebar$ | \dotplus | $\dotplus$ | \rtimes | $\rtimes$ |
| \barwedge | $\barwedge$ | \intercal | $\intercal$ | \smallsetminus | $\smallsetminus$ |
| \doublebarwedge | $\doublebarwedge$ | \circledcirc | $\circledcirc$ | | |
| \Cup | $\Cup$ | \circledast | $\circledast$ | | |

次は関係演算子です。

| 入力 | 出力 |
|---|---|
| \circlearrowright | $\circlearrowright$ |
| \circlearrowleft | $\circlearrowleft$ |
| \rightleftharpoons | $\rightleftharpoons$ |
| \leftrightharpoons | $\leftrightharpoons$ |
| \Vdash | $\Vdash$ |
| \Vvdash | $\Vvdash$ |
| \vDash | $\vDash$ |
| \twoheadrightarrow | $\twoheadrightarrow$ |
| \twoheadleftarrow | $\twoheadleftarrow$ |
| \leftleftarrows | $\leftleftarrows$ |
| \rightrightarrows | $\rightrightarrows$ |
| \upuparrows | $\upuparrows$ |
| \downdownarrows | $\downdownarrows$ |
| \upharpoonright | $\upharpoonright$ |
| \downharpoonright | $\downharpoonright$ |
| \upharpoonleft | $\upharpoonleft$ |
| \downharpoonleft | $\downharpoonleft$ |
| \rightarrowtail | $\rightarrowtail$ |
| \leftarrowtail | $\leftarrowtail$ |
| \leftrightarrows | $\leftrightarrows$ |
| \rightleftarrows | $\rightleftarrows$ |
| \Lsh | $\Lsh$ |
| \Rsh | $\Rsh$ |

| 入力 | 出力 |
|---|---|
| \rightsquigarrow | $\rightsquigarrow$ |
| \leftrightsquigarrow | $\leftrightsquigarrow$ |
| \looparrowleft | $\looparrowleft$ |
| \looparrowright | $\looparrowright$ |
| \circeq | $\circeq$ |
| \succsim | $\succsim$ |
| \gtrsim | $\gtrsim$ |
| \gtrapprox | $\gtrapprox$ |
| \multimap | $\multimap$ |
| \therefore | $\therefore$ |
| \because | $\because$ |
| \doteqdot | $\doteqdot$ |
| \triangleq | $\triangleq$ |
| \precsim | $\precsim$ |
| \lesssim | $\lesssim$ |
| \lessapprox | $\lessapprox$ |
| \eqslantless | $\eqslantless$ |
| \eqslantgtr | $\eqslantgtr$ |
| \curlyeqprec | $\curlyeqprec$ |
| \curlyeqsucc | $\curlyeqsucc$ |

関係演算子の続きです。

| 入力 | 出力 | 入力 | 出力 |
|---|---|---|---|
| `\preccurlyeq` | $\preccurlyeq$ | `\lesseqgtr` | $\lesseqgtr$ |
| `\leqq` | $\leqq$ | `\gtreqless` | $\gtreqless$ |
| `\leqslant` | $\leqslant$ | `\lesseqqgtr` | $\lesseqqgtr$ |
| `\lessgtr` | $\lessgtr$ | `\gtreqqless` | $\gtreqqless$ |
| `\risingdotseq` | $\risingdotseq$ | `\Rrightarrow` | $\Rrightarrow$ |
| `\fallingdotseq` | $\fallingdotseq$ | `\Lleftarrow` | $\Lleftarrow$ |
| `\succcurlyeq` | $\succcurlyeq$ | `\varpropto` | $\varpropto$ |
| `\geqq` | $\geqq$ | `\smallsmile` | $\smallsmile$ |
| `\geqslant` | $\geqslant$ | `\smallfrown` | $\smallfrown$ |
| `\gtrless` | $\gtrless$ | `\Subset` | $\Subset$ |
| `\sqsubset` | $\sqsubset$ | `\Supset` | $\Supset$ |
| `\sqsupset` | $\sqsupset$ | `\subseteqq` | $\subseteqq$ |
| `\vartriangleright` | $\vartriangleright$ | `\supseteqq` | $\supseteqq$ |
| `\vartriangleleft` | $\vartriangleleft$ | `\bumpeq` | $\bumpeq$ |
| `\trianglerighteq` | $\trianglerighteq$ | `\Bumpeq` | $\Bumpeq$ |
| `\trianglelefteq` | $\trianglelefteq$ | `\lll` | $\lll$ |
| `\between` | $\between$ | `\ggg` | $\ggg$ |
| `\blacktriangleright` | $\blacktriangleright$ | `\pitchfork` | $\pitchfork$ |
| `\blacktriangleleft` | $\blacktriangleleft$ | `\backsim` | $\backsim$ |
| `\vartriangle` | $\vartriangle$ | `\backsimeq` | $\backsimeq$ |
| `\eqcirc` | $\eqcirc$ | | |

**参考**　このいくつかについては以前は latexsym というパッケージで提供されていました（字形が微妙に違います）。今は amsmath に統一するほうがよさそうです。

**参考**　≧，≦ を $\geq$，$\leq$ のようにする方法については 92 ページをご覧ください。

さらに関係演算子です。

| 入力 | 出力 | 入力 | 出力 | 入力 | 出力 |
|---|---|---|---|---|---|
| \lvertneqq | $\lvertneqq$ | \precnapprox | $\precnapprox$ | \nvDash | $\nvDash$ |
| \gvertneqq | $\gvertneqq$ | \succnapprox | $\succnapprox$ | \nVDash | $\nVDash$ |
| \nleq | $\nleq$ | \lnapprox | $\lnapprox$ | \ntrianglerighteq | $\ntrianglerighteq$ |
| \ngeq | $\ngeq$ | \gnapprox | $\gnapprox$ | \ntrianglelefteq | $\ntrianglelefteq$ |
| \nless | $\nless$ | \nsim | $\nsim$ | \ntriangleleft | $\ntriangleleft$ |
| \ngtr | $\ngtr$ | \ncong | $\ncong$ | \ntriangleright | $\ntriangleright$ |
| \nprec | $\nprec$ | \varsubsetneq | $\varsubsetneq$ | \nleftarrow | $\nleftarrow$ |
| \nsucc | $\nsucc$ | \varsupsetneq | $\varsupsetneq$ | \nrightarrow | $\nrightarrow$ |
| \lneqq | $\lneqq$ | \nsubseteqq | $\nsubseteqq$ | \nLeftarrow | $\nLeftarrow$ |
| \gneqq | $\gneqq$ | \nsupseteqq | $\nsupseteqq$ | \nRightarrow | $\nRightarrow$ |
| \nleqslant | $\nleqslant$ | \subsetneqq | $\subsetneqq$ | \nLeftrightarrow | $\nLeftrightarrow$ |
| \ngeqslant | $\ngeqslant$ | \supsetneqq | $\supsetneqq$ | \nleftrightarrow | $\nleftrightarrow$ |
| \lneq | $\lneq$ | \varsubsetneqq | $\varsubsetneqq$ | \eqsim | $\eqsim$ |
| \gneq | $\gneq$ | \varsupsetneqq | $\varsupsetneqq$ | \shortmid | $\shortmid$ |
| \npreceq | $\npreceq$ | \subsetneq | $\subsetneq$ | \shortparallel | $\shortparallel$ |
| \nsucceq | $\nsucceq$ | \supsetneq | $\supsetneq$ | \thicksim | $\thicksim$ |
| \precnsim | $\precnsim$ | \nsubseteq | $\nsubseteq$ | \thickapprox | $\thickapprox$ |
| \succnsim | $\succnsim$ | \nsupseteq | $\nsupseteq$ | \approxeq | $\approxeq$ |
| \lnsim | $\lnsim$ | \nparallel | $\nparallel$ | \succapprox | $\succapprox$ |
| \gnsim | $\gnsim$ | \nmid | $\nmid$ | \precapprox | $\precapprox$ |
| \nleqq | $\nleqq$ | \nshortmid | $\nshortmid$ | \curvearrowleft | $\curvearrowleft$ |
| \ngeqq | $\ngeqq$ | \nshortparallel | $\nshortparallel$ | \curvearrowright | $\curvearrowright$ |
| \precneqq | $\precneqq$ | \nvdash | $\nvdash$ | \backepsilon | $\backepsilon$ |
| \succneqq | $\succneqq$ | \nVdash | $\nVdash$ | | |

その他の記号です。

| 入力 | 出力 | 入力 | 出力 | 入力 | 出力 |
|---|---|---|---|---|---|
| \square | $\square$ | \measuredangle | $\measuredangle$ | \mho | $\mho$ |
| \blacksquare | $\blacksquare$ | \sphericalangle | $\sphericalangle$ | \eth | $\eth$ |
| \lozenge | $\lozenge$ | \circledS | $\circledS$ | \beth | $\beth$ |
| \blacklozenge | $\blacklozenge$ | \complement | $\complement$ | \gimel | $\gimel$ |
| \backprime | $\backprime$ | \diagup | $\diagup$ | \daleth | $\daleth$ |
| \bigstar | $\bigstar$ | \diagdown | $\diagdown$ | \digamma | $\digamma$ |
| \blacktriangledown | $\blacktriangledown$ | \varnothing | $\varnothing$ | \varkappa | $\varkappa$ |
| \blacktriangle | $\blacktriangle$ | \nexists | $\nexists$ | \Bbbk | $\Bbbk$ |
| \triangledown | $\triangledown$ | \Finv | $\Finv$ | \hslash | $\hslash$ |
| \angle | $\angle$ | \Game | $\Game$ | \hbar | $\hbar$ |

ギリシャ文字の斜体です。

| 入力 | 出力 | 入力 | 出力 | 入力 | 出力 |
|---|---|---|---|---|---|
| \varGamma | $\varGamma$ | \varXi | $\varXi$ | \varPhi | $\varPhi$ |
| \varDelta | $\varDelta$ | \varPi | $\varPi$ | \varPsi | $\varPsi$ |
| \varTheta | $\varTheta$ | \varSigma | $\varSigma$ | \varOmega | $\varOmega$ |
| \varLambda | $\varLambda$ | \varUpsilon | $\varUpsilon$ | | |

## 6.2　いろいろな記号

### ▶ 旧ドイツ文字 (Fraktur)

$\mathfrak{ABC}$ は `$\mathfrak{ABC}$` のようにして出力します。

### ▶ 黒板太文字 (blackboard bold)

$\mathbb{ABC}$ は `$\mathbb{ABC}$` のようにして出力します。

### ▶ 文脈に応じてサイズが変わるテキスト

`\text` は数式中にテキストをはさむのに使います。`\mbox` と違って，文脈に応じてフォントのサイズが変わります。

```
$A_{\text{max}} = \text{some constant}$
```
→ $A_{\text{max}} = \text{some constant}$

参考　`\text` は amstext パッケージで定義されています。通常は amsmath が amstext を読み込みますが，amsmath を使わない場合も `\usepackage{amstext}` しておくと便利です。

### ▶ 賢い点々

数式中の点々（… の類）は，通常は `\dots` と書くだけで，後続の記号から種類を判断してくれることになっています。

| 入力 | 出力 |
|---|---|
| `$a_1, a_2, \dots, a_n$` | → $a_1, a_2, \dots, a_n$ |
| `$a_1 + a_2 + \dots + a_n$` | → $a_1 + a_2 + \dots + a_n$ |
| `$a_1 a_2 \dots a_n$` | → $a_1 a_2 \dots a_n$ |
| `$\int \dots \int$` | → $\int \dots \int$ |

最後の例は後述の `\idotsint` を使うほうがいいでしょう。後続の記号がない場合や，うまくいかない場合は，次のような命令で区別します[※1]。

| 入力 | 出力 | |
|---|---|---|
| `$a_1, \dotsc$` | → $a_1, \dotsc$ | (commas) |
| `$a_1 + \dotsb$` | → $a_1 + \dotsb$ | (binary operators/relations) |

※1　これらは標準のLaTeXで用意されている `\ldots`, `\cdots` 命令に代わるもので，前後の空白が微妙に調節されています。

| | | | |
|---|---|---|---|
| `$a_1 \dotsm$` | → | $a_1 \cdots$ | (multiplications) |
| `$\int \dotsi$` | → | $\int \cdots$ | (integrals) |

### ▶ 長さが自由に伸びる矢印

両側に矢印の付いたもの以外は通常の $\LaTeX\,2_\varepsilon$ でも使えます。

| | | |
|---|---|---|
| `$\overrightarrow{A}$` | → | $\overrightarrow{A}$ |
| `$\overleftarrow{A}$` | → | $\overleftarrow{A}$ |
| `$\overleftrightarrow{A}$` | → | $\overleftrightarrow{A}$ |
| `$\underrightarrow{A}$` | → | $\underrightarrow{A}$ |
| `$\underleftarrow{A}$` | → | $\underleftarrow{A}$ |
| `$\underleftrightarrow{A}$` | → | $\underleftrightarrow{A}$ |

矢印と文字の間を離したいときは `$\overleftrightarrow{\mathstrut x}$` のように `\mathstrut` を補ってください。

### ▶ いくらでも伸びる矢印

`\xrightarrow`, `\xleftarrow` は文字の付いた自由に伸びる矢印です。`$\xrightarrow{xyz}$` とすると $\xrightarrow{xyz}$, `$\xrightarrow[abc]{xyz}$` とすると $\xrightarrow[abc]{xyz}$ のようになります。

入力

```
\[ \text{foo.tex} \xrightarrow{\text{platex}} \text{foo.dvi}
   \xrightarrow{\text{dvipdfmx}} \text{foo.pdf} \]
```

出力

$$\text{foo.tex} \xrightarrow{\text{platex}} \text{foo.dvi} \xrightarrow{\text{dvipdfmx}} \text{foo.pdf}$$

### ▶ 数式用アクセント

`$\Hat{\Hat{A}}$` のように複数付いても，$\hat{\hat{A}}$ のように正しい位置に付きます。

| 入力 | 出力 | 入力 | 出力 | 入力 | 出力 | 入力 | 出力 |
|---|---|---|---|---|---|---|---|
| `\Hat{A}` | $\hat{A}$ | `\Check{A}` | $\check{A}$ | `\Tilde{A}` | $\tilde{A}$ | `\Acute{A}` | $\acute{A}$ |
| `\Grave{A}` | $\grave{A}$ | `\Dot{A}` | $\dot{A}$ | `\Ddot{A}` | $\ddot{A}$ | `\Breve{A}` | $\breve{A}$ |
| `\Bar{A}` | $\bar{A}$ | `\Vec{A}` | $\vec{A}$ | | | | |

### ▶ 上につく点

次の最初の二つは amsmath を使わなくても出力できます。

| 入力 | 出力 | 入力 | 出力 | 入力 | 出力 | 入力 | 出力 |
|---|---|---|---|---|---|---|---|
| `\dot{x}` | $\dot{x}$ | `\ddot{x}` | $\ddot{x}$ | `\dddot{x}` | $\dddot{x}$ | `\ddddot{x}` | $\ddddot{x}$ |

### ▶ 多重積分記号

`\int\int` とすると間が空きすぎてしまいます。

| 入力 | 出力 | 入力 | 出力 | 入力 | 出力 | 入力 | 出力 |
|---|---|---|---|---|---|---|---|
| `\iint` | $\iint$ | `\iiint` | $\iiint$ | `\iiiint` | $\iiiint$ | `\idotsint` | $\idotsint$ |

### ▶ 数式中の空白

数式中の空白は `\mspace` という命令を使って `\mspace{5mu}` のようにして空けます。mu という単位（math units）は em（‘m’ の幅）の 1/18 です。負の値でもかまいません。

### ▶ `\smash`

`\smash{...}` は高さ，深さをゼロにつぶす命令ですが，amsmath パッケージではさらに `\smash[t]{...}` や `\smash[b]{...}` でそれぞれ高さ，深さだけをゼロにできます。次の例では $y$ のルートだけ下に伸びすぎるのを防ぐために使っています。

```
$\sqrt{x} + \sqrt{y}$                →  √x + √y
$\sqrt{x} + \sqrt{\smash[b]{y}}$     →  √x + √y
```

高さ・深さを揃えるための数式用の支柱 `\mathstrut` については 86 ページで述べましたが，これを `\smash[b]` と組み合わせると便利です。

```
\newcommand{\ssqrt}[1]{\sqrt{\smash[b]{\mathstrut #1}}}
$\ssqrt{g} + \ssqrt{h}$                →  √g + √h
```

### ▶ 演算子

LaTeX 標準の log 型関数（96 ページ）に加えて，次の演算子が追加されています。

| 入力 | 出力 | 入力 | 出力 | 入力 | 出力 |
|---|---|---|---|---|---|
| `\injlim` | $\injlim$ | `\varinjlim` | $\varinjlim$ | `\varliminf` | $\varliminf$ |
| `\projlim` | $\projlim$ | `\varprojlim` | $\varprojlim$ | `\varlimsup` | $\varlimsup$ |

この類の命令（マクロ）をさらに追加することもできます。例えば `$\cosec x$` と書いて $\operatorname{cosec} x$ と出力したければ，プリアンブルに次のように書きます。

```
\DeclareMathOperator{\cosec}{cosec}
```

また,

```
\DeclareMathOperator*{\argmax}{arg\,max}
```

のように * を付ければ, `\[ \argmax_\theta \]` で $\operatorname*{arg\,max}_\theta$ のように, 別行立て数式中で真下・真上に下限・上限が付きます。

マクロ定義ができない場合は `\operatorname` または `\operatorname*` を使います。

| | |
|---|---|
| `\operatorname{cosec} x` | → $\operatorname{cosec} x$ |
| `\operatorname*{arg\,min}_x f(x)` | → $\operatorname*{arg\,min}_x f(x)$ |

これで見つからない数学記号があれば, TeX Live に同梱されている一覧表（texdoc symbols, texdoc mdsymbol など）をご覧ください。

## 6.3　行列

amsmath パッケージによる行列には, 次のものがあります。

| 入力 | 出力 |
|---|---|
| `\begin{matrix}  a & b \\ c & d \end{matrix}` | $\begin{matrix} a & b \\ c & d \end{matrix}$ |
| `\begin{pmatrix} a & b \\ c & d \end{pmatrix}` | $\begin{pmatrix} a & b \\ c & d \end{pmatrix}$ |
| `\begin{bmatrix} a & b \\ c & d \end{bmatrix}` | $\begin{bmatrix} a & b \\ c & d \end{bmatrix}$ |
| `\begin{Bmatrix} a & b \\ c & d \end{Bmatrix}` | $\begin{Bmatrix} a & b \\ c & d \end{Bmatrix}$ |
| `\begin{vmatrix} a & b \\ c & d \end{vmatrix}` | $\begin{vmatrix} a & b \\ c & d \end{vmatrix}$ |
| `\begin{Vmatrix} a & b \\ c & d \end{Vmatrix}` | $\begin{Vmatrix} a & b \\ c & d \end{Vmatrix}$ |

行列の列の区切りは &, 行の区切りは `\\` です。

次の例で `\hdotsfor{列数}` は複数列にわたる点々です。

入力

```
\begin{equation}
  A = \begin{pmatrix}
        a_{11} & \dots & a_{1n} \\
        \hdotsfor{3}            \\
        a_{m1} & \dots & a_{mn}
      \end{pmatrix}
\end{equation}
```

出力

$$A = \begin{pmatrix} a_{11} & \dots & a_{1n} \\ \hdotsfor{3} \\ a_{m1} & \dots & a_{mn} \end{pmatrix} \tag{6.1}$$

本文中の小さめの行列は smallmatrix を使って

```
$\bigl( \begin{smallmatrix} a & b \\ c & d
                                    \end{smallmatrix} \bigr)$
```

のように書くと $\bigl( \begin{smallmatrix} a & b \\ c & d \end{smallmatrix} \bigr)$ のようになります。

場合分けは cases 環境を使います。これも行列の仲間です。

入力

```
\begin{equation}
  \lvert x \rvert = \begin{cases}
                       x & \text{$x \ge 0$ のとき} \\
                      -x & \text{それ以外のとき}
                    \end{cases}
\end{equation}
```

出力

$$|x| = \begin{cases} x & x \ge 0 \text{ のとき} \\ -x & \text{それ以外のとき} \end{cases} \tag{6.2}$$

数式番号を場合ごとに振るには，cases パッケージの numcases 環境を使います。より複雑な行列を扱うための nicematrix パッケージがあります。

# 6.4　分数

### ▶ \tfrac, \dfrac

LaTeX の分数の命令 \frac{a}{b} は，本文中ではテキストスタイルの $\frac{a}{b}$，別行立て数式中ではディスプレイスタイルの $\dfrac{a}{b}$ になります。amsmath パッケージでは，これに加えて，

| | |
|---|---|
| \tfrac{a}{b} | つねにテキストスタイルの $\tfrac{a}{b}$ |
| \dfrac{a}{b} | つねにディスプレイスタイルの $\dfrac{a}{b}$ |

が追加されています。

### ▶ 連分数

次の例のような連分数（continued fraction）は \cfrac 命令を使うとバランスよく出力できます。

入力

```
\begin{equation}
  b_0 + \cfrac{c_1}{b_1 +
          \cfrac{c_2}{b_2 +
          \cfrac{c_3}{b_3 +
          \cfrac{c_4}{b_4 + \cdots}}}}
\end{equation}
```

出力

$$b_0 + \cfrac{c_1}{b_1 + \cfrac{c_2}{b_2 + \cfrac{c_3}{b_3 + \cfrac{c_4}{b_4 + \cdots}}}} \tag{6.3}$$

\cfrac[l]，\cfrac[r] のようなオプションを付けると，分子がそれぞれ左寄せ，右寄せになります。

参考　\cfrac では分子の高さを一定にするために \strut という命令を使っています。これは上下幅が行送り（\baselineskip）に等しい支柱で，ベースラインから上が 70％，下が 30％の割合になっています。欧文の場合は行送りが 12 ポイント程度なので，これでちょうどいいのですが，和文の場合は行送りを 15〜17 ポイント程度にするので，ちょっと空きすぎになってしまいます。本書付録のスタイルファイルでは，別行立て数式の中では \baselineskip が欧文並みに狭くなるようにしてあります。あるいは，86 ページで書いたように，\strut の代わりに \mathstrut を使う手もあります。

ちなみに，連分数は次のような書き方もします。

入力
```
\begin{equation}
  b_0 + \frac{c_1}{b_1 + {}} \,
        \frac{c_2}{b_2 + {}} \,
        \frac{c_3}{b_3 + {}} \,
        \frac{c_4}{b_4 + {}} \, \dotsb
\end{equation}
```

出力

$$b_0 + \frac{c_1}{b_1 + {}} \, \frac{c_2}{b_2 + {}} \, \frac{c_3}{b_3 + {}} \, \frac{c_4}{b_4 + {}} \, \dotsb \tag{6.4}$$

※\genfrac についてはすぐあとの「一般の分数」のところに解説があります。

入力
```
\begin{equation}
  b_0 + \frac{c_1}{b_1} {\genfrac{}{}{0pt}{}{}{+}}
        \frac{c_2}{b_2} {\genfrac{}{}{0pt}{}{}{+}}
        \frac{c_3}{b_3} {\genfrac{}{}{0pt}{}{}{+}}
        \frac{c_4}{b_4} {\genfrac{}{}{0pt}{}{}{+ \dotsb}}
\end{equation}
```

出力

$$b_0 + \frac{c_1}{b_1} {\genfrac{}{}{0pt}{}{}{+}} \frac{c_2}{b_2} {\genfrac{}{}{0pt}{}{}{+}} \frac{c_3}{b_3} {\genfrac{}{}{0pt}{}{}{+}} \frac{c_4}{b_4} {\genfrac{}{}{0pt}{}{}{+ \dotsb}} \tag{6.5}$$

### ▶ 2項係数

2 項係数は，`\binom{a}{b}` と書けば，本文中では $\binom{a}{b}$ のようなテキストスタイル，別行立て数式中では $\dbinom{a}{b}$ のようなディスプレイスタイルで出力されます。必ずテキストスタイルで出力する `\tbinom`，必ずディスプレイスタイルで出力する `\dbinom` もあります。

### ▶ 一般の分数

分数や 2 項係数を含む一般の分数を出力する命令は

`\genfrac{左括弧}{右括弧}{棒の太さ}{スタイル}{分子}{分母}`

です。「棒の太さ」は何も書き込まなければ通常の分数の棒になりますが，棒を出力したくないときは `0pt` と書き込みます。「スタイル」は通常は何も書き込みませんが，`0` から `3` までの数字を書き込むと次のような特定のスタイルで出力することを意味します。

`0` …… `\displaystyle`　(別行立て数式のスタイル)
`1` …… `\textstyle`　(本文中の数式のスタイル)
`2` …… `\scriptstyle`　(添字のスタイル)
`3` …… `\scriptscriptstyle`　(添字の添字のスタイル)

たとえば

$\genfrac{}{}{}{}{a}{b}$ → $\genfrac{}{}{}{}{a}{b}$
$\genfrac{\{}{\}}{0pt}{}{i}{j\,k}$ → $\genfrac{\{}{\}}{0pt}{}{i}{j\,k}$

のようになります。括弧が片側にしかない場合は逆側はピリオド（.）にします。

$\genfrac{.}{\}}{0pt}{}{a}{b}$ → $\genfrac{.}{\}}{0pt}{}{a}{b}$

## 6.5 別行立ての数式

数式番号の付いた別行立ての数式を出力するには equation 環境を使います（これは標準の LaTeX と同じです）。

入力
```
\begin{equation}
  E = mc^2
\end{equation}
```
出力

$$E = mc^2 \tag{6.6}$$

数式番号が不要な場合は equation* 環境を使います（\[ ... \] も使えます）。

入力
```
\begin{equation*}
  E = mc^2
\end{equation*}
```
出力

$$E = mc^2$$

標準的でない数式番号は \tag で付けます。たとえば (∗) という番号を付けるには \tag{$*$} とします[※2]。

入力
```
\begin{equation}
  E = mc^2 \tag{$*$}
\end{equation}
```
出力

$$E = mc^2 \tag{$*$}$$

\tag{...} の中身は本文用フォントで組まれます。数式番号に括弧を付けない場合は \tag*{...} とします。

複数の数式を並べるには gather 環境を使います。数式の区切り（改行）は \\ です。最後の行には \\ を付けません。

※2 $*$ は本来は数式モードの掛け算の記号ですので，正しい使い方ではないかもしれません。これが気になる場合は \textasteriskcentered を使いましょう。

入力
```
\begin{gather}
  (a + b)^2 = a^2 + 2ab + b^2                    \\
  (a - b)^2 = a^2 - 2ab + b^2             \notag \\
  (a + b)^3 = a^3 + 3a^2b + 3ab^2 + b^3
\end{gather}
```

出力

$$(a+b)^2 = a^2 + 2ab + b^2 \tag{6.7}$$
$$(a-b)^2 = a^2 - 2ab + b^2$$
$$(a+b)^3 = a^3 + 3a^2b + 3ab^2 + b^3 \tag{6.8}$$

各行に数式番号が付きますが，番号を付けたくない行は，最後（`\\` の直前）に `\notag` と書いておきます（ほかの数式環境でも同様です）。

`gather` の代わりに `gather*` とすると，全部の行に数式番号が付きません。環境名に `*` を付けると番号が付かないのは，ほかの数式環境も同様です。

改行の命令 `\\` をたとえば `\\[-3pt]` に変えると，改行の幅が通常より 3 ポイント小さくなります。和文（行送り 15〜17 ポイント）と欧文（行送り 12〜13 ポイント）の一般的な行送りの違いを考えれば，和文の中の数式は改行を `\\[-3pt]` 程度にするほうがいいかもしれません（ほかの数式環境も同様です）。

`align` 環境は `&` で位置を揃えることができます。各行に番号が付きます。番号の不要な行には `\notag` を使います。

入力
```
\begin{align}
  \sinh^{-1} x &= \log(x + \sqrt{x^2 + 1}) \notag \\
               &= x - x^3\!/6 + 3x^5\!/40 + \dotsb
\end{align}
```

出力

$$\begin{aligned} \sinh^{-1} x &= \log(x + \sqrt{x^2 + 1}) \\ &= x - x^3/6 + 3x^5/40 + \cdots \end{aligned} \tag{6.9}$$

どの行にも番号が不要なら `align*` 環境を使います。

位置を揃えた複数行の数式全体の中央に番号を振るには，`split` 環境または `aligned` 環境で位置を揃え，全体をほかの数式環境の中に入れて番号を振ります。

入力
```
\begin{equation}
  \begin{split}
    \sinh^{-1} x &= \log(x + \sqrt{x^2 + 1}) \\
                 &= x - x^3\!/6 + 3x^5\!/40 + \dotsb
  \end{split}
\end{equation}
```

出力

$$
\begin{split}
\sinh^{-1} x &= \log(x + \sqrt{x^2 + 1}) \\
&= x - x^3/6 + 3x^5/40 + \cdots
\end{split}
\tag{6.10}
$$

上の例で数式番号を出力したのは equation 環境のほうです。split 自身は数式番号を出力しません（split* はありません）。

aligned も split とほぼ同じ用途に使えますが，こちらはより柔軟性に富み，枠 \fbox に入れたり，オプション [t] や [b] を付けて揃え位置を上下に動かしたりできますので，箇条書きの番号と揃えるときにも便利です。

入力

```
\begin{enumerate}
\item
  \fbox{$
    \begin{aligned}[t]
      H &= - \sum p_i \log_2 p_i \\
        &=   \sum p_i \log_2 (1/p_i)
    \end{aligned}$}
\end{enumerate}
```

出力

1. $\boxed{\begin{aligned}[t] H &= - \sum p_i \log_2 p_i \\ &= \sum p_i \log_2 (1/p_i) \end{aligned}}$

align 環境の類は各行に複数の & があってもかまいません。各行の偶数番目の & は式を区切るために使います。

入力

```
\begin{align*}
  \sin A &= y/r & \cos A &= x/r & \tan A &= y/x \\
  \cot A &= x/y & \sec A &= r/x & \csc A &= r/y
\end{align*}
```

出力

$$
\begin{aligned}
\sin A &= y/r & \cos A &= x/r & \tan A &= y/x \\
\cot A &= x/y & \sec A &= r/x & \csc A &= r/y
\end{aligned}
$$

参考 LaTeX 2.09 時代からの遺物の eqnarray 環境は不完全なので，amsmath パッケージではそれに代わるいくつかの命令を補っています。その代表がこの align 環境です。& の位置で桁揃えします。eqnarray 環境と比べて & は揃える記号（この場合 =）の前だけに入れます。

数式どうしの間隔を自分で制御するには alignat{数式の個数} を使います。「数式の個数」とは各列の数式の個数（偶数番目の & の個数 ＋ 1）の最大値です。これは次のようなときに便利です。

入力
```
\begin{alignat}{2}
  (a+b)^2 &= a^2+2ab+b^2 & \qquad & \text{展開する} \\
          &= a(a+2b)+b^2 &        & \text{$a$ でくくる}
\end{alignat}
```
出力

$$(a+b)^2 = a^2+2ab+b^2 \qquad \text{展開する} \tag{6.11}$$
$$= a(a+2b)+b^2 \qquad a\ \text{でくくる} \tag{6.12}$$

途中に文章を割り込ませるには `\intertext` を使います。

入力
```
\begin{align}
   s_1 &= a_1, \\
   s_2 &= a_1 + a_2, \\
\intertext{一般に}
   s_n &= a_1 + a_2 + \cdots + a_n
\end{align}
```
出力

$$s_1 = a_1, \tag{6.13}$$
$$s_2 = a_1 + a_2, \tag{6.14}$$

一般に

$$s_n = a_1 + a_2 + \cdots + a_n \tag{6.15}$$

揃え位置のない複数行にわたる一つの数式は `multline` 環境で書きます。

入力
```
\begin{multline}
  a + b + c + d + e + f + g + h + i + j + k \\
    + l + m + n + o + p + q + r + s + t + u + v \\
    + w + x + y + z + \alpha + \beta + \gamma + \delta
\end{multline}
```
出力

$$a+b+c+d+e+f+g+h+i+j+k$$
$$+l+m+n+o+p+q+r+s+t+u+v$$
$$+w+x+y+z+\alpha+\beta+\gamma+\delta \tag{6.16}$$

最初の行は左に寄り，最後の行は右に寄ります。それ以外の行は標準では左右中央に並びます（`fleqn` オプションを付ければ左端から一定距離に並びます）が，強制的に右に寄せたい行は `\shoveright{...}`，左に寄せたい行は `\shoveleft{...}` で囲みます（囲む範囲は改行 `\\` の直前までです）。

左右に寄る場合，`\multlinegap` だけ余白が空きます。これは標準で 10 pt ですが，`\setlength{\multlinegap}{20pt}` のようにして変えられます。

数式中の \\ では改ページしません。改ページを許すには \\ の直前に \displaybreak[0] と書いておきます。この [0] を [1]，[2]，[3] と変更すると改ページのしやすさが次第に増し，\displaybreak[4] では必ず改ページします。単に \displaybreak と書けば \displaybreak[4] と同じ意味になります。

すべての \\ について同じ改ページのしやすさを設定するには，プリアンブルに \allowdisplaybreaks[1] などと書いておきます。\allowdisplaybreaks のオプションのパラメータの値は 0 から 4 までで，0 では改ページせず，4 に近づくほど改ページしやすくなります。この場合，改ページしたくない改行は * で表します。

数式番号は，通常は (章.番号) の形式になりますが，これをたとえば (節.番号) にするには \numberwithin{equation}{section} と書いておきます。また，(2.5a)，(2.5b) のように副番号にしたい部分は \begin{subequations}，\end{subequations} で囲んでおきます。

たとえば \label{Einstein} というラベルを貼った数式を参照する際に，LaTeX では

```
式~(\ref{Einstein}) では……
```

のように書きますが，amsmath パッケージでは

```
式~\eqref{Einstein} では……
```

という命令も用意されています。\eqref のほうが括弧やイタリック補正が組み込まれていて便利です。

# 第7章 グラフィック

LaTeX 文書の中に，PDF・JPEG・PNG 形式の図表や写真を挿入できます。

昔（最終産物が PostScript だったころ）は，LaTeX に挿入する図といえば EPS 形式が定番でしたが，今（最終産物が PDF の時代）では，EPS を取り込むためには LaTeX から Ghostscript などのヘルパーツールを呼び出して PDF に変換してから LaTeX 文書に取り込まれるので，遅いばかりでなく，トラブルの原因でした。EPS はあらかじめ PDF に変換しておくほうが確実です。

逆に，LaTeX で組んだ文書や数式などを，ほかのソフト（InDesign など）に PDF 形式で挿入することもできます。

文字を変形したり，文字や背景に色を付けたりする方法も，この章で扱います。

## 7.1 LaTeX と図

LaTeX だけで図を描く方法はたくさんあります。いくつか例を挙げます：

- LaTeX 標準の `picture` 環境（今はお勧めしません）
- `pict2e` パッケージの `picture` 環境
- PostScript ベースの PSTricks というパッケージ群（最終産物が PDF となった今はお勧めしません）
- Ti*k*Z（本書付録 D）
- 大熊一弘さんの `emath` パッケージ

これらはどれもコマンド（文字による命令）で図を描くので，人によっては敷居が高いと感じられるかもしれません。

より簡単な方法として，Adobe Illustrator や Inkscape などのドローツール，PowerPoint や Keynote などのスライド作成ソフト，Excel や R，Python，Graphviz，gnuplot などのツールを使って図を描き，PDF 形式で保存し，LaTeX 文書に挿入することができます。複雑な表も Excel で組んで PDF で保存すれば，同様に挿入できます（Excel の図表が美しいかどうかは別問題として）。

デジカメで撮影した写真やスキャン画像，「ペイント」や GIMP，Photoshop などで描いた画像は，JPEG や PNG 形式のままで挿入できます。

参考　コマンドベースの描画ソフトもいろいろあります。特に LaTeX と相性の良いものの例を挙げておきます。

- METAPOST
- Asymptote
- KETpic（ケトピック。Maple，Mathematica，Maxima，Scilab で描いた図を LaTeX 文書に取り込み可能な Tpic 形式で出力する）

化学構造式なら藤田眞作さんによる XΥMTeX（キュムテック）などがあります。

## 7.2 LaTeXでの図の読み込み方

LaTeX でグラフィックを扱うためには，プリアンブルで次のように graphicx パッケージ[※1] を読み込み，本文中では \includegraphics コマンドを使って図を挿入します。

```
\documentclass[ドライバ名]{ドキュメントクラス名}
\usepackage{graphicx}
\begin{document}
……本文……
\includegraphics[オプション]{ファイル名}
……本文……
\end{document}
```

このドライバ名のところには，pLaTeX，upLaTeX の場合は dvipdfmx を必ず指定します[※2]。pdfLaTeX，XeLaTeX，LuaLaTeX の場合は何も指定しないでも自動判断してくれます（dvipdfmx とは指定しないでください）。

ファイル名には *.jpg，*.png，*.pdf のようなファイル名が入ります。トラブルを避けるため，ファイル名には半角英数字の単純な名前をお薦めします[※3]。

[オプション] には [width=5cm] のような挿入枠の大きさ指定などを入れます（後で詳しく説明します）。

graphicx パッケージを使えば，図を取り込むための \includegraphics 以外にも，図や文字を回転・拡大・縮小する命令が使えるようになります（後述）。

参考　\usepackage[draft]{graphicx} のように draft オプションを付ければ，グラフィック部分が外枠だけの表示になります。

※1　graphicx の綴りにご注意ください。昔 graphics というパッケージがあったのですが，それが拡張 (extend) されて，名前の最後が x になりました。

※2　本書執筆時点の現状では，dvipdfmx を指定しないと，dvips が選択され，うまく動作しません。また，dvipdfmx 指定を \usepackage{graphicx} の側だけに付ければ，今のところ正常に動作しますが，LaTeX の L3 バックエンドが dvips 用になってしまいます。

※3　grffile パッケージを使えば，ファイル名の制限がある程度緩和されます。

## 7.3 \includegraphicsの詳細

例えば

```
\includegraphics[width=3cm]{tiger.pdf}
```

とすると tiger.pdf という画像を 3 cm 幅で取り込んでその場所に出力します。画像は一つの大きな文字として扱われますので，必要に応じて center 環境などに入れておきます。

画像ファイルは通常は文書ファイルと同じフォルダに置いておきますが，例えばサブフォルダ sub1，sub2 の中の図も探させたい場合は，プリアンブルに

```
\graphicspath{{sub1/}{sub2/}}
```

と書いておきます。そのほか，LaTeX の入力ファイルを見つけられるところなら，どこに図を置いてもかまいません。

次のようにパスを指定することもできます。

```
\includegraphics[width=5cm]{C:/pictures/flowers.jpg}
```

パスの区切りは Windows でも / を使います。

\includegraphics は次のオプションを理解します。

- オプション width は幅を指定する命令です。上の例では画像を幅 5 cm にスケール（拡大または縮小）して出力します。

- height で高さを指定することもできます。

  ```
  \includegraphics[height=3cm]{...}
  ```

  totalheight で「高さ＋深さ」が指定できます。図を回転した場合はこちらのほうが便利です。

- width と height を同時に指定すると縦横比が変わります。keepaspectratio も指定すると，縦横比を変えずに，指定した幅と高さに収まるように拡大縮小します。

  ```
  \includegraphics[width=3cm,height=3cm,keepaspectratio]{...}
  ```

- scale=0.8 で画像のサイズが 0.8 倍になります。元の画像に 10 pt で書いた文字が footnotesize（8 pt）になるように取り込みたいといったときに便利です。

- EPS ファイルの場合，hiresbb オプションを付けると，小数点以下を含む

バウンディングボックス情報を使います。詳しくは7.6節をご覧ください。

- `clip` はクリッピングする，つまり描画領域（バウンディングボックス）の外側を描かないという指定です。描画領域の外側に余分なものが描かれている EPS ファイルなどを取り込むと，周囲の文章が侵蝕されますので，`clip` は指定しておくのが安全です。
- `trim=`$x_1\,y_1\,x_2\,y_2$ で左 $x_1$，下 $y_1$，右 $x_2$，上 $y_2$ 単位だけ図を切り詰めます。単位は 1/72 インチです。例えば図の下部 1 インチを切り詰めたいときは `trim=0 72 0 0` とします。
- `viewport=`$x_1\,y_1\,x_2\,y_2$ で，元の図の左下隅を原点とする左下隅 $(x_1, y_1)$，右上隅 $(x_2, y_2)$ の長方形の領域を出力します。単位は1/72インチです。例えば図の左下隅1インチ角だけ使いたいなら `viewport=0 0 72 72` とします。
- `angle=30` で画像が 30° 回転します。`origin` オプションで回転の中心を指定します。詳細は `\rotatebox` の解説（133 ページ）をご覧ください。90° 回転して幅 5 cm に収めたい場合は，高さ（`height`）を 5 cm に指定しなければなりません。
- `draft` オプションで画像の枠とファイル名だけを表示します。
- `pagebox=...` は 2017 年に追加されたオプションです。右辺は `mediabox`，`cropbox`，`bleedbox`，`trimbox`，`artbox` のどれか一つです。PDF ファイルのバウンディングボックスに相当する箱を選びます（詳細は後述）。

参考　ドライバが dvipdfmx で，PDF の図を挿入する場合，次のように言ってくることがあります。

```
** WARNING ** PDF version of input file more recent than in
output file.
** WARNING ** Use "-V" switch to change output PDF version.
```

これは `dvipdfmx.cfg` の設定が PDF 1.5 形式（`V 5`）になっているのに，挿入したい図の PDF バージョンが 1.5 より新しいという警告です。この警告を止めるには，図の PDF バージョンを 1.5 以下にするか，あるいは例えば図が PDF 1.6 なら，dvipdfmx の出力も PDF 1.6 にするために，dvipdfmx に `-V 6` というオプションを付けて使います。

参考　昔の LaTeX は拡張子 `bb` のバウンディングボックスファイルや拡張子 `xbb` の拡張バウンディングボックスファイルを使うことがありました。今はこれらのファイルは不要ですし，かえって誤動作の元になりますので，もし残っていたら消しておくほうが安全です。

## 7.4　おもな画像ファイル形式

画像は，拡大するとギザギザ（ジャギー）が目立つラスター（ビットマップ・ピクセル）画像と，そうでないベクター（ベクトル）画像とに大別されます。ラスター画像はさらに圧縮方法（可逆か非可逆か）で分類されます。スクリーンショットやセル画などノイズが目立ちやすいピクセル画像では，可逆圧縮が推奨です。さらに，印刷所でカラー印刷してもらうためには，CMYK 対応かどうかが決め手になります（134 ページ以下）。

**EPS**　EPS（Encapsulated PostScript）は，PostScript 形式の一種です。ベクター・ラスター，RGB・CMYK すべてに対応しています。PostScript や EPS は今はほとんど使われませんが，歴史的には重要なので，あとで少し詳しく解説します。

**PDF**　PDF（Portable Document Format）は，PostScript 形式に代わって広く用いられているファイル形式です。ベクター・ラスター，RGB・CMYK すべてに対応しています。これについても，あとで詳しく解説します。

**JPEG**　ジェーペグと読みます。拡張子は jpg または jpeg です。写真などのフル階調のカラーまたはグレースケールのピクセル画像用です。非可逆圧縮のため，スクリーンショットの類ではノイズが目立ちます。Photoshop などで作れる CMYK 形式の JPEG については，dvipdfmx は対応しています※4 が，対応しないソフトも多いので，一般には PDF に変換しておくほうが安心です。

※4　警告 “Adobe CMYK JPEG: Inverted color assumed.” が出ますが，問題なく取り込めるようです。

**PNG**　ピングとも読みます。可逆圧縮のため JPEG のようなノイズが入らず，スクリーンショットなどの保存に最適です。RGB やグレースケールに対応しますが，残念ながら CMYK には対応しません※5。本格的なカラー印刷用には，Photoshop などで CMYK に変換してから色を調整し，PDF などで保存します。機械的な変換でよければ 134 ページ以下に方法を説明しています。

※5　このため印刷業界では PNG は普及しておらず，TIFF や Photoshop 形式（PSD）のほうが一般的です。

**SVG**　SVG（Scalable Vector Graphics）は比較的新しいベクトル形式の画像フォーマットです。直接 LaTeX 文書には読み込めません（後述）。

## 7.5　PostScriptとは?

コンピュータで扱う画像には，ベクター形式とビットマップ形式（ラスター形式）があります。後者はピクセルという正方形の集まりで構成した画像で，たいへんわかりやすいのですが，前者は「滑らかな画像」「数式で表した画像」などと説明されるものの，なかなか理解しづらいので，ここではベクター形式の代表格にあたる PostScript（ポストスクリプト）形式について説明します。

PostScript 言語[※6] は業界標準のページ記述言語（ページ上の文字や図形の配置を記述するための一種のプログラミング言語）です。この言語の命令を書き込んだファイルが PostScript ファイルです。以下では PostScript を略して PS と書くことにします。

※6　PostScriptはAdobe Systems Incorporated（日本法人はアドビシステムズ㈱）の登録商標です。正しくは名詞ではなく形容詞ですので，PostScript言語，PostScriptプリンタなどのように使わなければなりません。

以下に簡単な PS ファイルの例を示します（右側は説明です）。これは のような図形を記述したものです。

```
%!PS                      PS ファイルはこの 4 文字で始まる
10 10 moveto              点 (10, 10) に移動する
30 10 lineto              点 (30, 10) まで線分を引く
20 20 10 0 180 arc        中心 (20, 20), 半径 10, 角度 0°~180° の円弧を引く
closepath                 パスを閉じる
stroke                    実際に線を描く
showpage                  ページ全体を出力
```

このように，PS ファイルの基本はテキストファイルです。簡単な命令をいくつか覚えれば手で書くこともできます。長さの単位は1/72 インチです。

このテキストファイルを例えば `test.ps` という名前で保存し，Ghostscript などの PS（互換）ソフトで開けば，先ほどの絵のような出力が画面で確認できます。また，PS（互換）プリンタに送れば，紙に出力されます。

参考　PS ファイルは `%!PS` または `%!PS-Adobe-3.0` のような行で始める約束になっていますが，実際には，PS 言語は，TeX と同様，`%` で始まる行をコメント（注釈）として扱います（つまり無視します）。保存の際には頭に BOM が付かないようにします。

### ▶ Ghostscript

Ghostscript（ゴーストスクリプト）は，オープンソースの PS 言語のインタープリタ，つまり PS 言語で書かれた図形を画面表示したり，一般のプリンタに出力したりするソフトです。別の言い方をすれば，Ghostscript は PostScript 互換のソフトウェア RIP（リップ）（ラスタライザ）です。RIP とは Raster Image Processor の意で，PostScript データをラスター画像にする装置またはソフトです。Ghostscript は，PDF のラスタライズや，PostScript から PDF への変換もできます。LaTeX は EPS 形式の図を出力するために Ghostscript を使っています。

参考 Ghostscript の examples フォルダにある有名な虎の絵 tiger.eps は，昔から EPS ファイルのテスト用によく使われています。この図の背景の灰色はバウンディングボックスを超えて描かれているので，これを挿入するときは，

```
\includegraphics[width=5cm,clip]{tiger.eps}
```

のようにオプション clip を指定して，描画領域の外側を描かないようにする必要があります。EPS ファイルでは clip を指定しておくほうが安全です。

Ghostscriptの虎のサンプル画像 (tiger.eps) 。元はカラーですが，これはグレースケールに変換したものです。

## 7.6 EPSとは

EPS（Encapsulated PostScript，カプセル化されたポストスクリプト）とは，一つの図だけを含む限定された PostScript 形式のことです。

EPS ファイル（EPSF）は次のような行で始まります。

```
%!PS-Adobe-3.0 EPSF-3.0
```

これ以降は，若干のコメント（% で始まる行）と，PS 言語による図形の表現が続きます。

一般の PS ファイルは複数のページを含み得ますが，EPS ファイルにはページという概念がありません。また，EPS ファイルの先頭付近には「バウンディングボックス」情報が必ず付きます。バウンディングボックスとは図の外枠のことで，EPS ファイルの先頭付近に

```
%%BoundingBox: 12 202 571 776
```

のような形式で書かれています。これは図の左下隅の座標が $(12, 202)$，右上隅の座標が $(571, 776)$ であることを表します（単位は 1/72 インチ）。

数式で書けば，%%BoundingBox: $x_1\ y_1\ x_2\ y_2$ とは，$x_1 \leqq x \leqq x_2$，$y_1 \leqq y \leqq y_2$ の長方形領域のことです。ただし $x_1$，$y_1$，$x_2$，$y_2$ はすべて整数でなければなりません。

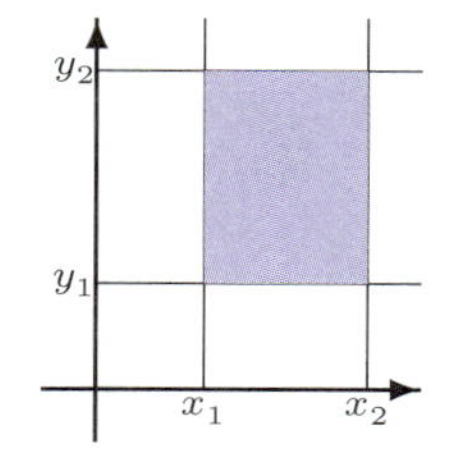


%%BoundingBox: $x_1\ y_1\ x_2\ y_2$

EPS ファイルによっては，通常のバウンディングボックス情報以外に，

```
%%HiResBoundingBox: 12.3456 201.789 570.6895 776.1234
```

のような小数点以下を含むバウンディングボックス情報を持っていることがあります。通常 LaTeX はこちらを無視しますが，こちらを読むようにするには，

```
\usepackage[hiresbb]{graphicx}
```

あるいは個々の図を読み込むところで

```
\includegraphics[hiresbb,width=5cm]{sample.eps}
```

のように hiresbb オプションを付けます。

LaTeX は EPS ファイルの中の図を解釈することはありません。単にバウンディングボックス情報だけを見て，確保する大きさを決めます。

## 7.7 PDFとは

PDF（Portable Document Format）は，PostScript と同じ Adobe Systems が開発したオープンな文書フォーマットです。PostScript の進化形ともいえるもので，インターネットでの情報交換から印刷所への入稿まで，広く使われています。Adobe から無償で配布されている Acrobat Reader[※7] をはじめ，多くの PDF 閲覧ソフトがあります。Mac では，OS そのものが PDF をサポートし，どんなソフトからでも PDF を出力することができます。

※7 一時期Adobe Readerと呼ばれ，今はAdobe Acrobat Reader DCという名前になりました。より高機能な商品Adobe Acrobatとは別物です。

PDF にすればどんな環境でも同じ出力ができるというのが理想ですが，現実にはフォント環境が異なれば出力も異なってしまいます。これを避けるために，PDF には，使用した文字のフォントデータを埋め込むことができます。

### ▶ PDF図版の作り方

かつては PDF ファイルを作るには Adobe Acrobat というソフトが必要でしたが，今では Microsoft Office をはじめ多くのソフトで PDF 出力ができるようになりました。Mac では OS の機能として PDF 出力ができます。

**参考** Adobe Acrobat がインストールされていれば，「Adobe PDF」という仮想プリンタに印刷することで，どんなソフトからも高品位の PDF が作れます。例えば Windows の Excel のグラフを PDF にしたいとします。グラフを選択し，ファイル→印刷で，プリンタ名で Adobe PDF を選びます。その右のプロパティをクリックし，モノクロ印刷の場合は，用紙／品質で白黒を選びます。Adobe PDF 設定で，印刷所の対応する PDF の形式を選び（例：PDF 1.4，PDF/X-1a），カラーマネジメントをしない（カラー変更なし）にしておきます。

### ▶ PDFのバージョン

PDF には 1.0，1.1，1.2，…，1.7 のバージョンがあり，それぞれ Adobe Acrobat のバージョン 1，2，3，…，8 以降に対応しています。PDF 1.7 は 2008 年に ISO 標準になりました[※8]。ISO は 2017 年に PDF 2.0 を策定しています。

※8 ISO 32000-1, Document management – Portable document format – Part 1: PDF 1.7

印刷でトラブルが生じないように PDF に制限を与えたものが PDF/X（ISO 15930）です。例えば PDF/X-1a:2001（ISO 15930-1:2001）は PDF 1.3 ベースですが，色は CMYK と特色，フォントは必ず埋め込むなどの制約を課しています。より新しい PDF/X-4（ISO 15930-7:2008, ISO/FDIS 15930-7）以降では透明効果も使えます。PDF/X はファイルサイズが大きくなりますので，インターネットでの文書配布には向きません。

### ▶ PDFのボックス情報

PDF ファイルはバイナリファイルですが，基本情報はテキストエディタで見ることができます。EPS ファイルのバウンディングボックスに当たる情報は

```
/MediaBox [0 0 612 792]
/CropBox [0 0 320 240]
```

のように複数含むことができます。この場合，MediaBox がページ全体で，CropBox が図版のバウンディングボックスを指していると考えられます。

PDF 1.3 からはもっと細かく指定できるようになり，MediaBox はトンボを含めた全領域，BleedBox は断ち代を含めた領域，TrimBox は版面，ArtBox は図版のバウンディングボックスに相当するものという具合に使い分けできます。

現在の graphicx パッケージでは，バウンディングボックスとして CropBox が使われます。ほとんどの場合はこれでいいのですが，特に Adobe Illustrator で作成した図版で，LaTeX 文書にインクルードした際に余白が広すぎる場合は，\includegraphics に [pagebox=artbox] オプションを付けて ArtBox の方を使うようにしてください。

それでも LaTeX に挿入して余白が広すぎる場合は，TeX Live の pdfcrop というコマンドを使います。ターミナルから例えば

```
pdfcrop hoge.pdf
```

と打ち込めば，余白を切り落とした hoge-crop.pdf というファイルができます。pdfcrop --help で詳しい説明が出ます。

あるいは，Adobe Acrobat で開いて「トリミングツール」でトリミングする手もあります。同様なことが GSview や Mac の「プレビュー」でもできます。

なお，Acrobat でトリミングしてそのまま保存すると，PDF のバージョンが変わってしまいます。PDF のバージョンが指定されている場合は，保存する前に「PDF の最適化」や「プリフライト」でバージョンを変更しておきます。

### ▶ EPS→PDFの変換

EPS を PDF に変換するための定番ソフトは Adobe Acrobat またはそれに含まれる Distiller です。

Mac では EPS ファイルをダブルクリックしただけで PDF に変換して「プレビュー」で開かれます。また，Mac の pstopdf（/usr/bin/pstopdf）コマンドでも変換できます。

Ghostscript 付属の ps2pdf コマンドでも EPS を PDF に変換できますが，余

分な余白が付いてしまいます。もう少し賢いコマンドとして，epstopdf という Perl スクリプトがあります[※9]。これはバウンディングボックスの左下隅を $(0, 0)$ に合わせてから Ghostscript を呼び出します。EPS のバウンディングボックス情報を保ちたいときは，ps2pdf を使うか，Distiller なら「EPS ファイルのページサイズ変更とアートワークの中央配置」をオフにして使います。

※9　Windows用実行ファイルも配布されています。

## 7.8　SVGとは

SVG（Scalable Vector Graphics）は XML ベースの新しいベクター形式の画像フォーマットです。最近のブラウザは SVG 画像に対応しています。Adobe Illustrator やオープンソースの Inkscape[※10] などのドローツールで作成できるほか，R や Python も SVG 形式の出力をサポートしています。中身はテキストファイルですので手で書くこともできます。例えば

※10　2020年5月には待望のMacネイティブ版が出ました。

```
<svg xmlns="http://www.w3.org/2000/svg" version="1.1"
     width="50" height="50" style="font-size:16px">
  <circle cx="25" cy="25" r="22" fill="#CCCCCC"
          stroke="black" stroke-width="2" />
  <text x="25" y="30" text-anchor="middle">まる</text>
</svg>
```

まる

と書いたテキストファイルを maru.svg という名前で保存し，ブラウザで開けば，欄外のように表示されます。

LaTeX で使うには，あらかじめ Inkscape などのツールで PDF に変換するのが簡単です[※11]。Inkscape には「PDF+LaTeX: Omit text in PDF, and create LaTeX file」という保存方法があり，SVG からテキストを除いたものを maru.pdf，テキスト部分を LaTeX 形式で maru.pdf_tex というファイル名で出力します。これらを統合して出力するには，プリアンブルで svg パッケージを読み込んでおき，図を出したいところに \includesvg{maru} と書きます。Inkscape が inkscape コマンドで呼び出せるように設定された環境では，LaTeX を --shell-escape オプション付きで起動すれば，変換まで自動でしてくれます（texdoc svg）。

※11　librsvg の rsvg-convert というコマンドでもSVGをPDFやPNGに変換できます。librsvg はMacのHomebrewでも簡単にインストールできます。

逆に，LaTeX で書いた数式を SVG にするには，dvi ファイルを経由して dvisvgm で SVG にするか，PDF にしてから Poppler の pdftocairo のようなツールで SVG にします。Wikipedia はサーバ内でこのようにしていると思われます。

## 7.9　文字列の変形

graphicx パッケージを使うと，\includegraphics 以外にも，いろいろなコマンドが使えるようになります。特に便利な文字列の変形のコマンド群を挙げておきます。

▶ \rotatebox[オプション]{角度}{文字列}

文字列を回転します。

文字を\rotatebox{45}{傾けて}書けます。 → 文字を傾けて書けます。

オプション [origin=c] を指定すると文字列の中心が回転の中心になります。[origin=tr] なら文字列の右上隅が回転の中心になります。origin 指定で使えるのは lrctbB（それぞれ左，右，中，上，下，ベースライン）とその 2 文字の組合せです。回転の中心は [x=3mm,y=2mm] のように座標で指定することもできます。回転の単位は無指定では度ですが，[units=6.2832] でラジアンになります。

▶ \scalebox{倍率}[縦の倍率]{文字列}

文字列を拡大縮小します。オプションの縦の倍率を指定しなければ，縦も横も等しい倍率で拡大縮小します。

半角ｶﾅは \scalebox{0.5}[1]{カナ} のように書けます。

倍角ダッシュ――は \scalebox{2}[1]{—} と書けます。

次のようにして漢字を合成するときにも使えます。

```
\newcommand{\LRkanji}[2]{%
  \scalebox{0.5}[1]{\makebox[2zw]{#1\hspace{-0.1zw}#2}}}
```

と定義しておけば，仮にフォントに鷗や驒がなくても

```
森\LRkanji{區}{鳥}外        →  森鷗外
飛\LRkanji{馬}{單}山脈      →  飛驒山脈
```

と出力できます。

▶ \reflectbox{文字列}

文字列を鏡像反転します。\scalebox{-1}[1]{文字列} と同じことです。

▶ \resizebox{幅}{高さ}{文字列}

文字列を指定の幅・高さに拡大縮小します。\resizebox* のように * を付けると，「高さ」が「高さ＋深さ」になります。幅と高さを同じ倍率で拡大縮小する

には，一方の長さだけ指定して，もう一方を ! とします。元々の幅は \width，高さは \height と書きます。

長い数式をページに押し込むのにも使えます。次の例では，数式の幅を行長（\columnwidth）の 0.9 倍にしています。

```
\resizebox{0.9\columnwidth}{!}{$\displaystyle
  \kappa = \kappa_1 + \kappa_2 + \frac{...}{D}$}
```

$$\kappa = \kappa_1 + \kappa_2 + \frac{T\{\sigma_1\sigma_2(\sigma_1+\sigma_2)(\alpha_1-\alpha_2)^2-(N_1-N_2)(B_z^2\sigma_1\sigma_2)[(\sigma_1+\sigma_2)(N_1-N_2)-2\sigma_1\sigma_2(R_1+R_2)(\alpha_1-\alpha_2)]\}}{D}$$

次の例はトトロの世界にしかない「七国山病院」のような字を作っています：

```
七国山病\hspace{-0.4zw}\resizebox*{-0.8zw}{1zw}{\UTF{961D}}%
\hspace{-0.1zw}\raisebox{0.76zw}{\resizebox*{0.7zw}{-1zw}{完}}
```

## 7.10　色空間とその変換

パソコンの画面の色は，光の 3 原色の赤・緑・青（Red，Green，Blue，合わせて RGB と呼ぶ）で作られています。これに対して，印刷で使うプロセスカラーは，シアン・マゼンタ・黄・黒（Cyan，Magenta，Yellow，blacK，合わせて CMYK と呼ぶ）を使います[※12]。原理的には CMY だけでいいはずですが，この 3 色を混ぜて完全な黒にするのは難しいだけでなく，黒は文字色に使われ，CMY の黒では版が少しでもずれると文字が読みにくくなるので，黒だけは特別扱いします。図版では「より黒い黒」を出すために K に CMY を被せることもあります。これ以外にも，特定の色を正確に出したいときは，特色（スポットカラー）を使うことがあります。

RGB といっても，広く使われている sRGB 以外に，より広い色域の Adobe RGB など，数種類の色空間があります。デジカメのカラー印刷用データには Adobe RGB を使うべきですが，それでも CMYK の色域とは完全に一致せず，変換は単純ではありません。RGB データをそのまま入稿できる仕組みが整い始めていますが，今のところ，印刷所に入稿する際には，CMYK 対応ソフトで色合いを調整し，CMYK 形式（モノクロならグレースケール形式）で保存するのが安全です。CMYK が扱えるソフトには，Adobe 社の Photoshop（ラスター画像用）や Illustrator（ベクター画像用）などがあります。GIMP[※13] は Separate+ プラグインにより CMYK が扱えます。

機械的な変換でよければ，ImageMagick[※14] の画像変換コマンド magick（convert）[※15] が便利です。PNG 画像をグレースケールや CMYK に変換するためのいくつかの例を示します：

※12　CMYKのKはblacKの略（日本ならKuroの略）と覚えるのが便利ですが，実際にはKey plateから来たものです。なお，学校で習う「色の3原色」または「絵の具の3原色」は赤・黄・青でしたが，実際には光の3原色の補色のシアン・マゼンタ・黄を使うほうが，広い範囲の色が表せます。

※13　https://www.gimp.org/

※14　ImageMagickは標準的なツールなので，多くのLinuxディストリビューションやCygwinに含まれています。Windows版やMac版はhttps://imagemagick.org/ からダウンロードできます（MacならHomebrewで入れるのが簡単です）。

※15　ImageMagickの画像変換コマンドは長らくconvertという名前でしたが，バージョン7からはmagickというコマンド名が標準で用いられることになっています。

```
magick foo.png -colorspace Gray foo-gray.png
magick foo.png -colorspace Gray EPDF:foo-gray.pdf
magick foo.png -colorspace CMYK EPDF:foo-cmyk.pdf
```

PDF 変換時の `EPDF:` という指定は，いわゆる Encapsulated PDF（MediaBox が用紙全体ではなく画像だけを指す PDF）にするためのものです。ImageMagick で扱えるのはラスター画像だけで，ベクター画像の色変換は Adobe Illustrator などを使うことになります。

参考　一括処理するには，Mac や Cygwin や Windows 10 の bash なら次のようにすればいいでしょう。

```
for x in *.png
do
    convert $x -colorspace CMYK EPDF:${x%.png}-cmyk.pdf
done
```

`${x%.png}` はファイル名から `.png` を除いた部分です。`${x%.*}` とすればすべての拡張子を除けます。

参考　最近はグレースケールの紙版と RGB の電子版を同時に出版するといったことが増えました。その場合，元画像 `*.png` は RGB で作り，上のようにして `*-gray.png` を生成しておき，インクルードする際に `\includegraphics[...]{fig\col.png}` のように書けば，プリアンブルで `\newcommand{\col}{-gray}` と定義すればグレースケール版，`\newcommand{\col}{}` とすれば RGB 版ができます。

なお，パソコンの画面と違って，一般的な印刷では薄い色を網点で表現します。網の密度は線数（せんすう）（lpi，lines per inch）という単位で表します。画面上で黒に見えても，CMYK データとしては 100％に満たない K に CMY が混じった色になっていて，黒インクだけで印刷すると網かけ状態になってしまうことがあります。Acrobat の「出力プレビュー」で調べて $C:M:Y:K=75:68:67:90$ のようになっている場合は，色空間をグレースケールに直し，黒が $C:M:Y:K=0:0:0:100$ になることを確かめます。

## 7.11 色の指定

LaTeX で色を使うには，古くは `color` パッケージが使われていましたが，ここではより強力な `xcolor` パッケージを紹介します。

```
\documentclass[dvipdfmx]{jsarticle}
\usepackage{graphicx,xcolor}
```

のように `graphicx` と組み合わせて使います。

文字色の指定は次のようにします。

- グレースケールの指定は

  ```
  {\color[gray]{0.5} 文字}　または
  \textcolor[gray]{0.5}{文字}
  ```

  のようにします。数値は 0〜1 で，0 が黒，1 が白です。

- カラーの印刷物なら CMYK で指定します。例えばシアン 0.75，マゼンタ 0，黄 0.65，黒 0 で作る色（CUD 推奨配色の緑色）で文字を書く場合は

  ```
  {\color[cmyk]{0.75,0,0.65,0} 文字}　または
  \textcolor[cmyk]{0.75,0,0.65,0}{文字}
  ```

  のように書きます。

- ディスプレイに表示する色は RGB 値で

  ```
  {\color[rgb]{0.2,0.6,0.4} 文字}　または
  \textcolor[rgb]{0.2,0.6,0.4}{文字}
  ```

  のように指定します。あるいは，HTML にならった記法

  ```
  {\color[HTML]{35A16B} 文字}　または
  \textcolor[HTML]{35A16B}{文字}
  ```

  も使えます。

成分の割合で指定するのは面倒ですので，いくつかの色名が定義されています。どんなドライバでも次の色は使えます：

| | |
|---|---|
| RGB 系 | `red` $(1,0,0)$　`green` $(0,1,0)$　`blue` $(0,0,1)$<br>`brown` $(.75,.5,.25)$　`lime` $(.75,1,0)$　`orange` $(1,.5,0)$<br>`pink` $(1,.75,.75)$　`purple` $(.75,0,.25)$　`teal` $(0,.5,.5)$<br>`violet` $(.5,0,.5)$ |
| CMYK 系 | `cyan` $(1,0,0,0)$　`magenta` $(0,1,0,0)$<br>`yellow` $(0,0,1,0)$　`olive` $(0,0,1,.5)$ |
| gray 系 | `black` $(0)$　`darkgray` $(.25)$　`gray` $(.5)$<br>`lightgray` $(.75)$　`white` $(1)$ |

さらに，`black!20` で黒 20%（薄い灰色），`red!30!yellow` で赤 30%・黄 70%（赤みがかった黄）といった指定ができます[※16]。

`xcolor` パッケージに `dvipsnames` オプションを付けた場合は，さらに次の表の色（CMYK 系）が指定できます：

※16　この場合redが先なのでRGBですが，同じ色でもyellow!70!redと書けばCMYKになります。

| 名前 | C | M | Y | K | 名前 | C | M | Y | K |
|---|---|---|---|---|---|---|---|---|---|
| GreenYellow | 0.15 | 0 | 0.69 | 0 | Yellow | 0 | 0 | 1 | 0 |
| Goldenrod | 0 | 0.10 | 0.84 | 0 | Dandelion | 0 | 0.29 | 0.84 | 0 |
| Apricot | 0 | 0.32 | 0.52 | 0 | Peach | 0 | 0.50 | 0.70 | 0 |
| Melon | 0 | 0.46 | 0.50 | 0 | YellowOrange | 0 | 0.42 | 1 | 0 |
| Orange | 0 | 0.61 | 0.87 | 0 | BurntOrange | 0 | 0.51 | 1 | 0 |
| Bittersweet | 0 | 0.75 | 1 | 0.24 | RedOrange | 0 | 0.77 | 0.87 | 0 |
| Mahogany | 0 | 0.85 | 0.87 | 0.35 | Maroon | 0 | 0.87 | 0.68 | 0.32 |
| BrickRed | 0 | 0.89 | 0.94 | 0.28 | Red | 0 | 1 | 1 | 0 |
| OrangeRed | 0 | 1 | 0.50 | 0 | RubineRed | 0 | 1 | 0.13 | 0 |
| WildStrawberry | 0 | 0.96 | 0.39 | 0 | Salmon | 0 | 0.53 | 0.38 | 0 |
| CarnationPink | 0 | 0.63 | 0 | 0 | Magenta | 0 | 1 | 0 | 0 |
| VioletRed | 0 | 0.81 | 0 | 0 | Rhodamine | 0 | 0.82 | 0 | 0 |
| Mulberry | 0.34 | 0.90 | 0 | 0.02 | RedViolet | 0.07 | 0.90 | 0 | 0.34 |
| Fuchsia | 0.47 | 0.91 | 0 | 0.08 | Lavender | 0 | 0.48 | 0 | 0 |
| Thistle | 0.12 | 0.59 | 0 | 0 | Orchid | 0.32 | 0.64 | 0 | 0 |
| DarkOrchid | 0.40 | 0.80 | 0.20 | 0 | Purple | 0.45 | 0.86 | 0 | 0 |
| Plum | 0.50 | 1 | 0 | 0 | Violet | 0.79 | 0.88 | 0 | 0 |
| RoyalPurple | 0.75 | 0.90 | 0 | 0 | BlueViolet | 0.86 | 0.91 | 0 | 0.04 |
| Periwinkle | 0.57 | 0.55 | 0 | 0 | CadetBlue | 0.62 | 0.57 | 0.23 | 0 |
| CornflowerBlue | 0.65 | 0.13 | 0 | 0 | MidnightBlue | 0.98 | 0.13 | 0 | 0.43 |
| NavyBlue | 0.94 | 0.54 | 0 | 0 | RoyalBlue | 1 | 0.50 | 0 | 0 |
| Blue | 1 | 1 | 0 | 0 | Cerulean | 0.94 | 0.11 | 0 | 0 |
| Cyan | 1 | 0 | 0 | 0 | ProcessBlue | 0.96 | 0 | 0 | 0 |
| SkyBlue | 0.62 | 0 | 0.12 | 0 | Turquoise | 0.85 | 0 | 0.20 | 0 |
| TealBlue | 0.86 | 0 | 0.34 | 0.02 | Aquamarine | 0.82 | 0 | 0.30 | 0 |
| BlueGreen | 0.85 | 0 | 0.33 | 0 | Emerald | 1 | 0 | 0.50 | 0 |
| JungleGreen | 0.99 | 0 | 0.52 | 0 | SeaGreen | 0.69 | 0 | 0.50 | 0 |
| Green | 1 | 0 | 1 | 0 | ForestGreen | 0.91 | 0 | 0.88 | 0.12 |
| PineGreen | 0.92 | 0 | 0.59 | 0.25 | LimeGreen | 0.50 | 0 | 1 | 0 |
| YellowGreen | 0.44 | 0 | 0.74 | 0 | SpringGreen | 0.26 | 0 | 0.76 | 0 |
| OliveGreen | 0.64 | 0 | 0.95 | 0.40 | RawSienna | 0 | 0.72 | 1 | 0.45 |
| Sepia | 0 | 0.83 | 1 | 0.70 | Brown | 0 | 0.81 | 1 | 0.60 |
| Tan | 0.14 | 0.42 | 0.56 | 0 | Gray | 0 | 0 | 0 | 0.50 |
| Black | 0 | 0 | 0 | 1 | White | 0 | 0 | 0 | 0 |

これら以外の色に名前をつけたい場合は次のようにします。

```
\definecolor{色の名前}{gray}{x}
\definecolor{色の名前}{rgb}{r,g,b}
\definecolor{色の名前}{cmyk}{c,m,y,k}
```

イタリック体で書いた部分は 0〜1 の値です。グレーレベル（gray）で指定する場合，$x = 0$ が黒，$x = 1$ が白です。例えば lightgray，cream という色名を定義するには次のようにします。

```
\definecolor{lightgray}{gray}{0.75}
\definecolor{cream}{cmyk}{0,0,0.3,0}
```

次のコマンドはいずれも ... の部分の文字色を変えます。

| | |
|---|---|
| {\color{色の名前} ...} | \textcolor{色の名前}{...} |
| {\color[gray]{$x$} ...} | \textcolor[gray]{$x$}{...} |
| {\color[rgb]{$r$,$g$,$b$} ...} | \textcolor[rgb]{$r$,$g$,$b$}{...} |
| {\color[cmyk]{$c$,$m$,$y$,$k$} ...} | \textcolor[cmyk]{$c$,$m$,$y$,$k$}{...} |

\pagecolor{色の名前} でページの背景色が変わります。\color 命令同様，グレーレベルや RGB，CMYK の数値でも指定できます。別の色を指定するまで変わったままですので，元の白に戻すには \pagecolor{white} とします。

\colorbox{色名}{...} で文字の背景に色を付けられます。色は数値でも指定できます。

```
\colorbox[gray]{0.8}{灰色の背景}
```
→ 灰色の背景

\fcolorbox{色名 1}{色名 2}{...} で，色名 1 の枠，色名 2 の背景で文字が書けます。色は数値でも指定できます。

```
\fcolorbox[gray]{0}{0.8}{黒枠，灰色の背景}
```
→ 黒枠，灰色の背景

従来は TEX で小さな点を並べて網掛けすることもありましたが，今はこのように灰色の背景を使うほうがきれいな網掛けができます。

## 7.12　枠囲み

枠で囲む方法はいろいろありますが，ここでは最新・最強の tcolorbox パッケージをご紹介します（texdoc tcolorbox）。このパッケージの特徴は，枠囲みの途中で改ページできることと，たくさんのオプションにより多様な枠が描けることです。内部で TikZ（付録 D）を呼び出して使います。

```
\usepackage{tcolorbox}
```

とすれば，tcolorbox のほか graphicx，xcolor，tikz が読み込まれます。

枠囲みは \begin{tcolorbox} ... \end{tcolorbox} で行います。次の例のように，いろいろなオプションを指定することができます。

```
\begin{tcolorbox}[colframe=black!50,colback=white,
          colbacktitle=black!50,coltitle=white,
          fonttitle=\bfseries\sffamily,title=粋な枠]
  わくわくする枠
\end{tcolorbox}
```

粋な枠

わくわくする枠

もっとも，日本ではもっとシンプルな枠が好まれるようです。次の例は単純な箱を定義しています。

```
\usepackage{tcolorbox}
\tcbuselibrary{skins}

\newtcolorbox{mysimplebox}[1]{%
  colframe=black, colback=white,
  coltitle=black, colbacktitle=white,
  boxrule=0.8pt, arc=0mm,
  fonttitle=\sffamily\bfseries,
  enhanced,
  attach boxed title to top left={xshift=10mm,yshift=-3mm},
  boxed title style={frame hidden},
  title=#1}

\begin{mysimplebox}{解答群}
  わくわくする解答
\end{mysimplebox}
```

**解答群**

わくわくする解答

参考　枠囲みの途中で改ページさせたい場合には，プリアンブルで次のようにオプションライブラリも指定します。

```
\usepackage[breakable]{tcolorbox}
```

または

```
\usepackage{tcolorbox}
\tcbuselibrary{breakable}
```

そして，途中で改ページを許したい tcolorbox 環境のオプションにも breakable を指定します。

```
\begin{tcolorbox}[breakable,colorframe=...
```

内容に応じてサイズが変わる枠囲み \tcbox{...} もあります。次の例は tabular 環境を入れてテーブル枠を飾ってみました（\arrayrulecolor を使っているので colortbl パッケージが必要です）。

```
\tcbox[left=0mm,right=0mm,top=0mm,bottom=0mm,boxsep=0mm,
  toptitle=0.5mm,bottomtitle=0.5mm,colframe=black!50,
  fonttitle=\bfseries\sffamily,center title,title=果物一覧]{%
  \arrayrulecolor{black!50}%
  \begin{tabular}{l|r|r}
    品名 & 単価（円）& 個数 \\ \hline
    りんご & 100 &  5 \\
    みかん &  50 & 10 \\
  \end{tabular}}
```

果物一覧

| 品名 | 単価（円） | 個数 |
|---|---|---|
| りんご | 100 | 5 |
| みかん | 50 | 10 |

# 第8章
# 表組み

この章では，LaTeX 標準の tabular，array 環境と，それを改良するための array，tabularx，booktabs パッケージ，ページをまたぐ表を作る longtable パッケージを説明します。

## 8.1 表組みの基本

LaTeX には，通常のテキスト内で作表する tabular 環境，数式モードで作表する array 環境があります。

まずは tabular 環境の基本として，罫線のない表を書いてみましょう。

| 品名 | 単価（円） | 個数 |
|---|---:|---:|
| りんご | 100 | 5 |
| みかん | 50 | 10 |

このように出力するには，次のように入力します。

```
\documentclass{...}
\begin{document}

\begin{center}
  \begin{tabular}{lrr}
    品名 & 単価（円）& 個数 \\
    りんご & 100 &  5 \\
    みかん &  50 & 10
  \end{tabular}
\end{center}

\end{document}
```

\begin{center} … \end{center} は中身を左右中央に置く命令で，表組みと直接の関係はありません。その内側の \begin{tabular} … \end{tabular} が表そのものを出力する命令です。この命令は

```
\begin{tabular}{列指定}
  表本体
\end{tabular}
```

の形で使います。

列指定は

- l　左寄せ (left)
- c　中央 (center)
- r　右寄せ (right)

を列の数だけ並べます。先ほどの \begin{tabular}{lrr} では列指定は lrr でしたので，1列目は左寄せ，2列目と3列目は右寄せになりました。

表本体では，列の区切りは &，行の区切りは \\ です。表の最下行の終わりには \\ は付けません（後述の \bottomrule や \hline が付く場合は例外です）。

参考　表は，一つの大きい文字として扱われます。したがって，上の例で，もし \begin{center}，\end{center} がなかったら，表は別行立てにならず，

| 品名 | 単価（円） | 個数 |
|---|---|---|
| りんご | 100 | 5 |
| みかん | 50 | 10 |

のように本文の中に入り込んでしまいます（灰色の長方形（アミ）は見やすいように付けたものです）。

参考　ここでは表を center 環境に入れましたが，flushleft 環境（左寄せ）や flushright 環境（右寄せ）にすると，tabular 環境の両側にほんの少し余分なスペースが入っているのがわかります。この余分なスペースを消すには，たとえば列指定が {lrr} なら {@{}lrr@{}} のように，列指定の両側に @{} という命令を入れます。@{何か} は表の両側や列間に 何か を挿入するためのものですが，@{} のように中身を空にすることで，本来入るはずの表の両側のスペースを消しています。

## 8.2　booktabsによる罫線

先ほどの例に罫線を引いてみましょう。LaTeX 標準の罫線はあとで説明しますが，ここではまず最近よく使われる booktabs パッケージを説明します。日本人は格子状の罫線を好みますが，横書き文化圏では次のように横罫線だけを使うのが原則です。

| 品名 | 単価（円） | 個数 |
|---|---|---|
| りんご | 100 | 5 |
| みかん | 50 | 10 |

このように出力するには booktabs パッケージを使って次のようにします。

```
\documentclass{...}
\usepackage{booktabs}
\begin{document}

\begin{center}
  \begin{tabular}{lrr} \toprule
    品名 & 単価（円）& 個数 \\ \midrule
    りんご & 100 &  5 \\
    みかん &  50 & 10 \\ \bottomrule
  \end{tabular}
\end{center}

\end{document}
```

booktabs パッケージで使える命令は次の通りです。

- ▹ \toprule　最初の罫線
- ▹ \midrule　中央の罫線
- ▹ \bottomrule　最後の罫線

参考　例えば \toprule[2pt] のように太さを指定することもできます。デフォルトでは最初と最後の罫線の太さが \heavyrulewidth，中央の罫線の太さが \lightrulewidth になりますので，仮に中央の罫線の太さを太いほうに合わせたいなら \midrule[\heavyrulewidth] と書けばよいことになります。

参考　表の幅いっぱいではなく，例えば第 1〜2 列に \midrule を引きたいときは \cmidrule{1-2} のようにします。第 3 列だけに引きたいときは \cmidrule{3-3} です。通常 \cmidrule は左右どちらかまたは両方を少し短くするほうが美しく見えます。両方短くするなら \cmidrule(lr){1-2} とします。左だけなら (l)，右だけなら (r)，左を 5 mm，右を 3 mm 短くするなら (l{5mm}r{3mm}) といった指定ができます。さらに線の幅も \cmidrule[2mm](lr){1-2} のように指定できます。

参考　行間や罫線の上下に余分のスペースが欲しいときは，\addlinespace[長さ] という命令を使います。たとえば \addlinespace[2pt] のように使います。

booktabs だけで話が済めばいいのですが，日本では縦罫線が必須な場合が多いので，以下では booktabs を使わない LaTeX 標準の罫線について説明します。

## 8.3 LaTeX標準の罫線

LaTeX 標準の \hline という命令で罫線を引くと次のようになります。ここで使った \usepackage{array} は，なくてもかまいませんが，LaTeX 標準の罫線を微妙に改善してくれるので，可能なら入れておきます。

```
\documentclass{...}
\usepackage{array}
\begin{document}

\begin{center}
  \begin{tabular}{lrr} \hline
    品名 & 単価（円）& 個数 \\ \hline
    りんご & 100 &  5 \\
    みかん &  50 & 10 \\ \hline
  \end{tabular}
\end{center}

\end{document}
```

| 品名 | 単価（円） | 個数 |
|---|---:|---:|
| りんご | 100 | 5 |
| みかん | 50 | 10 |

※1 \arrayrulewidth で太さが設定できますが，途中で変えるのは簡単ではありません。

このように，標準では線の太さがみな同じになります[※1]。

列指定の文字列（この場合 lrr）の中に縦棒（|）を入れると，次のように縦罫線が引けます。

```
\begin{tabular}{|l|r|r|} \hline
  品名 & 単価（円）& 個数 \\ \hline
  りんご & 100 &  5 \\
  みかん &  50 & 10 \\ \hline
\end{tabular}
```

| 品名 | 単価（円） | 個数 |
|---|---:|---:|
| りんご | 100 | 5 |
| みかん | 50 | 10 |

\hline\hline と続けて書くと 2 重の横罫線になります。また，列指定の中で || と書くと 2 重の縦罫線になります。

次のように \cline{欄番号-欄番号} で部分的に罫線が引けます。

```
\begin{tabular}{|ccc|} \hline
  こ & れ & は \\ \cline{2-3}
  迷 & 路 & で \\ \cline{1-1} \cline{3-3}
  し & ょ & う \\ \hline
\end{tabular}
```

| こ | れ | は |
|---|---|---|
| 迷 | 路 | で |
| し | ょ | う |

**参考** booktabs でも縦の罫線は使えますが，残念ながら booktabs の作者は「縦罫線は厳禁」という立場ですので，うまくつながりません。

## 8.4 表の細かい制御

表の行送りや上下の罫線との距離は次のようにして自由に制御できます。

まず，各行の最後の \\ の後に [長さ] を付けると，その長さだけ行送りが増えます。負の長さなら行送りが減ります。ただし，\hline のある行の行送りを減らすと，横罫線が変な位置に来ます。

```
\begin{tabular}{|l|r|r|} \hline
  品名 & 単価（円）& 個数 \\ \hline
  りんご & 100 &  5 \\[-5pt]
  みかん &  50 & 10 \\ \hline
\end{tabular}
```

| 品名 | 単価（円） | 個数 |
|---|---:|---:|
| りんご | 100 | 5 |
| みかん | 50 | 10 |

全体の行送りを一定の割合で変えたいときは，\arraystretch というマクロを再定義します。例えば

```
\renewcommand{\arraystretch}{0.8}
```

で行送りが 0.8 倍になります。

array パッケージで追加された \extrarowheight という長さを設定することで，行の高さが一律に増やせます。例えば

```
\setlength{\extrarowheight}{2pt}
```

とすれば行送りが一律 2 pt 増えます。

さらに特定の行だけ上下のアキを調節するには，59 ページで説明した \rule を幅 0 にして挿入し，上下の罫線を押し上げ・下げるための支柱にします。例えば

```
\rule[-1em]{0em}{3em}りんご & 100 &  5 \\ \hline
```

のようにすれば上下の罫線との間にほぼ全角の隙間が入ります（値は微調整する必要があります）。

参考　(lt)jsarticle などのドキュメントクラスでは \narrowbaselines コマンドを使っても行送りを一律に狭くできます。

## 8.5　列割りの一時変更

一時的にいくつかの列をまとめて 1 列のように扱う命令は

```
\multicolumn{まとめる列数}{列指定}{中身}
```

です。たとえば

| 請求書 | | |
|---|---|---|
| 品名 | 数量 | 金額 |
| 基礎からわかる情報リテラシー | 1 | 1628 円 |
| C 言語による標準アルゴリズム事典 | 1 | 2750 円 |

のように出力するには

```
\begin{center}
  \begin{tabular}{lcr}
    \multicolumn{3}{c}{\textgt{請求書}} \\
    \multicolumn{1}{c}{品名}      & 数量 &
                              \multicolumn{1}{c}{金額} \\
    基礎からわかる情報リテラシー      &    1 & 1628円 \\
    C言語による標準アルゴリズム事典 &    1 & 2750円
  \end{tabular}
\end{center}
```

と入力します。ここで

```
\multicolumn{3}{c}{\textgt{請求書}}
```

は 3 列分をまとめて中央揃え，ゴシック体で「請求書」と出力します。

```
\multicolumn{1}{c}{品名}
```

は単に「品名」を中央揃えに直すだけです。

これに罫線を引いてみましょう。

| 請求書 | | |
|---|---|---|
| 品名 | 数量 | 金額 |
| 基礎からわかる情報リテラシー | 1 | 1628 円 |
| C 言語による標準アルゴリズム事典 | 1 | 2750 円 |

これを出力するには

```
\begin{center}
  \begin{tabular}{|l|c|r|}                       \hline
    \multicolumn{3}{|c|}{\textgt{請求書}}        \\ \hline
    \multicolumn{1}{|c|}{品名}    & 数量 &
                          \multicolumn{1}{c|}{金額} \\ \hline
    基礎からわかる情報リテラシー     &    1 & 1628円 \\
    C言語による標準アルゴリズム事典 &    1 & 2750円 \\ \hline
  \end{tabular}
\end{center}
```

と入力します。

## 8.6 横幅の指定

ある列の幅を例えば 5 cm に固定して左揃えするには，`l` の代わりに `p{5cm}` と指定します。中央揃えなら `c` の代わりに `>{\centering}p{5cm}`，右揃えなら `r` の代わりに `>{\raggedleft}p{5cm}` とします。

参考 `>{左}` および `<{右}` は array パッケージで追加された命令で，その列の 左 右 に命令を挿入します。

参考 最右列に `>{\centering}` などを入れるとうまくいかないようですが，余分な空の列を右側に追加することで逃げられます。

全体の横幅の定まった表は tabular の代わりに tabularx パッケージの tabularx を使います。使い方は，プリアンブルに

```
\usepackage{tabularx}
```

と書いておき，表を出力したいところに

```
\begin{tabularx}{幅}{列指定}
    ⋮
\end{tabularx}
```

と書きます。幅を自由に変えてよい列は X と指定します。たとえば

| 請求書 | | |
|---|---|---|
| 品名 | 数量 | 金額 |
| 基礎からわかる情報リテラシー | 1 | 1628 円 |

のように横幅を 80 mm の幅にするには

```
\begin{center}
  \begin{tabularx}{80mm}{|X|r|r|}
    \hline
    \multicolumn{3}{|c|}{\textgt{請求書}}      \\ \hline
    品名                            & 数量 &    金額 \\ \hline
    基礎からわかる情報リテラシー &     1 & 1628円 \\ \hline
  \end{tabularx}
\end{center}
```

とします。最初の列は X と指定されていますので，幅は可変です。次の二つの列は r と指定されていますので，右寄せになります。X と指定された列は，中身がたくさんでも，適当に改行してくれます。

参考　昔は LaTeX 標準の tabular* 環境が使われましたが，より優れた tabularx パッケージのほうをお薦めします。

## 8.7　色のついた表

\usepackage{colortbl} とすれば，行ごと，列ごと，あるいは特定のセルに色を付けられます。色の指定法については 135 ページ以降をご覧ください。そこで説明した xcolor パッケージを使う場合は，

```
\usepackage[table]{xcolor}
```

のようにオプション table を付けて呼び出すと，xcolor 内部から colortbl パッケージが読み込まれます。

ここでは白に近いグレー（\color[gray]{0.8}）を使って説明します。この 0.8 という数値は 0（黒）と 1（白）の間で選びます。

まず，行全体の背景色の指定は次のようにします。

```
\begin{tabular}{|c|} \hline
  \rowcolor[gray]{0.8} 第 1 の行 \\ \hline
                       第 2 の行 \\ \hline
\end{tabular}
```

| 第 1 の行 |
|---|
| 第 2 の行 |

列全体の背景色の指定は次のようにします。

```
\begin{tabular}{|>{\columncolor[gray]{0.8}}c|c|} \hline
  最初の列 & 次の列 \\ \hline
  最初の列 & 次の列 \\ \hline
\end{tabular}
```

| 最初の列 | 次の列 |
|---|---|
| 最初の列 | 次の列 |

行と列の指定がかち合うときは \rowcolor が勝ちます。

特定のセルだけに色を付けるには \multicolumn を使います。

```
\begin{tabular}{|c|c|} \hline
  \multicolumn{1}{|>{\columncolor[gray]{0.8}}c|}{左上} &
    右上 \\ \hline
  左下 &
    \multicolumn{1}{>{\columncolor[gray]{0.8}}c|}{右下} \\
    \hline
\end{tabular}
```

| 左上 | 右上 |
|---|---|
| 左下 | 右下 |

\usepackage[table]{xcolor} を使えば \rowcolors という命令も使えます。例えば \rowcolors{3}{black!20}{} で，3 列目以降は奇数行で黒 20 %，偶数行で無色にします（texdoc xcolor）。

## 8.8　ページをまたぐ表

tabular 環境は一つの大きな文字と同等に扱われますので，ページをまたぐことはできません。ページをまたぐ表を作るためには longtable パッケージを使います[※2]。

※2　ほかに supertabular パッケージがあります。

```
\begin{longtable}{|l|l|}
  \hline 名前 & 住所 \\ \hline \endhead
  \hline \endfoot
  技評太郎 & 東京都新宿区市谷左内町21-13 \\
  ……      & ……                          \\
  ……      & ……
\end{longtable}
```

\endhead までの部分は各ページの表の頭に出力します。ここでは横線（\hline），「名前」，「住所」，改行（\\），横線を出力します。その次から \endfoot までの部分は各ページの表の最後に出力するものです。ここでは横線だけにしています。それ以下は，通常の tabular 環境と同様です。

これを LaTeX で処理すると，最初は

```
Package longtable Warning: Table widths have changed. Rerun
LaTeX.
```

というメッセージが画面に出ます。これが出なくなるまで繰り返し LaTeX を実行します。

## 8.9 表組みのテクニック

表の列間隔を変えるには \setlength を使って \tabcolsep という変数の値を変えます。たとえば

```
この {\setlength{\tabcolsep}{3pt}\footnotesize
\begin{tabular}{|c|c|c|} \hline
  2 & 9 & 4 \\ \hline
  7 & 5 & 3 \\ \hline
  6 & 1 & 8 \\ \hline
\end{tabular}} を 3 次の魔方陣という。
```

とすると，

この

| 2 | 9 | 4 |
|---|---|---|
| 7 | 5 | 3 |
| 6 | 1 | 8 |

を 3 次の魔方陣という。

のように出力されます。列間隔は \tabcolsep にセットした値（上の例では 3 pt）の 2 倍（6 pt）になります。元々の \tabcolsep の値は 6 pt（列間隔は 12 pt）です。

このように一時的に変数の値を変更するときは，変更の命令と tabular 環境全体とを波括弧 { } で囲んでおきます。もし tabular 環境全体が center 環境などの中にあるなら，変数の値の変更は center 環境などの中で行えば，その影響は center 環境などの外に及びませんので，波括弧で囲む必要はありません。

なお，上の例では表は上下中央揃えになりましたが，

```
\begin{tabular}[b]{...}
```

とすると表の下端が前後の文のベースラインと一致し，

この

| 2 | 9 | 4 |
|---|---|---|
| 7 | 5 | 3 |
| 6 | 1 | 8 |

を 3 次の魔方陣という。

となります。逆に

```
\begin{tabular}[t]{...}
```

とすると表の上端が前後の文のベースラインと一致します。（罫線でなく）表の最後または最初の行のベースラインを前後の行と揃えたい場合は，最初と最後の罫線を \hline ではなくそれぞれ \firsthline と \lasthline にします。

tabular 環境の前に例えば

```
\setlength{\arrayrulewidth}{0.8pt}
```

と書いておくと罫線の太さが 0.8 pt になります（元の値は 0.4 pt です）。

```
\setlength{\doublerulesep}{0pt}
```

とすると 2 重罫線の間隔が 0 pt になります（元の値は 2 pt です）。2 重罫線の間隔を 0 pt にすると \hline\hline や {||c||} のように罫線を重複指定して太さを 2 倍にできます（array パッケージの場合）。

次の表のように小数点で桁揃えしたいときや微妙な文字間・行間の調整をしたいときがあります。

| $T$ (deg) | $t$ (sec) | $X_n$ |
|---:|---|---|
| $10^{12}$ | 0 | 0.496 |
| $3 \times 10^{11}$ | 0.001129 | 0.488* |
| $1.3 \times 10^{9}$ | 98* | 0.15 |

このようなときには，\phantom{何々} と書くと「何々」と同サイズの空白が出力されることを使うのが簡単です。また，\rlap{何々} とすれば右に向かって「何々」と出力してからその幅だけ左に戻るので，あたかも「何々」を出力しなかったような列揃えになります。

次の入力例は，\phantom{0} と入力する代わりに ~ で数字の幅の空白が出力できるように ~ を \renewcommand で再定義しています。center 環境内での再定義ですので，center 環境を抜け出したら ~ の定義は元に戻ります。

```
\begin{center}
  \renewcommand{~}{\phantom{0}}
  \begin{tabular}{rlr}
                                                        \toprule
    \multicolumn{1}{c}{$T$ (deg)} &
    \multicolumn{1}{c}{$t$ (sec)} &
    \multicolumn{1}{c}{$X_n$}                             \\
                                                        \midrule
    $           10^{12}$ & ~0        & 0.496          \\[-4pt]
    $  3 \times 10^{11}$ & ~0.001129 & 0.488\rlap{*} \\[-4pt]
    $1.3 \times 10^{9~}$ & 98*       & 0.15~          \\
                                                        \bottomrule
  \end{tabular}
\end{center}
```

ここで `\\[-4pt]` はその行間を標準より 4 pt 狭くする命令です。欧文用のクラスファイルを使う場合は行間を狭くする必要はほとんどありませんが，和文用のクラスファイルでは行間が広く設定してあるので，このような数表を組むと行間が広くなりすぎます。3～4 pt 狭くするとよいでしょう。

参考　小数点で揃える別の方法として，列指定を `r@{.}l` のようにする方法もあります。つまり小数点より前と後を別の列にするわけです。ただし，`3.14` と書く代わりに `3&14` と書かなければなりません。

# 第9章 図・表の配置

LaTeX には自動で図・表を配置する figure 環境，table 環境があります。この機能を強化した float パッケージを使えば，より柔軟な図・表の配置ができ，図・表に似た「プログラムリスト」などの新しい環境を簡単に作ることもできます。

## 9.1 図の自動配置

図を自動配置するには figure 環境を使います。例えば

```
図\ref{fig:2ji}は関数 $y = x^2$ のグラフである。
\begin{figure}
  \centering
  \includegraphics[width=5cm]{2ji.pdf}
  \caption{関数 $y = x^2$ のグラフ}
  \label{fig:2ji}
\end{figure}%
このグラフは下に凸である。
```

と書くと，LaTeX は \begin{figure} … \end{figure}% の部分をとりあえず無視して

> 図**??**は関数 $y = x^2$ のグラフである。このグラフは下に凸である。

と出力します（図の番号がとりあえず **??** になっています）。そして，そのページの上か下の余ったところに図を出力し，図のすぐ下に

> 図 1　関数 $y = x^2$ のグラフ

のようにキャプション（図見出し）を出力します。もしそのページに収まらないなら，次ページ以降に回します。

\label{...} と \ref{...} の中身は，単なる符丁（ラベル）ですので，何でもかまい

ませんが，両方に同じ文字列を書いておきます。

「図??は……」のように，本文中で図の番号が ?? になっていますが，これは LaTeX をもう一度実行すると，

> 図 1 は関数 $y = x^2$ のグラフである。このグラフは下に凸である。

のように正しい番号に置き換わります。

\label，\ref，および LaTeX を 2 度実行することの背後の仕組みについては第 10 章をご覧ください。

**参考** 日本語の段落の途中に figure 環境を入れる場合，上の例のように \end{figure} の直後に % を付けないと，余分な空白が入ってしまいます。なるべく figure 環境（や後述の table 環境）は段落と段落の間に書き込むことをお勧めします。そうすればこの % は不要です。

**参考** figure 環境の中身を中央揃えする際には，center 環境を使うと少し余分なスペースが上下に入るので，上の例のように \centering 命令を使うほうがいいでしょう。

\begin{figure}[htbp] のように \begin{figure} の直後に [ ] で囲んだ文字を書くことによって，図の出力の可能な位置を指定できます。これらの文字の意味は次の通りです。

- t　ページ上端 (top) に図を出力します
- b　ページ下端 (bottom) に図を出力します
- p　単独ページ (page) に図を出力します
- h　できればその位置 (here) に図を出力します
- H　必ずその位置 (Here) に図を出力します (要: floatパッケージ)

何も指定しなければ [tbp] すなわちページ上端，ページ下端，単独ページに出力できることになります。htbp を並べる順序に意味はありません。[b!] のようにすると，より強い指定になります。

H は，プリアンブルに \usepackage{float} と書かないと使えません。H を指定すると，ほかのオプションは指定できません。

**参考** float は昔の here パッケージを置き換えるものです。

**参考** 図の番号は自動的に，例えば「図 5」のように付きますが，これを「Fig. 5」にするには，

```
\renewcommand{\figurename}{Fig.}
```

とプリアンブルに書いておきます。

\caption{...} は図の説明を出力する命令ですが，これを使って図目次を自動的に作成することもできます。図目次を作成するには，図目次を出力したい位置に \listoffigures と書きます。

図目次を作成する場合は，

```
\caption[短い説明]{長い説明}
```

のように 2 通りの説明（キャプション）を付けることができます。長い説明は図の下に，短い説明は図目次に出力されます。短い説明がないときは，長い説明が図目次にも使われます※1。目次については第 10 章 163 ページもご覧ください。

※1　キャプションの中に，目次への移動に対応していない「脆弱 (fragile) な」マクロが使われていると，目次を出力しない場合でも，エラーを起こすことがあります。例えば \url というマクロを使った場合，“\url used in a moving argument.” というメッセージが出てエラーになります。そのマクロの前に \protect を付けて保護するか，あるいはマクロを使わない短い説明を付けます。

参考　和文用の LaTeX ではページ下端の図は脚注の上に入りますが，欧文用の LaTeX の標準では逆になります。和文流にしたい場合は

```
\usepackage[bottom]{footmisc}
```

または

```
\usepackage{stfloats}
\fnbelowfloat
```

とします。両者の出力は異なります。

## 9.2　表の自動配置

表の自動配置には table 環境を使います。figure 環境と同様に，自動的に適当な位置に配置され，「表 1」「表 2」… といった番号が付きます。

table 環境の使い方は figure 環境の場合とまったく同じです。ただ，表の場合はキャプションを上に書くというルールがありますので，次のように \caption は上に配置します。

```
魔方陣
\begin{table}
  \centering
  \caption[3次の魔方陣]{3次の魔方陣の例。
    縦・横・斜めの和がいずれも15である。}
  \label{mahou}
  \setlength{\tabcolsep}{5pt}
  \begin{tabular}{|c|c|c|} \hline
    2 & 9 & 4 \\ \hline
    7 & 5 & 3 \\ \hline
    6 & 1 & 8 \\ \hline
  \end{tabular}
```

```
\end{table}%
では縦・横・斜めの和が等しい。
```

参考　表の番号は自動的に，例えば「表 5」のように付きますが，これを「Table 5」にするには，jsarticle，jsbook では \documentclass[english] のように english オプションを与えます。それ以外のドキュメントクラスでは

```
\renewcommand{\tablename}{Table}
```

とプリアンブルに書いておきます。

参考　ドキュメントクラスによっては表のキャプションと表本体がくっつきすぎてしまうことがあります。その場合は

```
\setlength{\belowcaptionskip}{5mm}
```

のようにしてキャプションの下の間隔を調節します。

## 9.3　左右に並べる配置

独立な図を左右に並べるには，次のように minipage 環境を使うのが簡単です。ここで \columnwidth は版面の幅（段組の場合は段の幅）です。版面の幅の 0.4 倍の小さなページ minipage を作って左右に並べています。minipage の中では \columnwidth は minipage の幅になります。

```
\begin{figure}
  \centering
  \begin{minipage}{0.4\columnwidth}
    \centering
    \includegraphics[width=\columnwidth]{hidari.pdf}
    \caption{左の図}
    \label{fig:hidari}
  \end{minipage}
  \begin{minipage}{0.4\columnwidth}
    \centering
    \includegraphics[width=\columnwidth]{migi.pdf}
    \caption{右の図}
    \label{fig:migi}
  \end{minipage}
\end{figure}
```

次のように出力されます。

図 1　左の図　　　図 2　右の図

関連した複数の図を並べるには subcaption パッケージを使うのが便利です[※2]。プリアンブルに

```
\usepackage{subcaption}
```

と書いておき，

```
\begin{figure}
  \centering
  \begin{subfigure}{0.4\columnwidth}
    \centering
    \includegraphics[width=\columnwidth]{hidari.pdf}
    \caption{左の図}
    \label{fig:hidari}
  \end{subfigure}
  \begin{subfigure}{0.4\columnwidth}
    \centering
    \includegraphics[width=\columnwidth]{migi.pdf}
    \caption{右の図}
    \label{fig:migi}
  \end{subfigure}
  \caption{左右の図}
  \label{fig:hidarimigi}
\end{figure}
```

とすれば次のように出力されます。

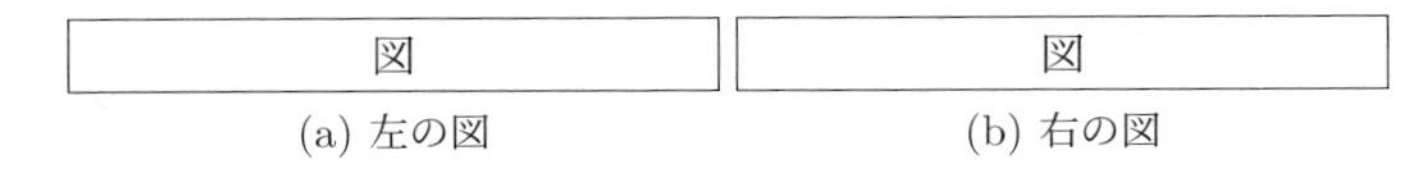

(a) 左の図　　　(b) 右の図

図 3: 左右の図

この場合，\ref{fig:hidari}，\ref{fig:migi}，\ref{fig:hidarimigi} で出力されるものはそれぞれ 3a，3b，3 となります。

ご覧のようにそのままでは図がくっついてしまいますので，これがまずい場合は \subfigure 間に例えば \hspace{5mm} のように適当な水平方向のスペースを入れます。

※2　subcaptionは従来のsubfigure, subfigを置き換える新しいパッケージです。

## 9.4　図・表が思い通りの位置に出ないとき

図・表がうまく配置できないとき，LaTeX は「Too many unprocessed floats」（未処理の図や表が多すぎる）というエラーを出すことがあります。このときは，figure や table に H オプションを付けて，出力する場所を具体的に指定します。

\clearpage という命令を文書中の適当な場所に書き込むと，順番待ちの図や表をそこですべて出力して改ページします。

\clearpage では，そこで改ページされてしまいます。ちょうどそのページが終わったところで \clearpage を実行したい場合は，afterpage というパッケージを読み込んでおき，本文の要所要所に \afterpage{\clearpage} と書きます。

「あと 5 ミリこのページが大きければ……」というときには，

```
\enlargethispage{5mm}
```

という命令をそのページのどこかに入れておきます（あくまでも緊急用です）。

参考　LaTeX で図・表の配置を制御するパラメータには \topnumber，\topfraction，\bottomnumber，\bottomfraction，\totalnumber，\textfraction，\floatpagefraction があります。

## 9.5　回り込みと欄外への配置

### ▶ wrapfig, mawarikomi

図や表のまわりに文章を回り込ませるためのパッケージはいくつかありますが，ここでは wrapfig パッケージについて説明します。

\begin{wrapfigure}[行数]{lまたはr}{幅} で図を配置します（表の場合は wrapfigure の代わりに wraptable 環境が用意されています）。l で左，r で右に図が配置されます※3。

※3　これ以外に，i で見開き内側，o で外側に配置されます。また，大文字 L R I O にすると，自動的にうまい位置に移動してくれます（あまりうまくいきません）。

```
\begin{wrapfigure}{r}{8zw}
  \vspace*{-\intextsep}
  \includegraphics[width=8zw]{tiger.pdf}
\end{wrapfigure}

このように右に虎の絵が……
```

このように右に虎の絵が出て，文章が回り込みます。行数は指定しなくても自動で計算してくれます。文章と図との水平距離は `\columnsep`（段組のときの段間のアキ）と同じになります。`jsarticle`，`jsbook` では段間のアキは全角の整数倍になっていますので，図の幅も全角の整数倍にしておくほうが本文の余計な伸び縮みが起きないでよいでしょう。

また，垂直方向には `\intextsep`（図と本文の垂直方向のアキ，標準で 12 pt ± 2 pt）だけアキが入りますので，段落の切れ目に置いた場合，先ほどの例のように `\intextsep` だけ戻るとほぼ段落の上端と一致します。

回り込みの位置でちょうどページが分割されたときはうまくいきません。また，箇条書きなどの環境と重なるとうまくいきません。

`float` パッケージと併用する場合は，`float` の後に `wrapfig` を読み込んでください。

`wrapfig` は箇条書きなどのリスト環境中ではうまく働きません。このようなときは，`emath` で名高い大熊一弘さんの `mawarikomi` パッケージ[※4] が便利です。詳しい使い方はパッケージ同梱の PDF ドキュメントに書かれています。

※4 http://emath.s40.xrea.com/

### ▶ 欄外への配置

`\marginpar` を用いれば欄外に図が配置できます。この右側に虎の絵が出ているはずですが，これは

```
\marginpar{\includegraphics[width=5zw]{tiger.pdf}}
```

のようにしたものです。このように図の下端が行と揃います[※5]。

※5 ただし，図の収まる場所がないときは，“LaTeX Warning: Marginpar on page 1 moved.” の警告がでて，場所が動きます。

上端を揃えるには

```
\marginpar{\vbox to 0.88zw{%
  \includegraphics[width=5zw]{tiger.pdf}\vss}}
```

のようにすればいいでしょう。0.88 zw は漢字のベースラインから上の部分の高さの一般的な値です。

実は段落の形は任意にすることができます。`\parshape=`$n$ $i_1$ $l_1$ $i_2$ $l_2$ … $i_n$ $l_n$ という形式の命令を段落の頭に入れれば，段落の最初の行のインデント $i_1$，行の長さ $l_1$，2 番目の行のインデント $i_2$，行の長さ $l_2$，…という具合に各行の開始位置と長さを任意に指定できます。$n$ が段落の行数より小さければ，$n$ 番目の指定が繰り返されます。ここでは `\parshape=8 0zw 32zw 0zw 31zw 0zw 30zw 0zw 30zw 0zw 31zw 0zw 32zw 0zw 33zw 0zw \linewidth` のように指定しました。最後のペア `0zw \linewidth` は残りの行を通常の位置と幅で出力するために必

要です。図の挿入は，上端と右端を揃えるために

```
\marginpar{\vbox to 0.88zw{\hbox to 5zw{\hss
  \includegraphics[width=10zw]{tiger.pdf}}\vss}}%
```

のようにしました（図の背景は除きました）。

# 第10章 相互参照・目次・索引・リンク

LaTeX で作った文書には自動的に目次を付けることができます。また，\label，\ref，\pageref という命令を使うと，章・節・図・表・式などの番号・ページが参照できます。さらに，索引に載せたい語句に \index という命令を付けておけば，MakeIndex（または mendex，upmendex，xindy）というソフトを併用することにより索引を自動的に作ることができます。

## 10.1 相互参照

相互参照とは，「5.3 節を参照されたい」とか「結果は 123 ページの図 10.5 のようになった」のように，ページ・章・節・図・表・数式などの番号を入れることです。

LaTeX を使えばこの相互参照が簡単にできます。まず，参照したい番号を出力する命令の直後に，次のようにしてラベル（名札）を貼っておきます。

入力

```
\section{文書処理とコンピュータ}
\label{bunsho}

\subsection{\LaTeX による文書処理}
\label{labun}
```

出力

5 文書処理とコンピュータ

5.1 LaTeX による文書処理

ご覧のように \label{...} は出力には直接影響しません。しかし，これで「文書処理とコンピュータ」というセクションには bunsho というラベルが貼られ，「LaTeX による文書処理」というサブセクションには labun というラベルが貼られたのです。

ラベルは \label{bunsho} のような半角文字でも \label{文書} のような全角文字でもかまいません。ただしラベル中で半角の \ { } の 3 文字は使えません。同じラベルを 2 か所に貼ることはできません。大文字と小文字は区別されます（foo と Foo は別のラベルと見なされます）。

ラベル名としては，章のラベルは ch:bunsho，節のラベルは sec:LaTeX，図のラベルは fig:zu，式のラベルは eq:Euler のように系統的に命名するとよいでしょう。

さて，先ほどの例では「LaTeX による文書処理」という節に labun というラベルを貼りましたが，その前でもあとでも，この「LaTeX による文書処理」という節を参照したいところがあれば，次のようにします。

入力
```
\ref{labun}節（\pageref{labun}ページ）を参照されたい。
```

出力

5.1 節（123 ページ）を参照されたい。

つまり，labun というラベルを貼った節番号を出力したいところには \ref{labun} と書き込み，ページ番号を出力したいところには \pageref{labun} と書き込みます。

\ref や \pageref を使ったときは，LaTeX を 1 回実行しただけでは正しい出力が得られません。

LaTeX の 1 回目の実行では，次のような警告メッセージが画面に現れます。

```
LaTeX Warning: Reference `labun' on page 1 undefined on
input line 8.
LaTeX Warning: There were undefined references.
LaTeX Warning: Label(s) may have changed. Rerun to get
cross-references right.
```

つまり「相互参照を正しくするためにもう一度実行してください」ということです。もしこの警告を無視して dvi ファイルを出力したなら，節番号・ページのところが伏せ字（“??”）になってしまいます。

通常は 2 回目の LaTeX の実行で警告が出なくなります。しかし，2 回目の実行で正しい番号を埋めたとき，肝心のページ番号がずれてしまうことがありえます。また，1 回目の実行のあとで文書ファイルに手を加えたときも，ページ番号が合わなくなります。これらの場合には伏せ字にはなりませんが，完全につじつまが合うまで

```
LaTeX Warning: Label(s) may have changed. Rerun to get
cross-references right.
```

という警告メッセージが出ます。この警告メッセージが出なくなるまで実行を繰り返します[※1]。

また，2 回目以降の実行でも

```
LaTeX Warning: There were undefined references.
```

の警告が出るときは，\ref や \pageref に対応する \label がない場合です。

※1　自動的に適切な回数だけ実行を繰り返すために latexmk というツールがよく使われます (363ページ参照)。

参考 LaTeX が例えば ronbun.tex というファイルを処理すると，ronbun.tex に含まれる \label の情報を ronbun.aux というファイル（aux ファイル）に

```
\newlabel{labun}{{5.1}{123}}
```

のような形式で書き出します。また，LaTeX は文書ファイルの \begin{document} を処理する際に aux ファイルがあればそれを読み込みます。1 回目の実行では aux ファイルがまだないので，

```
No file ronbun.aux.
```

のようなメッセージを画面に出力します。2 回目の実行では aux ファイルがあるはずですので，それを読み込み，内容を記憶しておきます。そして，本文中に \ref{labun} と書いてあれば LaTeX はそれを 5.1 に置き換え，\pageref{labun} と書いてあればそれを 123 に置き換えます。

参考 番号付き箇条書き（enumerate 環境）で \label を使うと，その箇条の番号にラベルが付きます。これは enumerate 環境の中にさらに enumerate 環境があっても正しく動作し，例えば 1 の (a) に \label を付ければ，それを \ref したとき 1a のような出力になります。

参考 脚注番号を参照するには \footnote{\label{...}...} のように脚注の中にラベルを入れます。

## 10.2 目次

LaTeX で目次を出力するのはとても簡単です。目次を出力したい場所（例えば序文の後）に \tableofcontents と書いておくだけです。

同様に，\listoffigures，\listoftables という命令で図目次，表目次ができます。

ただし，これらの目次を出力するためには，前節で述べたのと同様な理由で，文書ファイルを LaTeX で少なくとも 2 回処理しなければなりません。

参考 目次にどのレベルまでの見出しを出力するかはドキュメントクラスによって決まっていますが，変更は簡単です。出力するレベルを \section までにするには

```
\setcounter{tocdepth}{1}
```

\subsection までにするには

```
\setcounter{tocdepth}{2}
```

とプリアンブルに書いておきます。

参考 \tableofcontents という命令を含む文書ファイル foo.tex があったとします。これを LaTeX で処理すると foo.toc というファイルが作られます。このファイルには章や節の番号，名前，ページ数が書き込まれます。1 度目の処理を開始した時点ではまだ foo.toc ができていませんので，

```
No file foo.toc.
```

のようなメッセージが画面に出ます。目次本体は出力されませんが，foo.toc と

いう目次ファイルが作られます。2度目の処理をすると，この foo.toc を読み込んで目次を出力します（目次のためにページ数がずれて，もう一度処理しないと正しい目次にならないことがあります）。図目次では lof，表目次では lot という拡張子のファイルができます。そのほかの事情は \tableofcontents と同じです。toc，lof，lot ファイルを直接エディタで読み込んで修正することもできます。もうこれ以上 LaTeX にこれらの目次ファイルを書き換えてほしくないなら，文書ファイルのプリアンブルに \nofiles と書いておきます。

参考　\chapter{結論} とすると「第8章 結論」のように見出しに章の番号が付きますが，\chapter*{結論} のように * を付けると，章の番号が付かず，単に「結論」という見出しになります。このような * 付きの見出し命令は，目次出力もしません。番号のない章を目次出力したいなら，

```
\chapter*{結論}
\addcontentsline{toc}{chapter}{結論}
```

あるいは

```
\chapter*{結論}
\addcontentsline{toc}{chapter}{\numberline{}結論}
```

のように書いておきます。後者は目次の章番号の入る分だけ字下げします。序文や後記の類は，この方法ではなく，\frontmatter，\backmatter という命令を使うほうが便利です（第17章）。

## 10.3　索引とMakeIndex, mendex, upmendex

本書の巻末には索引がついています。このような索引を用意するには，昔はまず本文を組んでから，重要な語句を拾いだしてカードに書き，それを五十音順に並べ換えていました。これはたいへんな作業で，よく間違いが起こりました。

MakeIndex（または xindy）というソフトと LaTeX を組み合わせて使えば，文書ファイル中で索引に載せたい語に \index という命令を付けておくだけで，自動的に索引が作れます。

MakeIndex を日本語化したものが mendex，それを Unicode 対応にしたものが upmendex です。以下では mendex または upmendex を使った索引の作り方を説明します。

参考　mendex の文字コードは -E，-J，-S，-U でそれぞれ EUC-JP，JIS（ISO-2022-JP），シフト JIS，UTF-8 になります。upmendex は UTF-8 だけです。mendex -U にしても，例えば「Pokémon」の「é」がエラーになります。upmendex なら正しく $e < é < f$ の順にソートされます。

## 10.4　索引の作り方

例えば次のような文章を考えましょう。

> ピッツィカートすべき個所の指定は、楽譜の上ではpizzと書かれ、またもとどおりに弓でひく箇所に、イタリア語でarco（弓）と書くことになっています。

近衛秀麿『オーケストラを聞く人へ』(音楽之友社, 1970年, 37ページ) [個所と箇所の混在は原文ママ]

この中で

ピッツィカート　　pizz　　弓　　arco

の四つの語を索引に載せたいとしましょう。それには \index{...} という命令を使います。この命令は，半角アルファベットや平仮名・片仮名だけの索引語は

```
\index{pizz}
```

のように \index{索引語} の形で使います。漢字を含む索引語は

```
\index{ゆみ@弓}
```

のように \index{よみかた@索引語} の形で使います。

さらに，文書ファイルのプリアンブルに

```
\usepackage{makeidx}
\makeindex
```

と書いておきます。また，索引を出力したい場所（たいていは文書の最後，\end{document} の前あたり）に \printindex と書いておきます。

先ほどの例に索引語の指定などを書き加えると次のようになります[※2]。

※2　\index は基本的には索引語の直後に付けます。しかし，日本語では索引語の途中で改ページされることもありえますので，むしろ索引語の直前に付けるほうが安全かもしれません。いずれにしても，\index 前後で改ページされることはありませんので，少なくとも索引語の一部が含まれるページの番号が使われます。172ページの傍注もご参照ください。

```
\documentclass{...}
\usepackage{makeidx}
\makeindex
\begin{document}

ピッツィカート\index{ピッツィカート}すべき個所の指定は、
楽譜の上ではpizz\index{pizz}と書かれ、
またもとどおりに弓\index{ゆみ@弓}でひく箇所に、
イタリア語でarco\index{arco}（弓）と書くことになっています。

\printindex

\end{document}
```

この文書ファイルを ongaku.tex という名前で保存し，まず LaTeX で通常通

りに処理します。すると，ongaku.tex と同じフォルダに ongaku.idx というファイルができます（これは \makeindex コマンドの仕業です。\usepackage{makeidx} や \printindex はこの段階では特に意味を持ちません）。

次に (up)mendex でこの ongaku.idx ファイルを処理します。コマンドなら

```
mendex ongaku.idx または upmendex ongaku.idx
```

のように打ち込むことになります。

これで (up)mendex は ongaku.idx をアルファベット・50 音順に並べ替え，ongaku.ind というファイルに出力します。

最後に，もう一度 LaTeX で処理すると，\printindex コマンドが ongaku.ind を読み込んで，その場所に索引が挿入されます。

印刷してみると，この場合は 2 ページ目に索引が次のように出ます（実際は二段組になります）。

索引

arco, 1

pizz, 1

ピッツィカート, 1

弓, 1

間延びしているように見えますが，これは索引語の数が極端に少ないからです。実際には「あ」で始まる語が続き，少しスペースが空いてから「い」で始まる語が続く，という具合になり，同じ文字で始まる語は通常通りの行間で出力されます[※3]。

※3　(up)mendexに -g オプションを与えれば「あ行」「か行」……のようにまとめられます。

以上で基本的な操作法は終わりです。以下では，スペースの部分を変えたり，索引語とページ番号の間のコンマ（,）をスペースにしたり点々（…）にしたり，複雑な索引項目を作ったりする方法を説明します。

参考　索引語のフォント指定も含めたマクロ \term を定義しておくと便利です（76 ページ）。

## 10.5　索引スタイルを変えるには

何も指定しなければ，索引には「ピッツィカート，1」のように索引語とページ番号の間にコンマ（,）が入ります。これをスペースや点々にするには，索引スタイルファイル（拡張子が ist の index style ファイル）にそのための命令を書き込んでおきます。この ist ファイルは，文書ファイルと同じフォルダまたは MakeIndex 用のフォルダ（例えば付録 B で説明する TEXMFLOCAL の中の makeindex フォルダ）に入れておき，mendex の -s オプションで指定します。

例えば項目語とページ番号の間に 10 ポイントほどの空白（\quad）※4 を入れるには，次のような 3 行からなる索引スタイルファイルを作ります。

※4　\quad は10ポイントの空白を入れる命令です（10ポイントの欧文フォント使用時）。

```
delim_0 "\\quad "
delim_1 "\\quad "
delim_2 "\\quad "
```

これを例えば myindex.ist という名前で保存します。そして，mendex の起動時にこのファイルを指定します。具体的には，ターミナル（コマンドプロンプト等）に

```
mendex -s myindex.ist ongaku.idx
```

のように打ち込みます。

前述の "\\quad␣" の代わりに "\\quad\\hfill␣" にすればページ番号部分が右寄せになりますし，␣\\dotfill\\␣ にすれば項目語とページ番号との間を点々（....）で埋めます（索引スタイルファイル中では上の例のように \ 印は二つ重ねます）。

参考　索引は通常「その他記号（S）」「英語（E）」「日本語（J）」の順で並びますが，この順序を変えるには索引スタイルファイルに例えば次のように書き込みます。

```
character_order "JES"
```

参考　mendex -l -s myindex.ist ongaku.idx のように -l オプションを付ければ，単語間の半角スペースを無視して並べ替えます。

## 10.6　索引作成の仕組み

前節の例の文書ファイル ongaku.tex を LaTeX で処理すると，ongaku.idx という idx ファイルができます。このファイルには，入力ファイル中の各 \index{...} を \indexentry{...}{ページ数} という形に変えたものが，入力ファイルに現れる順に並べて書き込まれます。具体的には次のようになっているはずです。

```
\indexentry{ピッツィカート}{1}
\indexentry{pizz}{1}
\indexentry{ゆみ@弓}{1}
\indexentry{arco}{1}
```

各行の最後の `{1}` がページ数です。ここではみな 1 ページになりましたが，実際には 37 ページにある語なら `{37}` となります。

以上は LaTeX に備わっている機能で，MakeIndex や mendex とは関係ありません。

MakeIndex や mendex は，`ongaku.tex` ではなくこの `ongaku.idx` を読んで，項目をアルファベット順（または五十音順）に並べ，重複を除いて，次のような `ongaku.ind` という `ind` ファイルを作ります。

```
\begin{theindex}

  \item arco, 1

  \indexspace

  \item pizz, 1

  \indexspace

  \item ピッツィカート, 1

  \indexspace

  \item 弓, 1

\end{theindex}
```

また，`ongaku.ilg` という `ilg` ファイル（index log ファイル）にエラーメッセージなどを書き込みます。

索引項目を微調整したいときは，`ongaku.ind` ファイルをエディタで読み込んで編集します。例えば縦方向の余分な空白を削りたいなら `\indexspace` を削除します。また，例えば Knuth という語が 12 ページと 34 ページで使われているなら

```
\item Knuth, 12, 34
```

と書き込まれているはずですが，これに

```
\item {Knuth, Donald Ervin, 1938--}, 12, 34
```

のように情報を追加するのも人間の仕事です。

さらに，索引の出力スタイルそのものを変えたいなら，クラスファイルの

```
\newenvironment{\theindex}{......}
```

の部分を書き換えます（第 15 章）。

## 10.7　入れ子になった索引語

入れ子になった索引語は

```
\index{1段目!2段目}
\index{1段目!2段目!3段目}
```

のように！で区切って書きます。3 段階まで入れ子にできます。

例えば 6 ページに「情報」，188 ページに「情報の配列」，189 ページに「情報の選択」という語があるとします。これらを索引に載せるには，次のようにします。

```
  6 ページ … \index{じょうほう@情報}
188 ページ … \index{じょうほう@情報!のはいれつ@---の配列}
189 ページ … \index{じょうほう@情報!のせんたく@---の選択}
```

結果は

> 情報, 6
> 　　—の選択, 189
> 　　—の配列, 188

のようになります。

**参考**　実際は和文の文脈では欧文のエムダッシュ「—」は変ですので，和文の倍角ダッシュ「——」（76 ページ）にするのがいいでしょう。

**参考**　第 2，3 レベルの索引語の字下げは `\subitem`，`\subsubitem` を例えば次のように再定義することで調節できます。

```
\makeatletter
\renewcommand{\subitem}{\@idxitem \hspace*{1zw}}
```

```
\renewcommand{\subsubitem}{\@idxitem \hspace*{2zw}}
\makeatother
```

## 10.8 範囲

範囲の指定は |( と |) で行います。

例えば foo という語がある範囲にわたって使われるとき，その範囲の最初に

```
\index{foo|(}
```

と書き，最後に

```
\index{foo|)}
```

と書いておくと，索引には“25–28”のようにその範囲が出力されます。

もし \index{foo|(} があって \index{foo|)} がないと，Warning: Unmatched range opening operator '(' のような警告メッセージが出て，索引には 25– ではなく単に 25 とだけ出力されます。25– のように最初のページだけ出力する方法は 171 ページをご覧ください。

## 10.9 ページ数なしの索引語

索引にページ数を出力せずに「選択, → 情報の選択」のように「どこどこを見よ」ということだけ出力したい索引語は，

```
\index{せんたく@選択|see{情報の選択}}
```

のように書いておきます。

参考　jsarticle や jsbook では「→ 情報の選択」のように矢印になりますが，英語ベースのドキュメントクラスでは「*see* 情報の選択」のように英語になります。「→」にするには，文書ファイルの適当な箇所（\printindex 命令より前ならどこでも）に

```
\renewcommand{\seename}{→}
```

と書いておきます。

参考　\index{せんたく@選択|see{情報の選択}} を複数の箇所に書くと「選択, → 情報の選択, → 情報の選択」のような出力になってしまいます。参照名ではなくページ番号を出力することにすれば，この問題が回避できます。例えば「→ 情報の選択」ではなくページ番号をイタリック体で出力するには，makeidx.sty での

\see の定義を次のように上書きするといいでしょう。

```
\renewcommand*{\see}[2]{\textit{#2}}
```

参考　see 以外に seealso というコマンドも追加されました。これも標準ドキュメントクラスでは *see also* という英語になります。「→」に変えるには

```
\renewcommand{\alsoname}{→}
```

とします。

参考　本書では次のように定義しています：

```
\renewcommand{\seename}{$\rightarrow$}
\renewcommand{\alsoname}{\\ \hfill $\rightsquigarrow$}
```

## 10.10　ページ番号の書体

例えば foo という語が 15，18，35 ページに出現するけれども 18 ページが特に重要なのでこれだけボールド体で **18** としたいときは，ボールド体にしたい 18 ページにあたる文書ファイルの場所に

```
\index{foo|textbf}
```

のように \index の引数の最後に |textbf を付けておきます。また，**18–20** のように範囲指定と組み合わせたいときは，範囲の最初に

```
\index{foo|(textbf}
```

最後に

```
\index{foo|)}
```

とします。イタリック体（\textit）にしたい場合なども同様です。

同様に，foo という語が 25 ページから何ページにもわたって現われるとき，25– のように最初のページだけ出力するには，

```
\newcommand{\ff}[1]{#1--}
```

のようなマクロ定義をしておき，\index{foo|ff} のように使うといいでしょう。

## 10.11 \index命令の詳細

\index コマンドは出力ページへのスペースの入り方に影響しません[※5]。

\index の引数（波括弧 {...} の中身）には波括弧以外のものなら \ でも % でもたいていの文字が書けます。ただし，波括弧は { と } の対応がとれていないといけません。また，@，|，!，" の 4 文字は特別な意味を持ちます。改行は半角スペースの意味になります。

半角スペース ␣ は個数も含めて意味を持ちますので，

```
\index{foo␣bar}, \index{foo␣␣bar},
\index{foo␣bar␣}, \index{␣foo␣bar}
```

は，みな違う語句と見なされます。ただし，mendex 起動時に -c オプションを付けると，余分な空白を無視してくれます。

また，例えば“TEXbook”（\TeX{}book）という語を索引に載せたいとしましょう。索引中では texbook の位置に出力したいのですが，実際に出力するには \TeX{}book と書かなければなりませんので，文書ファイルには

```
Knuth の \TeX{}book\index{texbook@\TeX{}book} を参照されたい。
```

のように書き込みます。

さらに，TEX についての本を書く場合は，次のことに気をつけなければなりません。

まず，\ 印で始まる“\TeX”という命令自体を索引の T の位置に載せたいときは，

```
\TeX と出力するには \verb|\TeX|\index{tex@\verb+\TeX+} と書く。
```

のように書き込みます。| は特別な意味を持っていますので，上の例の \verb+\TeX+ を \verb|\TeX| とすると，mendex のエラーになります。

そこで，

索引語中の @ | ! { } " \ の 7 文字は，頭に " を付ける

というルールを守ると安全です。つまり，例えば索引の @cite の位置に \@cite と出力したければ

```
\index{"@cite@\verb+"\"@cite+}
```

のようにすれば安全です。

参考　さらに索引をカスタマイズするために，本書では ind ファイルを Ruby スクリプトで処理しています。一連の手順は Makefile に書いておき，“make”一発で PDF

※5　ただし，日本語の場合，\index の両側に漢字間スキップ（\kanjiskip）が入らず，その場所で改行しなくなります（\makeindex を消せば \index の影響もなくなります）。これが問題となる場合は，\index 直前に全角スペース+1文字戻る（　\kern-1zw）を入れ，\index 直後に索引語を入れるというハックが使えます。なお，\xkanjiskip は \index の影響を受けないようです。

ができるようにしています。make については 319 ページのコラムを参照してください。

## 10.12 ハイパーリンク

米国 Los Alamos National Laboratory 発祥の有名なプレプリントサーバ arXiv（アーカイブ）（https://arxiv.org，現在は Cornell University 内）では LaTeX を使ったプレプリントを蓄積していますが，その相互参照を容易にするために，HyperTeX という仕組みが開発されました（https://arxiv.org/hypertex/）。これは当時 World Wide Web で使われ始めたハイパーリンクの仕組みを LaTeX に持ち込んだものです。

まず，プリアンブルのできるだけ後のほうで hyperref パッケージを読み込みます[※6]。本書の電子版では，おおよそ次のように設定しています。

```
\usepackage[unicode,colorlinks=true,allcolors=blue]{hyperref}
```

紙版を出力するときは，次のようにしてリンクを消しています。

```
\usepackage[hidelinks=true]{hyperref}
```

これで，例えば

```
Hyper\TeX は \href{https://arxiv.org}{arXiv} で開発された。
```

のように書けば，その部分がリンクになります。

hyperref パッケージで使える主な命令をまとめておきます。

- \url{URL} は <a href="URL">URL</a> に相当し，リンクを作ります。標準ではモノスペースフォントになりますが，\urlstyle{same} で周囲と同じフォントになります。
- \href{URL}{テキスト} は <a href="URL">テキスト</a> に相当し，リンクを作ります。
- \hyperref[ラベル]{テキスト} はラベルの示す文書内の位置へのリンクを作ります。飛び先のラベルは \label{ラベル} のように設定します。ラベルは任意の文字列です。

参考　ページ内の位置を示す # を含む URL を PDF にすると，Mac の「プレビュー」で # が %23 に化けて，正しくリンクできなくなるようです。Acrobat Reader なら大丈夫です。

※6　いろいろなコマンドを書き換えるので，できるだけあとで指定しないと，ほかのパッケージの影響を受けてしまいます。

## PDFのしおりと文書情報

hyperref パッケージを使えば PDF にしおり（bookmarks）・文書情報を付けることもできます[※7]。

```
\usepackage[bookmarks=true,bookmarksnumbered=true,
  pdftitle={［改訂第8版］LaTeX2ε美文書作成入門}, % タイトル
  pdfauthor={奥村 晴彦; 黒木 裕介}, % 著者
  pdfkeywords={LaTeX; 美文書}, % キーワード
  pdflang=ja-JP % 言語
]{hyperref}
```

ただし，pLaTeX，upLaTeX では日本語や一部の文字が化けます。これを避けるために開発されたのが pxjahyper パッケージです。これは，プリアンブルで hyperref の後に読み込みます：

```
\usepackage[...]{hyperref}
\usepackage{pxjahyper}
```

しおりには \section{...} などで指定した見出しが入ります。

※7　PDFメタデータの著者名やキーワードはセミコロンで区切るのが正式のようですが，実際にはいろいろな流儀が行われており，そもそも意味のある情報が入っていないことも多いようです。

# 第11章 文献の参照と文献データベース

本などで読んだことについて書くときは，原文を引用する・しないにかかわらず，出典を明記するのが，読者へのサービスであると同時に著者への礼儀です。これを怠ると，法的にも道義的にも責任を問われかねません。

文献の参照・引用のしかたを学ぶことは，たいへん大切なことで，大学で習うレポート・論文の書き方の大きな部分を占めています。

ここでは，文献の参照法から BibTeX，pBibTeX，upBibTeX 等を使った文献データベースの構築法までを解説します。

## 11.1 文献の参照

文献の参照法は，いろいろな流儀がありますが，基本的には，本であれば著者名・書名・出版者（出版社名）・出版年を挙げます。

横書きの文書での文献の参照の仕方は，木下是雄『理科系の作文技術』[※1] の 9.4 節に簡潔にまとめられています。また，欧文文献の参照については van Leunen の *A Handbook for Scholars*[※2] に非常に詳しく書いてあります。LaTeX の参考文献の扱い方は主にこの本によっています。ちなみに van Leunen は数学にも詳しい英語学者で，TeX の作者 Knuth の講義録『クヌース先生のドキュメント纂法』[※3] にもゲスト講師として登場しています。

Van Leunen が推奨する方式では，参考文献リストは文書の最後に，通し番号をつけて並べます。そして，本文中では

> Van Leunen の *A Handbook for Scholars* [3] によれば……
> Van Leunen [3] によれば……
> ……である [3–5, 7].

などのように，参照すべき文献の番号を [ ] で囲んで付けます（最後の例は文献番号 3，4，5，7 の文献を参照すべきことを表します）。この [3] などは括弧書きに過ぎず，

> [3] によれば……

※1 木下是雄『理科系の作文技術』中公新書624 (中央公論社, 1981)

※2 Mary-Claire van Leunen. *A Handbook for Scholars*. Alfred A. Knopf, 1978; Oxford University Press, 1992.

※3 Donald E. Knuth, Tracy Larrabee, and Paul M. Roberts. *Mathematical Writing*. MAA Notes No. 14. The Mathematical Association of America, 1989; 有澤誠 訳『クヌース先生のドキュメント纂法』(共立出版, 1989)

のように名詞として使うのは正しくありません（実際にはあまり守られていませんが）。

文書の最後につける文献リストは，本文で出現する順に並べることもよくありますが，Van Leunen の流儀では，第 1 著者の姓のアルファベット順に並べます。第 1 著者の姓が同じなら，名のアルファベット順に並べます。第 1 著者が同じなら，第 2 著者の姓，名，……，と比較していき，著者がまったく同じなら，文書のタイトルのアルファベット順に並べます[※4]。アルファベット順とは，アポストロフィを無視し，ハイフンをスペースと見なし，スペース，A，B，...，Z の順に並べることです。文書のタイトルの最初の冠詞（a，the）は無視します。

また，有名な *The Chicago Manual of Style*[※5] の流儀では，本文中には（Knuth 1991）のように著者名と出版年を並べます。同じ年のものがいくつもあるときは 1983a，1983b などとします。この流儀の利点は，文献の加除があっても参照番号を振り直す必要が（ほとんど）ないことでしたが，現在では LaTeX などのシステムが自動的に参照番号を振ってくれますので，ありがたみが薄れました。番号だけより情報量が多く，文献が推測しやすいという利点はありますが，参照文献が多いと逆にうるさく感じます。変形として，[Knu 91] のような短い形もよく使われます。

分野によっては，参考文献は脚注に書きます。この場合，同じ文献を続けて参照するときは *ibid.*（「同所」の意味のラテン語）と書きます。

日本では，SIST（シスト）（科学技術情報流通技術基準，https://jipsti.jst.go.jp/sist/）で参照文献の書き方が提案されています[※6]。

実際には，論文を投稿する学術誌ごとに文献の参照のしかたが決まっていますので，それに従わなければなりません。

さて，LaTeX では，参考文献は次の 3 通りの扱い方があります。

- 文献リストも参照番号付けも人間が行う方法
- 文献リストは人間が作り，参照番号をコンピュータに付けさせる方法
- 文献データベースに基づいてすべてをコンピュータ化する方法

各方法を以下の節で順に説明します。

※4　後述のBIBTEXでは，第1著者の姓，名，第2著者の姓，名，...，出版年，タイトルで並べ換えます。

※5　*The Chicago Manual of Style*, 16th edition, University of Chicago Press, 2010. オンライン版もあります。

※6　JSTのSIST事業は2011年度末に終了しました。

## 11.2 すべて人間が行う方法

LaTeX で文献リストを出力するには thebibliography 環境というものを使います。例えば

> **参考文献**
>
> [1] 木下是雄『理科系の作文技術』中公新書 624（中央公論社，1981）
> [2] Mary-Claire van Leunen. *A Handbook for Scholars*. Alfred A. Knopf, 1978.

のような文献リストを出力するには，

```
\begin{thebibliography}{9}
\item
  木下是雄『理科系の作文技術』
  中公新書 624（中央公論社，1981）
\item
  Mary-Claire van Leunen.
  \textit{A Handbook for Scholars}.
  Alfred A. Knopf, 1978.
\end{thebibliography}
```

のように入力します。

上の例で \begin{thebibliography}{9} の“9”は参考文献に付ける番号が 1 桁以内であることを表します。2 桁以内なら“99”，3 桁以内なら“999”などとします。なお，この部分は番号部分の幅を定める参考にするだけですから，“999”の代わりに“123”と書いても全く同じことです。不明のときは“9999”のように長めにしておきます。

番号をもし [1]，[2]，[2a]，[3]，… のように付けたいときは，

```
\begin{thebibliography}{9a}
  \item ...
  \item ...
  \item[{[2a]}] ...
  \item ...
\end{thebibliography}
```

のようにします。

この参考文献リストは，通常は文書の最後（または各章の最後）に付けます。本文中で参照するときは，この方法では

```
Knuth~[2] によれば……であることが知られている~[3--5, 7].
```

のように自分で番号を付けます（行分割しない空白 ~ を使います）。

参考　thebibliography 環境中では \frenchspacing（302 ページ）に設定されているので，センテンス間のスペースと単語間のスペースが同じになります。文献リストには *Rev. Mod. Phys.* のような略称が多用されるので，このほうが都合がいいのです。どうしても少し広いスペースにしたいときは，

```
… van Leunen. \newblock \textit{A Handbook …
```

のように，半角スペースに続けて \newblock という命令を入れます。

参考　ここでは欧文用（いわゆる半角）の括弧や句読点で統一しましたが，和文用（いわゆる全角）で統一することもできます。両者を比べてみてください。

欧文用：木下 [1] と Knuth [2] は……である [3–5, 7]。
和文用：木下［1］と Knuth［2］は……である［3–5，7］。

括弧の左側で行分割が起きないほうが望ましいので，欧文括弧の左側は] 行分割しない空白 ~ にします。

```
誤：Knuth[2]␣showed␣that␣...
正：Knuth~[2]␣showed␣that␣...
```

和文括弧の場合は“木下\nobreak［1］”のようにすれば行分割しなくなります。

参考　参照番号を「木下 $^{1)}$ は……」のように上ツキにする場合があります。これは，

```
木下$^{1)}$ は……
```

のようにすればとりあえず出力できます（左側の空白が気になる場合は \kern0pt$^{1)}$ とします）。文献リストの番号も \item[$^{1)}$] でとりあえず上ツキになります。この点については 11.4 節（181 ページ）で別の方法を解説します。

## 11.3　半分人間が行う方法

参考文献リストは人間が作り，参照番号はコンピュータに付けさせる方法です。

まず，先ほどと同様な文献リストを作るのですが，ここでは \item の代わりに \bibitem という命令を使います。\bibitem の直後には { } で囲んで適当な参照名を付けておきます。

```
\begin{thebibliography}{9}
\bibitem{木是}
```

```
    木下是雄『理科系の作文技術』
    中公新書 624（中央公論社，1981）
  \bibitem{leu}
    Mary-Claire van Leunen.
    \textit{A Handbook for Scholars}.
    Alfred A. Knopf, 1978.
  \end{thebibliography}
```

上の例では，木下是雄の本には“木是”という参照名を，van Leunen の本には“leu”という参照名を付けました。これは覚えやすいものなら何でもかまいません。例えば“leu-handbook”や“木下:作技”や“木下81”のような付け方も考えられます。参照名の中に空白やコンマを含めることはできません。大文字・小文字は区別されますので，leu と Leu は違う本のことになってしまいます（しかし後述の BIBTEX は参照名の大文字・小文字を無視しますので，leu と Leu のような紛らわしい名前は付けないほうがよいでしょう）。

こうして文献リストを作っておき，本文中で文献を参照するときは番号ではなく参照名を使います。例えば

> 木下 [1] や van Leunen [2] は……

と出力するには，

```
木下~\cite{木是} や van Leunen~\cite{leu} は……
```

とします（行分割をしない空白 ~ を使います）。こうすれば，参考文献が加除されたり順序が変わったりすると，参照番号も自動的に変わります。

ただし，このように \cite と \bibitem を使った相互参照のある文書を処理するには，LATEX を少なくとも 2 回実行しなければなりません。

最初に LATEX で処理すると，次のような警告（warning）が出ます。

```
LaTeX Warning: Citation `木是' on page 1 undefined on input
line 8.
LaTeX Warning: Citation `leu' on page 1 undefined on input
line 9.
LaTeX Warning: There were undefined references.
LaTeX Warning: Label(s) may have changed. Rerun to get
cross-references right.
```

つまり「相互参照を正しくするために再実行しろ」というわけです。試しにこの段階でプレビューしてみると，参照番号が出力されるべきところが [?] のような伏せ字になっています。

そこでもう一度同じようにしてこのファイルを LaTeX で処理すると，今度は警告メッセージが出ませんし，正しく番号が出力されます。

次回からは，文献と番号の対応が変化しなければ，文書ファイルを編集しても，LaTeX での処理は 1 回でかまいません。

参考　LaTeX は文書ファイル（`foo.tex` とします）を 1 パスで処理しますので，最初 `\cite{何々}` に出会ったときにはまだ番号がわかりません。文書ファイル末尾の文献リストを処理して初めて“木是”が [1] で“`leu`”が [2] だとわかるので，その情報を `foo.aux` という aux ファイルに出力します。次に LaTeX で `foo.tex` を処理する際に，この `foo.aux` を読み込み，そこに書かれた情報をもとにして，`\cite{木是}` を [1] に置き換えます。

なお，例えば

> ……であるといわれている [1, 2].

のように複数の文献を参照するには，

```
……であるといわれている~\cite{木是,leu}.
```

のように半角コンマ（,）で区切ります。

また，例えば

> 木下 [1, 161–167 ページ] や van Leunen [2, pp. 9–44] によると……

のようにページ数などの補助情報を付けるには，

```
木下~\cite[161--167ページ]{木是} や
van Leunen~\cite[pp.\,9--44]{leu} によると……
```

のように `\cite[補助情報]{参照名}` の要領で書きます。

文献リストは通し番号以外に好きな「番号」を付けることができます。例えば

> 参考文献
>
> [Leu78] Mary-Claire van Leunen. *A Handbook for Scholars.* Alfred A. Knopf, 1978.
>
> [木下 81] 木下是雄『理科系の作文技術』中公新書 624（中央公論社，1981）

のように出力するには，

```
\begin{thebibliography}{木下 99}
  \bibitem[Leu78]{leu}
    Mary-Claire van Leunen.
    \textit{A Handbook for Scholars}.
    Alfred A. Knopf, 1978.
  \bibitem[木下 81]{kino}
    木下是雄『理科系の作文技術』
    中公新書 624（中央公論社，1981）
\end{thebibliography}
```

とします。ここで \begin{thebibliography}{木下 99} の“木下 99”は最も長い文献の「番号」です（長すぎてもかまいません）。

## 11.4 cite とovercite

連続した文献を引用すると [1, 2, 3] のようになってしまいます。これを [1–3] のようにするには cite というパッケージを使います。つまり，文書ファイルのプリアンブルに

```
\usepackage{cite}
```

と書いておきます。約物は標準では欧文用になりますので，和文用にするには例えば次のように再定義します。\inhibitglue は全角文字間の余分なグルー（スペース）を抑制する命令です。

```
\usepackage{cite}
\renewcommand{\citeleft}{\inhibitglue ［}     ← 左括弧を全角［に
\renewcommand{\citeright}{］\inhibitglue}    ← 右括弧を全角］に
\renewcommand{\citemid}{，}← 引用番号と補助情報の区切りを全角コンマに
\renewcommand{\citepunct}{，\inhibitglue}
                                    ← 引用番号間の区切りを全角コンマに
```

本文中の引用番号を，梅棹[3] のように上ツキにするには，cite の代わりに overcite パッケージを使います。梅棹[3)] のように括弧を付ける一つの手は

```
\renewcommand\citeform[1]{#1)}
```

とすることです。ただしこれでは番号が複数あるときに梅棹[3),4)] のようになります。梅棹[3,4)] のようにする方法はいくつかありますが，例えば cite パッケージなら

```
\makeatletter
  \def\@cite#1{\textsuperscript{#1)}}
\makeatother
```

のように \@cite というコマンドを再定義します。

参考　この \@cite のように @ を含むコマンドは LaTeX の内部コマンドです。文書ファイル中で @ 付きのコマンドを再定義するには \makeatletter と \makeatother でサンドイッチする必要があります。パッケージファイル中では \makeat... は不要です。このすぐあとに出てくる \@biblabel も同様です。

\cite[161 ページ]{木是} のように補助情報が付く場合は，overcite を使っても cite と同じ扱いになります。その際に \citeleft や \citeright の定義が生きてきます。

これらのパッケージは本文中での引用番号を変えるだけです。文献一覧の番号の付き方を変えるには \@biblabel を再定義します。例えば標準の [12] のような欧文括弧を［12］のような和文括弧にするには，次のようにします。

```
\def\@biblabel#1{\inhibitglue ［#1］ \inhibitglue}
```

上ツキの 12) のような形式にするには

```
\def\@biblabel#1{\textsuperscript{#1)}}
```

です。

## 11.5　文献処理の全自動化

LaTeX と組み合わせて文献データベースから自動的に参考文献リストを作るための BibTeX というツール（Oren Patashnik さん作，コマンド名 bibtex）があります。これを松井正一さんが日本語化されたのが JBibTeX です。現在では pTeX 用のものが pBibTeX という名前で配布されています（コマンド名 pbibtex）。Unicode 版の upBibTeX（コマンド名 upbibtex）もできました。

この章の残りでは，((u)p)BibTeX の使い方と文献データベースの作り方を説明します。

詳しくは順を追って説明しますが，処理の流れは

① 文書ファイルと文献データベースを用意する
② LaTeX を実行する（参照情報を aux ファイルに書き出す）
③ BibTeX を実行する（bbl ファイルを作る）

④ LATEX を実行する（bbl ファイルを取り込む）
⑤ LATEX を実行する（相互参照の解決をする）

のようになります。

原稿を手直しするたびにこれだけの回数実行しなければならないわけではありません。これ以降は，文献リストに加除がないなら，LATEX を 1 回だけ実行すれば十分です。

## 11.6　文献データベース概論

昔は文献カードを作るのが研究者の仕事の一つでした。カード作りの考え方については梅棹忠夫『知的生産の技術』[※7] が古典的な名著です。

※7　梅棹忠夫『知的生産の技術』岩波新書青版722（岩波書店，1969年）

しかし今やノートパソコンを図書館に持ち込んでノートをとる時代，さらに進んで論文はほとんど「e ジャーナル」になってパソコンで読める時代です。参考にしたい文献を見つけたらその場で自分用の文献データベースに登録しましょう。文献専用のデータベース・ソフトもいろいろ作られていますが，テキストエディタでテキストファイルに書き込む程度で十分です。単純な検索にはエディタの検索機能が使えますし，Ruby，Python などの軽量言語を使えば複雑な加工もできます。それに，テキストファイルならコンピュータに依存しないので安心です。

文献データベースファイル（bib ファイル）のファイル名は拡張子を bib にします。これは文献（bibliography）の綴りから取った名前です。例えば butsuri.bib，suugaku.bib などというテキストファイルに，文献カードに書くような内容を書き込みます。具体的には，次のような流儀で @book{ } の中に参照名，著者名，書名，出版社名，出版年などを書いておくのが BIBTEX の流儀です。欄を並べる順番は自由です。

```
@book{leunen,                                 ← leunen が参照名
  author = "Mary-Claire van Leunen",          ← 著者名
  title = "A Handbook for Scholars",          ← 書名
  publisher = "Alfred A. Knopf",              ← 出版社
  year = 1978,                                ← 出版年
  memo = "何でもメモっておける" }

@book{木下:作技,
  yomi = "Koreo Kinoshita",                   ← 読みは名・姓の順で統一
  author = "木下 是雄",
  title = "理科系の作文技術",
  series = "中公新書 624",
  publisher = "中央公論社",
  year = 1981 }
```

## 11.7 BibTeX の実行例

BibTeX 形式の詳しい解説は後回しにして，すぐ上の例（BibTeX 形式の *A Handbook for Scholars* と『理科系の作文技術』の書誌情報）を書き込んだファイル myrefs.bib を用意しましょう。

本文の文書ファイルは次のようにしておきます。ファイル名は test.tex とでもしておきましょう。

```
\documentclass{...}
\begin{document}

文献を参照する方法については van Leunen~\cite{leunen},
木下~\cite[pp.\,161--167]{木下:作技} が参考になろう。

\bibliographystyle{jplain}
\bibliography{myrefs}

\end{document}
```

\bibliographystyle{jplain} は，いくつかある文献スタイルファイルのうち最も標準的な jplain.bst に従って文献リストを作ることを意味します。

\bibliography{myrefs} は文献データベースファイルの名前が myrefs.bib であるという宣言です。この文献データベースには，本文で参照（\cite）しないものがたくさん入っていてもかまいません。文献データベースファイルは複数あってもかまいません。その際は，

```
\bibliography{myrefs1,myrefs2}
```

のようにコンマで区切って並べます（コンマの後に空白を入れてはいけません）。

これで LaTeX を実行すると，次のような警告メッセージが出ます。

```
No file test.aux.
LaTeX Warning: Citation `leunen' on page 1 undefined on
input line 4.
LaTeX Warning: Citation `木下:作技' on page 1 undefined on
input line 5.
No file test.bbl.
LaTeX Warning: There were undefined references.
```

ここで aux ファイル test.aux をエディタで読んでみると次のようになっていることがわかります。

```
\relax
\citation{leunen}
\citation{木下:作技}
\bibstyle{jplain}
\bibdata{myrefs}
```

この段階で仮に出力すると，次のように参照番号が伏せ字になります。

> 文献を参照する方法については van Leunen [?]，木下 [?, pp. 161–167] が参考になろう。

この段階ではまだ文献リストは出力されません。

さて，いよいよ BIBTEX を起動しましょう。ターミナル（コマンドプロンプトなど）で，pBIBTEX の場合は

```
pbibtex test
```

（upBIBTEX の場合は upbibtex test）と打ち込んで pBIBTEX（または upBIBTEX）で test.aux を処理します（必要に応じて例えば pbibtex --kanji=utf8 のようなオプションを付けます）。すると，次のような bbl ファイル test.bbl ができます。

```
\begin{thebibliography}{1}

\bibitem{木下:作技}
木下是雄.
\newblock 理科系の作文技術.
\newblock 中公新書624. 中央公論社, 1981.

\bibitem{leunen}
Mary-Claire van Leunen.
\newblock {\em A Handbook for Scholars}.
\newblock Alfred A. Knopf, New York, 1978.

\end{thebibliography}
```

参考　ここで使われている {\em ...} は \emph{...} の古い書き方で，イタリック体にする命令です。また，\newblock はセンテンス間スペースと単語間スペースの幅の差にあたる量だけ余分にスペースを空ける命令です。thebibliography 環境中では \frenchspacing（302 ページ）に設定されているので，センテンス間スペースは単語間スペースと同じになります。これを LATEX のデフォルト（\nonfrenchspacing）にする働きを持っています。これが余計なお世話だと思う場合は

```
\renewcommand{\newblock}{}
```

で \newblock の定義を空にすればいいでしょう。

これと同時に test.blg という blg ファイル（BIBTEX のログファイル）ができます。これには pBIBTEX を実行したとき画面に表示されたメッセージなどが入っています（特に問題がなければ空のファイルです）。

ここで2度目の LATEX を起動します。すると，先ほどと同様の警告

```
LaTeX Warning: Citation `leunen' on page 1 undefined on
input line 4.
LaTeX Warning: Citation `木下:作技' on page 1 undefined on
input line 5.
LaTeX Warning: There were undefined references.
```

に加えて，新たな警告

```
LaTeX Warning: Label(s) may have changed. Rerun to get
cross-references right.
```

が表示されます。これは「相互参照を正しくするために再実行せよ」と言ってきているわけです。仮にこの警告を無視して出力してみると，文献リストは出ますが，本文の参照番号は伏せ字 [?] のままです。

もし文献リスト中でさらにほかの文献を \cite しているならここでもう一度 pBIBTEX を起動しなければなりません。

ついでに test.aux も調べてみると，さっきより少し増えています。

```
\relax
\citation{leunen}
\citation{木下:作技}
\bibstyle{jplain}
\bibdata{myrefs}
\bibcite{木下:作技}{1}
\bibcite{leunen}{2}
```

そこで，もう一度 LATEX を実行します。今度は警告は出ません。出力してみましょう。今度は完全な文献リストと参照番号が入ります。

文献を参照する方法については van Leunen [2]，木下 [1, pp. 161–167] が参考になろう。

## 参考文献

[1] 木下是雄. 理科系の作文技術. 中公新書 624. 中央公論社, 1981.
[2] Mary-Claire van Leunen. *A Handbook for Scholars*. Alfred A. Knopf, New York, 1978.

LATEX の原稿（ソース）ファイルごと投稿する場合は，`\bibliographystyle{jplain}`，`\bibliography{myrefs}` の行を最終段階でコメントアウト[※8] し，bbl ファイル（この例では `test.bbl`）を本文に埋め込んでおけば，間違いが生じにくくなります。

※8 コメントアウトとは行の頭に % 印を付けてその行を無効にすることです。

文献データベースに何千件のデータがあっても，文献リストには実際に参照（`\cite`）したものしか現れません。文献リストは，著者の姓・名のアルファベット順に並びます。木下（Kinoshita）は van Leunen（V で始まる）よりアルファベット順で若いので，文献リストでは先にきました。

参考 著者名がなければ編集者（editor）や，場合によっては団体名（organization）で代用されます。これら（著者名の類）が和文の場合は，yomi 欄に読みをローマ字またはひらがなで書いておけば，その順に並びます。このどれもなければ，key 欄に並べ替えのキーとなるものを書き込んでおけば，その順に並びます。これら（著者名の類）が同じであれば，次に出版年（year）の順に並びます。出版年も同じであれば，タイトルの順に並びます。なお，これは plain や jplain スタイルの話です。alpha や jalpha スタイルなどラベルのつくものについては，まずラベル順に並びます。unsrt や junsrt では並べ替えしません。

日本人の著者名は

```
yomi = "きのした これお",
```

のように，ひらがなで書いてもかまいません。こうすれば，まず欧文の著者名がアルファベット順に並び，その後ろに和文の著者名が五十音順に並びます。上の例では，文献リストでの順序が逆になり，木下先生の本が [2] になります。

読み（yomi）欄は，ローマ字書きなら名・姓の順，かな書きなら姓・名の順に書きます（各項目の詳しい書き方は 188 ページ以降をご覧ください）。

なお，本文中のどこかに `\nocite{参照名}` と書けば，本文中には何も出力しませんが，文献リストにはその参照名の文献が載ります。さらに，`\nocite{*}` とすると，すべての文献を `\nocite` したのと同じ効果を持ちます。つまり，文献データベースにある文献がすべて文献リストに載ります。

## 11.8　文献スタイルファイル

LaTeX 文書中に \bibliographystyle{jplain} という命令があると，pBibTeX（upBibTeX）は jplain.bst という文献スタイルファイル（bst ファイル）の記述にしたがって書誌情報を出力します。

TeX Live には次の日本語用文献スタイルファイルが含まれています。

| | |
|---|---|
| jabbrv.bst | 著者名を“木下.”や“M.-C. van Leunen”のように縮めて出力します。 |
| jalpha.bst | ラベルが [Kin81] や [vL78] のような形式になります。 |
| jipsj.bst | 情報処理学会の欧文誌用です。 |
| jname.bst | [Kin81] 木下：理科系の作文技術……の形式で出力します。 |
| jorsj.bst | 日本オペレーションズリサーチ学会の論文誌（和文・欧文）用です。 |
| jplain.bst | Van Leunen の本に沿った最も標準的なスタイルです。 |
| junsrt.bst | アルファベット（五十音）順に並べ換えず，本文で参照した順に並べます。 |
| tieice.bst | 電子情報通信学会論文誌用です（現在の形式とは違いがあるかもしれません）。 |
| tipsj.bst | 情報処理学会論文誌・情報処理学会誌用です。 |

特に指定がなければ jplain を使えばよいでしょう。

TeX Live には欧文用の bst ファイルも多数含まれています。

bst ファイルはテキストファイルですので，気に入らなければいくらでも編集できます（編集したものはオリジナルと混同しないようにファイル名を変えてください）。

## 11.9　文献データベースの詳細

文献データベースファイル（bib ファイル）を作る方法を詳しく述べます。

まず，その文献が本なら，

```
@book{TeXbook,
  author = "Donald E. Knuth",
  title = "The {\TeX}book",
  publisher = "Addison-Wesley",
  address = "Reading, Massachusetts",
  year = 1984 }
```

のように記述します。最後の 1984 の後にもコンマ（,）を付けてかまいません。TEX のようなロゴや特殊文字は { } で囲んでおくほうが安全です。

左端の @book，author などの語は大文字でも小文字でもかまいません。author，title などの欄を並べる順序は結果に影響しません。

参照名（上の例では TeXbook）は大文字・小文字を区別します。TeXbook と texbook では違う本と見なされてしまいます。また参照名には 高木:整，高木-整，TeX 入門，梅棹 69 のように，コンマ以外の半角文字・記号が混じってもかまいません。

イコール（=）の前後や左端のスペースは入れなくてもかまいません。あとで述べるように，文献データには必須欄（上の例では author，title，publisher，year）と，必須でない欄（上の例では address）があります。

イコール（=）の右辺は引用符 " " で囲む代わりに，

```
author = {Donald E. Knuth}
```

のように波括弧でくくってもかまいません。year 欄のように数字だけの場合は引用符や波括弧は省略できます。

文献データベースでは書籍 @book{...} のほか雑誌記事 @article{...} などたくさんの種類の文献を扱えます。文献の種類と，各種類についてイコール（=）の左辺として使える欄は次の通りです。たくさんありますが，迷ったら @misc にすればよいでしょう。なお，これらはすべて大文字でも小文字でもかまいません（例えば @misc は @MISC でもかまいません）。

@article　雑誌記事や論文誌の論文です。

必須欄　author，title，journal，year
必須でない欄　volume，number，pages，month，note

@book　出版社（出版主）のある書籍です。

必須欄　author または editor，title，publisher，year
必須でない欄　volume，number，series，address，edition，month，note

@booklet　書籍と似ていますが publisher（出版社，出版主）欄がありません。

必須欄　title
必須でない欄　author，howpublished，address，month，year，note

@comment　注釈用です。ここに書いたことは無視されます。

@conference　@inproceedings と同じです。Scribe というシステムとの互換性のために用意されています。

`@inbook`　本の一部を参照するときに使います。

必須欄　author または editor，title，chapter または pages，publisher，year
必須でない欄　volume，number，series，type，address，edition，month，note

`@incollection`　本の一部でそれ自身に標題があるものです。

必須欄　author，title，booktitle，publisher，year
必須でない欄　editor，volume，number，series，type，chapter，pages，address，edition，month，note

`@inproceedings`　学術会議のプロシーディングスの中の一篇です。

必須欄　author，title，booktitle，year
必須でない欄　editor，volume，number，series，pages，address，month，organization，publisher，note

`@manual`　いわゆるマニュアルです。

必須欄　title
必須でない欄　author，organization，address，edition，month，year，note

`@mastersthesis`　修士論文です。

必須欄　author，title，school，year
必須でない欄　type，address，month，note

`@misc`　ほかのどれにもあてはまらないものです。

必須欄　なし
必須でない欄　author，title，howpublished，month，year，note

`@phdthesis`　博士論文です。“PhD thesis” と出力されますが，これが嫌なら，

```
type = "{Ph.D.} dissertation"
```

などと書いておきます。`{Ph.D.}` と波括弧で囲まないと文献スタイルによっては大文字を小文字に変換してしまいます。

必須欄　author，title，school，year
必須でない欄　type，address，month，note

`@proceedings`　学術会議のプロシーディングスです。

必須欄　title, year
必須でない欄　editor, volume, number, series, address, month, organization, publisher, note

@techreport　学校や研究機関で出す技報（technical report）です。“Technical Report”と出力されますが，これが嫌なら type 欄にこれ以外のことを，例えば

```
type = "Research Note"
```

などと書いておきます。

必須欄　author, title, institution, year
必須でない欄　type, number, address, month, note

@unpublished　著者・標題はあるが公式な出版物ではないものです。

必須欄　author, title, note
必須でない欄　month, year

必須でない欄としては，上記のほかに並べ替えの代替キーの key 欄や，pBIBTEX で名前の読みを表す yomi 欄があります。

以下に，前述の各欄の意味を説明します。これもたくさんありますが，あまり厳密に考えなくてもかまいません。例えば出版社の住所は address 欄に入れても出版社名といっしょに publisher 欄に入れてもかまいませんし，もちろん住所など書かなくてもかまいません。どこに書くかわからないことは note 欄に書けばよいでしょう。

address　出版社（出版主）の住所です。大きな出版社なら不要ですが，小さな出版社は完全な住所を挙げておくと便利です。@proceedings, @inproceedings については，会議の行われた場所です。この場合，出版社や組織の住所が必要であれば publisher, organization の欄に入れます。

author　著者名です。和文の著者名は，

```
author = "梅棹 忠夫"
```

のように指定します。文献スタイルファイルによっては姓と名を分けて処理するものがありますので，姓と名の間には空白（半角でも全角でも可）を入れておきます。pBIBTEX 付属の標準スタイルファイルでは，出力の際にはこの空白は取り除かれます。

欧文の著者名は，

```
author = "First M. Last"
```

の形式でも

```
author = "Last, First M."
```

の形式でもかまいませんが，特に姓（ファミリーネーム）とそれ以外の部分が区別しにくい場合は，コンマを使う第 2 の形式のほうが確実です。John von Neumann はこのままの形でかまいませんが，第 2 の形式で書くには "von Neumann, John" とします。Jr. が付いているときは "Ford, Jr., Henry" のような形式にします。Jr. の前にコンマを付けない人もいます（例えば "Steele Jr., Guy L."）。また，Per Brinch Hansen という人は Brinch Hansen が姓ですから，"Brinch Hansen, Per" とします。アクセント付きの名前は "Fran{\c{c}}ois Vi{\`e}te" のように \ の直前からアクセントが付く文字の直後までを波括弧で囲むのが伝統的な書き方です（このことは author 欄に限りません）。ただ，今では UTF-8 で François Viète のように書いても問題ありません[※9]。

※9　現状のupBIBTEXと日本語bstの組合せでは，日本人の名前と誤判断して，姓名間のスペースが消えてしまうかもしれません。その場合は François{ }Viète のように書けば逃げられます。

複数の著者名は次のように and（両側に空白が必要）または全角のコンマ（，）かテン（、）で区切ります。

```
author = "Donald E. Knuth and Tracy Larrabee
          and Paul M. Roberts"
author = "一松 信，二宮 信幸，三村 征雄"
```

ただし pBIBTEX では和文の著者名のときは著者が多すぎるときは最後を and others としておくと，英文なら「et al.」，和文なら「ほか」が付きます。

文献は主に著者名によって並べ替えられますが，もし同じ著者が Donald E. Knuth とも D. E. Knuth とも名乗っているなら並べ替えの結果は期待通りにならないかもしれません。そのようなときは D. E. Knuth となっている文献の著者欄を D[onald] E. Knuth とします。並べ替えの際は [ ] のような記号は無視されます。

**booktitle**　その文献が本の一部分であるときの本の名前です。

**chapter**　例えば第 5 章だけを参照するときは chapter = 5，第 5 章第 3 節なら chapter = "5.3" のようにします。

**crossref**　$A$ が $B$ の一部である場合に，$A$ の crossref 欄に $B$ の参照名を "texbook" のように書き，全体についての詳しい情報はそちらに書いておくと，参照情報が付くだけでなく，$A$ で欠けている情報のいくつかを $B$ の中から拾ってくれます。$A$ は $B$ の先になければいけません。$A$ が $B$ を参照し，$B$ が $C$ を参照するような参照の連鎖はうまくいきません。

ちょっとややこしい仕様ですので，note 中に参照を書き込むことで逃げてもかまいません。

`edition`　例えば第 2 版なら，日本語の本では “2” または “二”，英語の本では “Second” とします。大文字で始めておけば，必要なら小文字に変換してくれます。

`editor`　編者名です。書き方は著者名（author）と同様です。A さんの編集した本の中の B さんの論文を参照するときは，author 欄と editor 欄が両方埋まります。pBIBTEX の jplain や jalpha スタイルなどでは「何野何某（編）.」のようになります。つまり，全角括弧の直後に半角ピリオドがくるので，間が空いたような出力になります。これを例えば「何野何某 編.」のようにするには，bst ファイル中の（編）を ␣編 に直します（改変した場合はファイル名を変えてください）。

`howpublished`　特殊な出版形態をとる場合の説明です。英文では最初の文字は大文字にします。

`institution`　その技報を出している出版主です。

`journal`　雑誌の名前です。コンピュータ関係の有名論文誌の名前は省略形も用意されています。

`key`　著者名（に類するもの）がないとき，これで並べ替えます。例えば *The Chicago Manual of Style* という本は著者がないので，

```
key = "Chicago"
```

とでもしておきます。相互参照やラベル作成にも使われることがあります。なお，これは \cite で使う参照名とは関係ありません。

`month`　出版月です。英語なら jan, feb, mar, apr, may, jun, jul, aug, sep, oct, nov, dec のように略記してもかまいません。なお，例えば “July 4” のように日も含めたいときは，

```
month = "July~4"
```

または

```
month = jul # "~4"
```

とします。この # は両側の文字列を結合する記号です。

`note`　その他何でも出力したいことを書いておきます。英文なら最初の文字は大文字にします。翻訳ものの訳者の類もとりあえずここに

```
note = "山崎俊一 監訳, 福島誠 訳"
```

のように書くしかないでしょう。なお，たいていこれが最後の出力になりますので，解説的なこともここに書いておくことができます。通常は最後に半角ピリオドが付きますが，最後にマルや全角・半角のピリオド，！，？ がすでにあれば，余分に半角ピリオドが付くことはありません。

`number`　雑誌などで第何巻第何号というときの号，あるいは通巻何号というときの号です。シリーズ本の番号もこれです。

`organization`　会議を主催した団体またはマニュアルを出している所です。

`pages`　ページです。例えば5ページから20ページまでというときは“`5--20`”と書きます（“`5-20`”でも同じ出力になります）。また123ページ以降というときは“`123+`”とします。

`publisher`　出版社（出版主）の名前です。

`school`　学校名です。学位論文ではここに大学名を書き，必要ならば学部名を `address` 欄に書きます。

`series`　シリーズ名です。`series = "中公新書 624"` のように使います。本来は `series` は `"中公新書"` だけにして，`number` で `624` を指定するべきものですが，そうすると，pBIBTEX の標準スタイルでは「中公新書，No. 624.」のような仰々しい出力になります。

`title`　本・論文・記事のタイトルです。欧文のタイトルでは，

- 必ず小文字にしたい文字は小文字で書きます。
- 大文字にするか小文字にするかを `bst` ファイルに一任する文字は大文字で書きます。
- 必ず大文字にしたい文字は `{E}instein` のように波括弧で囲んだ大文字にします。

要するに，できるだけ各単語の頭を大文字で書くようにします。ただし，冠詞（a, an, the），強勢のない接続詞，前置詞（of など）は小文字です。タイトル，サブタイトルの最初の語は，例外なく大文字で始めます。例えば

```
title = "A Brief History of Time: From the Big Bang to Black Holes"
```

のようにします。迷ったら小文字にしましょう（例えば *Far-Reaching* → *Far-reaching*）。
必ず大文字にする部分（波括弧で囲むべき部分）は，`{P}entium {II}` の

ような固有名詞の頭やローマ数字，{G}rundlagen のようなドイツ語の名詞の頭，{GNU} のような略語，{$O(n)$} のような数学記号が該当します。

title 欄に限らず，TeX の命令は，{\TeX} のように波括弧で囲みます。TeX と違って BibTeX では \"Uber のような書き方はできません。必ずアクセント命令は，アクセントの付く文字も含めて，{\"U}ber のように波括弧で囲みます。この場合，U は小文字に変換する対象になります。必ず大文字にしたいなら，{\"{U}}ber のようにします。{\ttfamily GNU} も BibTeX にとってはこれと同じで，GNU を小文字に直されたくなかったなら，{\ttfamily {GNU}} とします。

**type**　技報のタイプなどです。@techreport の解説を見てください。

**volume**　雑誌や本で第何巻というときの巻番号です。

**year**　出版年です。year = 1991, year = "1991", year = "(about 1876)" のように書きます。括弧などの記号を除いた最後の 4 文字が数字でなければなりません。書名に出版年の情報が含まれている場合や，note 欄に「何年何月号から何年何月号まで連載」と書き込む場合には，year はなくてかまいません（実行時に警告が出ますが無視します）。

**yomi**　pBibTeX だけにある欄です。この欄に

```
yomi = "まつい しょういち，いり まさお"
```

のように姓・名の順に著者名の読みを書いておけば，姓・名の五十音順に並びます。もっとも，pBibTeX を作った松井正一(しょういち)さんは

```
yomi = "Shouichi Matsui and Masao Iri"
```

のようにローマ字で書いてアルファベット順に並べるとよいと書かれています。同一著者が欧文でも和文でも論文を書いている場合はこのほうが便利です。ローマ字の場合は名・姓の順にします。なお，yomi 欄にひらがなを使うと jalpha スタイルなどでちょっと変なことが起こります（11.10 節）。

これ以外の欄は単に無視されます。このことを使えば，

```
memo = "何を書いてもかまわない"
```

のようにメモを書いておくことができます。ほかによく使われる欄として url, isbn, issn, price, size, language, keywords, abstract, affiliation, copyright があります。

```
  url = "https://gihyo.jp",
  isbn = "978-4-7741-8705-1",
```

のように使います。

なお，文献データベース中 @何々{...} の外側の部分は単純に無視されますので，覚え書きなどを自由に書き込めます。また，一つの @何々{...} を一時的に無視させたいときは先頭の @ だけ消すという手があります。@comment{...} と書いても中身を無視してくれます。

標準の文献スタイルファイルには，

```
MACRO {acmcs} {"ACM Computing Surveys"}
```

のような置き換えのパターンがいくつか与えてあります。これは，acmcs と書くと "ACM Computing Surveys" と変換するという意味です。ですから，文献データベースには，

```
journal = "ACM Computing Surveys"
```

と書く代わりに，

```
journal = acmcs
```

と書けます。

自分用の略称を作るには @string という命令を使います。例えば，文献データベースの最初に

```
@string{ddj = "Dr. Dobb's Journal"}
```

のように書き込んでおけば，"Dr. Dobb's Journal" の代わりに ddj と書けます。

TEX は % から行末までを無視しますが，BIBTEX は % 以下を無視しません。

なお，pBIBTEX の日本語化が完全でないため，特に note や annote などで長い文章を書く際には，きれいな出力にするために少々注意が必要です。まず，途中の行末が和文文字で終わらないようにする必要があります。これは，一つの項目の途中で改行を入れないようにすれば十分です。また，和文文字・半角空白・半角文字の組合せでは，半角空白 ␣ は波括弧で囲んで {␣} と書き表します。例えば

```
この␣$a_n$␣は　→　この{␣}$a_n$␣は
```

のように書き換えます。こうしないと，「この」の次の半角空白で行を分割されてしまうことがあり，空白が失われます。

## 11.10 並べ替え順序の制御

BIBTEX は波括弧で囲まれた部分を 1 文字のように扱います。このことを使って，並べ替えの順序を制御する問題を考えましょう。

例えば jalpha スタイルでは，著者名の最初の 3 文字と出版年の最後の 2 文字を使って [Knu91] のような見出しを作ります。著者名が漢字のときは [奥村91] のような見出しになりますが，これは五十音順ではなく漢字のコード番号順に並びます。yomi = "Haruhiko Okumura" としておけば [Oku91] という見出しになり，アルファベット順に並びます。これを五十音順に並べようとして yomi = "おくむら はるひこ" とすると [おくむ 91] になってしまいます。[奥村91] のように漢字にして，しかも五十音順に並べるには，次のようにします。

まず文献データベースファイルの冒頭に，

```
@preamble{"\newcommand{\noop}[1]{}"}
```

と書いて置きます。これは bbl ファイルの頭に

```
\newcommand{\noop}[1]{}
```

と出力せよという命令です。そして，読みの欄を

```
yomi = "{\noop{おくむら はるひこ}奥村}"
```

とすると，pBIBTEX は {\noop{おくむら はるひこ}奥村} 全体を 1 文字と考えます。2 文字目がないので，見出しはこれ全体になります。また，並べ換えには \ で始まる命令部分を除いた「おくむら はるひこ奥村」を使うので，正しい位置に並びます。さらに，LATEX はマクロ展開時に \noop{おくむら はるひこ} を空の文字列で置き換えますので，出力中の見出しの著者名部分は「奥村」だけになるというわけです。2 文字まで見出しに含まれますので，

```
yomi = "{\noop{おくむら はるひこ}奥}村晴彦"
```

などとしても同じことです。しかし，

```
（誤）yomi = "\noop{おくむら はるひこ}奥村"
```

とすると，文献のラベルは [\noo91] のようになり，エラーになります。

同著者の本を出版年の順ではなく別の順に並ばせたいときも，同じテクニックが使えます。例えば

```
@book{first,  ..., year = "{\noop{1989}}1991"  }
@book{second, ..., year = "{\noop{1990a}}1990" }
@book{thrid,  ..., year = "{\noop{1990b}}1990" }
```

のようにして 3 冊の本をこの順に並べることができます。第 2 巻が第 1 巻より先

に出版されたが出版年順でなく巻順に並べたい場合や，同年に出版されたものでも順序関係がある場合に，この方法が使えます。

## 11.11　BibTeXのこれから

文献の書誌情報を格納するための BibTeX 形式は，もはや標準となっており，これからもずっと使われ続けるでしょう。しかし，BibTeX プログラムはかなり古くなってしまいましたので，代替品が欲しいところです。

まず，LaTeX の枠内で BibTeX に近いことをするための amsrefs パッケージがあります。

さらに強力なものとして biblatex パッケージがあります[※10]。これは BibTeX のソート機能以外を LaTeX で実現したもので，BibTeX は文献をソートするためにしか使いません[※11]。ただし，biblatex は LaTeX の実行を前提とするので，LaTeX 形式からほかの形式に変換して別システムで処理する場合には使えません。BibTeX の枠内であれば，\bibliographystyle と \bibliography の行をコメントアウトし，bbl ファイルの中身を本文にコピーしておけば，通常の LaTeX ファイルと同様に扱えます。この状態から，最終的な見栄えの調整のために中身を手で修正することもよく行われています。

一方，BibTeX の枠内で LaTeX 側の機能を強化する natbib パッケージが作られ，英語圏では広く使われていますが，日本語対応の bst ファイルはまだあまりありません。

日本の人文系の流儀に対応した仕組みもまだありません。

※10　biblatexは，ε-TeX拡張（9ページ）されていない古いシステムでは動作しません。

※11　biblatex用にBibTeXを単機能化してPerlで書き直したBiberがあります。

# 第12章 欧文フォント

TEXの欧文フォントといえば，TEXの作者 Knuth 先生が METAFONT というシステムでデザインした Computer Modern フォントが使われ，PK と呼ばれるビットマップ形式で格納される——というのはもう昔話になりました。今ではフォントは PostScript Type 1 や TrueType，OpenType 形式になり，さまざまなフォントが TEX で使われるようになりました。さらに，XƎLATEX や LuaLATEX のような「モダン LATEX」の出現により，システムにインストールされている TrueType，OpenType フォントがそのまま使えるようになりました。

ここではフォント指定の基本から多様な使い方の例までを解説します。

## 12.1 フォントの5要素

LATEX はフォントをエンコーディング，ファミリ，シリーズ，シェープ，サイズという 5 要素で管理します。

### ▶ エンコーディング (encoding)

ここでいうフォントのエンコーディングとは，TEX 内部での文字への番号の振り方のことです。入力ファイルの文字コード（12.3 節）とは違います。

モダン LATEX（XƎLATEX，LuaLATEX）は TU（TEX Unicode）という 32 ビット Unicode のエンコーディングをデフォルトで使います。

一方，レガシー LATEX（pLATEX など）では，欧文フォントは 1 フォントあたり昔は 7 ビット（128 文字），今は 8 ビット（256 文字）しか使えません。しかも，7 ビット時代との互換性から，7 ビットの OT1 というエンコーディング（205 ページ）が今でもデフォルトです。

しかし，今は，7 ビット時代との互換性を考えないならば，8 ビットの T1 エンコーディング（206 ページ）に変更するのが推奨です。デフォルトのエンコーディングを T1 に変更するには，プリアンブル（`\documentclass{...}` と `\begin{document}` の間）に

```
\usepackage[T1]{fontenc}
```

と書きます。この設定はモダン LaTeX では不要です（せっかく TU になっているのに T1 に制限する意味はありません）。

### ▶ ファミリ (family)

関連するフォントを集めたものがファミリです。

レガシー LaTeX では（OT1 エンコーディングの）セリフ体 Computer Modern Roman（ファミリ名 cmr），サンセリフ体 Computer Modern Sans Serif（ファミリ名 cmss），等幅（とうはば）のモノスペース体（タイプライタ体）Computer Modern Typewriter Type（ファミリ名 cmtt）という三つのファミリがデフォルトで使われます。これらは Knuth 先生が TeX のために開発したフォントです。一般に，本文はセリフ体，見出しはサンセリフ体，コンピュータへの入力を表す部分はモノスペース体を使います。

モダン LaTeX では（TU エンコーディングの）Latin Modern Roman（ファミリ名 lmr），Latin Modern Sans Serif（ファミリ名 lmss），Latin Modern Typewriter Type（ファミリ名 lmtt）がデフォルトです。これらは Computer Modern を拡張したもので，基本となる文字については，両者の違いはありません。

レガシー LaTeX のフォントのエンコーディングを OT1 から T1 に変更したら，フォントも Computer Modern から Latin Modern に変えるのが推奨です。そのためには，プリアンブルに

```
\usepackage{lmodern}
```

と書き足します（モダン LaTeX では不要です）。

以上をまとめると，レガシー LaTeX ではプリアンブルに

```
\usepackage[T1]{fontenc}
\usepackage{lmodern}
```

と書くと，デザインはほぼそのままで，フォント環境が若干改良されます。モダン LaTeX では不要です。

**参考** 本書は，セリフ体に Latin Modern Roman，サンセリフ体に Source Sans Pro，タイプライタ体に Source Code Pro を使っています。

**参考** セリフ（serif）とは線の端に付いた飾りのことで，例えば I の上下に付いた細い横棒のような飾りがセリフです。サンセリフ（sans serif）とはフランス語で「セリフのない」という意味です。セリフ体の I に対応するサンセリフ体は I のようにセリフがありません。また，線の太さがほぼ一定です。セリフ体は読みやすく，サンセリフ体は目立ちやすいという特徴があり，本文はセリフ体，見出しはサンセリフ体と使い分けるのが一般的です。特に和欧混植では和文の見出しにゴシック体（サンセリフ体に相当）を使うので，欧文もサンセリフ体にするほうが統一がとれます。

セリフ体・サンセリフ体・タイプライタ体の切り替えは，通常は次のコマンドで行います：

```
{\rmfamily ...} または \textrm{...}    Serif (Roman)（デフォルト）
{\sffamily ...} または \textsf{...}    Sans Serif
{\ttfamily ...} または \texttt{...}    Typewriter Type
```

ファミリ名を指定してフォントを切り替えることもできます。例えば Times というファミリ（ファミリ名 ptm）を使いたければ，

```
これは{\fontfamily{ptm}\selectfont Times}です。
```

のようにします（変わるのは欧文ファミリだけで，和文は変わりません）。ただし，TU エンコーディングの ptm がないので，モダン LaTeX ではエンコーディングも T1 に変える必要があります。

参考 プリアンブルに \usepackage{lmodern} と書くと，lmodern パッケージが読み込まれ，次の三つのコマンドが実行されます：

```
\renewcommand{\rmdefault}{lmr}   % セリフ（ローマン）体を lmr に
\renewcommand{\sfdefault}{lmss}  % サンセリフ体を lmss に
\renewcommand{\ttdefault}{lmtt}  % タイプライタ体を lmtt に
```

lmodern パッケージを使わずに，これら三つを独立に設定することもできます。

参考 LaTeX $2_\varepsilon$ 以前は {\rm ...}，{\sf ...}，{\tt ...} のような書き方をしました。これらは現在は（たまたま使えるかもしれませんが）不推奨です。

### ▶ シリーズ (series)

ウェイト（weight）ともいいます。文字の線の太さのことです。通常は次のコマンドで切り替えます。

```
{\mdseries ...}  または  \textmd{...}    Medium（デフォルト）
{\bfseries ...}  または  \textbf{...}    Boldface
```

より細かい指定をするには次のコマンドを使います：

```
\fontseries{m}\selectfont      Medium（標準）
\fontseries{b}\selectfont      Bold
\fontseries{bx}\selectfont     Bold Extended
```

\bfseries や \textbf は，Computer Modern や Latin Modern のシリーズを bx に変えます。フォントによっては，細身（light，シリーズ名 l），セミボールド（シリーズ名 sb），エクストラボールド（シリーズ名 eb）などがあります。

参考　\bfseries や \textbf のデフォルトのシリーズ名は \bfdefault というマクロで定義されています。この値は従来の LaTeX では bx（bold extended）でしたが，TeX Live 2019 の最終版あたりから b（bold）に変更されました（同様に \updefault が n から up に変更されています）。ただし，Computer Modern や Latin Modern については bold extended が使われる仕組みで，従来との互換性が保たれています。

参考　LaTeX $2_\varepsilon$ 以前は {\bf ...} のような書き方をしました。現在は不推奨です。

### ▶ シェープ (shape)

アップライト（Upright），イタリック（*Italic*）といったバリエーションのことです。通常は次のコマンドで切り替えます。

| | | | |
|---|---|---|---|
| {\upshape ...} | または | \textup{...} | Upright（デフォルト） |
| {\itshape ...} | または | \textit{...} | *Italic* |
| {\slshape ...} | または | \textsl{...} | *Slanted* |
| {\scshape ...} | または | \textsc{...} | Small Caps |

もっと細かいシェープの指定をするには，\fontshape というコマンドを使います。例えばイタリック体というシェープは it という短い名前で定義されており，

```
\fontshape{it}\selectfont
```

という命令でこれに切り替えます。どのようなシェープが設定できるかは，フォントによって違います。

参考　Upright（アップライト）は通常の直立体，*Italic*（イタリック）はイタリア風デザインの斜体，Small Caps（スモールキャップス）は小文字を大文字風のデザインにしたものです。

参考　フォントによっては *Slanted* または *Oblique* という機械的に斜めにしただけの斜体が用意されていますが，イタリック体がある場合は特にこれを使う意味はないので，\slshape や \textsl を使ってもイタリック体にしてしまうフォントもあります。

参考　\textit や \textsl は，直後がコンマやピリオドでなければ，末尾にイタリック補正 \/ （306ページ）を挿入します。例えば \textit{...} は，直後がコンマやピリオドでなければ，{\itshape ...\/} と同じ意味です。イタリック補正はイタリック体や斜体だけでなく，ボールド体にも適用されることがあります。

参考　アップライトのデフォルトを表すマクロ \updefault の値が n から up に変わりました（202ページ）。

### ▶ サイズ (size)

文字の大きさです。一般にポイント（point，pt）という単位で表します。

金属活字を使っていたころは，その高さ，つまり行間に詰め物（インテル）を

入れないで組んだときの行送りが，フォントのサイズでした。デジタルフォントでもこれに準じてサイズの公称値が決められています。

LaTeX の 1 ポイントは 1/72.27 インチ[※1]，Word や DTP ソフトの 1 ポイントは 1/72 インチですので，同じ 10 ポイントのフォントでも，LaTeX では Word などより約 0.4％小さくなります。もっとも，フォントサイズの公称値のわずかな違いよりも，フォントのデザインによる大きさの違いのほうがずっと目立ちます。

※1 1インチは25.4 mmと定義されています。

一般にはポイント数ではなく次のようなコマンドで切り替えます。参考として挙げたポイント数は，本文 10 ポイントのときの文字サイズです。

| \tiny | \scriptsize | \footnotesize | \small | \normalsize |
|---|---|---|---|---|
| 5 pt | 7 pt | 8 pt | 9 pt | 10 pt |
| \large | \Large | \LARGE | \huge | \Huge |
| 12 pt | 14.4 pt | 17.28 pt | 20.74 pt | 24.88 pt |

実際には，どんなフォントサイズでも指定できます。例えば

```
\fontsize{27.18pt}{31.4pt}\selectfont
```

と書けば，フォントサイズ 27.18 pt，行送り 31.4 pt になります（単位が pt なら，単位を省略してもかまいません）。pt 以外の単位も使えます。例えば DTP ポイント（1/72 インチ）は bp（big point）という単位です。`10.5bp` と指定すれば Word などの 10.5 ポイントと同じサイズになります。

なお，`jsarticle` など `js` で始まるドキュメントクラスのデフォルトでは，`pt` ではなく `truept` のように `true` を付けた単位で指定しないと正確なサイズになりません（272 ページ）。

参考 OT1 エンコーディングの Computer Modern フォントなど，古いフォントを使っている場合は，次のような警告が出て，必ずしも指定したサイズになりません。

```
LaTeX Font Warning: Font shape `OT1/cmr/m/n' in size <27.18> not available
(Font)              size <24.88> substituted on input line 5.

LaTeX Font Warning: Size substitutions with differences
(Font)              up to 2.29999pt have occurred.
```

Computer Modern フォントでこれを防ぐためのパッケージに `type1cm` またはより新しい `fix-cm` があります。後者はプリアンブルではなく `\documentclass{...}` の前に `\RequirePackage{fix-cm}` とします。Latin Modern を始めとする新しいフォントでは，このような制約はありません。

### ▶ フォントの指定

これまでに述べたフォントの 5 要素は，独立に指定できます。

例えば，

```
{\fontencoding{T1}\fontfamily{ptm}%
 \fontseries{b}\fontshape{it}%
 \fontsize{10pt}{12pt}\selectfont Hello!}
```

と書けば[※2]，

※2　\selectfont まで空白や改行を入れないで一気に書かないと，余分なスペースが入ります。途中で改行するときは，この例のように % で改行を無力化します。

- エンコーディング（\fontencoding）は T1
- ファミリ（\fontfamily）は Times（ptm）
- シリーズ（\fontseries）はボールド（b）
- シェープ（\fontshape）はイタリック（it）
- サイズ（\fontsize）は 10 ポイント（行送り 12 ポイント）

になります。最後の \selectfont コマンドで初めて確定されます。\fontsize で 2 番目に指定した 12pt は行送り（\baselineskip）の値です。上の例のように，文字の指定の及ぶ範囲は，波括弧 { ... } で囲んで限定します。

\usefont{エンコーディング}{ファミリ}{シリーズ}{シェープ} という命令もあります。このほうが簡単で，\selectfont も不要ですし，

```
{\usefont{T1}{ptm}{b}{it} Hello!}
```

のように最後に空白が入っても無視してくれるので便利です。

存在しないフォントを指定すると，画面や log ファイルに例えば次のような警告（warning）が出て，適当なフォントに置き換えられます。例えば TU エンコードを指定しているときに \fontfamily{ptm}\selectfont とすると次のようになります：

```
LaTeX Font Warning: Font shape `TU/ptm/m/n' undefined
(Font)              using `TU/lmr/m/n' instead on input line 104.
```

参考　\usefont{T1}{ptm}{b}{it} とすると，LaTeX は t1ptm.fd というフォント定義ファイルを読み，そこに書かれている {b}{it} のフォント名 ptmbi8t を見て，ptmbi8t.tfm というフォントメトリックを読み，それに従って文字を並べます。

参考　フォント名 ptmbi8t がわかれば，\newfont{\foo}{ptmbi8t at 12pt} とすれば，\foo という命令でこのフォントの 12 pt が使えるようになります。LaTeX の最も低レベルのフォント指定法ですが，ほかとは独立にそのフォントだけのサイズを指定できるので，便利な場面があります。

## 12.2　フォントのエンコーディングの詳細

レガシー LaTeX のデフォルト Computer Modern フォントは，次の表のような 7 ビット[※3] の OT1 というエンコーディングで格納されていました。

※3　7 ビットでは $2^7 = 128$ 通り，8 ビットでは $2^8 = 256$ 通りの文字が表せます。

| | 0 | 1 | 2 | 3 | 4 | 5 | 6 | 7 | 8 | 9 | A | B | C | D | E | F |
|---|---|---|---|---|---|---|---|---|---|---|---|---|---|---|---|---|
| 00 | Γ | Δ | Θ | Λ | Ξ | Π | Σ | Υ | Φ | Ψ | Ω | ff | fi | fl | ffi | ffl |
| 10 | ı | ȷ | ` | ´ | ˇ | ˘ | ¯ | ˚ | ¸ | ß | æ | œ | ø | Æ | Œ | Ø |
| 20 | - | ! | ” | # | $ | % | & | ’ | ( | ) | * | + | , | - | . | / |
| 30 | 0 | 1 | 2 | 3 | 4 | 5 | 6 | 7 | 8 | 9 | : | ; | ¡ | = | ¿ | ? |
| 40 | @ | A | B | C | D | E | F | G | H | I | J | K | L | M | N | O |
| 50 | P | Q | R | S | T | U | V | W | X | Y | Z | [ | “ | ] | ˆ | ˙ |
| 60 | ‘ | a | b | c | d | e | f | g | h | i | j | k | l | m | n | o |
| 70 | p | q | r | s | t | u | v | w | x | y | z | – | — | ˝ | ˜ | ¨ |

OT1 エンコーディングでは，扱える文字の数が少ないので，アクセント記号が付いた文字は合成で作っていました。例えば ü（`\"{u}`）は ¨ と u の合成です。

合成文字を使うと次の二つの点で不便になります。

- ハイフン処理ができません。例えば Schrödinger という語のハイフン位置（303 ページ）を

  ```
  \hyphenation{Schr\"{o}-ding-er}
  ```

  のように定義しようとしてもエラーになります。

- カーニング情報がおかしくなります。例えば `\^{A}V\^{A}T\^{A}R` の組版結果を比べてください。

  ÂVÂTÂR（OT1 エンコーディング）
  ÂVÂTÂR （T1 エンコーディング）

- OT1 エンコーディングはコンピュータで広く使われている文字コードと微妙に異なるので，一部の文字で文字化けが生じます。例えば <|> と書くと，出力は ¡ — ¿ となってしまいます。

- PDF にしたときに文字列の検索やコピー＆ペーストがうまくいかないことがあります。

そこで，次の表のような8ビットのT1エンコーディングが提案されました。次の表はLatin Modern RomanのT1エンコーディングを示すものです。

| | 0 | 1 | 2 | 3 | 4 | 5 | 6 | 7 | 8 | 9 | A | B | C | D | E | F |
|---|---|---|---|---|---|---|---|---|---|---|---|---|---|---|---|---|
| 00 | ` | ´ | ˆ | ˜ | ¨ | ˝ | ˚ | | ˘ | ¯ | ˙ | ¸ | ˛ | ‚ | ‹ | › |
| 10 | “ | ” | „ | « | » | – | — | | 0 | ı | ȷ | ff | fi | fl | ffi | ffl |
| 20 | ␣ | ! | " | # | $ | % | & | ’ | ( | ) | * | + | , | - | . | / |
| 30 | 0 | 1 | 2 | 3 | 4 | 5 | 6 | 7 | 8 | 9 | : | ; | < | = | > | ? |
| 40 | @ | A | B | C | D | E | F | G | H | I | J | K | L | M | N | O |
| 50 | P | Q | R | S | T | U | V | W | X | Y | Z | [ | \ | ] | ˆ | _ |
| 60 | ‘ | a | b | c | d | e | f | g | h | i | j | k | l | m | n | o |
| 70 | p | q | r | s | t | u | v | w | x | y | z | { | \| | } | ˜ | - |
| 80 | Ă | Ą | Ć | Č | Ď | Ě | Ę | Ğ | Ĺ | Ľ | Ł | Ń | Ň | Ŋ | Ő | Ŕ |
| 90 | Ř | Ś | Š | Ş | Ť | Ţ | Ű | Ů | Ÿ | Ź | Ž | Ż | Ĳ | İ | đ | § |
| A0 | ă | ą | ć | č | ď | ě | ę | ğ | ĺ | ľ | ł | ń | ň | ŋ | ő | ŕ |
| B0 | ř | ś | š | ş | ť | ţ | ű | ů | ÿ | ź | ž | ż | ĳ | ¡ | ¿ | £ |
| C0 | À | Á | Â | Ã | Ä | Å | Æ | Ç | È | É | Ê | Ë | Ì | Í | Î | Ï |
| D0 | Ð | Ñ | Ò | Ó | Ô | Õ | Ö | Œ | Ø | Ù | Ú | Û | Ü | Ý | Þ | SS |
| E0 | à | á | â | ã | ä | å | æ | ç | è | é | ê | ë | ì | í | î | ï |
| F0 | ð | ñ | ò | ó | ô | õ | ö | œ | ø | ù | ú | û | ü | ý | þ | ß |

見慣れない欧州文字が並んでいますが，Ring（`\r{u}` → ů），Ogonek（`\k{e}` → ę），edh（`\dh` → ð，`\DH` → Ð），棒付きd（`\dj` → đ，`\DJ` → Đ），eng（`\ng` → ŋ，`\NG` → Ŋ），thorn（`\th` → þ，`\TH` → Þ）のようなマクロで表すことができるほか，例えば　は `\symbol{"AD}` のように16進の番号で表すこともできます。

参考　T1エンコーディングが決定された1990年の会議の開催地がアイルランドのCorkだったので，Corkエンコーディングとも呼ばれます。なお，OT1，T1，TS1の名称に含まれるO，T，Sの由来は，Original（またはOld），Text，Symbolです。

T1 エンコーディングに入りきらなかった記号類は，TS1 エンコーディングとして，次のようなレイアウトに収められました。

| | 0 | 1 | 2 | 3 | 4 | 5 | 6 | 7 | 8 | 9 | A | B | C | D | E | F |
|---|---|---|---|---|---|---|---|---|---|---|---|---|---|---|---|---|
| 00 | ` | ´ | ˆ | ˜ | ¨ | ˝ | ˚ | | ˘ | ¯ | ˙ | ¸ | ˛ | ‚ | | |
| 10 | | | „ | | | — | — | | ← | → | ⁀ | ⁀ | ⁀ | ⁀ | | |
| 20 | ␢ | | | | $ | | | ' | | | * | | , | = | . | / |
| 30 | 0 | 1 | 2 | 3 | 4 | 5 | 6 | 7 | 8 | 9 | | | 〈 | — | 〉 | |
| 40 | | | | | | | | | | | | | | ℧ | | ○ |
| 50 | | ⌽ | | | | | | Ω | | | | ⟦ | | ⟧ | ↑ | ↓ |
| 60 | ` | | ★ | ⚮ | † | | | | | | | | 🍃 | ⚭ | ♪ | |
| 70 | | ⌽ | | ſ | | | | | | | | | | | ~ | = |
| 80 | ˘ | ˇ | ″ | ‶ | † | ‡ | ‖ | ‰ | • | ℃ | $ | ¢ | ƒ | ₡ | ₩ | ₦ |
| 90 | ₲ | ₱ | ₤ | ℞ | ‽ | ⸘ | ₫ | ™ | ‱ | ¶ | ฿ | № | ⁒ | ℮ | ◦ | ℠ |
| A0 | { | } | ¢ | £ | ¤ | ¥ | ¦ | § | ¨ | © | ª | 🄯 | ¬ | ℗ | ® | ¯ |
| B0 | ° | ± | ² | ³ | ´ | µ | ¶ | · | ※ | ¹ | º | √ | ¼ | ½ | ¾ | € |
| C0 | | | | | | | | | | | | | | | | |
| D0 | | | | | | | × | | | | | | | | | |
| E0 | | | | | | | | | | | | | | | | |
| F0 | | | | | | | ÷ | | | | | | | | | |

この TS1 エンコーディングの文字群は TC（Text Companion）とも呼ばれます。以前は，これらを使うためのマクロを収めた `textcomp` というパッケージがありましたが，現在では何もしないで使えます（付録 E）。

参考　URL（インターネットのアドレス表示）でよく使われる波印（チルダ，`\textasciitilde`，`\symbol{"7E}`）を OT1 の Computer Modern と T1 の Latin Modern で表すと，

```
{\usefont{OT1}{cmr}{m}{n} /\textasciitilde hoge/}
{\usefont{T1}{lmr}{m}{n}  /\textasciitilde hoge/}
```

/˜hoge/
/~hoge/

のように，PDF にした際に上（OT1）では上ツキ波印（U+0303 COMBINING TILDE）で代用されてしまいます。下（T1）が正しいチルダ（U+007E TILDE）です。

参考　Latin Modern や（New）TX/PX フォント等を除き，ほとんどのフォントは，T1 エンコーディングにしても，o ȷ Ŋ ŋ の 4 文字は使えません。この最初の o は % と組み合わせて ‰（`\textperthousand`），‱（`\textpertenthousand`）を作るためのグリフです（PDF 中では合成された 1 文字のように扱われます）。

## 12.3　ファイルのエンコーディング

古い LaTeX では Pokémon は `Pok\'{e}mon` と書く必要がありました。これはファイル中で é のような文字を表現する標準的な手段がなかったからです。しかし，現在は Unicode（ユニコード）という文字セットと UTF-8 というエンコーディング（文字をビットの列で表す方法）が事実上の標準となりました。

モダン LaTeX では UTF-8 が標準でしたが，2018 年 4 月以降は，レガシー LaTeX でも UTF-8 が標準になりました（texdoc ltnews28）。もう é を `\'{e}` と書く必要はありません（書いてもかまいませんが）。

参考　レガシー LaTeX が Unicode 全般に対応したわけではありません。2018 年以前のレガシー LaTeX でも，プリアンブルに `\usepackage[utf8]{inputenc}` と書いておけば，例えば 16 進 `C3 A9` というバイト列（é を UTF-8 で表したもの）が現れれば，それを `\'{e}` で置き換えるという仕組みがありました。この機能が 2018 年から LaTeX 本体に取り入れられたのです。この機能は，欧米でよく使われるアクセント付き文字の類にしか対応していません。

参考　詳しく言えば，Unicode には é のような装飾付きの文字を表す二つの方法があります。é については，NFC という方法では U+00E9（LATIN SMALL LETTER E WITH ACUTE），NFD という方法では e に U+0301（COMBINING ACUTE ACCENT）を付けて表します。これに伴い，UTF-8 でも é が 2 バイト（16 進 `C3 A9`）になったり 3 バイト（16 進 `65 CC 81`）になったりします。レガシー LaTeX で対応しているのは前者（NFC）だけです。

参考　NFD から NFC への変換は，本書付録 DVD-ROM にも含まれる nkf というツールを使って

```
nkf --ic=utf8-mac --oc=utf-8 file1.tex >file2.tex
```

または Mac の iconv で

```
iconv -f utf-8-mac -t utf-8 file1.tex >file2.tex
```

と打ち込めばできます。

参考　NFC/NFD の問題は日本語の濁点・半濁点についても現れますが，そちらは LaTeX 側が対応してくれます。

参考　UTF-8 にはファイル先頭に BOM（byte order mark）と呼ばれる 3 バイト `EF BB BF` を付ける流儀もあります。LaTeX は BOM を無視します（入力文字コードを自動判定する (u)pLaTeX では BOM があれば判定しやすくなります）。

次の例[※4] は，現在ではどの LaTeX でも処理できるはずです：

※4　頭の ¿ は文字化けではなく，スペイン語の逆疑問符（U+00BF, INVERTED QUESTION MARK）です。

```
\documentclass{article}
\begin{document}

¿But aren't Kafka's Schloß and Æsop's Œuvres often naïve
vis-à-vis the dæmonic phœnix's official rôle in fluffy
```

```
soufflés?

\end{document}
```

ただし，upLaTeX で上の例を処理すると，一部の文字が全角文字で出力されてしまいます。これを避けるには，プリアンブルに

```
\usepackage[prefernoncjk]{pxcjkcat}
```

という行を追加します（第 13 章で説明する `otf` パッケージを使う場合は `otf` より後に追加します）。

参考 Unicode では，同じ文字を「半角」とも「全角」とも解釈できる場合があります（「東アジアの文字幅」の「曖昧」問題）。これを解決するために，upTeX では `\kcatcode` という仕組みを使います。

```
\kcatcode`é=15
```

と書いておけば é および同様な文字（同じ Unicode ブロックの文字）は「半角」扱いになります。`pxcjkcat` に `prefernoncjk` オプションを付けて読み込むと，欧文と解釈できるブロックの `\kcatcode` をすべて 15（「半角」扱い）にします。この場合，部分的に「全角」扱いにしたい場所は，`\withcjktokenforced{...}` で囲んでおきます。LuaLaTeX で日本語を扱う場合にも同様の問題があり，ギリシャ文字やキリル文字を欧文扱いにするにはプリアンブルに

```
\ltjsetparameter{jacharrange={-2}}
```

と書く必要があります（texdoc luatex-ja）。部分的に欧文扱い・和文扱いするには `\ltjalchar`，`\ltjjachar` を使い，例えば `\ltjalchar`α` のように書きます。

参考 pLaTeX でも「東アジアの文字幅」の「曖昧」問題が生じるケースがあります。例えば左シングルクォート（U+2018），右シングルクォート（U+2019），左ダブルクォート（U+201C）等々の記号は，欧文にも和文にも解釈できます。これらを pLaTeX は和文文字として扱います。pLaTeX には `\kcatcode` のような仕組みがないので，欧文扱いにするには，16 進 UTF-8 表記で左シングルクォートなら `^^e2^^80^^98` と書けばいいのですが，単に ` （U+0060）と書いても左シングルクォートになります。

参考 LaTeX で ` （U+0060 GRAVE ACCENT）を入力すると ‘（U+2018 LEFT SINGLE QUOTATION MARK）になり，'（U+0027 APOSTROPHE）を入力すると ’（U+2019 RIGHT SINGLE QUOTATION MARK）になるのはデフォルトの動作ですが，レガシー LaTeX では `\verb` や `verbatim` 環境でもこれが起こってしまい，これを防ぐためのパッケージ `jsverb` または `upquote` がありました。モダン LaTeX なら，このような心配は無用です。なお，` と ' はそれぞれ `\textasciigrave`，`\textquotesingle` でも出力できます（387 ページ）。

## 12.4 LuaLaTeXの欧文フォント

※5 任意の文字にセディーユ(セディーラ) \c を付けたい場合などはT1エンコードのほうが便利かもしれません。

LuaLaTeX や XeLaTeX は 32 ビットの TU（TeX Unicode）エンコードの Latin Modern フォント（Computer Modern フォントの改良版）をデフォルトで使います。古いフォントを使う場合を除き，従来の T1（8 ビット）エンコードなどに戻す意味はありません[※5]。Latin Modern フォントは従来の Computer Modern フォントに比べて多くの文字を含みますが，欧米語の文字に限られます。

これ以外に，TrueType フォントや OpenType フォントであれば，TeX Live に同梱されたものでも，システムにインストールされたものでも，そのまま使えます。その際にフォントを選択するパッケージが fontspec です（unicode-math を使っても fontspec が呼び出されます）。

参考　本書では，おおむね次のようにしています。

```
\documentclass[book,paper={182mm,230mm},jafontsize=12Q,
               jafontscale=0.92,hanging_punctuation]{jlreq}
\usepackage[math-style=TeX,bold-style=ISO]{unicode-math}
\setmainfont{Latin Modern Roman}[
    OpticalSize = 0,
    SmallCapsFont = lmromancaps10-regular,
    SlantedFont = lmromanslant10-regular,
    FontFace = {sb}{n}{lmromandemi10-regular}
]
\setsansfont{Source Sans Pro}[
    FontFace = {l}{n}{SourceSansPro-Light}
]
\setmonofont{Source Code Pro}[ Scale=0.875 ]
```

デフォルトの設定で Latin Modern を使うと，この文字サイズでは 9 ポイントのフォントが選ばれてしまい，272 ページに書いた理由でバランスが崩れるので，OpticalSize = 0 でオプティカルサイズを禁止しています。

ちょっとだけ使いたいフォントを指定するには \fontspec コマンドを使います。例えば TeX Live に同梱されている Comic Neue というフォントを（comicneue パッケージを使わず）ちょっとだけ使ってみましょう。ファイル名は ComicNeue-Regular.otf です。

指定するフォント名は，フォントのファイル名でもかまいませんし，フォントの中に格納されているフォント名でもかまいません。フォント名は Mac なら FONT BOOK アプリで調べられますし，TeX Live に含まれるツール otfinfo で “otfinfo -i ファイル名” としても調べられます。このフォントの場合，

```
Family:              Comic Neue
Subfamily:           Regular
Full name:           Comic Neue Regular
PostScript name:     ComicNeue-Regular
```

のように出力されますが，ComicNeue-Regular，Comic Neue Regular，Comic Neueのどれでも使えます。

```
{\fontspec{Comic Neue Regular} Hello, world!}
```
→ Hello, world!

気に入ったのでこれをあちこちで使うのであれば，

```
\newfontface{\comicneue}{Comic Neue Regular}
```

で `\comicneue` という名前を付けておきます。これで

```
{\comicneue Hello, world!}
```
→ Hello, world!

のように使えます。

さらによく見ると，TeX Liveには `ComicNeue-何々.otf` のようなファイルがいろいろ含まれています。これらをファミリとしてまとめて使いたいなら

```
\newfontfamily{\comicneue}{Comic Neue}
```

のようにファミリ名を使って設定します。すると，

```
{\comicneue Hello \textit{Hello} \textbf{Hello}
                    \textbf{\textit{Hello}}}
```
→ Hello *Hello* **Hello** ***Hello***

のようにボールド体・イタリック体が使えるようになります。

参考 LuaLaTeXで使うOpenTypeフォント名のキャッシュ（データベース）は自動で作成されますが，手動で強制的に更新するには，ターミナルに

```
luaotfload-tool --update --force
```

と打ち込みます。付録Bの書き方（TeX Liveをインストールしたディレクトリを `TEXMFROOT` と書く）をすると，`TEXMFROOT/texmf-var/luatex-cache` 以下のファイルが更新されます※6。

※6 LuaTeX-jaでは個人用の `TEXMFHOME/texmf-var/luatexja` を同様の目的に使っているようです。

## 12.5 英語以外の言語

モダンLaTeXなら，使いたい文字を含んだ欧文フォントがあれば，簡単に和文・欧文・ギリシャ文字・ロシア文字などが混在できます。例えばTeX Liveにも含まれるAdobeのSourceシリーズを使ってみましょう。

```
\documentclass{ltjsarticle}
\ltjsetparameter{jacharrange={-2}}
\usepackage{fontspec}
```

```
\setmainfont{Source Serif Pro}
\setsansfont{Source Sans Pro}
\setmonofont{Source Code Pro}
\begin{document}
日本語, français, ελληνική, русский
\end{document}
```

ここで \ltjsetparameter{jacharrange={-2}} は 2 番目のブロックの文字（ギリシャ文字・ロシア文字を含む）を欧文扱いにする設定です。これがないとｅｌｌｈｎｉｋ☒，ｒｕｓｓｋｉｊのような和文（全角）文字になり，一部の文字が欠けます。

これは単に Unicode 文字を並べているだけですが，実際は言語によってハイフンの切り方が違いますし，組版のルールも微妙に違います（例えばフランス語では Il neige! ではなく Il neige ! のように組みます）。そのあたりを調節する標準的なパッケージが babel です。プリアンブルに

```
\usepackage[greek,russian,french,english]{babel}
```

などと書いておくと，デフォルトの言語は最後に挙げた英語になりますが，それ以外の言語の設定も読み込まれます。ほかの言語の部分は

```
He cried, \foreignlanguage{french}{«il neige!»}
```

のように指定するか，あるいは \selectlanguage{french} のようにして切り替えます。

参考　babel 以外の選択肢として polyglossia パッケージがあります。

```
\usepackage{polyglossia}
\setdefaultlanguage[variant=american]{english}
\setotherlanguage{french}
```

と書いておけば，地の文はアメリカ英語で，\begin{french} … \end{french} で囲んだ部分だけフランス語の組み方になります。\setotherlanguages {greek,russian} のように複数指定もできます（texdoc polyglossia）。

レガシー LaTeX では，ギリシャ文字やロシア文字を含むフォントを使っても，T1 エンコーディングではヨーロッパ語しか使えないので，言語によってエンコーディングを切り替えなければなりません。その仕組みも babel に含まれています。次の例は pdfLaTeX で処理できます。

```
\documentclass{article}
\usepackage{libertine} % or gentium
\usepackage[T1]{fontenc}
```

```
\usepackage[greek,russian,english]{babel}
\begin{document}
\foreignlanguage{greek}{επιστήμη}
\foreignlanguage{russian}{Ландау и Лифшиц}
\end{document}
```

pLaTeX は，ギリシャ語やロシア語を UTF-8 で書いても全角文字と認識するので，例えば επιστήμη なら 16 進で

```
^^ce^^b5^^ce^^bb^^ce^^bb^^ce^^b7^^ce^^bd^^ce^^b9^^ce^^ba^^ce^^ae
```

と書く必要があります（この 16 進記法は pdfLaTeX 等でも使えます）。upLaTeX なら，16 進で書かなくても，プリアンブルに

```
\usepackage[prefernoncjk]{pxcjkcat}
```

を補っておけば正しく処理されます。

## 12.6 マイクロタイポグラフィー

従来の TeX の欧文組版は，まず単語を箱として組んで，それを伸縮するスペースで最適に配置するものでした。マイクロタイポグラフィー（microtypography）は，人間が気づかないほど微妙に文字幅まで変えたり，コンマやピリオドなどを微妙に行から突出させたりする技術です。これは，pdfTeX に始まり，LuaTeX にも（部分的に XeTeX にも）実装されています。この技術を使うには，プリアンブルに

```
\usepackage{microtype}
```

と書いておきます（texdoc microtype）。

以下ではいろいろなフォントについて具体的に説明します。

## 12.7 Computer Modern

TeX の作者 Knuth 先生が作ったフォントです[※7]。レガシー LaTeX のデフォルトフォントで，歴史的には重要ですが，上で述べたように，今は少なくとも T1 エンコーディングの Latin Modern などを使うべきです。

まず Computer Modern Roman フォント（ファミリ名 cmr）です。線の細いフォントで，リュウミン L のような細身の和文フォントによく合いますが，デザイン的に好みがわかれるところもあります（例えばアットマーク @ や *Italic* 体）。

※7 Donald E. Knuth, *Computer Modern Typefaces* (Addison-Wesley, 1986).

| ファミリ | シリーズ | シェープ | 例 |
|---|---|---|---|
| cmr | m | n | Computer Modern Roman |
| cmr | m | sl | *CMR Slanted* |
| cmr | m | it | *CMR Italic* |
| cmr | m | sc | CMR Small Caps |
| cmr | m | ui | CMR Upright Italic |

cmr がファミリ名です。シリーズ m は medium の意味，シェープの n は normal（アップライト体），sl は slanted（単に斜めにしたもの），it は italic（イタリック体），sc は small caps（小文字が大文字と同じデザインのもの），ui は upright italic（イタリック体を直立させたもの）です。最後のものは「イタリック体と斜体は違う」ということを教えるための教育的な意義がありますが，実際に使う場面はあまりないでしょう。

次は太字（シリーズ b，bx）です。

| ファミリ | シリーズ | シェープ | 例 |
|---|---|---|---|
| cmr | b | n | **Computer Modern Roman Bold** |
| cmr | bx | n | **CMR Bold Extended** |
| cmr | bx | sl | ***CMR Bold Extended Slanted*** |
| cmr | bx | it | ***CMR Bold Extended Italic*** |

シリーズ名 b は bold，bx は bold extended の意味です。Computer Modern と Latin Modern では，\textbf{...} や {\bfseries ...} で bx が選ばれます（202 ページ）。

次はサンセリフ体です。

| ファミリ | シリーズ | シェープ | 例 |
|---|---|---|---|
| cmss | m | n | Computer Modern Sans Serif |
| cmss | m | sl | *CMSS Slanted* |
| cmss | bx | n | **CMSS Bold Extended** |
| cmss | sbc | n | **CMSS Semibold Condensed** |

次はタイプライタ体（固定ピッチ，いわゆる等幅（とうはば））の書体です。コンピュータの入力画面やプログラムリストに使われます。通常，タイプライタ体は語の途中でハイフンで行分割されないように設定してあります。

| ファミリ | シリーズ | シェープ | 例 |
|---|---|---|---|
| cmtt | m | n | Computer Modern Typewriter Type |
| cmtt | m | sl | *CMTT Slanted* |
| cmtt | m | it | *CMTT Italic* |
| cmtt | m | sc | CMTT Small Caps |

 Computer Modern や Latin Modern の特徴として，フォントの大きさによってデザインが異なるオプティカルサイズに対応していることが挙げられます。例えば cmr や lmr は 5・6・7・8・9・10・12・17 pt のそれぞれについて縦横比が異なります。小さい文字は読みにくいので横に拡大するという考え方です。ただ，10 pt を基準にデザインしてあるので，例えば本文を 12 pt で組む場合，12 pt のフォントを使うか，10 pt のデザインを 1.2 倍に拡大するかで，考え方が分かれます（272 ページ）。

font
font
font

すべて Latin Modern フォント。上から順に 5 pt を 6.8 倍，10 pt を 3.4 倍，17 pt を 2 倍にしたもの。同じ大きさのはずだが，幅が違い，印象も異なる。本書ではどのサイズでも 10 pt のデザインになるようにしている。

## 12.8　Latin Modern

Latin Modern フォントは，基本的には Computer Modern フォントと同じデザインですが，アクセント付きの文字が個別に作ってあり，カーニングも改良されているので，必ずしも同じ仕上がりになるわけではありません。文字サイズも丸められたりせず，任意の文字サイズが使えます。Type 1 版のほか，OpenType 版もあるので，OS（Windows や Mac）に通常のフォントとしてインストールしておけば，ほかのソフトからも使えます※8。

※8　下の図は OpenType 版の Latin Modern フォントを使って Adobe Illustrator で作ったものです：

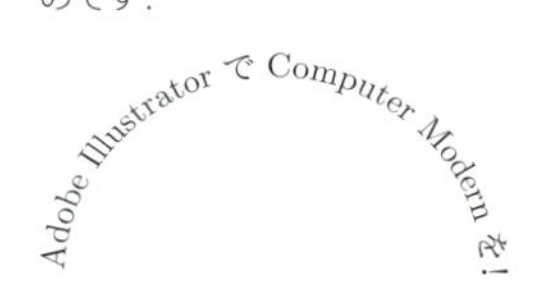


モダン LaTeX では Latin Modern フォントがデフォルトですが，レガシー LaTeX で使うにはプリアンブルに次のように書きます。

```
\usepackage{lmodern}
\usepackage[T1]{fontenc}
```

Latin Modern フォントのファミリ名は，Computer Modern フォントのファミリ名の頭の cm を lm で置き換えたものです。見た目は変わりませんので，組み見本は再掲しません。

Latin Modern フォントのファミリ × シリーズ × シェープの組合せは，Computer Modern よりずっと多く，ここでは全部を挙げることはしません。詳しくはマニュアル（texdoc lm）や（付録 B の書き方をすれば）TEXMFDIST/doc/fonts/lm の中の PDF ファイル群をご覧ください。

一例を挙げれば，Latin Modern Typewriter Type の light condensed はファミリ lmtt，シリーズ lc，シェープ n または sl がありますが，1 文字あたり 3.5 pt の幅で，これを 1.321 倍に拡大するとほぼ jsarticle，jsbook の全角幅（13 Q）の半分になります。これを使えば半角 2 文字が全角幅になる verbatim 環境ができます。具体的にはプリアンブルに

```
\usepackage{jsverb}
\makeatletter
\DeclareFontFamily{T1}{lmtt}{\hyphenchar \font=-1}
\DeclareFontShape{T1}{lmtt}{lc}{n}{<-> s * [1.321] ec-lmtlc10}{}
\renewcommand{\verbatim@font}{\usefont{T1}{lmtt}{lc}{n}\gtfamily}
\makeatother
```

と書いておけば verbatim 環境の出力は次のようになります：

あいうえおかきくけこさしすせそたちつてとなにぬねのは
abcdefghijklmnopqrstuvwxyzABCDEFGHIJKLMNOPQRSTUVWXYZ

参考　\hyphenchar \font=-1 はハイフン処理をしないという意味です。

参考　LaTeX で指定するフォントが実フォントに対応づけられる過程は複雑です。例えば Latin Modern Roman 体（lmr）を T1 エンコーディングで使うと，t1lmr.fd という fd（font definition）ファイルを読み，そこに書かれている指示に従って，例えば 9.5〜11 ポイントなら ec-lmr10 という名前（tfm 名）のフォントを拡大・縮小して使います。この名前は，pdfLaTeX や LuaLaTeX や dvipdfmx が参照する pdftex.map というファイルで lmr10.pfb という Type 1 形式の実フォントに対応づけられています。これらのファイルは kpsewhich コマンド（367 ページ）で探すことができます。

参考　Latin Modern 以外にも Computer Modern の拡張はいくつかあるようです。例えば New Computer Modern（texdoc newcomputermodern）はモダン LaTeX 用で，ギリシャ文字・ロシア文字を含みます。

## 12.9　欧文基本 14 書体

この節で述べる Times，Helvetica，Courier 各 4 書体に記号用フォント 2 書体を加えたものを，PostScript の欧文基本 14 書体と呼びます。これら（和文ならこれに Ryumin-Light，GothicBBB-Medium を加えた 16 書体）は，昔から PostScript プリンタに備わっている安全なフォントとされ，軽い PDF を作るためにこれらを埋め込まないことがよくありました。現在ではすべてのフォントを埋め込むことが推奨されています。

### Times

Computer Modern/Latin Modern に飽きたら，まず使ってみるフォントは Times でしょうか。次の例は，文字の詰まり具合を示すため，右端を揃えずに組んでいます（\raggedright）：

**Latin Modern:**
“¿But aren’t Kafka’s Schloß and Æsop’s Œuvres often naïve vis-à-vis the dæmonic phœnix’s official rôle in fluffy soufflés?”

**Times:**
“¿But aren’t Kafka’s Schloß and Æsop’s Œuvres often naïve vis-à-vis the dæmonic phœnix’s official rôle in fluffy soufflés?”

TeX Live に含まれる “Times” は，Times 相当の URW++[※9] のフリーフォント Nimbus Roman No9 L に基づくものです。ファミリ ptm（PostScript の Times），シリーズ m（medium），b（bold），シェープ n（normal），it（italic）があります。

※9　ドイツのフォントメーカー（旧Unternehmensberatung Rubow Weber, URW）。1993年ごろHermann Zapfと共同で伝説の組版ソフト *hz*-program を作りました。このソフトは日の目を見ないまま，その要素はAdobeに売却され，InDesignの開発に使われたということです（Hàn Thế Thành, Micro-typographic extensions to the TeX typesetting system, TUGBoat, Volume 21 (2000), No. 4, pp. 317–434）。

| ファミリ | シリーズ | シェープ | PostScript フォント名 |
|---|---|---|---|
| ptm | m | n | Times-Roman |
| ptm | m | it | *Times-Italic* |
| ptm | b | n | **Times-Bold** |
| ptm | b | it | ***Times-BoldItalic*** |

参考 これ以外にシェープ sl，sc の *Slanted* と SMALL CAPS も出力できますが，これらは上の 4 書体を機械的に変形したものです。

Nimbus Roman を改良したものに，TEX Gyre プロジェクトの Termes があります（225 ページ）。

Nimbus など URW++ のフォントは Ghostscript にも収録されていますが，2015 年にキリル文字・ギリシャ文字対応が改良されました。それに基づいて Michael Sharpe が作った Nimbus15 というフォントパッケージが TEX Live に収録されています。Times に相当するファミリ名は NimbusSerif です。\usepackage{nimbusserif} でこれがデフォルトのセリフフォントになります。

数式も Times にするには，後述の旧・新 TX フォントなどを使います。

参考 Times と似たフォントに Times New があります。両者の違いは特にイタリック体で顕著です。次の見分けが付くでしょうか（上が Times New Roman Italic，下が Times 相当の Nimbus Roman No9 L Regular Italic です）。

*A quick brown fox jumps over the lazy dog.*
*A quick brown fox jumps over the lazy dog.*

Times は英国の新聞 The Times のために Monotype 社が開発し，Linotype 社にもライセンスされたものですが，Linotype が Times Roman の商標で Adobe や Apple などにライセンスし，Monotype が Times New Roman の商標で Microsoft などにライセンスしています。

## Helvetica

Computer/Latin Modern にこだわらなければ，見出し用のサンセリフフォントは Helvetica が標準的です。

**Latin Modern Sans Serif:**
“¿But aren’t Kafka’s Schloß and Æsop’s Œuvres often naïve vis-à-vis the dæmonic phœnix’s official rôle in fluffy soufflés?”

**Helvetica:**
“¿But aren’t Kafka’s Schloß and Æsop’s Œuvres often naïve vis-à-vis the dæmonic phœnix’s official rôle in fluffy soufflés?”

TEX Live に含まれる “Helvetica” は，Helvetica 相当の URW のフリーフォント Nimbus Sans L Regular に基づくものです。ファミリ名 phv（PostScript の Helvetica）で，シリーズ m（medium），b（bold），シェープ n（normal）， sl（slanted = oblique）があります。

| ファミリ | シリーズ | シェープ | PostScript フォント名 |
|---|---|---|---|
| phv | m | n | Helvetica |
| phv | m | sl | *Helvetica-Oblique* |
| phv | b | n | **Helvetica-Bold** |
| phv | b | sl | ***Helvetica-BoldOblique*** |

参考　機械的変形によるシェープ sc の small caps 体も出力可能です。

標準のサンセリフフォントを Helvetica にするには，プリアンブルに

```
\renewcommand{\sfdefault}{phv}
```

と書くだけでもいいのですが，これだけでは，ほかのフォントと混ぜて使うと，Helvetica がやや大きく見えます。helvet パッケージを使えばこれを補正できます。\renewcommand{\sfdefault}{phv} の代わりに，プリアンブルに

```
\usepackage[scaled]{helvet}
```

と書けば Helvetica のサイズが 0.95 倍になります。倍率は

```
\usepackage[scaled=.92]{helvet}
```

のように任意に指定できます。

Nimbus Sans を改良したものに，TeX Gyre プロジェクトの Heros フォント（224 ページ）があります。また，Michael Sharpe の Nimbus15 フォントパッケージに含まれるファミリ名 NimbusSans のものがあり，\usepackage{nimbussans} でこれがデフォルトのサンセリフ体になります。

参考　Helvetica と同じメトリックを持ち Windows に搭載されて広く使われるようになったフォントに Arial があります。これも URW 製のフリーフォントが CTAN で配布されており，getnonfreefonts（367 ページ）で arial-urw と指定すればインストールできます。

## Courier

Courier（クーリエ）は標準的なタイプライタ体です。

TeX Live に含まれる “Courier” は，Courier 相当の URW のフリーフォント Nimbus Mono L に基づくものです。ファミリ名 pcr（PostScript の Courier）で，シリーズ m（medium），b（bold），シェープ n（normal），sl（slanted）があります。

| ファミリ | シリーズ | シェープ | PostScript フォント名 |
|---|---|---|---|
| pcr | m | n | Courier |
| pcr | m | sl | *Courier-Oblique* |
| pcr | b | n | **Courier-Bold** |
| pcr | b | sl | ***Courier-BoldOblique*** |

参考 機械的変形によるシェープ sc の small caps 体も出力可能です。

これを改良したものに，TEX Gyre プロジェクトの Cursor フォント（223 ページ）があります。また，Michael Sharpe の Nimbus15 フォントパッケージに含まれるファミリ名 NimbusMono のものがあり，`\usepackage{nimbusmono}` でこれがデフォルトのタイプライタ体になります。シリーズは m，b のほか，ライト l があります。また，より幅が狭いもの（ファミリ名 NimbusMonoN）があり，`\usepackage{nimbusmononarrow}` でこれがデフォルトのタイプライタ体になります。

参考 Courier も **Courier-Bold** も幅は同じで，Computer Modern Typewriter Type より幅が広くなります。幅を Computer Modern Typewriter Type に合わせるには，`\scalebox` 等を使って幅を 0.8748 倍します。

参考 あるいは，Courier を横方向に 0.85 倍した pcrr8tn という仮想（バーチャル）フォントが用意されていますので，これを使えば Computer Modern Typewriter Type とほぼ同じ横幅になります。これを使うには，プリアンブルに

```
{\usefont{T1}{pcr}{m}{n}}% to load t1pcr.fd
\DeclareFontShape{T1}{pcr}{c}{n}{<-> pcrr8tn}{}
```

と書いておけば `\usefont{T1}{pcr}{c}{n}` で使えます：

```
A quick brown fox jumps over the lazy dog:  Courier
A quick brown fox jumps over the lazy dog:  85% Courier
A quick brown fox jumps over the lazy dog:  cmtt
```

## pifont

PostScript でよく使われる記号用フォントに Symbol，Zapf Dingbats があります。

| ファミリ | シリーズ | シェープ | PostScript フォント名 |
|---|---|---|---|
| psy | m | n | Symbol |
| pzd | m | n | ZapfDingbats |

これらを使うためのパッケージが pifont です。実際の記号の一覧は付録 E をご覧ください。

Zapf Dingbats フォントの表（390 ページ）で，例えば ✎ は 20 と 0E の交

点にあるので，`\ding{"2E}` です。文書ファイル中に `\ding{"2E}` と書けば ✎ が出力できます。

また，`\begin{dinglist}{"33}` … `\end{dinglist}` で，頭に `\ding{"33}`（✓）が付いた箇条書きができます。`\begin{dingautolist}{"C0}` … `\end{dingautolist}` で，頭に ①，②，…，⑩ が付いた番号付き箇条書きができます。

また，Symbol フォントの表（391 ページ）で例えば ↵ を出すためには `\Pisymbol{psy}{"BF}` とします。

## 12.10　欧文基本35書体

一般的な PostScript（レベル 2 以上）プリンタには，以上の 14 書体に以下の 21 書体を合わせた基本 35 書体が備わっています。TeX Live には URW の代替フリーフォントが含まれています。

### Helvetica Narrow

まず，Helvetica のシリーズ名に c（condensed）の付いた細身のものです。

| ファミリ | シリーズ | シェープ | PostScript フォント名 |
|---|---|---|---|
| phv | mc | n | Helvetica-Narrow |
| phv | mc | sl | *Helvetica-Narrow-Oblique* |
| phv | bc | n | **Helvetica-Narrow-Bold** |
| phv | bc | sl | ***Helvetica-Narrow-BoldOblique*** |

参考　基本 35 書体には数えませんが，機械的変形によるシェープ sc の small caps 体も出力可能です。

### New Century Schoolbook

次の New Century Schoolbook は特に和文と組み合わせて使う際に人気のある素直なローマン書体です。

| ファミリ | シリーズ | シェープ | PostScript フォント名 |
|---|---|---|---|
| pnc | m | n | NewCenturySchlbk-Roman |
| pnc | m | it | *NewCenturySchlbk-Italic* |
| pnc | b | n | **NewCenturySchlbk-Bold** |
| pnc | b | it | ***NewCenturySchlbk-BoldItalic*** |

参考　基本 35 書体には数えませんが，機械的変形によるシェープ sl，sc の slanted 体，small caps 体も出力可能です。

## Avant Garde

Avant Garde（アヴァンギャルド）はモダンなサンセリフ体です。

| ファミリ | シリーズ | シェープ | PostScript フォント名 |
|---|---|---|---|
| pag | m | n | AvantGarde-Book |
| pag | m | sl | *AvantGarde-BookOblique* |
| pag | b | n | **AvantGarde-Demi** |
| pag | b | sl | ***AvantGarde-DemiOblique*** |

参考 基本35書体には数えませんが，機械的変形によるシェープ sc の small caps 体も出力可能です。

## Palatino

本書第7版で本文に使っていた Palatino（パラティーノ）は Hermann Zapf（ヘルマン・ツァップ）の代表作の一つです。Ghostscript や TEX とともに無償配布されている Palatino 互換フォント Palladio は，その製作に Zapf がかかわっていると言われていますが，URW は Linotype からフォント名のライセンスを得なかったので Palladio という名前になったということです。

従来のファミリ名は ppl だけでしたが，さらに改良された pplj，pplx ができました。これら二つは，文字間隔（メトリック）が改良され，Small Caps 体が大文字を縮小した模造品ではなく独自にデザインされた本物になり，ȷ（\j，ドットのない j）も出るようになりました。ただ，Small Caps 体をボールドにすることはできなくなりました。また，機械的な斜体（*Slanted*）はなくなり，イタリック体（*Italic*）に統一されました。pplx と pplj の違いは，pplj が 0123456789 のようなオールドスタイルの数字（old-style figures）を使うことだけです。

後述の TEX Gyre フォント集の Pagella フォント（ファミリ名 qpl），新 PX フォント（ファミリ名 zplx）も Palatino がベースです。

| ファミリ | シリーズ | シェープ | PostScript フォント名 |
|---|---|---|---|
| pplx | m | n | Palatino-Roman |
| pplx | m | it | *Palatino-Italic* |
| pplx | b | n | **Palatino-Bold** |
| pplx | b | it | ***Palatino-BoldItalic*** |

参考 基本35書体には数えませんが，シェープ sc の Small Caps 体も出力可能です。これは昔の ppl ファミリでは機械的変形によるものでしたが，今の pplx や pplj では美しく再デザインされました。

### Bookman

Bookman です。

| ファミリ | シリーズ | シェープ | PostScript フォント名 |
|---|---|---|---|
| pbk | m | n | Bookman-Light |
| pbk | m | it | *Bookman-LightItalic* |
| pbk | b | n | **Bookman-Demi** |
| pbk | b | it | ***Bookman-DemiItalic*** |

参考　基本 35 書体には数えませんが，機械的変形によるシェープ `sl`，`sc` の slanted 体，small caps 体も出力可能です。

### Zapf Chancery

最後は Zapf Chancery です。

| ファミリ | シリーズ | シェープ | PostScript フォント名 |
|---|---|---|---|
| pzc | m | it | *ZapfChancery-MediumItalic* |

## 12.11　TEX Gyre フォント集

Gyre（ジャイア）は螺旋（らせん）を意味する語です。Gyre フォントは，Latin Modern フォントを作った人たちが，ほかのオープンな PostScript フォントも同じ仕組みで拡張しつつあるものです。フォントは PostScript Type 1 形式と OpenType 形式で配布されています。現在，次のフォントが使えます。

### Adventor

URW Gothic L に基づく ITC Avant Garde Gothic 代用のフォントです。

`\usepackage[scale=0.9]{tgadventor}` とすればデフォルトのサンセリフフォントが Adventor になります。[ ] 内はデフォルトです。

| ファミリ | シリーズ | シェープ | PostScript フォント名 |
|---|---|---|---|
| qag | m | n | TeXGyreAdventor-Regular |
| qag | m | it | *TeXGyreAdventor-Italic* |
| qag | b | n | **TeXGyreAdventor-Bold** |
| qag | b | it | ***TeXGyreAdventor-BoldItalic*** |

シェープはほかに `sc`（スモールキャップス），`scit`（同イタリック）が使えます。

## Bonum

URW Bookman L に基づく ITC Bookman 代用のフォントです。

\usepackage[scale=0.95]{tgbonum} とすればデフォルトのセリフフォントが Bonum になります。[ ] 内はデフォルトです。

| ファミリ | シリーズ | シェープ | PostScript フォント名 |
|---|---|---|---|
| qbk | m | n | TeXGyreBonum-Regular |
| qbk | m | it | *TeXGyreBonum-Italic* |
| qbk | b | n | **TeXGyreBonum-Bold** |
| qbk | b | it | ***TeXGyreBonum-BoldItalic*** |

シェープはほかに sc（スモールキャップス），scit（同イタリック）が使えます。

Bookman にギリシャ文字を加えて TEX 用に拡張したものとしては，Kerkis フォントがあります。これを使うには

```
\usepackage[T1]{fontenc}
\usepackage{kmath,kerkis}
```

のようにします。kmath は TX フォントの数式の文字の部分だけ Bookman に置き換えたものです。しかし，テキスト部分に限れば TEX Gyre の Bonum のほうがさらに強力ですので，kmath と tgbonum を組み合わせて使うといいでしょう。

## Chorus

URW Chancery L Medium Italic に基づく ITC Zapf Chancery 代用のフォントです。

\usepackage[scale=1.1]{tgchorus} とすればデフォルトのセリフフォントが Chorus になります。[ ] 内はデフォルトです。

| ファミリ | シリーズ | シェープ | PostScript フォント名 |
|---|---|---|---|
| qzc | m | it | *TeXGyreChorus-MediumItalic* |

## Cursor

URW Nimbus Mono L に基づく Courier 代用のフォントです。

\usepackage[scale=1]{tgcursor} とすればデフォルトの等幅フォントが Cursor になります。[ ] 内はデフォルトです。

| ファミリ | シリーズ | シェープ | PostScript フォント名 |
|---|---|---|---|
| qcr | m | n | TeXGyreCursor-Regular |
| qcr | m | it | *TeXGyreCursor-Italic* |
| qcr | b | n | **TeXGyreCursor-Bold** |
| qcr | b | it | ***TeXGyreCursor-BoldItalic*** |

シェープはほかに sc（スモールキャップス），scit（同イタリック）が使えます。

### Heros

URW Nimbus Sans L に基づく Helvetica 代用のフォントです。

\usepackage[scale=0.95]{tgheros} とすればデフォルトのサンセリフフォントが Heros になります（オプション [scale=0.95] はデフォルトです）。condensed オプションでファミリ qhv の代わりに qhvc になります。

| ファミリ | シリーズ | シェープ | PostScript フォント名 |
|---|---|---|---|
| qhv | m | n | TeXGyreHeros-Regular |
| qhv | m | it | *TeXGyreHeros-Italic* |
| qhv | b | n | **TeXGyreHeros-Bold** |
| qhv | b | it | ***TeXGyreHeros-BoldItalic*** |
| qhvc | m | n | TeXGyreHerosCondensed-Regular |
| qhvc | m | it | *TeXGyreHerosCondensed-Italic* |
| qhvc | b | n | **TeXGyreHerosCondensed-Bold** |
| qhvc | b | it | ***TeXGyreHerosCondensed-BoldItalic*** |

シェープはほかに sc（スモールキャップス），scit（同イタリック）が使えます。

### Pagella

URW Palladio L に基づく Palatino 代用のフォントです。

| ファミリ | シリーズ | シェープ | PostScript フォント名 |
|---|---|---|---|
| qpl | m | n | TeXGyrePagella-Regular |
| qpl | m | it | *TeXGyrePagella-Italic* |
| qpl | b | n | **TeXGyrePagella-Bold** |
| qpl | b | it | ***TeXGyrePagella-BoldItalic*** |

シェープはほかに sc（スモールキャップス），scit（同イタリック）が使えます。

\usepackage{tgpagella} とすればデフォルトのセリフフォントが Pagella になります。\usepackage[scale=0.95]{tgpagella} のようにスケールを変えることができます。

## Schola

URW Century Schoolbook L に基づく Century Schoolbook 代用のフォントです。

\usepackage[scale=1]{tgschola} とすればデフォルトのセリフフォントが Schola になります。[ ] 内はデフォルトです。

| ファミリ | シリーズ | シェープ | PostScript フォント名 |
|---|---|---|---|
| qcs | m | n | TeXGyreSchola-Regular |
| qcs | m | it | *TeXGyreSchola-Italic* |
| qcs | b | n | **TeXGyreSchola-Bold** |
| qcs | b | it | ***TeXGyreSchola-BoldItalic*** |

シェープはほかに sc（スモールキャップス），scit（同イタリック）が使えます。

数式は今のところありませんので，fouriernc と合わせます（tgschola より先に読み込みます）。

## Termes

URW Nimbus Roman No9 L に基づく Times 代用のフォントです。

\usepackage[scale=1]{tgtermes} とすればデフォルトのセリフフォントが Termes になります。[ ] 内はデフォルトです。

| ファミリ | シリーズ | シェープ | PostScript フォント名 |
|---|---|---|---|
| qtm | m | n | TeXGyreTermes-Regular |
| qtm | m | it | *TeXGyreTermes-Italic* |
| qtm | b | n | **TeXGyreTermes-Bold** |
| qtm | b | it | ***TeXGyreTermes-BoldItalic*** |

シェープはほかに sc（スモールキャップス），scit（同イタリック）が使えます。

フォントファミリ ptm の Times も同じ URW のフォントをベースにしていますが，Termes のほうがさらに強化されており，ffi や ffl のリガチャも使えますし，スモールキャップス体も見栄えがまったく違います。

数式は今のところ TX フォントの数式を使うようになっています。そのためのパッケージが qtxmath です。例えば

```
\usepackage{amsmath,amssymb}
\usepackage{qtxmath} % または \usepackage{mathptmx}
\usepackage{tgtermes,tgheros}
\usepackage[T1]{fontenc}
\renewcommand{\bfdefault}{bx}
\renewcommand{\ttdefault}{lmtt}
```

のような使い方が考えられます（qtxmath または mathptmx は tgtermes より先に読み込みます）。

## 12.12　その他のフォント

### Garamond

Garamond（ギャラモン，ガラモン）は 16 世紀フランスの Claude Garamond によってデザインされたフォントです。種々のバリエーションがあります。Harry Potter シリーズの本（原著）は Garamond で組まれています。Apple 社は以前は Apple Garamond という細身のバリエーションをコーポレート・フォントとして使っていました（その後，Myriad を経て，現在は San Francisco というフォントを使っています）。

URW の Garamond 4 書体が Aladdin Free Public License で公開されていますが，ライセンスの関係で TeX Live には収録されていません。インストールするには getnonfreefonts というツールを使うのが簡単です（367 ページ）。

数式も含めて Garamond にするには，後述の mathdesign パッケージを使うのが一つの手です。mathdesign の本文用 URW Garamond のファミリ名は mdugm です（実体は Type 1 の md-gm*.pfb）。

| ファミリ | シリーズ | シェープ | PostScript フォント名 |
|---|---|---|---|
| mdugm | m | n | GaramondNo8-Reg |
| mdugm | m | it | *GaramondNo8-Ita* |
| mdugm | b | n | **GaramondNo8-Med** |
| mdugm | b | it | ***GaramondNo8-MedIta*** |

このままではスモールキャップスが使えないなどの制約があります。本文用として本格的に使うには，Michael Sharpe による garamondx パッケージを使います。これもフォントは TeX Live に収録されていませんので，getnonfreefonts（367 ページ）でインストールします。\usepackage{garamondx} で使えます（texdoc garamondx）。

数式に mathdesign の Garamond，本文に garamondx を使うには，

```
\usepackage[garamond]{mathdesign}
\usepackage{garamondx}
```

の順に指定します。あるいは，newtxmath に garamondx オプションを与えるという手もあります：

```
\usepackage{garamondx}
\usepackage[garamondx]{newtxmath}
```

## Charter

Bitstream Charter の 4 書体です。\usepackage{charter} で使えます。数式で使うには後述の mathdesign パッケージを使います。

| ファミリ | シリーズ | シェープ | PostScript フォント名 |
|---|---|---|---|
| bch | m | n | CharterBT-Roman |
| bch | m | it | *CharterBT-Italic* |
| bch | b | n | **CharterBT-Bold** |
| bch | b | it | ***CharterBT-BoldItalic*** |

## Bera

Bitstream Vera に基づく Bera Serif/Sans/Mono フォントです。\usepackage {bera} で使えます（T1 エンコーディングになります）。Serif/Sans/Mono それぞれを使うための beraserif，berasans，beramono スタイルもあります。これら三つは [scaled] オプションを与えると最適な大きさにスケールされます。

特に等幅フォント Bera Mono は，0（ゼロ）と O（オー）が区別しやすいという利点もあり，Tufte-LaTeX[※10] でもデフォルトの等幅フォントとして使われています。

※10 著名な情報デザイン研究者Edward Tufteの本にインスパイアされたLaTeXパッケージです。デフォルトではPalatino (mathpazo)，Helvetica (helvet)，Bera Mono (beramono) を使います。

A quick brown fox jumps over the lazy dog.
A quick brown fox jumps over the lazy dog.
0123456789ABCDEFGHIJKLMNOPQRSTUVWXYZ
abcdefghijklmnopqrstuvwxyz

▲ Bera Serif/Sans/Monoフォントの出力例

| ファミリ | シリーズ | シェープ | PostScript フォント名 |
|---|---|---|---|
| fve | m | n | BeraSerif-Roman |
| fve | b | n | **BeraSerif-Bold** |
| fvs | m | n | BeraSans-Roman |
| fvs | b | n | **BeraSans-Bold** |
| fvm | m | n | BeraSansMono-Roman |
| fvm | b | n | **BeraSansMono-Bold** |

それぞれにシェープ sl（斜体，oblique）があります。

## Cabin

新しいサンセリフフォントです。\usepackage{cabin} でサンセリフ体がCabin になります。オプション [sfdefault] でサンセリフ体がデフォルトになります。

| ファミリ | シリーズ | シェープ | PostScript フォント名 |
|---|---|---|---|
| Cabin-TLF | m | n | Cabin-Regular |
| Cabin-TLF | m | it | *Cabin-Italic* |
| Cabin-TLF | b | n | **Cabin-Bold** |
| Cabin-TLF | b | it | ***Cabin-BoldItalic*** |

これ以外にもいろいろな関連書体が選べます。

## Optima (Classico)

Optima は，かの Hermann Zapf の作品です。通常のサンセリフ体と違って，線の太さに微妙なメリハリがあり，読みやすくなっています。

Optima クローンの URW Classico というフォントが CTAN の fonts/urw/classico で公開されています。ライセンス（Aladdin Free Public License）の関係で TEX Live には含まれませんが，getnonfreefonts（367 ページ）でインストールできます。\usepackage{classico} でサンセリフ体が Classico になります。下記以外に，擬似 sc（Small Caps）シェープ，シリーズ b の別名の bx なども使えます。

| ファミリ | シリーズ | シェープ | PostScript フォント名 |
|---|---|---|---|
| uop | m | n | URWClassico-Regular |
| uop | m | it | *URWClassico-Italic* |
| uop | b | n | **URWClassico-Bold** |
| uop | b | it | ***URWClassico-BoldItalic*** |

## Inconsolata

Inconsolata は Raph Levien が TEX Users Group の開発基金を得て制作したたいへん評判の良いオープンライセンスのプログラマ用等幅フォントです。これを使うための Karl Berry による inconsolata パッケージを Michael Sharpe が改良したのが zi4 パッケージです。Latin Modern Typewriter（左）と比較してください。

| **Latin Modern Typewriter:** | **Inconsolata:** |
|---|---|
| ABCDEFGHIJKLMNOPQRSTUVWXYZ | ABCDEFGHIJKLMNOPQRSTUVWXYZ |
| abcdefghijklmnopqrstuvwxyz | abcdefghijklmnopqrstuvwxyz |
| 0123456789(){} | 0123456789(){} |

`\usepackage{zi4}` のオプションとして，`scaled=`$x$ で $x$ 倍にスケール，`var0` で `0` のスラッシュを入れない，`varl` で `l` のデザインを変える，`varqu` で引用符のスタイルを変える，などがあります（texdoc inconsolata）。

## Crimson, Cochineal

Crimson は Sebastian Kosch 作のオールドスタイルフォントです。OT1，T1，LY1，TS1 エンコーディングがあります。`\usepackage{crimson}` でデフォルトのセリフ体が Crimson になります。

| ファミリ | シリーズ | シェープ | PostScript フォント名 |
|---|---|---|---|
| `Crimson-TLF` | `m` | `n` | Crimson-Regular |
| `Crimson-TLF` | `m` | `it` | *Crimson-Italic* |
| `Crimson-TLF` | `sb` | `n` | **Crimson-Semibold** |
| `Crimson-TLF` | `sb` | `it` | ***Crimson-SemiboldItalic*** |
| `Crimson-TLF` | `b` | `n` | **Crimson-Bold** |
| `Crimson-TLF` | `b` | `it` | ***Crimson-BoldItalic*** |

Crimson の文字数を大幅に増やしたものが Michael Sharpe の Cochineal です。ファミリ名は `Cochineal-TLF` など多数あります。`\usepackage{cochineal}` でデフォルトのセリフ体が Cochineal になります。数式は `newtxmath` に `cochineal` オプションを与えて出力できます（texdoc Cochineal）。

## Noto フォント

Adobe の源ノに対応する Google 版 Noto フォントの欧文部分です。ギリシャ語，ロシア語にも対応しています。TeX Live には Type 1/TrueType 版が含まれており，`\usepackage{noto}` で使えます（texdoc noto）。

## Open Sans

Google が公開しているサンセリフフォントです。

`\usepackage[defaultsans]{opensans}` でデフォルトのセリフ体が Open Sans になります。

## Comic Neue

CERN の所長 Fabiola Gianotti のスライドで多用される悪名高き Comic Sans フォントですが，TeX Live には入っていないものの，CTAN でサポートパッケージが公開されています※11。これを模したフリーのフォントが Comic Neue（ノイエ）です※12。`\usepackage{comicneue}` でサンセリフ体がこの書体になります（texdoc comicneue）。Comic Sans MS と比べてみます：

※11　https://ctan.org/pkg/comicsans

※12　http://comicneue.com

Comic Sans MS: A quick brown fox jumps over the lazy dog.

Comic Neue: A quick brown fox jumps over the lazy dog.

### Source Serif Pro など

Adobe が公開している Source Serif Pro（12 書体），Source Sans Pro（12 書体），Source Code Pro（14 書体）は，高品質のオープンソースのフォントです。TeX Live には元の OpenType フォントと，Type 1（拡張子 pfb）に直したものとが含まれています。パッケージ sourceserifpro，sourcesanspro，sourcecodepro を読み込めば使えます。モダン LaTeX では次のようにしても使えます。

```
\usepackage{fontspec}
\setmainfont{Source Serif Pro}
\setsansfont{Source Sans Pro}
\setmonofont{Source Code Pro}
```

Adobe の源ノ明朝・源ノ角ゴシック（次の章参照）の欧文部分も，これに基づいていますが，イタリック体などはありません。源ノを使うなら，欧文部分はこれを使うのがいいかもしれません。

## 12.13 レガシーな数式用フォント

以下ではレガシー LaTeX でもモダン LaTeX でも使えるいろいろなフォントパッケージをご紹介します（もし LuaLaTeX で問題が生じれば lualatex-math パッケージを併せて読み込めば解決する場合があるようです）。

例が出てきますが，本文と数式が組めるものについては，共通のソースからの出力例を載せてあります。比較として Computer Modern フォントによる出力例を最初に挙げておきます。

A quick brown fox jumps over the lazy dog.

$$\left(\int_0^\infty \frac{\sin x}{\sqrt{x}}dx\right)^2 = \sum_{k=0}^\infty \frac{(2k)!}{2^{2k}(k!)^2}\frac{1}{2k+1} = \prod_{k=1}^\infty \frac{4k^2}{4k^2-1} = \frac{\pi}{2}$$

▲Computer Modern フォントによる出力例

これ（および以下の出力例）は次の入力から得られたものです。

```
\documentclass{article}
\begin{document}
```

```
A quick brown fox jumps over the lazy dog.

\[ \left( \int_0^\infty \frac{\sin x}{\sqrt{x}} dx \right)^2
= \sum_{k=0}^\infty \frac{(2k)!}{2^{2k}(k!)^2} \frac{1}{2k+1}
= \prod_{k=1}^\infty \frac{4k^2}{4k^2 - 1} = \frac{\pi}{2} \]

\end{document}
```

### mathptmxパッケージ

数式を含めて Times 系のフォントにするための非常に単純なパッケージです。数式には *Times Italic* のほか，記号類は Symbol，筆記体は RSFS というフォントを使っています。これらのフォントにない文字は Computer Modern になります。

A quick brown fox jumps over the lazy dog.

$$\left( \int_0^\infty \frac{\sin x}{\sqrt{x}} dx \right)^2 = \sum_{k=0}^\infty \frac{(2k)!}{2^{2k}(k!)^2} \frac{1}{2k+1} = \prod_{k=1}^\infty \frac{4k^2}{4k^2 - 1} = \frac{\pi}{2}$$

▲mathptmxパッケージの出力例

`mathptmx` は本文も Times Roman にしますが，本文のサンセリフやタイプライタ体は Computer Modern です。これらも含めて PostScript のフォントにするには，次のようにすればいいでしょう。

```
\usepackage{mathptmx}                ← Times
\usepackage[scaled]{helvet}          ← Helvetica
\renewcommand{\ttdefault}{pcr}       ← Courier
```

オプション `slantedGreek` を付けて

```
\usepackage[slantedGreek]{mathptmx}
```

のようにすると，数式中のギリシャ大文字を斜体にします。ただし，`\upDelta`，`\upOmega` はつねに大文字の Δ，Ω をアップライト体で出力します。

問題点は，数式記号 `\jmath`，`\coprod`，`\amalg` が使えないこと，数式中の太字がうまく出せないことです。

もっとも，`$\mathbf{A}$`，`$\textbf{A}$`，`$\textbf{\itshape A}$` などで数式中で太字を出すこともできます（最後の例だけイタリック体です）。

参考　mathptmx より古い mathptm では \mathcal（数式用筆記体）に Zapf Chancery を使っていましたが，mathptmx では RSFS（Ralph Smith's Formal Script）に変更されました。以前のスタイルにより近い \mathcal を使うためには，AMSFonts の eucal パッケージを使うとよいでしょう。これは Hermann Zapf による美しい Euler Script を使います。

参考　mathptmx 以外で RSFS を使うには mathrsfs パッケージを使います。

参考　\usepackage{bm} を \usepackage{mathptmx} より前に書くと，\bm が Computer Modern 書体になってしまいます。逆の順番にすると，\bm が重ね打ち（Poor Man's Bold）になってしまいます。

## mathpazo パッケージ

mathptmx の Times を Palatino にしたものが mathpazo です。mathptmx より mathpazo のほうが完成度が高く，本書旧版でも使っていたことがありました。

A quick brown fox jumps over the lazy dog.

$$\left(\int_0^\infty \frac{\sin x}{\sqrt{x}}dx\right)^2 = \sum_{k=0}^{\infty} \frac{(2k)!}{2^{2k}(k!)^2}\frac{1}{2k+1} = \prod_{k=1}^{\infty}\frac{4k^2}{4k^2-1} = \frac{\pi}{2}$$

▲ mathpazo パッケージの出力例

次のオプションが指定できます。

- sc　　新しい pplx ファミリの Palatino を使う（221ページ参照）
- osf　　新しい pplj ファミリの Palatino を使う（221ページ参照）。本文の数字が 0123456789 のようなオールドスタイル（old-style figures）になる（数式中は変わらない）
- slantedGreek　　数式中のギリシャ大文字を斜体にする
- noBBpl　　黒板文字をほかのフォントにする

\mathbb コマンドで数式中の文字（数字 1 と大文字 A～Z）を黒板ボールド（Blackboard Bold）にします。これは Palatino フォントに文字飾りを付けたもので，あまりかっこよくありません。ほかの黒板ボールドフォントがあれば，noBBpl オプションを使った上で，そちらを使うほうがいいでしょう。

例：$\mathbb{1ABCZ}$ → $\mathbb{1ABCZ}$

slantedGreek オプションを使った場合でも，アップライトのギリシャ大文字は \upGamma，\upDelta，…，\upOmega というコマンドで出力できます。

参考　Palatino は一般のフォントよりも行間を広くするほうがよいということで，\linespread{1.05} という設定が勧められています。日本語と混ぜて使う場合は必要ありません。

### TX・PXフォントとその新版

2000年に，テキサス大学ダラス校のYoung Ryuが，相次いでTXフォント・PXフォントを発表しました。パッケージ名は`txfonts`，`pxfonts`で，それぞれTimes，Palatinoに基づき，サンセリフ体はHelvetica，タイプライタ体は独自のもので，数学記号はすべて作りなおしたものです。ただ，数式に一部バランスの悪いところを残したまま，作者は手を引いてしまいます。

2012〜2013年に，カリフォルニア大学サンディエゴ校のMichael Sharpeが，これらを改良した新TX・PXフォントを発表しました。その後さらに改良され，現在はテキスト部分についてはTeX GyreのTermes，Pagellaフォントに基づいています。

A quick brown fox jumps over the lazy dog.

$$\left(\int_0^\infty \frac{\sin x}{\sqrt{x}} dx\right)^2 = \sum_{k=0}^\infty \frac{(2k)!}{2^{2k}(k!)^2} \frac{1}{2k+1} = \prod_{k=1}^\infty \frac{4k^2}{4k^2-1} = \frac{\pi}{2}$$

▲ newtxtext/newtxmathパッケージの出力例

A quick brown fox jumps over the lazy dog.

$$\left(\int_0^\infty \frac{\sin x}{\sqrt{x}} dx\right)^2 = \sum_{k=0}^\infty \frac{(2k)!}{2^{2k}(k!)^2} \frac{1}{2k+1} = \prod_{k=1}^\infty \frac{4k^2}{4k^2-1} = \frac{\pi}{2}$$

▲ newpxtext，newpxmathパッケージの出力例

標準的な使い方は，新TXフォントが（数式も含めるなら）

```
\usepackage{newtxtext,newtxmath}
```

新PXフォントが（数式も含めるなら）

```
\usepackage{newpxtext,newpxmath}
```

です。デフォルトのエンコーディングはT1で，サンセリフ体はHeros（Helvetica，それぞれ90％，94％に縮小），独自のタイプライタ体を使います。

いろいろなオプションについては，マニュアル（texdoc newtx，texdoc newpx）を参照してください。

参考　bmパッケージを併用するときは，bmを後に指定します。

### Utopia/fourier-GUTenbergフォント

Adobe の Utopia は Robert Slimbach が 1989 年に作ったフォントです。Adobe から販売されているものですが，Utopia Regular，*Utopia Italic*，**Utopia Bold**，***Utopia Bold Italic*** に限って，無償で配布されています。これに基づいた数式用フォントパッケージが Michel Bovani の fourier-GUTenberg です。

A quick brown fox jumps over the lazy dog.

$$\left(\int_0^\infty \frac{\sin x}{\sqrt{x}}\,dx\right)^2 = \sum_{k=0}^\infty \frac{(2k)!}{2^{2k}(k!)^2}\frac{1}{2k+1} = \prod_{k=1}^\infty \frac{4k^2}{4k^2-1} = \frac{\pi}{2}$$

▲ fourierパッケージの出力例

これを使うには，プリアンブルに例えば次のように書いておきます。

```
\usepackage{fourier}                 ← Utopia
\usepackage[scaled=0.875]{helvet}    ← Helvetica
\renewcommand{\ttdefault}{pcr}       ← Courier
```

Helvetica は 0.875 倍，Courier は 0.95 倍にするのが最適とのことです。Courier を縮小するための `couriers` パッケージも用意されています。`\usepackage[scaled]{couriers}` として使います。`scaled=0.95` のように数値を与えることもできます（デフォルトは 0.95）。

Courier の代わりに Computer Modern Typewriter を使うなら，最後は `lmtt` にします。テキストエンコーディングは T1/TS1 固定です。`amsmath`，`amssymb` は必要なら `fourier` より前に読み込みます。

`\usepackage[upright]{fourier}` で数式のギリシャ小文字・ラテン大文字が立体になります。`\otheralpha`，`\otherbeta` 等々で標準と異なるほうの書体が使えます。

自動でリガチャ fi，fl が使えます。また，元の書体を機械的に変形した Small Caps と *Slanted* も使えます：

| ファミリ | シリーズ | シェープ | PostScript フォント名 |
|---|---|---|---|
| futs | m | n | Utopia-Regular |
| futs | b | n | **Utopia-Bold** |
| futs | m | it | *Utopia-Italic* |
| futs | b | it | ***Utopia-BoldItalic*** |
| futs | m | sc | Utopia-Regular (Small Caps) |
| futs | b | sc | **Utopia-Bold (Small Caps)** |
| futs | m | sl | *Utopia-Regular (Slanted)* |
| futs | b | sl | ***Utopia-Bold (Slanted)*** |

### fourierncパッケージ

Fourier-GUTenberg で Utopia を New Century Schoolbook（ファミリ名 fnc）に置き換えたものです。これを使うには，前項の \usepackage{fourier} を \usepackage{fouriernc} で置き換えます。

A quick brown fox jumps over the lazy dog.

$$\left(\int_0^\infty \frac{\sin x}{\sqrt{x}} dx\right)^2 = \sum_{k=0}^{\infty} \frac{(2k)!}{2^{2k}(k!)^2} \frac{1}{2k+1} = \prod_{k=1}^{\infty} \frac{4k^2}{4k^2-1} = \frac{\pi}{2}$$

▲ fourierncパッケージの出力例

### mathdesignパッケージ

mathdesign パッケージは本文や数式を Utopia，Garamond，Charter で置き換えるものです。\usepackage[utopia]{mathdesign} とすると Adobe Utopia が使われます。

A quick brown fox jumps over the lazy dog.

$$\left(\int_0^\infty \frac{\sin x}{\sqrt{x}} dx\right)^2 = \sum_{k=0}^{\infty} \frac{(2k)!}{2^{2k}(k!)^2} \frac{1}{2k+1} = \prod_{k=1}^{\infty} \frac{4k^2}{4k^2-1} = \frac{\pi}{2}$$

▲ Math Design Adobe Utopiaの出力例

\usepackage[garamond]{mathdesign} とすると URW 版の Garamond が使われます。

A quick brown fox jumps over the lazy dog.

$$\left(\int_0^\infty \frac{\sin x}{\sqrt{x}} dx\right)^2 = \sum_{k=0}^{\infty} \frac{(2k)!}{2^{2k}(k!)^2} \frac{1}{2k+1} = \prod_{k=1}^{\infty} \frac{4k^2}{4k^2-1} = \frac{\pi}{2}$$

▲ Math Design URW Garamondの出力例

\usepackage[charter]{mathdesign} とすると，Bitstream Charter が使われます。

A quick brown fox jumps over the lazy dog.

$$\left(\int_0^\infty \frac{\sin x}{\sqrt{x}} dx\right)^2 = \sum_{k=0}^{\infty} \frac{(2k)!}{2^{2k}(k!)^2} \frac{1}{2k+1} = \prod_{k=1}^{\infty} \frac{4k^2}{4k^2-1} = \frac{\pi}{2}$$

▲ Math Design Bitstream Charterの出力例

最後の例はアクセント付きの文字で dvipdfmx の警告が出ます。

TEX Live 2020 にはほかに，TrueType/Type 1 の Cormorant Garamond（パッ

ケージ CormorantGaramond），OpenType の EB Garamond（Egenolff-Berner Garamond，パッケージ ebgaramond，ebgaramond-maths），EB Garamond に合わせる数式用 Garamond-Math，さらにオープンソースの Garamond Libre（パッケージ garamondlibre）が含まれています。

### Kpフォント

Kp（Kepler project）フォントは Christophe Caignaert の作品です。もともとは URW Palladio（Palatino 代替フォント）から出発したのですが，より現代風のデザインになりました。通常は \usepackage{kpfonts} とだけすれば amsmath も読み込まれます。オプションとして light などが与えられます（texdoc kpfonts）。

A quick brown fox jumps over the lazy dog.

$$\left(\int_0^\infty \frac{\sin x}{\sqrt{x}}\,dx\right)^2 = \sum_{k=0}^\infty \frac{(2k)!}{2^{2k}(k!)^2}\,\frac{1}{2k+1} = \prod_{k=1}^\infty \frac{4k^2}{4k^2-1} = \frac{\pi}{2}$$

▲ kpfontsパッケージの出力例

### mathabxフォント

Computer Modern に基づく新しい数式用フォントとして mathabx があります。積分記号が Computer Modern より「立って」いるなど，日本人にも馴染みやすい書体です。元々は METAFONT で記述されたものですが，堀田（ほった）耕作さんが Type 1 版を作られ，TEX Live にも入っています（texdoc mathabx）。

A quick brown fox jumps over the lazy dog.

$$\left(\int_0^\infty \frac{\sin x}{\sqrt{x}}\,dx\right)^2 = \sum_{k=0}^\infty \frac{(2k)!}{2^{2k}(k!)^2}\,\frac{1}{2k+1} = \prod_{k=1}^\infty \frac{4k^2}{4k^2-1} = \frac{\pi}{2}$$

▲ mathabxフォントの出力例

### yhmathフォント

Yannis Haralambous 作の根号や括弧などのフォントです。通常より大きいものまで用意されています。2013 年に角藤さん，大熊さん，Preining さんにより改良されたものが TEX Live に入っています。

$$\sqrt{\left(\frac{\int_0^\infty f(x)\,dx}{\int_0^\infty g(x)\,dx}\right)^n} \qquad \sqrt{\left(\frac{\int_0^\infty f(x)\,dx}{\int_0^\infty g(x)\,dx}\right)^n}$$

▲ Computer Modernフォントによる出力例。右側はyhmathフォント使用。

この例は

```
\[
  \sqrt{\left(\frac{\displaystyle\int_0^{\infty} f(x)\,dx}
  {\displaystyle\int_0^{\infty} g(x)\,dx}\right)^{\!\!\!n}}
\]
```

を右側だけ yhmath パッケージで出力したものです。Computer Modern 以外のフォントと組み合わせても使えます。

### ceo パッケージ

安田 亨さんによる Century Old 風（日本の数学教科書風）の数式フォントです。ceo パッケージは pLaTeX 用です。欧文に使うのは想定外だと思いますが，同じ例を組んでみました。また，大きい根号も試してみました。

TeX Live には入っていません。ダウンロードサイトは「安田亨 ceo.sty」で検索してください。

A quick brown fox jumps over the lazy dog.

$$\left(\int_0^{\infty} \frac{\sin x}{\sqrt{x}} dx\right)^2 = \sum_{k=0}^{\infty} \frac{(2k)!}{2^{2k}(k!)^2} \frac{1}{2k+1} = \prod_{k=1}^{\infty} \frac{4k^2}{4k^2-1} = \frac{\pi}{2}$$

$$\sqrt{\left(\frac{\displaystyle\int_0^{\infty} f(x)\,dx}{\displaystyle\int_0^{\infty} g(x)\,dx}\right)}$$

▲ceoフォントの出力例

### STIX 2フォント

STIX（Scientific and Technical Information Exchange）フォントは，AMS，AIP，APS，ACS，IEEE，Elsevier からなるコンソーシアムが，科学技術出版に必要なすべての Unicode 文字をオープンなライセンスで提供しようという壮大なプロジェクトで，ずいぶん年月がかかりましたが，ようやく成果が実りました。その第 2 版が STIX 2（ツー）です。TeX Live にも含まれています。デザイン的には Times 風で，LaTeX や Word で使えます。使い方は（amsmath より先に）\usepackage{stix2} するだけです（texdoc stix2）。

A quick brown fox jumps over the lazy dog.

$$\left(\int_0^\infty \frac{\sin x}{\sqrt{x}} dx\right)^2 = \sum_{k=0}^\infty \frac{(2k)!}{2^{2k}(k!)^2} \frac{1}{2k+1} = \prod_{k=1}^\infty \frac{4k^2}{4k^2-1} = \frac{\pi}{2}$$

▲ stix2パッケージの出力例

STIX フォントの拡張として，XITS フォント，STEP フォントがあり，どちらも TeX Live に収録されています。

## Libertine/Biolinumフォント

セリフ体 Linux Libertine とサンセリフ体 Linux Biolinum は，LinuxLibertine.org（http://www.linuxlibertine.org/）の開発するフリーな美しいフォントです。Wikipedia の英語ロゴも Libertine で作られました（ただし W を W のようにクロスさせています）。TeX Live に標準で含まれています。等幅フォントは Inconsolata を使い，数式は新しい LibertinusT1 Math を使うには

```
\usepackage[sb]{libertine} % sb: semibold
\usepackage[T1]{fontenc}
\usepackage[varqu,varl]{zi4} % inconsolata
\usepackage{libertinust1math} %                ↓好みに応じて
\usepackage[cal=stix,scr=boondoxo,bb=boondox]{mathalfa}
```

とします（amsmath は自動的に読み込まれます）。次の例はこのようにして Libertine の標準とイタリック，Biolinum の標準とボールド，数式例を出力しました。

A quick brown fox jumps over the lazy dog.
*A quick brown fox jumps over the lazy dog.*
A quick brown fox jumps over the lazy dog.
**A quick brown fox jumps over the lazy dog.**

$$\left(\int_0^\infty \frac{\sin x}{\sqrt{x}} dx\right)^2 = \sum_{k=0}^\infty \frac{(2k)!}{2^{2k}(k!)^2} \frac{1}{2k+1} = \prod_{k=1}^\infty \frac{4k^2}{4k^2-1} = \frac{\pi}{2}$$

▲ Libertine/Biolinum/LibertinusT1 Mathフォントの出力例

詳しくはマニュアル（texdoc libertine，texdoc libertinust1math）を参照してください。

## mathastextパッケージ

これはデフォルトのフォントファミリ（\familydefault）をそのまま数式用アルファベットにしてしまうパッケージです。これでどんなフォントでも数式に使えます。例えば Comic Neue を数式にしてみます。

```
\usepackage[default]{comicneue}
\usepackage{mathastext}
```

A quick brown fox jumps over the lazy dog.

$$\left(\int_0^\infty \frac{\sin x}{\sqrt{x}} dx\right)^2 = \sum_{k=0}^\infty \frac{(2k)!}{2^{2k}(k!)^2} \frac{1}{2k+1} = \prod_{k=1}^\infty \frac{4k^2}{4k^2-1} = \frac{\pi}{2}$$

▲ mathastextパッケージによるComic Neueフォントの数式出力例

## Antiqua Toruńskaフォント

Antiqua Toruńska フォントは，ポーランドの都市トルン Toruń の Zygfryd Gardzielewski（1914–2001）がデザインした古風なフォントで，ポーランドの J. M. Nowacki が TEX 用にデジタル化したものです。使い方は，`\usepackage[math]{anttor}` とします。オプションとして `light` と `condensed` が使えます。

A quick brown fox jumps over the lazy dog.

$$\left(\int_0^\infty \frac{\sin x}{\sqrt{x}} dx\right)^2 = \sum_{k=0}^\infty \frac{(2k)!}{2^{2k}(k!)^2} \frac{1}{2k+1} = \prod_{k=1}^\infty \frac{4k^2}{4k^2-1} = \frac{\pi}{2}$$

▲ anttorパッケージ（mathオプション）の出力例

## Concrete+Eulerフォント

Knuth の *Concrete Mathematics* という本（付録 G 参照）で使われた本文用の Concrete フォント（Knuth 作）と数式用の Euler フォント（Hermann Zapf 作）を組み合わせると，黒板に丁寧に書いた文字のような雰囲気になります。使い方は

```
\usepackage{ccfonts,eulervm}
```

とするだけです。Euler フォントの Type 1 版は AMSFonts に含まれ，Concrete フォントの Type 1 版は CM-Super に含まれています。Euler フォントは結城浩さんの『数学ガール』シリーズにも使われています。

A quick brown fox jumps over the lazy dog.

$$\left(\int_0^\infty \frac{\sin x}{\sqrt{x}} dx\right)^2 = \sum_{k=0}^\infty \frac{(2k)!}{2^{2k}(k!)^2} \frac{1}{2k+1} = \prod_{k=1}^\infty \frac{4k^2}{4k^2-1} = \frac{\pi}{2}$$

▲ ccfonts+eulervmパッケージの出力例

Euler フォントを使った新しめのパッケージとして eulerpx があります。本文を newpxtext/classico にすることを想定して記号類は newpxmath から取っていますが，本文 kpfonts/biolinum でも合うだろうとのことです。

## sansmathfonts

ここから先はサンセリフの数式です。特にスライドで使います。

まず sansmathfonts は Computer Modern Sans Serif の拡張（xcmss）と数式への利用です。

```
\usepackage{sansmathfonts}
```

とすることで本文中のサンセリフ体も xcmss へ変更されます。見やすさのために，I，Ξ，Π にはセリフが付いています。

A quick brown fox jumps over the lazy dog.

$$\left(\int_0^\infty \frac{\sin x}{\sqrt{x}} dx\right)^2 = \sum_{k=0}^{\infty} \frac{(2k)!}{2^{2k}(k!)^2} \frac{1}{2k+1} = \prod_{k=1}^{\infty} \frac{4k^2}{4k^2-1} = \frac{\pi}{2}$$

▲ sansmathfontsパッケージの出力例

## CM Brightフォント

Computer Modern Bright は，Computer Modern Sans Serif より軽いサンセリフフォントです。\usepackage{cmbright} として cmbright パッケージを読み込めば，数式もこのフォントになり，タイプライタ体も Computer Modern Typewriter Light（ファミリ名 cmtl）という **Computer Modern Typewriter** より軽いフォントになります。MicroPress から高品質の Type 1 フォントが売られています。TeX Live ではフリーの CM-Super や hfbright を使っています。

A quick brown fox jumps over the lazy dog.

$$\left(\int_0^\infty \frac{\sin x}{\sqrt{x}} dx\right)^2 = \sum_{k=0}^{\infty} \frac{(2k)!}{2^{2k}(k!)^2} \frac{1}{2k+1} = \prod_{k=1}^{\infty} \frac{4k^2}{4k^2-1} = \frac{\pi}{2}$$

▲ cmbrightパッケージの出力例

## newtxsfフォント

newtxmath の数式イタリック体を STIX フォントのサンセリフ体で置き換えたものです。本文もサンセリフにするために，ここでは FiraSans を使っています。

```
\usepackage[sfdefault,scaled=.85,lining]{FiraSans}
\usepackage[T1]{fontenc}
\usepackage{amsmath}
\usepackage{newtxsf}
```

A quick brown fox jumps over the lazy dog.

$$\left(\int_0^\infty \frac{\sin x}{\sqrt{x}} dx\right)^2 = \sum_{k=0}^{\infty} \frac{(2k)!}{2^{2k}(k!)^2} \frac{1}{2k+1} = \prod_{k=1}^{\infty} \frac{4k^2}{4k^2-1} = \frac{\pi}{2}$$

▲ FiraSans + newtxsfパッケージの出力例

### Arev Sansフォント

Arev Sans フォントは Bera Sans にギリシャ文字や数学記号類を加えたものです。読みやすく，高度な数式にも対応したサンセリフフォントで，特にプレゼンテーションに向きます。使い方は，`\usepackage{arev}` として arev パッケージを読み込むだけです。一部の記号に Math Design Bitstream Charter，黒板ボールド書体に Fourier-GUTenberg を使っています。

A quick brown fox jumps over the lazy dog.

$$\left(\int_0^\infty \frac{\sin x}{\sqrt{x}} dx\right)^2 = \sum_{k=0}^{\infty} \frac{(2k)!}{2^{2k}(k!)^2} \frac{1}{2k+1} = \prod_{k=1}^{\infty} \frac{4k^2}{4k^2-1} = \frac{\pi}{2}$$

▲ arevパッケージの出力例

Math Design Bitstream Charter 同様，アクセント付きの文字で dvipdfmx の警告が出ます。

### LXフォント

LX フォントは，読みやすく，高度な数式にも対応したサンセリフフォントで，特にプレゼンテーションに向きます。Computer Modern Sans Serif に基づくサンセリフ体でありながら，I と l が区別しやすいといった工夫がしてあります。使い方は `\usepackage{lxfonts}` とするだけです。

A quick brown fox jumps over the lazy dog.

$$\left(\int_0^\infty \frac{\sin x}{\sqrt{x}} dx\right)^2 = \sum_{k=0}^{\infty} \frac{(2k)!}{2^{2k}(k!)^2} \frac{1}{2k+1} = \prod_{k=1}^{\infty} \frac{4k^2}{4k^2-1} = \frac{\pi}{2}$$

▲ lxfontsパッケージの出力例

### Iwonaフォント

Iwona フォントは，高度な数式にも対応したサンセリフフォントで，たくさんの欧州文字に対応しています。OpenType 版も TEX Live に含まれています。サンセリフ体でありながら，I と l が区別しやすいといった工夫がしてあります。使い方は，\usepackage[math]{iwona} とします。オプションとして light と condensed が与えられます。

A quick brown fox jumps over the lazy dog.

$$\left(\int_0^\infty \frac{\sin x}{\sqrt{x}}dx\right)^2 = \sum_{k=0}^\infty \frac{(2k)!}{2^{2k}(k!)^2}\frac{1}{2k+1} = \prod_{k=1}^\infty \frac{4k^2}{4k^2-1} = \frac{\pi}{2}$$

▲ iwonaパッケージ (mathオプション) の出力例

a　a
Iwona　Kurier

Iwona の変形として Kurier があります。使い方は iwona を kurier に置き換えるだけです。どちらも TEX Live に含まれています。

## 12.14　unicode-math

Unicode には多くの数学用記号が含まれています。これらを使うためのモダン LaTeX 用のパッケージが unicode-math です。プリアンブルに

```
\usepackage{unicode-math}
```

と（amsmath を使う場合は amsmath の後に）書くだけで，通常の数式フォントではなく Unicode フォントが使われます。本書でもこれを使っています。

例えば amssymb パッケージで定義されている ⊨（$\vDash$）という記号があります。これは強いて書けば {\usefont{U}{msa}{m}{n} \symbol{"0F}} という文字で，Unicode とは関連づけられていませんので，コピペしても意味のある文字情報は取り出せません。しかし，Unicode には ⊨（U+22A8「TRUE」）という文字があり，これをそのまま使えば文字情報として扱えます。unicode-math ではこのことが自然に行えます（レガシー LaTeX でも newtxmath など Unicode の文字情報が取り出せるものもあります)。さらに，わざわざ \vDash と書かなくても ⊨ と直接書くことができます。\int，\sum，\prod なども Unicode 文字で ∫，∑，∏と書けます。ギリシャ文字もそのまま書けます[※13]。例えば

※13　∑（和記号）と Σ（ギリシャ文字シグマの大文字），∏（積記号）と Π（ギリシャ文字パイの大文字）は間違えやすいので注意が必要です。

```
\[ \frac{1}{\sqrt{2πσ^2}}∫_{-∞}^{∞}e^{-x^2/2σ^2}dx = 1 \]
```

と書けば

$$\frac{1}{\sqrt{2\pi\sigma^2}}\int_{-\infty}^{\infty} e^{-x^2/2\sigma^2}\,dx = 1$$

と出力できます。

unicode-math はデフォルトでは Latin Modern Math（latinmodern-math.otf）を使います。これには第 5 章・第 6 章で挙げた数学記号のほとんどが含まれます（texdoc unimath-symbols）。上に挙げた ⊨（U+22A8「TRUE」），⊭（U+22AD「NOT TRUE」）は含まれますが，⫫（U+2AEB「DOUBLE UP TACK」）は含まれません（次の例にある STIX 2 や Kp には含まれます）。

\setmathfont という命令で数式フォントを指定することができます。今までに挙げた例でも，数式 OpenType フォントがあれば，unicode-math を使うこともできます。例えば STIX 2 は

```
\usepackage{unicode-math}
\setmainfont{STIX Two Text}
\setmathfont{STIX Two Math}
```

で使えます。また，Kp フォントは kpfonts-otf パッケージを使えば unicode-math で OpenType 版の数式フォントが読み込まれます。

以下は，これら以外の例です。

### Libertinus Math

Libertine から分岐（フォーク）した Libertinus というフォントが TEX Live に入っています。これを使う場合は，次のようにします（「A quick ...」の例はセリフ体，サンセリフ体，モノスペース体です）。

```
\usepackage{unicode-math}
\setmainfont{Libertinus Serif}
\setsansfont{Libertinus Sans}
\setmonofont{Inconsolata}
\setmathfont{Libertinus Math}
```

A quick brown fox jumps over the lazy dog.
A quick brown fox jumps over the lazy dog.
`A quick brown fox jumps over the lazy dog.`

$$\left(\int_0^\infty \frac{\sin x}{\sqrt{x}}dx\right)^2 = \sum_{k=0}^{\infty}\frac{(2k)!}{2^{2k}(k!)^2}\frac{1}{2k+1} = \prod_{k=1}^{\infty}\frac{4k^2}{4k^2-1} = \frac{\pi}{2}$$

▲ Libertinus Math フォントの出力例

### EB Garamond, Garamond Math

TEX Live に含まれる EB Garamond と Garamond-math の使用例です。

```
\usepackage[math-style=ISO, bold-style=ISO]{unicode-math}
\setmainfont{EB Garamond}
\setmathfont{Garamond-Math.otf}[StylisticSet={7,9}]
```

A quick brown fox jumps over the lazy dog.

$$\left(\int_0^\infty \frac{\sin x}{\sqrt{x}} dx\right)^2 = \sum_{k=0}^\infty \frac{(2k)!}{2^{2k}(k!)^2} \frac{1}{2k+1} = \prod_{k=1}^\infty \frac{4k^2}{4k^2-1} = \frac{\pi}{2}$$

▲Garamond Mathフォントの出力例

### TEX Gyre Mathフォント

上述の TEX Gyre プロジェクトによる数式フォントです。TEX Live には Bonum（Bookman 類似），Pagella（Palatino 類似），Schola（Century Schoolbook 類似），Termes（Times 類似），DejaVu の OTF フォントが，`TEXMFDIST/doc/fonts/tex-gyre-math` にドキュメントやサンプルが収められています。XƎLATEX，LuaLATEX で使えます。例えば主フォントに Pagella，数式フォントに Pagella Math を使うには次のようにします。

```
\usepackage{unicode-math}
\setmainfont{TeX Gyre Pagella}
\setmathfont{TeX Gyre Pagella Math}
```

A quick brown fox jumps over the lazy dog.

$$\left(\int_0^\infty \frac{\sin x}{\sqrt{x}} dx\right)^2 = \sum_{k=0}^\infty \frac{(2k)!}{2^{2k}(k!)^2} \frac{1}{2k+1} = \prod_{k=1}^\infty \frac{4k^2}{4k^2-1} = \frac{\pi}{2}$$

▲TEX Gyre Pagella Mathフォントの出力例

なお，本文に Pagella を使う場合に，数式フォントに Asana Math を使うこともできます。文字は Palatino 類似ですが，記号類がかなり違います。

### Fira Sans, Fira Mathフォント

Fira Sans/Fira Mono は Firefox OS 用に作られた高品位のフリーなフォントです。28 書体が TEX Live に含まれています。これに基づいて開発されている Fira Math[※14] は，数少ない `unicode-math` ベースのサンセリフ数式フォントの一つです。

※14　https://github.com/firamath/firamath

```
\usepackage[mathrm=sym]{unicode-math}
\setmainfont{Fira Sans}
\setmathfont{Fira Math}
```

A quick brown fox jumps over the lazy dog.

$$\left(\int_0^\infty \frac{\sin x}{\sqrt{x}} dx\right)^2 = \sum_{k=0}^\infty \frac{(2k)!}{2^{2k}(k!)^2} \frac{1}{2k+1} = \prod_{k=1}^\infty \frac{4k^2}{4k^2-1} = \frac{\pi}{2}$$

▲ Fira Sans, Fira Mathフォントの出力例

### GFS Neohellenicフォント

Fira より細身のサンセリフです。

```
\usepackage{unicode-math}
\setmainfont{GFS Neohellenic}
\setmathfont{GFS Neohellenic Math}
```

A quick brown fox jumps over the lazy dog.

$$\left(\int_0^\infty \frac{\sin x}{\sqrt{x}} dx\right)^2 = \sum_{k=0}^\infty \frac{(2k)!}{2^{2k}(k!)^2} \frac{1}{2k+1} = \prod_{k=1}^\infty \frac{4k^2}{4k^2-1} = \frac{\pi}{2}$$

▲ GFS Neohellenic Mathフォントの出力例

## 12.15　仮想フォントの作り方

TEX の仮想（バーチャル）フォントは，フォントの文字を入れ替える仕組みです。例として，タイプライタ体のチルダ ~ の字形を入れ替えてみましょう。

参考　この問題の発端は，共立出版「Wonderful R」シリーズ第 1 巻『R で楽しむ統計』を書きつつあるとき，`lm(y ~ x - 1)` のような R のコード中で ~ と - の区別がつきにくい問題が指摘されたことです。~ のような TikZ で描いた図形に置き換えるという案も考えましたが，最終的に編集部が採用したのは仮想フォントで新 TX フォントのタイプライタ体のチルダ ~ に置き換える方法でした。

ここでは，ファミリ `lmtt`（TFM 名 `ec-lmtt10`）のチルダ ~ を，Inconsolata（ファミリ `zi4`，TFM 名はいくつかあるがここでは `t1-zi4r-0`）のチルダ ~ に置き換えてみましょう。

元となるフォントの TFM ファイルの場所を探すために，ターミナル（コマンドプロンプト）に

```
kpsewhich ec-lmtt10.tfm
```

と打ち込むと，

```
.../fonts/tfm/public/lm/ec-lmtt10.tfm
```

のように返ってきます。このファイルを作業用ディレクトリにコピーし，

```
tftopl ec-lmtt10.tfm >my-ec-lmtt10.vpl
```

と打ち込みます。この `my-ec-lmtt10.vpl` をテキストエディタで編集します。まず“`(LIGTABLE`”という行の直前に次のようにフォント名とデザインサイズを書き込みます。フォント名はデフォルトのものを最初（番号 `0`）にします。

```
(MAPFONT D 0
   (FONTNAME ec-lmtt10)
   (FONTDSIZE R 10.0)
   )
(MAPFONT D 1
   (FONTNAME t1-zi4r-0)
   (FONTDSIZE R 10.0)
   )
```

デザインサイズは生成した vpl ファイルの“`(DESIGNSIZE R 10.0)`”という行に書かれています。10 ポイントフォントなら `10.0` のはずです。また，置き換えたいチルダは 16 進 `7E`（8 進 *176*）ですので，`(CHARACTER O 176` のところを，番号 `1` のフォントの 8 進 *176* の文字にマップさせるため，次のように編集します：

```
(CHARACTER O 176
   (CHARWD R 0.525)
   (CHARHT R 0.3535)
   (MAP
      (SELECTFONT D 1)
      (MOVEDOWN R 0.1)
      (SETCHAR O 176)
      )
   )
```

Inconsolata のチルダのほうが少し位置が高いので，下げるために `(MOVEDOWN R 0.1)` を使っています。ほかに `MOVERIGHT`，`MOVELEFT`，`MOVEUP` などのコマンドがあります（texdoc vptovf）。これを保存し，ターミナルに

```
vptovf my-ec-lmtt10.vpl
```

と打ち込めば，作業ディレクトリに my-ec-lmtt10.vf と my-ec-lmtt10.tfm が生成されます。テストのため，作業ディレクトリに適当な LaTeX 文書を作り，そのプリアンブルに次のように書きます。

```
\renewcommand{\ttdefault}{mylmtt}
\DeclareFontFamily{T1}{mylmtt}{\hyphenchar \font=-1}
\DeclareFontShape{T1}{mylmtt}{m}{n}
     {<-> my-ec-lmtt10}{}
```

本文に \verb|lm(y ~ x - 1)| のようなタイプライタ体のコードを書いて，字形が置き換わったことを確認してください。

同様にして，Y と = の重ね書きで ¥ を作ったり，あるいは \ の字形を ¥ にしたフォントで \ を置き換えたりできます。

# 第13章 和文フォント

かつては，TEX で扱う和文フォントは 2 書体で，JIS 第 1・第 2 水準の範囲に限られ，PDF には和文フォントを埋め込まないのが一般的でした。

しかし，今では，PDF へのフォントのサブセット埋め込みが普通になり，多書体，Unicode，OpenType フォント対応が可能になりました。さらに，モダン LATEX（XƎLATEX や LuaLATEX）では，欧文・和文を問わず，システム上の任意の TrueType/OpenType フォントの利用が可能になりました。

この章では，いろいろな LATEX での和文フォントの扱いを解説します。

## 13.1 おもな和文書体

よく使われる和文の書体は，明朝（みんちょう）体とゴシック体です。

明朝体は，欧文のセリフ体（Times など）に相当するもので，一般に横線が縦線より細く，横線の右端にはウロコと呼ばれる三角形の飾りがあります。ゴシック体は，欧文のサンセリフ体（Helvetica など）に相当するもので，線の太さがほぼ一定です。

ヒラギノ明朝 ProN W3
**ヒラギノ角ゴシック W6**
ヒラギノ丸ゴ ProN W4
游明朝体 ミディアム
**游ゴシック体 ボールド**
IPAex明朝
IPAexゴシック
UD デジタル 教科書体 NP-R
源ノ明朝 ExtraLight
源ノ明朝 Regular
**源ノ明朝 Heavy**
源ノ角ゴシック ExtraLight
**源ノ角ゴシック Medium**
**源ノ角ゴシック Heavy**

伝統的な組み方では，本文には明朝体（欧文部分はセリフ体），見出しにはゴシック体（欧文部分はサンセリフ体）を使います。

明朝体，ゴシック体とも，いろいろな太さ（ウェイト）のものがあります。よくゴシック体のほうが明朝体より太いと誤解されますが，右のサンプルのように，細いゴシック体も太い明朝体もあります。

また，明朝体・ゴシック体の中にも，いろいろな銘柄があります。Windows では MS 明朝・MS ゴシック，Mac ではヒラギノ 6 書体がよく使われましたが，両者に複数ウェイトの游（ゆう）明朝・游ゴシックが加わり，Mac ではヒラギノ角ゴシックが 10 ウェイト（W0〜W9）になり，さらに Windows も Mac もいろいろな書体が追加されています。

フリーな和文フォントでは IPA/IPAex 明朝・ゴシック[※1] が有名で，TEX Live にも同梱され，TEX Live 2019 まではデフォルトのフォントとして使われていました。

※1 IPA（独立行政法人情報処理推進機構）が制作したオープンなフォントで，現在は文字情報技術促進協議会が配布しています。

その後，デザイン的にもグリフの数でもウェイト（太さ）の種類でも文句の付けようのない Adobe の源ノ明朝・源ノ角ゴシック（各 7 ウェイト）およびその Google 版 Noto フォントが公開されました。この源ノフォントを LaTeX で使いやすい形に再構成した原ノ味※2 14 書体（明朝・ゴシック各 7 ウェイト）が TeX Live に入り，TeX Live 2020 からはデフォルトの和文フォントになりました。本書も原ノ味を使っています。

※2　Adobeの源ノフォントを細田真道さんがAdobe-Japan1 (AJ1) 対応に再編したものです。「源ノ」のサブセットという意味で「原ノ」，AJ1をもじって「味」と命名されました。

## 13.2　レガシーLaTeXの和文フォントの設定

欧文用の元祖 LaTeX や pdfLaTeX でも，和文フォントを 256 文字ずつのサブフォントに分割することによって使うことはできますが，あまり実用的でありません。そこで，大量にある和文文字だけを特別扱いにした pLaTeX，upLaTeX が作られました。

太古の pLaTeX では，明朝体とゴシック体はそれぞれ Ryumin-Light（リュウミン L），GothicBBB-Medium（中ゴシック BBB）という名前※3 でしたが，これらは高価な商用フォントですので pLaTeX に入っているわけではなく名前参照だけで，実際にはフォントは埋め込まれず，出力側にそのフォントがなければ適当な明朝体・ゴシック体のフォントで代用されました。

※3　これらは株式会社モリサワの販売するフォントの名前で，pLaTeXではこれらの名前を明朝体，ゴシック体の代名詞のように使っていましたが，実際にこれらのフォントが使われるわけではありません。なお，リュウミンの名称は森川龍文堂明朝体をベースに作られたことに因みます。当時のpLaTeXの埋め込まない和文2書体のPDFを再現するには，dvipdfmx に `-f ptex-noEmbed.map` というオプションを与えます。

現在の TeX Live はデフォルトですべてのフォントを埋め込みます。標準で使われる和文フォントは，TeX Live 2019 までは IPAex フォントでしたが，TeX Live 2020 からは原ノ味になりました。

(u)pLaTeX + dvipdfmx では `kanji-config-updmap-sys` というコマンドで和文フォントを設定します（366 ページ）。標準では明朝・ゴシックの 2 書体しか使えませんでしたが，後述の `otf` パッケージを使うことにより，簡単に 7 書体まで使えるようになり，入力しにくい文字は Unicode 番号や OpenType フォントの CID 番号で指定できるようになりました。

より新しい `pxchfon` パッケージ（texdoc pxchfon）を使えば，文書ファイルの中で和文フォントが指定できます。TeX Live に含まれるものや，`TEXMFLOCAL` ディレクトリ（付録 B）などにシンボリックリンクされたもの以外に，Windows ではシステム（全ユーザー用）にインストールされているフォントも使えます。

より柔軟なフォント指定をするためには，LuaLaTeX などのモダン LaTeX を用います。

## 13.3 LuaLaTeXの和文フォントの設定

まずは欧文用ドキュメントクラス（海外の学会用など）で一部に日本語を入れることを考えましょう。デフォルトの Latin Modern フォントには日本語の文字が入っていませんので，その部分だけ和文フォントに切り替えなければなりません。例えば TeX Live にかなり前から含まれている IPAex 明朝に切り替えるには，LuaLaTeX でも XeLaTeX でも，欧文のところで説明したのと同様に

```
\documentclass{article}
\usepackage{fontspec}
\newfontface{\ipa}{ipaexm.ttf}
\begin{document}

Haruhiko Okumura ({\ipa 奥村 晴彦})

\end{document}
```

でできます。ただし，このままでは日本語の文字列中の改行ができません。

XeLaTeX は 61 ページの方法で日本語の文字列中の改行ができます。一方，LuaLaTeX では，

```
\documentclass{article}
\usepackage{luatexja}
\begin{document}

Haruhiko Okumura (奥村 晴彦)

\end{document}
```

のように，LuaTeX-ja プロジェクトによる `luatexja` パッケージを読み込めば，最低限の準備ができ，和文部分だけデフォルトの和文フォントに切り替わり，文字列中の改行もできます。

より和文組版のルールに則った文書を作るには，ドキュメントクラスとして pLaTeX の `jsarticle` などとほぼ互換の `ltjsarticle` など，またはさらに新しい `jlreq` を使います。`jlreq` については 33 ページのコラム，273 ページ以下の説明，およびマニュアル（texdoc jlreq）をご覧ください。

デフォルトの和文フォントに飽きたなら，いくつかの和文フォントのプリセットが用意されていますので，その一つを `luatexja-preset` パッケージで指定して使うのが簡単です。TeX Live 2020 のデフォルトは次の設定と同等です。

```
\usepackage[haranoaji]{luatexja-preset} % 原ノ味2004字形
```

luatexja-preset の主なオプションを挙げておきます。

- `haranoaji`　TeX Live 同梱の原ノ味フォントを使う
- `ipaex`　TeX Live 同梱の IPAex フォントを使う
- `sourcehan`　源ノ明朝・源ノ角ゴシックフォントを使う（OTF または OTC，別途 Adobe のリポジトリからダウンロードが必要）
- `hiragino-pro`，`hiragino-pron`　ヒラギノフォントを使う（pron は 2004 字形）
- `jis90`　できるだけ JIS X 0208:1990 の字形を使う
- `jis2004`　できるだけ JIS X 0213:2004 の字形を使う
- `deluxe`　フォントが対応していれば，明朝 3 ウェイト（シリーズ l・m・b），ゴシック 3 ウェイト（m・b・eb），丸ゴシックの 7 書体を使う
- `bold`　デフォルトのゴシック体を太字にする
- `expert`　フォントが対応していれば OpenType フォントの縦組・横組・ルビ専用の仮名グリフを使う
- `match`　`\sffamily` や `\ttfamily` で和文フォントをゴシック体に切り替える（`ltjsarticle` 等ではデフォルトの動作）
- `jfm_yoko`，`jfm_tate`　使用する JFM（和文フォントメトリック）の指定

詳しくは LuaTeX-ja のマニュアルをご覧ください（texdoc luatexja）。

jlreq ドキュメントクラスは独自の和文フォントメトリック（JFM）を使います。フォントメトリックとは，文字幅や文字間の詰めに関する情報です（第 13.13 節で詳しく説明します）。LuaTeX-ja の仕組みでフォントを変えると，LuaTeX-ja 標準の JFM になってしまいますので，それがまずければ `jfm_yoko=jlreq`，`jfm_tate=jlreqv` というオプションを与えます。

参考　本書は jlreq ドキュメントクラスを使っていますが，横組みについては，LuaTeX-ja 標準の ujis フォントメトリックを使っています。

プリセットではなく，明朝体（本文用）・サンセリフ体・モノスペース体それぞれのファミリを指定したいときは，`luatexja-fontspec` パッケージを読み込んで，それぞれ `\setmainjfont`，`\setsansjfont`，`\setmonojfont` で指定します。この際に欧文用の `fontspec` も読み込まれますので，欧文の指定 `\setmainfont`，`\setsansfont`，`\setmonofont` もできます。

例えば本文用に和文・欧文とも UD デジタル教科書体を使いたいならば，

```
\documentclass{jlreq}
\usepackage{luatexja-fontspec}
\setmainjfont{UDDigiKyokashoNP-R}[BoldFont=UDDigiKyokashoNP-B]
\setmainfont{UDDigiKyokashoNP-R}[BoldFont=UDDigiKyokashoNP-B]
\begin{document}
```

```
UD デジタル 教科書体 NP-R Regular

\textbf{UD デジタル 教科書体 NP-B Bold}

\end{document}
```

とします。出力は次のようになります。

UD デジタル 教科書体 NP-R Regular
**UD デジタル 教科書体 NP-B Bold**

jlreq の組み方に合わせるなら，JFM をオプションで指定します。

```
\setmainjfont{UDDigiKyokashoNP-R}[BoldFont=UDDigiKyokashoNP-B,
    YokoFeatures={JFM=jlreq}, TateFeatures={JFM=jlreqv}]
```

一部分だけフォントを変えるなら，欧文の `\fontspec` に相当する `\jfontspec` を使い，例えば `{\jfontspec{UDDigiKyokashoNP-R} ...}` とします。`\fontspec` は欧文だけ，`\jfontspec` は和文だけに影響します。`\newfontface` に相当する `\newjfontface`，`\newfontfamily` に相当する `\newjfontfamily` もあります。

例えば原ノ味ゴシックをプロポーショナル組にする命令 `\propsans` を定義してみましょう。

```
\newjfontfamily{\propsans}[
  YokoFeatures={JFM=prop},
  CharacterWidth=AlternateProportional
]{HaranoAjiGothic}
```

これで次のように詰め組ができます。

`{\propsans ちょっとチェックしちゃった。}` → ちょっとチェックしちゃった。

ここで指定している prop という JFM の実体は LuaTeX-ja に付属する jfm-prop.lua というわずか 9 行のファイルです。実は本書の見出し部分は基本的にこのようにしてプロポーショナル組にしています[※4]。

※4 ただしデフォルトの propは単純すぎるので，八登崇之さんの記事 https://qiita.com/zr_tex8r/items/0512dd43e9806483013a を参考にし，さらに中点類（「・」など）の組み方も含めてカスタマイズしています。

文字によっては欧文フォントにも和文フォントにも含まれるものがあります（「東アジアの文字幅」の「曖昧」問題）。LuaTeX-ja のデフォルトでは，ギリシャ文字やキリル文字（ロシア文字）は和文扱いになります。これらを欧文扱いにするには，プリアンブルに

```
\ltjsetparameter{jacharrange={-2}}
```

と書いておきます。文字単位で指定することもできます。例えばεは \ltjalchar`ε と書けば英字，\ltjjachar`ε と書けば和字扱いになります。

Unicode 番号が同じでも字形が違う異体字を扱うための IVS（異体字セレクタ）という仕組みに LuaLaTeX も XeLaTeX も対応しています。例えば葛も葛も Unicode 番号は U+845B ですが，葛城市の「葛」は U+845B に U+E0100 を後置し，葛飾区の「葛」は U+845B に U+E0101 を後置することによって指定できます。IVS が直接入力できないならば，

```
葛\symbol{"E0100}城市と葛\symbol{"E0101}飾区
```

のように 16 進記法を使うこともできます（この「葛」は IVS なしの U+845B で，\symbol{"845B} と書いてもかまいません）。

参考　luatexja-otf パッケージを使えば OpenType の CID 番号で異体字を指定できます。葛は \CID{1481}，葛は \CID{7652} と書けます。これは後述の (u)pLaTeX 用の otf パッケージと同じ機能です。

## 13.4　和文フォントを切り替える命令

明朝体・ゴシック体を切り替えるには，次の命令を使います。

| | | | |
|---|---|---|---|
| 明朝体 | {\mcfamily ...} | または | \textmc{...} |
| ゴシック体 | {\gtfamily ...} | または | \textgt{...} |

デフォルトは明朝体です。これらの命令は，欧文の書体には影響しません。

では，これに文字を太くする命令 \bfseries や \textbf を組み合わせれば太い明朝体や太いゴシック体が出力できるかというと，デフォルトではそうはなっていません。\bfseries や \textbf は和文を（普通の）ゴシック体にするだけです。例えば \textbf{あ A} と書けば “あ **A**” のように，和文ゴシック体，欧文セリフ体太字の組合せになります。これは「昔の TeX 臭がする組合せ」です。

(lt)jsarticle や jlreq などのドキュメントクラスでは，\sffamily や \textsf を使えば，和文はゴシック体，欧文はサンセリフ体になるように設定されています。和文のゴシック体は欧文のサンセリフ体に相当する書体なので，これは首尾一貫しています。

原ノ味やヒラギノなど，明朝体・ゴシック体の複数ウェイト（太さ）が備わったフォントでは，\bfseries や \textbf で太い書体にするほうが合理的です。このようにするには，(u)pLaTeX では otf パッケージに deluxe オプションを付け，LuaLaTeX では luatexja-preset パッケージに deluxe オプションを付けます。

deluxe オプションを付けると，ゴシック体を eb（extra-bold）シリーズに切り替える \ebseries，明朝体を l（light）シリーズに切り替える \ltseries が使えます。

```
{\gtfamily\ebseries 本当に太い！}  → 本当に太い！
{\mcfamily\ltseries 本当に細い！}  → 本当に細い！
```

また，可能な場合は丸ゴシック体（\mgfamily，\textmg{...}）も使えるようになります（デフォルトの原ノ味フォントには丸ゴシック体はありません）。

(u)pLaTeX でヒラギノフォントを使う場合，otf パッケージの deluxe オプションで定義される \propshape でプロポーショナル仮名が使えます。原ノ味で同様なことをするには，八登崇之（やとうたかゆき）さんの pxharaproj パッケージが使えます[※5]。

※5　https://github.com/zr-tex8r/PXharapro

## 13.5　和文フォント選択の仕組み

和文フォントにもエンコーディング，ファミリ，シリーズ，シェープ，サイズの 5 要素があります。

和文エンコーディングは，pLaTeX では横組が JY1，縦組が JT1，upLaTeX では横組が JY2，縦組が JT2 という名前に設定されています。LuaLaTeX の日本語対応（LuaTeX-ja）では横組が JY3，縦組が JT3 です。

デフォルトの和文 2 書体の場合，ファミリは明朝が mc，ゴシックが gt です。シリーズは標準が m，太字が bx または b です。シェープは n しかありません（和文のイタリック体はありません）。デフォルト（2 書体環境）では，ファミリ mc，シリーズ m の組合せの場合だけ明朝体，残りはすべてゴシック体になります。

和文のエンコーディング，ファミリ，シリーズ，シェープを変えるには次のコマンドを使います。

- \kanjiencoding{JY1}　漢字のエンコーディングを JY1 にします
- \kanjifamily{mc}　漢字のファミリを mc にします
- \kanjiseries{m}　漢字のシリーズを m にします
- \kanjishape{n}　漢字のシェープを n にします
- \selectfont　以上で設定した指定を有効にします

また，\usekanji{JY1}{mc}{m}{n} のように一度に指定することもできます。こちらは \selectfont は不要で，しかも

```
{\usekanji{JY1}{mc}{m}{n}␣漢字}
```

のように入力にスペースが入っても無視されるので便利です。

これらに加え，欧文フォントだけを指定するコマンド \romanencoding, \romanfamily, \romanseries, \romanshape, \useroman があります。欧文用の LaTeX で元々あったコマンド \fontencoding, \fontfamily, \fontseries, \fontshape, \usefont は和文・欧文両方に使えます。

和文ファミリのデフォルトは明朝体ですが，

```
\renewcommand{\kanjifamilydefault}{\gtdefault}
```

とすればゴシック体がデフォルトになります。

## 13.6　縦組

縦組は tarticle，treport，tbook という古いクラスファイルをカスタマイズして使うのが一般的でしたが，今は jlreq に tate オプションを与えて使うのが便利です。pLaTeX，upLaTeX，LuaLaTeX のどれでも使えます。

```
\documentclass[tate,book,paper=a6,fontsize=12Q,
               hanging_punctuation]{jlreq}
\begin{document}
吾輩は猫である。名前はまだ無い。
\end{document}
```

一部分を縦組または横組にするには，それぞれ \tate または \yoko を使います。これらは箱を作る命令（\mbox，\makebox，\hbox，\vbox など）の中身の先頭で使わなければなりません。\mbox{\tate 縦組} で縦組になります。

縦組では，和文のベースラインは，和文フォントの左右中央にあります。欧文のベースラインの位置調整は，pLaTeX では例えば \setlength{\tbaselineshift}{0.38zw} のように行います（横組では \ybaselineshift)。LuaLaTeX の和文組に使われる LuaTeX-ja では \ltjsetparameter{talbaselineshift=0.38\zw} のようにします。これを自動設定するコマンド \adjustbaseline も定義されています。

縦組用の拡張命令を定義する pLaTeX のパッケージ plext（LuaTeX-ja では lltjext）を読み込んでおくと便利です[※6]。特に，縦中横（たてちゅうよこ）で組む連数字 \rensuji コマンドは縦組では必須です。使い方は次のようにします（297 ページもご参照ください）：

```
PostScriptでは\rensuji{72}ポイントが\rensuji{1}インチである。
```

PostScript では72ポイントが1インチである。

※6　ただし，plext は昔からほかのパッケージとよく衝突を起こします。lltjext でも現状は同じようです。縦組に jlreq ドキュメントクラスを使えば，縦中横は \tatechuyoko というコマンドが用意されていますので，そちらを使うほうが安全です。

plext/lltjext パッケージを読み込むと，\parbox コマンドや minipage，tabular，picture 環境に，横組 <y>，縦組 <t>，縦組中で横組を時計方向に 90° 回転した <z> の 3 種類のオプションを渡すことができます。

```
\parbox<t>{8zw}{縦組みの「〜」は
  \parbox<z>{8zw}{横組みの「〜」を}
  \rensuji{90\rlap{\textdegree}}回転したものではない。}
```

縦組みの「〜」は横組みの「〜」を90°回転したものではない。

## 13.7 ルビ・圏点・傍点

ルビ（ふりがな）を振る命令は，okumacro パッケージで定義されたものや，TeX Live には収録されていない藤田眞作さんの furikana パッケージのものなどがありました。モダン LaTeX でも使えるものとしては，八登崇之（やとうたかゆき）さんの pxrubrica，LuaTeX-ja プロジェクトの luatexja-ruby があります。

okumacro や luatexja-ruby では，吾輩（わがはい），羅馬（ローマ）のようなルビは \ruby{吾輩}{わがはい}，\ruby{羅馬}{ローマ} と書きます。薬缶（やかん）は \ruby{薬}{や}\ruby{缶}{かん} と書くか，luatexja-ruby なら \ruby{薬|缶}{や|かん} とも書けます（後者の書き方のほうがより柔軟な処理になります。texdoc luatexja-ruby）。

pxrubrica では \ruby{吾輩}{わが|はい} のように親字 1 文字ごとにルビを縦棒で区切るのが基本で，グループルビは \ruby[g]{羅馬}{ローマ} のようにオプションを付けます（texdoc pxrubrica）。

luatexja-ruby や pxrubrica を使えば \kenten{圏点} で圏点が付きます。圏点は特に縦書きの場合に傍点とも呼びます。右の傍点は luatexja-ruby で

```
\kenten[kenten=﹅,size=0.4]{傍点}}、
\kenten[kenten=﹆,size=0.4]{傍点}
```

傍点、傍点

としました。kenten，size は自由に指定できます。

## 13.8 混植

漫画のせりふは，漢字をゴシック体，かなを明朝体（特に，古風なアンチック体）にするのが一般的です。LuaLaTeX（LuaTeX-ja）ならこのような混植が簡単にできます。次の例は，ひらがな・カタカナ（U+3040〜U+30FF）を原ノ味明朝，それ以外を原ノ味ゴシックで組んでいます。

```
\documentclass[tate]{jlreq}      % 縦組
\usepackage{luatexja-fontspec}
\setmainjfont[
  UprightFont = {*-Regular},
  BoldFont = {*-Bold},
  UprightFeatures={ AltFont={
      {Range="3040-"30FF, Font=HaranoAjiMincho-Regular}}},
  BoldFeatures={ AltFont={
      {Range="3040-"30FF, Font=HaranoAjiMincho-Bold}}}
]{HaranoAjiGothic}
\setlength{\parindent}{0\zw} % 段落の頭で字下げしない
\begin{document}

ぼくと契約して、\\
\textbf{魔法少女になってよ！}

\end{document}
```

## 13.9　日本語の文字と文字コード

次のような経験をされたことがあるでしょうか。

- 丸囲み数字①②③やローマ数字ⅠⅡⅢを使ったメールを Windows で書いて Mac で受信すると㈰㈪㈫や㈵㈼㈽に化けた。
- Windows XP で「辻」と書いたはずの文書を Windows Vista 以降で開くと「辻」になってしまった。

このような現象を理解するために，ここでは文字と文字コードについて復習しておきましょう。

漢字の字体は，康熙字典[7] のものを正字とするのが伝統的な考え方ですが，康熙字典にも不統一・不適切なところがありますし，世間ではさまざまな俗字・略字が使われていました。これでは教育に不便なので，1946 年に当用漢字 1,850 字，1949 年に当用漢字字体表が定められました。当時の首相は吉田茂でしたが，この字体表に合わせて吉田茂と書くことに自ら決めたそうです。また，1951 年に人名用漢字別表 92 字が定められました。

※7　1716年に中国で出版された字典。約47,000文字を収録。

電子的な情報交換のために文字に番号を振ることが必要になり，1978 年に JIS C 6226「情報交換用漢字符号系」（いわゆる 78JIS，6,802 字）が作られました。

1981 年には当用漢字に代わって常用漢字 1,945 文字が制定され，人名用漢字も追加されたので，新字体がさらに増えました。1983 年の JIS C 6226 の改訂

（いわゆる 83JIS，6,877 字）では，これらの新しい表に従って字体を変えただけでなく，鷗→鴎，驒→騨のように多くの字の構成要素を新字体風に変えました。このため，同じ番号の文字でも，78JIS か 83JIS かによって，字体が違うことになってしまいました。

1987 年には JIS X 0208 と改称され，1990 年の改訂で「情報交換用漢字符号」と改称されます（6,879 字）。1997 年の改訂で「7 ビット及び 8 ビットの 2 バイト情報交換用符号化漢字集合」と改称され，今までの内容がさらに厳密化されます。

この JIS X 0208 に基づくレガシーな符号化の方式に次の三つがあります。

- メールでよく使われた ISO-2022-JP（いわゆる「JIS コード」）
- Windows や古い Mac でよく使われた「シフト JIS」（JIS X 0208 附属書 1 でいう「シフト符号化表現」）
- 昔の UNIX でよく使われた EUC-JP

Windows の「シフト JIS」は JIS X 0208 で定義されない文字（いわゆる機種依存文字）を含んでおり，正確には Windows-31J または Windows Codepage 932（CP932）と呼ばれます。昔の Mac で使われた「シフト JIS」にも機種依存文字があり，同じコード点に Windows とは違った文字が割り当ててありました。

| | |
|---|---|
| Windows | ①②③④⑤⑥⑦ Ⅰ Ⅱ Ⅲ Ⅳ Ⅴ |
| Mac | ㈰㈪㈫㈬㈭㈮㈯㈵㈼㈽㈿㈸ |

これらをメールや Web で使うと，Windows と Mac ではまったく違う文字に見え，Linux では何も見えないといったことがよく起きました。

2000 年に，JIS X 0208 を大幅に拡張して 11,223 字にした JIS X 0213「7 ビット及び 8 ビットの 2 バイト情報交換用符号化拡張漢字集合」が作られます（いわゆる JIS2000）。これは Windows の機種依存文字（重複しないもの）をそのままの位置に含みます。

一方で，Windows（NT 以降）でも Mac でも，内部文字コードとしてはすでに Unicode（ユニコード）が採用され，情報交換用にも Unicode の符号化の一つである UTF-8 が次第に使われるようになりました。Unicode なら機種依存文字の問題もなく，森鷗外でも鄧小平でも草彅剛でも髙島屋でも☃でも，問題なく書けるようになります。TEX の世界でも，Unicode 対応の upLATEX，XƎLATEX，LuaLATEX を使えば，これらの文字はそのまま書けるようになりました[※8]。

※8 2018年2月以前のupTEXではBMP (16ビットのUnicode) の範囲しか扱えませんでした。現在はこの制約はなくなっています。

その後，Unicode と従来の JIS 漢字の両方に関係する大問題が起きました。2000 年 12 月 8 日に国語審議会が「表外漢字字体表」で復古主義的な「印刷標準字体」を発表したため，これに合わせて 2004 年に JIS X 0213 が改訂され（いわゆる JIS2004），Windows も Vista で従来の MS 明朝・MS ゴシックなどの標準字形を変更しました。このため，同じコード点（U+8FBB[※9]）でありながら「辻」が「辻」になるなど百文字以上の字形が変わってしまいました。

※9　Unicodeのコード点はU+に続く4桁以上の16進表記で表します。

もっとも，OpenType フォントなら「辻」も「辻」も備えており，単に Unicode の 8FBB をどちらに対応させるかという表が変わるだけですので，後述の `otf`（あるいは `luatexja-otf`）パッケージのように，OpenType フォントの CID（文字番号）に直接アクセスする仕組みがあれば，「辻」は `\CID{3056}`，「辻」は `\CID{8267}` のようにして番号でアクセスすればあいまいさが回避できます。一方，U+8FBB（「辻」または「辻」）に U+E0100 を後置すれば「辻」，U+E0101 を後置すれば「辻」にするという IVS（異体字セレクタ）を使う方法を XƎLaTeX，LuaLaTeX は採用しています。

2000 年の表外漢字字体表をうけて 2010 年には常用漢字表も改訂され，「叱る」（U+53F1）が「𠮟る」（U+20B9F）になるなどの変更がされました。この結果，「𠮟」「塡」「剝」「頰」の 4 文字が，常用漢字でありながらシフト JIS や EUC-JP で表現できないことになり，Unicode の利用に拍車がかかることになります。ところが，「𠮟」（U+20B9F）は Unicode の 16 ビット範囲（Basic Multilingual Plane，BMP）では表せません。古いソフトは Unicode 対応といっても BMP にしか対応せず，困った問題になりました。

## 13.10　OpenTypeフォントとAdobe-Japan

OpenType は従来の PostScript Type 1 形式と TrueType 形式を包含する新しいフォント形式です。

一般に Std（スタンダード）の付く名前の OpenType 和文フォントは，Adobe-Japan1-3 という 9,354 グリフ（字形）を含むものです。また，Pro（プロ）の付く名前のフォントは，Adobe-Japan1-4 の 15,444 グリフのものや，Adobe-Japan1-5 の 20,316 グリフのものがあります。

Mac に搭載されている ProN の付く名前のフォントは，Adobe-Japan1-6 の部分集合で，JIS2004 に対応するための文字など 8 文字を追加したものです。Unicode でアクセスすると JIS2004 字形になります。

名前に Pr6N の付くフォントは Adobe-Japan1-6（23,058 グリフ）に対応したものです。

TeX Live でデフォルトの和文フォントになった原ノ味フォントは，Adobe-Japan1-6 の漢字すべてを含んでいますが，非漢字の一部を欠いています。グリフは源ノ明朝・源ノ角ゴシックのものを利用しています。

なお，この 1 万 5 千あるいは 2 万という数は，縦組用，横組用，ルビ用のかなの微妙なデザインの違いまで数えていますので，文字というよりはグリフ（文字を表す図形）の数ととらえるのがいいでしょう。

## 13.11　otfパッケージ

このOpenTypeフォントの機能を(u)pLaTeXでフルに使いこなすための仕組みが齋藤修三郎さんのotfパッケージです。もともとpLaTeXでUnicodeを使うためのパッケージutfとして出発したものが，機能を次第に充実させ，otfパッケージへと飛躍しました。

otfパッケージは，仮想（バーチャル）フォント，フォントメトリック，スタイルファイルなどから成ります。LaTeX文書ファイル中でUnicode和文文字を，\UTF{16進4桁}のようにUnicode番号で表すことも，\CID{10進}のようにOpenTypeのCID番号で表すこともできます。

それだけでなく，otfパッケージでは，古くからのしがらみを断って，仮想ボディが正方形で880：120の位置にベースラインがある和文フォントメトリックを採用しました。この点だけでも十分意義のあるものです。\UTFや\CIDを使わなくても，特にpLaTeXではotfを読み込んでおく意義が十分にあります。

さらに，\usepackage[deluxe]{otf}のようにdeluxeオプションを付ければ，明朝体・ゴシック体の太字などが使えるようになります。

また，otfパッケージでは，縦組み時に“（ダブル）クォーテーションマーク”が〝（ダブル）ミニュート〟に，全角コンマ・ピリオドが読点・句点になります。

参考　LuaLaTeXでは，luatexja-otfパッケージで\UTFや\CIDが使えるようになります（これらを使わなくてもUnicode文字やIVSが直接扱えますが）。また，deluxe，expert，bold，jis2004オプションなどはluatexja-otfではなくluatexja-presetパッケージに与えます。ぶら下げ組については，luatexja-adjustパッケージを使うか，jlreqドキュメントクラスなら，ドキュメントクラスのオプションにhanging_punctuationを与えます。

### otfパッケージのオプション

\usepackage[オプション]{otf}の形でオプションを書くことができます。以下のオプションが順不同で与えられます。

**expert**　OpenTypeフォントで縦組・横組・ルビ専用の仮名グリフを使います。欄外の出力例（ヒラギノ明朝ProN W3）で，「り」の幅，「い」の最後の止め方を比較してください。また，ルビの例では，左側が通常の明朝体，右側がルビ用仮名です。

りい　り
い

御灸（おきゅう），御灸（おきゅう）

**nomacro または nomacros**　記号を出力するためのマクロ（付録E参照）を定義しません。このオプションを指定しなければならないことはまずないと思いますが，万一ほかのマクロと干渉して問題が生じたときに指定します。

**noreplace**　otfパッケージは後述のように新しい和文フォントメトリックを使いますが，このオプションを指定すると，\UTF{...}や\CID{...}

で出力する文字以外は，標準のフォントメトリックを用いて組みます。例えば jsarticle ドキュメントクラスなら jis，jisg が使われることになります。軽い PDF を作るために jis，jisg は埋め込まず \UTF{...} や \CID{...} で指定した文字だけ埋め込むといった用途に使えそうです。

deluxe　フォントが対応していれば，明朝（hmc）3 ウェイト（l・m・bx），ゴシック（hgt）3 ウェイト（m・bx・eb），丸ゴシック（mg）の 7 書体になります。ヒラギノでは，かなのプロポーショナル組も使えます（後述）。

bold　上記 deluxe オプションを想定して 2 ウェイトのゴシック体が設定してある場合，deluxe オプションを使わないと通常はゴシック体として細ゴシック体が選ばれます。この bold オプションを付けると，ゴシック体として太ゴシック体が選ばれます。とりあえずゴシック体の部分をすべて太くしたいときに便利ですが，せっかくの多書体ですので，このオプションを使わないで済むようにデザインしたいところです。

multi　簡体字，繁體字，ハングルが使えるようになります：

- \UTFC{7b80}\UTFC{4f53} → 简体
- \UTFT{7e41}\UTFT{9ad4} → 繁體
- \UTFK{d55c}\UTFK{ae00} → 한글

burasage　ぶら下げ組になります。

uplatex　upLaTeX 対応になります。これは \documentclass のオプションに付いていれば \usepackage 側に付ける必要はありません。

jis2004　JIS2004 字形を使います。

参考　multi オプションで使われる TeX Live 標準の中韓フォントはいまいちのような気がします。いずれにしても LuaTeX-ja にはこのオプションはないので，本書は原ノ味の元になった源ノ角ゴシックをそのまま使いました。具体的には

```
\newjfontface{\sourcehansans}{SourceHanSans-Regular}
```

とすると {\sourcehansans ...} で「简体繁體한글」となります。ただ，これでは繁體が微妙ですので，繁體だけ SourceHanSansTC-Regular を使って「繁體」としました。場合によっては简体も SourceHanSansSC-Regular にするほうがいいかもしれません。

### otfパッケージの使用例

pLaTeX で JIS 第 1・2 水準外の文字を扱う例です。

```
\documentclass{jsarticle}
\usepackage{otf}
\begin{document}

森\UTF{9DD7}外と内田百\UTF{9592}が\UTF{9AD9}島屋に行った。

\CID{7652}飾区の\CID{13706}野家

\end{document}
```

「森鷗外と内田百閒が髙島屋に行った」「葛飾区の𠮷野家」と出力されます。upLaTeX や LuaLaTeX ならそのまま Unicode で文字を書いて出力できますし，`\symbol{"845B}` や `\symbol{"20BB7}` などと書いても出力できます[※10]。

ただ，「葛」の扱いは微妙です。葛・葛は同じ Unicode 番号（U+845B）を持っており，JIS2004 で葛→葛と字形変更されました。ところが，東京都葛飾区は「葛」（`\CID{7652}`）で，奈良県葛城市は「葛」（`\CID{1481}`）という具合に，同じ文書に共存させる必要がある場合もあるので，pLaTeX でも upLaTeX でも `\CID{...}` が役立ちます。

※10 古い upLaTeX では，`\usepackage{otf}` がないと「𠮷」(U+20BB7) は Unicode の 16 ビットの範囲 (BMP) を超えているため出力されませんでした。

参考 Unicode 番号は，OS に付属する適当なアプリを使えば簡単に調べられます。CID 番号はちょっと面倒ですが，本書付録 F の表で調べることができます。

参考 TeX2img の Mac 版では，JIS X 0208 外の文字と `\UTF{...}` や `\CID{...}` との相互変換ができます。

参考 Mac の TeXShop でも `\UTF{...}`，`\CID{...}` への変換ができます。「環境設定」の「詳細」で「utf パッケージ対応」にチェックを付けておきます。

## 13.12 強調と書体

いろいろな書体を扱う方法を述べましたが，LaTeX の論理デザインの考え方からすれば，文書作成者が思い付きでいろいろな書体を混ぜて使うのではなく，`\section` はこの書体，`\subsection` はこの書体，本文はこの書体というように，ドキュメントクラスのデザインの時点で書体を決めるべきものです。

本文中でもし書体を変える必要があるならば，それは索引に出すような用語を示すためか，強調を示すためでしょう。

用語を示すためなら，76 ページで示した `\term` のようなマクロを使うのが便利です。

その部分を強調したいのであれば，LaTeX には強調の命令 \emph が用意されています。TeX Live 2020 のデフォルトでは \emph{...} とすると和文はゴシック体，欧文はイタリック体になります。この設定を変えるには，TeX Live 2020 で導入された \DeclareEmphSequence という命令を使います。例えば

```
\DeclareEmphSequence{\sffamily,\bfseries,\ebseries}
```

と書いておけば，\emph を入れ子にすると

```
強 Em\emph{強 Em\emph{強 Em\emph{強 Em}}}
```

→　強 Em 強 Em **強 Em** **強 Em**

のように \sffamily，\bfseries，\ebseries が順に適用されます。

## 13.13　和文組版の詳細

LaTeX は，文字の形を知っているのではなく，文字の組み方の情報を収めた TFM（TeX Font Metric）というものを見て文字を並べるのでした。これは pLaTeX などが扱う和文についても同じで，TFM を拡張した JFM というものに従って文字を並べます[※11]。

※11　pLaTeXなどのJFMファイルの拡張子はTFMと同じtfmです。また，LuaLaTeXの和文対応の仕組みLuaTeX-jaではJFMはLua言語で実装しています。

例えば pLaTeX で

```
\documentclass[dvipdfmx]{jsarticle}
\begin{document}
明朝体と{\gtfamily ゴシック体}
\end{document}
```

と書けば，「明朝体と」の部分は jis.tfm，「ゴシック体」の部分は jisg.tfm という和文フォントメトリックファイルに従って文字が並べられます。この二つは，ファイル名が違うだけで，中身はまったく同じものですが，pLaTeX が出力する dvi ファイルには，jis.tfm で組んだところには jis，jisg.tfm で組んだところには jisg という名前が入ります。

この場合 jis.vf という仮想フォントがあるので，dvipdfmx はこれを読みますが，それには rml と書き込まれています[※12]。次に map ファイルというものを参照するのですが，それには kanji-config-updmap-sys --jis2004 haranoaji を実行した時点で

※12　Ryumin-Lightを匂わせる名前です。

```
rml 2004-H HaranoAjiMincho-Regular.otf
```

という行が書き込まれています。結局，jis は 2004 字形の原ノ味明朝 Regular にな

ります。jisg のほうも gbm という名前[※13] を経て原ノ味ゴシック Medium にマップされます。dvipdfmx が参照する和文フォントの map ファイルは kanjix.map です[※14]。一時的に別のフォントを使いたい場合は，このファイルを手で変更するのではなく，上の rml の例を参考にして，右辺を実ファイル名にした変更点だけの map ファイル，例えば my.map を作って，それを dvipdfmx に -f my.map のようなオプションで与えると，kanjix.map にあるものよりそちらが優先されます。2004-H は 2004 字形でなければ単に H とします（縦書き用は V）。2004-H や H などはフォント中の文字の並びを表す CMap という表のファイル名で，kpsewhich では見つけられませんが TEXMFDIST の奥深くにあります。

※13 GothicBBB-Mediumを匂わせる名前です。

※14 これがシステムのどこにあるかはターミナルに kpsewhich kanjix.map と打ち込めばフルパスが表示されます (367ページ)。他のファイルも同様です。

jis フォントメトリック（jis.tfm 等）は，JIS X 4051:1995「日本語文書の行組版方法」という JIS 規格にほぼ基づいて東京書籍印刷㈱（現：㈱リーブルテック）の小林 肇さんが 1995 年に作られたものです[※15]。jsarticle，jsbook では jis フォントメトリックが標準で使われます。otf パッケージのフォントメトリックや，LuaTeX-ja 標準の ujis フォントメトリックは，jis フォントメトリックを拡張したものです。

※15 この規格は1993年に作られ，1995年に改訂され，さらに2004年に「日本語文書の組版方法」として改訂されました。番号はJIS X 4051のままです。また，これにほぼ基づいたWorld Wide Web Consortium (W3C) の「日本語組版処理の要件」https://www.w3.org/TR/jlreq/ があります。阿部紀行(のりゆき)さんの jlreq ドキュメントクラスはこれに基づいたものです。

JIS X 4051:1995 は和文文字を次の 15 クラス（JIS X 4051:2004 では 23 クラス）に分けていますが，pLaTeX では欧文関係や禁則処理は別の仕組みで扱いますので，otf フォントメトリックでは，次のように 0〜6 の CHARTYPE 番号を付けて 7 クラスに分けて考えます。jis メトリックでは，6 を 0 に含めています。

| 文字クラス | CHARTYPE 番号 | 例・備考 |
|---|---|---|
| 始め括弧類 | 1 | ‘ “ （ 〔 ［ ｛ 〈 《 「 『 【 |
| 終わり括弧類 | 2 | 、 ， ’ ” ） 】 〕 ］ ｝ 〉 》 」 』 】 |
| 行頭禁則和字 | 0 | ヽ ヾ ゝ ゞ 々 ー ぁ ぃ ぅ など |
| 区切り約物 | 6（jis では 0） | ？ ！ |
| 中点類(なか) | 3 | ・ ： ； |
| 句点類 | 4 | 。 ． |
| 分離禁止文字 | 5 | —…‥ |
| 前置省略記号 | 0 | ¥ £ |
| 後置省略記号 | 0 | ° ′ ″ ％ ‰ |
| 和字間隔 | – | （設定せず） |
| 上記以外の和字 | 0 | |
| 連数字中の文字 | – | （欧文扱い） |
| 単位記号中の文字 | – | （欧文扱い） |
| 欧文間隔 | – | （欧文扱い） |
| 欧文間隔以外の欧文用文字 | – | （欧文扱い） |

この 6 クラスの組合せについてグルー（glue，伸縮・できるスペース）またはカーン（kern，伸縮しない接着剤）が次の表のように入ります。

| | 幅 | 0 | 1 | 2 | 3 | 4 | 5 | 6 (横) |
|---|---|---|---|---|---|---|---|---|
| 0 | 1 | | $1/2 - 1/2$ | | $1/4 - 1/4$ | | | |
| 1 | $1/2$ | | | | $1/4 - 1/4$ | | | |
| 2 | $1/2$ | $1/2 - 1/2$ | $1/2 - 1/2$ | | $1/4 - 1/4$ | | $1/2 - 1/2$ | $1/2 - 1/2$ |
| 3 | $1/2$ | $1/4 - 1/4$ | $1/4 - 1/4$ | $1/4 - 1/4$ | $1/2 - 1/4$ | $1/4 - 1/4$ | $1/4 - 1/4$ | $1/4 - 1/4$ |
| 4 | $1/2$ | $1/2 - 0$ | $1/2 - 0$ | | $3/4 - 1/4$ | | $1/2 - 0$ | $1/2 - 0$ |
| 5 | 1 | | $1/2 - 1/2$ | | $1/4 - 1/4$ | | 0 (kern) | |
| 6 | 1 | 横 $1/2 - 1/2$<br>縦 $1 - 1/2$ | $1/2 - 1/2$ | | $1/4 - 1/4$ | | | |

例えば「0」の行は，通常の和字（CHARTYPE 0）の幅は 1（全角幅）で，これに始め括弧類（CHARTYPE 1）が続くと $1/2 - 1/2$，中点類（CHARTYPE 3）が続くと $1/4 - 1/4$ だけグルーが入ることを表します。$1/2 - 1/2$ とは，標準では半角，追い込みの必要があれば標準より最大半角詰めてもいい，という意味です[※16]。

※16　TEXの記法で書けば `\hskip 0.5zw minus 0.5zw` となります。

また，分離禁止文字（5）同士が隣接する場合は幅 0 のカーンが入り，そこでの伸縮や改行はできなくなります。

全角ダッシュ（ダーシ）「—」は分離禁止文字ですので，「——」と並べるとベタで組まれるはずですが，フォントによっては隙間が生じます（例：ヒラギノ）[※17]。

※17　対策については76ページをご覧ください。

この表で空白になっているところ，例えば約物以外の和字が連続して現れたところでは，メトリック情報からのグルー・カーンの挿入はありません。その場合は，`\kanjiskip` というグルーが自動挿入されます。これは基本ゼロ幅ですが，ごくわずか伸びることができるように設定されています。

和文・欧文間には `\xkanjiskip` というグルーが自動挿入されます。これは基本「四分（しぶ）アキ」つまり通常の漢字の幅の $1/4$ で，ある程度の伸縮ができます。ただし `jsarticle`，`jsbook` などではほんの少し広めに設定しています。

このルールに従って「「ほげ」ほ。「げ」」を組んでみましょう。段落の先頭に全角（1 zw）の字下げがあり，引用符や句読点は半角幅で組まれ，ルールに従って 2 箇所に標準で半角の空きが入り，次のようになります。

「ほげ」「ほ」。げ

こうした組版ルールを知らないアプリでは，すべての文字が全角幅で組まれてしまいます。

## 13.14　もっと文字を

住民基本台帳や戸籍を扱うためには，2 万字でも足りません。IPA（独立行政法人情報処理推進機構）の文字情報基盤整備事業[※18] では，約 6 万字を含む IPAmj 明朝フォントを開発し，公開しています。齋藤修三郎さんの ipamjm パッケージ[※19] を使えばこれらの文字に番号でアクセスできるようになります。例えば 6 万番目の文字（欄外）は \MJMZM{060000} でアクセスできます。(u)pLaTeX 用で，upLaTeX で使うには [uplatex] オプションが必要です。オプション [scale=1.0] で欧文 10 pt に対して和文 10 pt になります。同様のものに pxipamjm があります。LuaLaTeX（LuaTeX-ja）用には luaipamjm[※20] があります。

※18　2020年にIPAの文字情報基盤整備事業の成果物は一般社団法人文字情報技術促進協議会に移管されました。

※19　TeX Liveにも入っているが，最新版は https://psitau.kitunebi.com/experiment.html

※20　https://github.com/h-kitagawa/luaipamjm

# 第14章 ページレイアウト

用紙サイズ，文字サイズ，段組み，行の長さ，行間，柱などの簡単な設定のしかたを説明します。クラスファイルの書き換えを伴う大掛かりな変更のしかたは第 15 章で扱います。

## 14.1 ドキュメントクラス

LaTeX では，文書の構造を決めるコマンドの定義と，それに対応するレイアウトの設定を，ドキュメントクラスとそのオプションで行います。標準的なドキュメントクラス以外に，主要な学会や出版社は独自のドキュメントクラスを提供していますし，ドキュメントクラス作成を請け負ってくれる印刷会社や編集会社もあります。例えば情報処理学会[※1] の *Journal of Information Processing*（JIP）という論文誌の体裁にするには，文書ファイルの先頭に

```
\documentclass[JIP]{ipsj}
```

と書くだけです。

※1 情報処理学会 (IPSJ) のドキュメントクラス (LaTeXスタイルファイル) は https://www.ipsj.or.jp/journal/submit/style.html で公開されています。和文用はpLaTeX専用です。

米国数学会（American Mathematical Society，AMS）の amsart，amsproc，amsbook など（texdoc amscls），米国の物理関係の学会（APS，AIP など）で使われる REVTeX（texdoc revtex）は TeX Live に含まれています。

指定のドキュメントクラスがない場合は，jsarticle，ltjsarticle，jlreq などの標準的なドキュメントクラスで間に合わせることになります。ここでは，これらのドキュメントクラスにオプションを与えて，できるだけ望みの形にする方法を扱います。

## 14.2 ((lt)js)article等のオプション

欧文用 article，report，book クラス，(u)pLaTeX 和文用 jsarticle，jsreport，jsbook クラス，LuaLaTeX 和文用 ltjsarticle，ltjsreport，ltjsbook クラスの主なオプションの一覧です。

なお，デフォルト（default，既定値）とは，無指定時に選ばれるオプションのことです。例えば文字サイズのデフォルトは 10 ポイントですので，10pt オプ

ションを指定する必要はありません（指定してもかまいませんが）。デフォルトのオプションは見出しに下線を付けてあります。

**10pt**　本文の欧文文字サイズを 10 ポイントにします（デフォルト）。jsarticle などの和文用クラスでは，本文の和文フォントのサイズは 13 Q になります[※2]。これ以外に，欧文用クラスでは 11pt，12pt，jsarticle などの和文用クラスではさらに 9pt，14pt，17pt，21pt，25pt，30pt，36pt，43pt，12Q，14Q，10ptj，10.5ptj，11ptj，12ptj があります。pt が付くオプションは本文欧文文字のサイズ，Q や ptj が付くオプションは本文和文文字のサイズです。

※2　古い jarticle 等では 9.62216 ポイント (13.527 Q) でした。DTPソフトの1ポイントは 1/72 インチですが，TEX・LATEXの1ポイントは 1/72.27 インチです。1 Q (級) または1 H (歯) は 1/4 mm です。

**a4paper**　用紙サイズを A4 判（297 mm × 210 mm）にします。和文用クラスではこれがデフォルトです。

a5paper　用紙サイズを A5 判（210 mm × 148 mm）にします。

b4paper　用紙サイズを B4 判（364 mm × 257 mm）にします。欧文用クラスではこのオプションはありません。

b5paper　和文用クラスでは用紙サイズを JIS B5 判（257 mm × 182 mm）にします。欧文用クラスでは ISO の B5 判（250 mm × 176 mm）になります。

letterpaper　用紙サイズをレター判（11 in × 8.5 in）にします。欧文用クラスではこれがデフォルトです。ほかに legalpaper（リーガル判，14 in × 8.5 in），executivepaper（エグゼキュティブ判，10.5 in × 7.25 in）があります。

landscape　用紙の向きを横置き（□の向きに置いて読む）にします。デフォルトは縦置き（□の向きに置いて読む）です。

papersize　jsarticle 等で，指定した用紙サイズオプションを dvipdfmx に伝えて，PDF のページサイズを設定するオプションです。デフォルト以外の用紙サイズオプションを使った場合や，tombow 等のオプションでトンボを付けた場合に，印刷位置がずれるのを防ぎます。ltjsarticle 等では必要ありません。

tombow　和文用クラスだけのオプションです。紙の裁断位置を示すトンボ（crop marks）を描きます。昆虫のトンボに似ているのでこのように呼ばれます。版下作成時に指定すると便利です。トンボの分だけ大きい紙に印刷してください。トンボの脇にファイル名・日時も出力されます。

tombo　和文用クラスだけのオプションです。ファイル名・日時なしのトンボを出力します。

mentuke　和文用クラスだけのオプションです。ファイル名・日時なし，太さ 0 のトンボを出力します。面付けに便利です。

oneside　奇数ページと偶数ページのレイアウトを同じにします。((lt)js)article，((lt)js)report ではこれがデフォルトです。

twoside　奇数ページと偶数ページのレイアウトを変えます。((lt)js)book ではこれがデフォルトです。

onecolumn　段組をしません（デフォルト）。

twocolumn　2 段組にします。左右の段の間の距離を例えば和文 2 文字分にしたいときは，プリアンブルに[※3]

```
\setlength{\columnsep}{2zw}
```

のように指定します。通常は左右の段の間に罫線を引きませんが，段の間に太さ 0.4 ポイントの罫線を引くには，

```
\setlength{\columnseprule}{0.4pt}
```

のように指定します。3 段組以上には multicol パッケージを使います。

※3　LuaLaTeXでは zw の代わりに \zw を使います。

titlepage　\maketitle で出力する表題，abstract 環境で出力する概要を，どちらも単独のページに出力します。((lt)js)book ではこれがデフォルトです。

notitlepage　タイトル・概要が本文第 1 ページの上に出力されます。((lt)js)article などではこれがデフォルトです。

openright　章（chapter）を右ページ（横組では奇数ページ）起こしにします。つまり，前の章が右ページで終われば，次のページ（左ページ）には本文が入りません。((lt)js)book ではこれがデフォルトです。章のない ((lt)js)article では使えません。

openany　章を左右どちらのページからでも始めます。((lt)js)report ではこれがデフォルトです。章のない ((lt)js)article では使えません。

leqno　数式の番号を左側に置きます。無指定では右側になります。

`fleqn`　数式をそのまわりの本文の左端から一定距離のところから始めます。無指定では左右中央の位置になります。左端からの距離は，無指定では quote 環境などの場合と同じですが，例えば 2 cm にしたいときは，プリアンブルに

```
\setlength{\mathindent}{2cm}
```

のように指定します。

`openbib`　文献目録が open 形式（著者名の後，書名のあとで改行する形式）になります。この形式はまず使われませんので，和文用クラスでは定義してありません。

`draft`　校正用のオプションです。行分割がうまくいかず，右端からはみ出した行がある場合に，その場所に黒い長方形のマークを出力します。

`final`　最終出力用のオプションです。右端からはみ出した行を目立つようにするマークを出力しません（デフォルト）。

`disablejfam`　数式中で和文フォントを直接使いません。数式用フォントを多数追加して使う場合は，このオプションを付けておくと安全です。いずれにしても数式中の和文は amsmath パッケージの `\text{...}` を使うのが推奨です。

`nomag`　js シリーズの和文用クラスで `\mag` という命令を使わないで組みます。元々の LaTeX では，デフォルトの Computer Modern フォントを使って例えば 12pt オプションで組むと，標準の本文フォント cmr10 を拡大したものではなく，微妙にスリムなデザインの cmr12 が使われてしまいました（215 ページ）。js シリーズでは，このことによるバランスの崩れを避けるため，本文 12 ポイントを指定すると，1/1.2 のサイズのページに 10 pt で組んでから，最後に `\mag` という命令を使ってページ全体を 1.2 倍に拡大するという工夫を取り入れました。この副作用として，長さ指定で 10mm と指定すると実際には 12 mm になってしまうので，10truemm というように true... の付いた単位で指定する必要があります。この仕様はわかりにくく，他のスタイルファイルの仕様と衝突することもあるので，本文 12 ポイントなら最初から 12 ポイントのフォントで組む nomag というオプションが作られました。さらに，これに伴うフォントのバランスの崩れを避けるため，フォントのほうを先に拡大・縮小してから組む nomag* というオプションも

2016年に新設されました。LuaLaTeXで直接PDF出力するときは \mag が使えませんので，ltjs シリーズのドキュメントクラスでは nomag* がデフォルトになっていますが，問題が生じたときは nomag オプションを指定してください。

これら以外に，(u)pLaTeX では，dvipdfmx や dvips のような出力ドライバ名をドキュメントクラスのオプションとして指定することがありますが，これはドキュメントクラスそのものには効果がなくても，それ以外のパッケージに効果を及ぼすグローバルオプションです。TeX Live 2020からは，LaTeX カーネルがドライバオプションを参照するようになりましたので，最終的に dvipdfmx で PDF化するならば dvipdfmx オプションを指定しておくほうが安全です。

## 14.3 jlreqのオプション

33ページのコラムで説明した jlreq ドキュメントクラスのオプションの詳細です。ほぼ ((lt)js) シリーズと同じオプションが使えますが，異なる点を列挙します。長さ指定では zw, zh（いずれも全角幅），一部のオプションでは Q（1/4 mm）が使えます。余白の類は特に指定しなければ版面が中央寄せになります。

tate　縦組にします。デフォルトは横組です。

book　トップレベルが章（\chapter）の文書にします。デフォルトはトップレベルが節（\section）です。両面印刷を想定して，左右ページのデザインが異なります。本書は書籍ですのでこれを設定しています。

report　book と同じですが，片面印刷を想定して，左右ページのデザインが同じになります。

paper=a4　用紙をA4判にします（デフォルト）。ほかに a0〜a10（JIS/ISO A列），b0〜b10（JIS B列），c2〜c8（ISO C列）のほか，paper={100mm,148mm} のように横・縦の寸法を直接指定することもできます。本書（B5変形判）は paper={182mm,230mm} としています。なお，今のところ pLaTeX，upLaTeX の場合に，A4判以外の用紙サイズ指定が dvipdfmx に渡されません。その際には \usepackage{bxpapersize} とプリアンブルに書き込んでください。

fontsize=10pt　欧文フォントサイズを指定します。10.5pt のような小数も使えます。なお，LATEX のポイント（pt）はワープロソフトなどで使われる DTP ポイントと少し異なります。DTP ポイントで指定するなら単位を bp とします。例えば Word の 10.5 pt と同じにするには fontsize=10.5bp と指定します。単位には Q（1/4 mm）も使えます。

jafontsize=10pt　和文フォントサイズを指定します。デフォルトでは欧文と同じです。

jafontscale=1　和文/欧文のフォントサイズの比を指定します。fontsize，jafontsize を両方指定した場合は無視されます。デフォルトは 1 ですが，(lt)js... ドキュメントクラスのように和文を小さめにするには 0.92469 に設定します。本書ではこれを 0.92 に設定した上で，jafontsize を 12Q にしています。

line_length=40zw　行の長さを全角 40 文字分にします。デフォルトは字送り方向の紙幅の 0.75 倍を全角幅の整数倍になるように切り捨てます。

number_of_lines=30　1 ページあたりの行数を指定します。デフォルトは行送り方向の紙幅の 0.75 倍を切り捨てて整数にします。

gutter=25.4mm　ノド（綴じ側）の余白の大きさを指定します。どのページも同じデザインの場合は左マージン（縦組では右マージン）になります。

head_space=25.4mm　天の空き量を指定します。

foot_space=25.4mm　地の空き量を指定します。

baselineskip=1.7zw　行送りを指定します。単位には Q も使えます。

headfoot_sidemargin=0pt　柱やノンブルの左右の空きを指定します。

column_gap=2zw　twocolumn 指定時の段間を指定します。

sidenote_length=0pt　傍注の幅を指定します。

open_bracket_pos=zenkaku_tentsuki　行頭の始め括弧類の位置を，段落開始全角，折り返し行頭天付きにします（デフォルト）。他に zenkakunibu_nibu，nibu_tentsuki が指定できます。

hanging_punctuation　ぶら下げ組にします。

nomag，nomag* に相当するオプションはありません。

ほかに \jlreqsetup を使ってさまざまな指定ができます（texdoc jlreq）。

jlreq は独自のフォントメトリック（JFM）を使いますので，新しいフォントを使う際には，このメトリックを指定しないと，組み方の一貫性が損なわれます。pLaTeX，upLaTeX で otf パッケージの deluxe オプションに相当する多書体化をしたいなら，jlreq-deluxe パッケージを使います。

LuaLaTeX を使う場合，jlreq は横組・縦組フォントメトリックとしてそれぞれ jlreq，jlreqv という名前のものを使います。例えば源ノフォントを使って多書体化するなら，

```
\usepackage[haranoaji,deluxe,match,
            jfm_yoko=jlreq,jfm_tate=jlreqv]{luatexja-preset}
```

のようにします。また，LuaLaTeX で UD デジタル 教科書体 NP-R を \uddigi という名前で使うためには

```
\newjfontfamily{\uddigi}[YokoFeatures={JFM=jlreq},
                         TateFeatures={JFM=jlreqv}
                        ]{UDDigiKyokashoNP-R}
```

とします。

## 14.4　ページレイアウトの変更

新しい jlreq のようなドキュメントクラスでは，ページレイアウトのカスタマイズが簡単にできるように工夫されています。従来のドキュメントクラスをカスタマイズするためのパッケージとしては，梅木秀雄さんの geometry が有名です。ここでは，特別なパッケージを使わず，(lt)js...　ドキュメントクラスを使った文書をカスタマイズする方法を説明します。

ページレイアウトの変更は，プリアンブル（\documentclass より後，\begin{document} より前）で行います。

現在のページレイアウトを絵入りで表示する便利なパッケージ layout があります。使い方は，プリアンブルに \usepackage{layout}，本文に \layout と書くだけです。例えば jsarticle ドキュメントクラス（オプションなし）では次ページの図のようになります（オリジナルは英語ですが日本語に変えてあります）。

### ▶ 行長を変えるには

このページレイアウトの図は，長さをポイント（pt）単位で丸めて表しています。例えば行の長さ（⑧，\textwidth）は 453pt と表示されていますが，実際

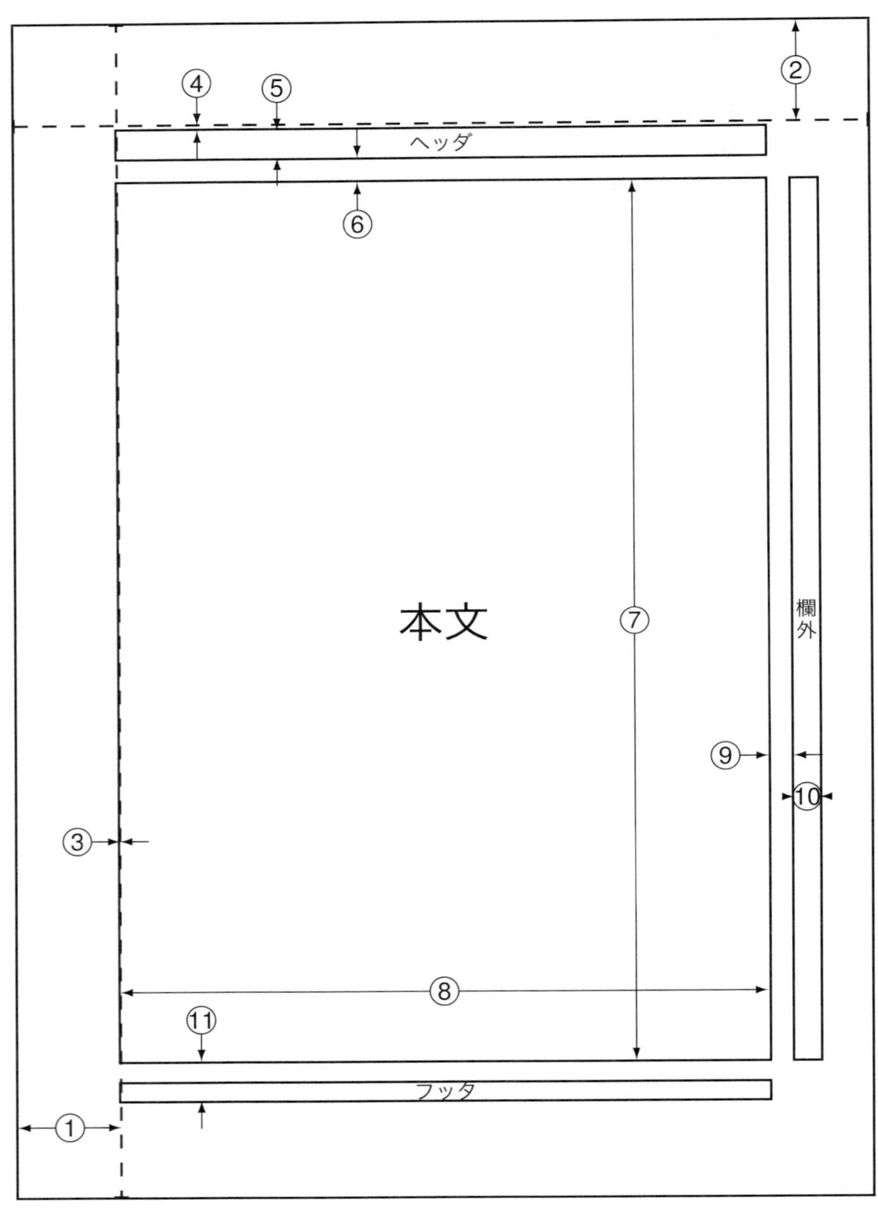


| | | | |
|---|---|---|---|
| 1 | 1 インチ + \hoffset | 2 | 1 インチ + \voffset |
| 3 | \oddsidemargin = 0pt | 4 | \topmargin = 4pt |
| 5 | \headheight = 20pt | 6 | \headsep = 18pt |
| 7 | \textheight = 634pt | 8 | \textwidth = 453pt |
| 9 | \marginparsep = 18pt | 10 | \marginparwidth = 18pt |
| 11 | \footskip = 28pt | | \marginparpush = 16pt（図では略） |
| | \hoffset = 0pt | | \voffset = 0pt |
| | \paperwidth = 597pt | | \paperheight = 845pt |

には全角幅（1 zw）の整数倍になるように 49 zw に設定されています。これは必ず整数に設定するべきです（そうでないと文字間隔が不自然に伸びたり縮んだりします）。

これを例えば全角 20 文字に設定したいならば，プリアンブルに

```
\setlength{\textwidth}{20zw}
```

と書きます（このままでは右マージンが空きすぎになりますが，校正用のスペースとして使えばいいでしょう）。

書籍では，読みやすくするため，行長は短めにするのが望ましいとされています。そこで，jsbook では，\textwidth は 40 zw を超えないようにしています。この制約により生じる余分の領域は，奇数ページでは右側，偶数ページでは左側に設定しています。この部分は，傍注またはグラフィックの領域として使うことができます。この部分を含めた版面の幅を，jsbook では \fullwidth と名付けています。これはデフォルト（A4 判）では 53 zw です。

この jsbook 特有の広いマージン（余白）がもったいない場合には，

```
\setlength{\textwidth}{\fullwidth}
```

とします。これだけでは偶数ページの左マージンが大きすぎますので，さらに

```
\setlength{\evensidemargin}{\oddsidemargin}
```

としておきます（マージンの設定についてはあとで説明します）。

### ▶ 行送りを変えるには

欧字 A などの下端を通る水平線をベースライン（並び線）といいます。欧字 g などや和字はベースラインの下に少し出ます。ベースライン間の間隔（行送り）を \baselineskip といいます。この値は，標準の 10 ポイントの設定では，article 等では 12 ポイント，jsarticle 等では 16 ポイントです。

↕ \baselineskip

本文中に $\dfrac{f(x)}{\displaystyle\int_{-\infty}^{\infty} f(x)dx}$ のような背の高い数式などが入っていれば，ベースライン間の距離はその部分だけ増えます。具体的には，上下の行が \lineskiplimit より接近したら，\lineskip より近づかないようにします。これらはデフォルトでは 0 pt ですが，jsarticle などでは 1 pt に再設定しています。大きな数式がインラインで多用される学参などでは，これらを次のように大きめに設定するとよいでしょう。

```
\setlength{\lineskip}{3pt}
\setlength{\lineskiplimit}{3pt}
```

行送りの量は段落ごとに変えることができます。段落末での \baselineskip

の値がその段落を支配します。例えば20ポイントに設定するには

```
\setlength{\baselineskip}{20pt}
```

とします。ただし，フォントサイズ変更のコマンドを使えば，元に戻ってしまいます。

すべての文字サイズについて行送りを例えば1.5倍にしたいときには，

```
\renewcommand{\baselinestretch}{1.5}
```

とします。これで，どんな文字サイズでも行送りが規定値の 1.5 倍になります。これを書くのはプリアンブルでも文書の途中でもかまいませんし，フォントサイズ変更のコマンドで元に戻ることもありません。

### ▶ 左マージンを変えるには

左マージン（用紙の左側の余白）を変えるには，実際の余白から 1 インチ（2.54 cm）を引いた値を，次のようにプリアンブルで指定します。

```
\setlength{\oddsidemargin}{1cm}
\setlength{\evensidemargin}{1cm}
```

`\oddsidemargin` は奇数ページ，`\evensidemargin` は偶数ページの左マージンです。偶数ページと奇数ページでレイアウトが同じクラス（`jsarticle` など）では `\oddsidemargin` だけ指定すれば十分です。

上の例では左マージンが $2.54 + 1 = 3.54$ センチになります。左余白を1インチより狭くするには `-5mm` のような負の値を指定します。

`jsarticle` などで奇数ページのマージンを 5 zw に設定するには，`tombow` オプションを指定するかどうかで引き算が変わります。自動で行うには次のようにすればいいでしょう。

```
\setlength{\oddsidemargin}{5zw}
\iftombow
  \addtolength{\oddsidemargin}{-1in}
\else
  \addtolength{\oddsidemargin}{-1truein}
\fi
```

左マージンと，本文領域の横幅 `\textwidth` が決まれば，残りが右余白になります。

### ▶ 上マージンを変えるには

上マージンは `\topmargin` で指定します。例えば上マージンをゼロに設定するには，

```
\setlength{\topmargin}{0pt}
\iftombow
  \addtolength{\topmargin}{-1in}
\else
  \addtolength{\topmargin}{-1truein}
\fi
```

のようにすればいいでしょう。

上マージンをゼロにしておけば，ヘッダのベースラインは紙の上端から `\headheight` だけ下になります。さらに，ヘッダのベースラインから本文領域上端までの距離が `\headsep` です。

なお，本文領域下端からフッタのベースラインまでの距離が `\footskip` です。以上を設定すれば，残りが下余白になります。

### ▶ 本文領域の縦の長さを変えるには

プリアンブルに

```
\setlength{\textheight}{15cm}
```

と書けば，本文が入る長方形領域の縦の長さが 15 cm になります。このような長さによる指定は通常は `\raggedbottom`（本文の上下幅が不揃いでもかまわない）という指定とともに使います。

`\flushbottom`（ページの長さを一定にする）のときは長さで指定するより「何行分」というふうに指定するほうが半端が出なくてよいでしょう。ちょうど 38 行分にするにはプリアンブルに

```
\setlength{\textheight}{37\baselineskip}
\addtolength{\textheight}{\topskip}
```

と書きます。この意味を数式風に書けば，

$$\texttt{\textbackslash textheight} = 37 \times \texttt{\textbackslash baselineskip} + \texttt{\textbackslash topskip}$$

となります。`\topskip` は本文領域の上端から本文 1 行目のベースラインまでの距離で，js シリーズの最新版では 1.38 zw に設定されています（本文 1 行目の文字の高さの最大値より大きい値にしないと，ページによってベースラインがずれてしまいます）。これでページの本文部分がちょうど 38 行分になります。

ページにはノンブル（ページ番号）や柱を打ち出す部分もありますから，実際の印字部分はこの `\textheight` より長くなります。

**参考**　実際の js シリーズのクラスでは縦方向に少し余裕を持たせています：

```
\addtolength{\textheight}{0.1pt}
```

### ▶ ノンブルや柱のスタイルを変えるには

ノンブルとは，日本の印刷業界の用語で，各ページに振るページ番号のことです[※4]。本書では各ページ下部の外側に出力しています。

柱（はしら）とは，各ページの上か下に出力する章や節の名前などのことで，本書ではページ上部に出力しています。

※4　ノンブルは英語のnumberに相当するフランス語nombreが語源です。英語ではfolioといいます（folioにはほかの意味もあります）。

柱やノンブルを設定する命令は \pagestyle です。例えば柱もノンブルも出力したくなければ，プリアンブルに

```
\pagestyle{empty}
```

と書いておきます。

js シリーズのドキュメントクラスでは empty 以外に次の指定ができます。

**plain**　何も指定しなければこれになります。ノンブルがページ下部に出力されるだけで，柱は出力されません。

**headings**　ノンブルと柱がページ上部に出力されます。例えば article ドキュメントクラスであれば，柱には節（section）の名前が出力されます。ただし twoside オプションをつければ偶数ページ（左側ページ）の柱には節の名前，奇数ページ（右側ページ）の柱には小節（subsection）の名前が出力されます。本書初版・第2版の設定に近いものですが，ページ上部の横線は出力されません。

**myheadings**　上の headings に似ていますが，柱の内容を自由に設定できます。この設定方法は以下で述べます。

\pagestyle の設定は，通常はプリアンブルに書きますが，文書の途中に書けば，そのページから設定が変わります。

特定のページだけ設定を変えるには，例えば

```
\thispagestyle{headings}
```

のようにします。

参考　ドキュメントクラスによっては，プリアンブルに \pagestyle{empty} と書いても，タイトルや章見出しのあるページにノンブルが出力されてしまいます。これは，\maketitle や \chapter 命令の定義の中に \thispagestyle{plain} 等と書き込んであるからです。もしノンブルなしにしたいなら，文書ファイルの \maketitle や \chapter の直後に \thispagestyle{empty} と書き足す必要があります。jsarticle などではこの必要はありません。

### ▶ 柱を自由に制御するには

\pagestyle{headings} では柱に入るものが章や節の名前に限られてしまいます。これを自由に変えることができるのが myheadings ページスタイルです。

このページスタイルを指定しておけば，偶数ページと奇数ページのデザインが同じ場合には，\markright{あいうえお} という命令を文書中に書き込めば，そのページの柱に「あいうえお」と出力されます。偶数ページと奇数ページのデザインが違う場合には，\markboth{左}{右} と文書中に書き込めば，左ページには「左」，右ページには「右」と出力されます。

拙著『[改訂新版] C 言語による標準アルゴリズム事典』では myheadings ページスタイルを使っています。具体的には，項目の見出しを出力する命令 \Entry を次のように定義しておきます（少し単純化してあります）。

```
\newcommand{\Entry}[1]{        ← 項目見出しの定義
  \section*{#1}                ← 項目名を番号なしで出力
  \markboth{#1}{#1}            ← 項目名を左右ページの柱に入れる
  \setcounter{equation}{0}}    ← 式番号をリセット
```

これで例えば

```
\Entry{多倍長演算}
計算機の通常の演算は……
```

と書くと，左右のページの柱に「多倍長演算」と出ます。これは次の項目になるまで何ページでも続きます。

### ▶ ノンブルの付け方を変えるには

ノンブル（ページ番号）は通常は 1，2，3 のような算用数字で出力しますが，序文や目次だけ i，ii，iii のようなローマ数字にすることがあります。ノンブルの付け方をローマ数字（i，ii，iii，…）にするには，

```
\pagenumbering{roman}
```

とします。この \pagenumbering{...} に与えるものとしては，次のものがあります。

| | |
|---|---|
| arabic | 1，2，3，...（標準） |
| roman | i，ii，iii，... |
| Roman | I，II，III，... |
| alph | a，b，c，... |
| Alph | A，B，C，... |

ただし，\pagenumbering で設定を変えると，ページ番号が 1 に戻ってしまいます。

普通は序文の最初で \pagenumbering{roman} としてローマ数字とし，本文の最初で \pagenumbering{arabic} とします。ただし，これらはそれぞれ

\frontmatter，\mainmatter という命令に含まれますので，実際の書籍製作にはこちらを使うのがいいでしょう（第 17 章参照）。

なお，ページ番号の値を強制的に変えるには，

```
\setcounter{page}{123}
```

のようにします。こうすれば，そのページのページ番号は 123，その次のページのページ番号は 124，… になります。

### ▶ 概要, 図, 表などの名前を変えるには

文献リストを付けると，jsarticle などでは「参考文献」という見出しが付きます。これを例えば “Bibliography” に変えるには，文書ファイルの適当な場所に

```
\renewcommand{\bibname}{Bibliography}
```

と書いておきます。

\renewcommand で書き換えられる見出しの名前は，これ以外に次のものがあります。

```
\newcommand{\prepartname}{第}
\newcommand{\postpartname}{部}
\newcommand{\prechaptername}{第}
\newcommand{\postchaptername}{章}
\newcommand{\contentsname}{目次}
\newcommand{\listfigurename}{図目次}
\newcommand{\listtablename}{表目次}
\newcommand{\indexname}{索引}
\newcommand{\figurename}{図}
\newcommand{\tablename}{表}
\newcommand{\appendixname}{付録}
\newcommand{\abstractname}{概要}
```

## 14.5　例：数学のテスト

B4 判，縦置き，二段組で数学のテストを作るためのページのデザインをしてみましょう。ここではカスタマイズのしやすい jlreq ドキュメントクラスを使います。

```
\documentclass[paper=b4,twocolumn,fleqn,fontsize=12pt,
  jafontscale=0.925,line_length=110mm,head_space=20mm,
  foot_space=20mm]{jlreq}
\setlength{\columnseprule}{0.4pt}
\pagestyle{empty}
\begin{document}

\twocolumn[%
  \begin{center}
    \LARGE\textbf{数学I実力テスト}
  \end{center}
  \vspace{5mm}
  \begin{flushright}
    1年\underline{\hspace{3\zw}}組\underline{\hspace{3\zw}}番
    \hspace{1\zw}氏名\underline{\hspace{15\zw}}
  \end{flushright}
  \vspace{5mm}]

\begin{enumerate}
\item 公式を利用して次の式を因数分解せよ。
      \begin{enumerate}
      \item $4x^2 - 1$
      \vfill
      \item $x^3y^3 + 64$
      \end{enumerate}
      \vfill
\item 次の計算をして商を求めよ。
      \[ (2x^2 + 11x + 5) \div (2x + 1) \]
      \vfill
\newpage
\item 次の式を，因数定理を利用して因数分解せよ。
      \[ x^3 - 7x - 6 \]
      \vfill
\item $P(x) = x^3 + ax + b$ が $x - 2$ でも $x + 3$ でも
      割り切れるように定数 $a$，$b$ の値を定めよ。
      \vfill
\end{enumerate}

\end{document}
```

▲数学テスト(LaTeX原稿)

jlreq のオプションには次のものを指定しています。

| | |
|---|---|
| paper=b4 | B4 判 |
| twocolumn | 二段組 |
| fleqn | 数式は左から一定距離に |
| fontsize=12pt | 欧文 12 ポイント |
| jafontscale=0.925 | 和文は欧文の 0.925 倍に |
| line_length=110mm | 行の長さ |
| head_space=20mm | 上マージン |
| foot_space=20mm | 下マージン |

これらの数値は自由に変えられます。

LuaLaTeX を使うのが簡単ですが，(u)pLaTeX を使う場合は，ドキュメントクラスに dvipdfmx オプションを追加するほうが安全ですし，用紙サイズを正しく設定するためにプリアンブルに

```
\usepackage{bxpapersize}
```

を追加する必要があります。

二段組の段間に太さ 0.4 ポイントの罫線を引くために

```
\setlength{\columnseprule}{0.4pt}
```

という設定をしています。

enumerate 環境を使って問題番号を自動的につけています。もし一番外側の enumerate 環境の番号を太字にして，その内側の enumerate 環境の番号もデフォルトの英字でなく算用数字にしたいのであれば，プリアンブルに次のように追加します（第 15 章）。

```
\renewcommand{\labelenumi}{\textbf{\theenumi.}}
\renewcommand{\theenumii}{\arabic{enumii}}
```

fleqn オプションを使ったので，数式は左から一定の位置に置かれます。左端からの距離は \mathindent に設定します。もし左端にぴったり付けたいのであれば，次のようにします。

```
\setlength{\mathindent}{0mm}
```

ページ番号は必要ないので，出力しないようにしています。

```
\pagestyle{empty}
```

タイトルや名前欄は段組をしないので \twocolumn[...] の [...] の中に書いています[※5]。

数学 I, II 等のローマ数字は，半角の大文字 I を並べて書くのが推奨ですが，upLaTeX や LuaLaTeX ならⅠ，Ⅱのような全角ローマ数字を使うこともできます。

以下，問題が続きます。問題どうしの間隔（解答を書き込むところ）は \vspace{5cm} のように長さで指定してもいいのですが，すべて \vfill としておけば均等に間隔が入ります。ほかの問題より 2 倍の解答欄（縦スペース）が必要なところは \vfill を 2 個書きます。左段から右段に移りたいところに \newpage を入れます。\newpage は改ページの命令ですが，二段組の左段で使うと右段に移ります。

※5 \twocolumn 命令を使うと，ドキュメントクラスのオプションに twocolumn を指定しないでも，それ以降の部分が二段組になります。つまり，上の数学テストでは，twocolumn オプションがなくても問題部分は二段組になります。それでもドキュメントクラスのオプションに twocolumn を指定しておいたほうがドキュメントクラスがページ全体のレイアウトを段組に適したものにしてくれる可能性があります。

## ヘッダを設定する

試験問題が何枚にもなると，1 枚ごとに氏名欄が必要ですし，何枚目という番号も欲しくなります。そのような情報はヘッダに設定するのが便利です。

まずヘッダ領域を確保するために，上の例の head_space=20mm となっている部分を head_space=40mm くらいに増やします。

jlreq のヘッダ定義の方法は何通りか用意されていますが，ここでは \NewPageStyle という命令を使って exam という名前のヘッダ（ページスタイル）を定義することにします。

ノンブル（ページ番号）を上マージン左側に出力することにして，そこにページ番号（\thepage）だけでなく「数学 I 実力テスト」という見出しも出力してしまいましょう。また，柱（running head）を上マージン右側にし，氏名欄を出力します。奇数ページの柱 odd_running_head と偶数ページの柱 even_running_head が設定できますが，デフォルトではどちらのページのデザインも同じですので，奇数ページ用だけ設定しておきます。

```
\NewPageStyle{exam}{%
  nombre_position=top-left,
  nombre=\textbf{\LARGE 数学I実力テスト} No.~\thepage,
  running_head_position=top-right,
  odd_running_head=1年\underline{\hspace{3\zw}}組
      \underline{\hspace{3\zw}}番
      \hspace{1\zw}氏名\underline{\hspace{15\zw}}
}

\pagestyle{exam}
```

これだけで完成です。もう \twocolumn[...] の部分は必要ありません。ヘッダには次のように出力されます。

**数学I実力テスト** No. 1　　　　1年____組____番　氏名____________________

結果は次のような仕上がりになります。

**数学I実力テスト**

1年____組____番　氏名____________________

1. 公式を利用して次の式を因数分解せよ。
   (a) $4x^2 - 1$

   (b) $x^3y^3 + 64$

2. 次の計算をして商を求めよ。

   $(2x^2 + 11x + 5) \div (2x + 1)$

3. 次の式を，因数定理を利用して因数分解せよ。

   $x^3 - 7x - 6$

4. $P(x) = x^3 + ax + b$ が $x - 2$ でも $x + 3$ でも割り切れるように定数 $a$，$b$ の値を定めよ。

▲数学テスト(仕上がり)

# 第15章 スタイルファイルの作り方

LaTeX でレイアウトを変更したいときは，変更部分がわずかのときは文書ファイルの頭（プリアンブル）に変更を書き込むこともできますが，再利用可能な自分用のスタイルファイルを作っておくと便利です。ここではその方法を解説します。

## 15.1 LaTeX のスタイルファイル

LaTeX では，文書ファイルには文書構造だけを指定し，文書構造と実際のレイアウトとの対応は，クラスファイル（cls ファイル）という別ファイルで定義するという方法をとっています。クラスファイルはさらにクラスオプションファイル（clo ファイル）を補助的に呼び出して使うこともあります。また，クラスファイルを補う形で，いろいろなパッケージファイル（sty ファイル）を，必要に応じて文書ファイルのプリアンブルで読み込ませます。たとえば

```
\usepackage{url}
```

と書いたときに読み込まれるファイルは，url.sty というパッケージファイルです。

これらの cls，clo，sty ファイルを，ここではスタイルファイルと総称することにします。

簡単なスタイルファイルなら，エディタで直接作ってもかまいません。しかし，LaTeX では，まずスタイルファイルの素になる dtx ファイル（文書化された TeX ファイル）というものを作り，それから実際のスタイルファイルを生成するのが一般的です。その際に，ins ファイル（インストール用バッチファイル）というものも使います。

たとえば jsclasses.dtx，jsclasses.ins からクラスファイル群を生成するには，jsclasses.ins を pTeX または pLaTeX で処理します。ターミナル（コマンドプロンプト等）では，jsclasses.dtx と jsclasses.ins の入ったディレクトリで

```
platex jsclasses.ins
```

と打ち込みます（拡張子は省略できません）。

dtx ファイルには，コメントの形で，そのクラスファイル・パッケージファイ

ルのドキュメント（解説文書）が書き込まれています。このコメント部分も含めて解説文書として組版するには，jsclasses.dtx を通常の文書ファイルと同様に pLaTeX で処理します。Windows のコマンドプロンプトや UNIX のターミナルなら，

```
platex jsclasses.dtx
```

のように打ち込みます（拡張子は省略できません）。

これらの dtx ファイルは大きくて複雑ですので，試しに非常に簡単な dtx ファイルを作ってみましょう。次のようにエディタで打ち込み，test.dtx という名前で保存してください。% 印で始まる行も dtx ファイルにとっては意味がありますので，このまま（「奥村晴彦」となっているところだけご自分の名前に変えて）入力してください。

```
% \iffalse
%<package>\NeedsTeXFormat{pLaTeX2e}
%<package>\ProvidesPackage{test}[2020/10/10 My Macros]
%<*driver>
\documentclass{jltxdoc}
\usepackage{test}
\setcounter{StandardModuleDepth}{1}
\GetFileInfo{test.sty}
\begin{document}
  \DocInput{test.dtx}
\end{document}
%</driver>
% \fi
%
% \title{自分用マクロ集}
% \author{奥村晴彦}
% \date{\filedate}
% \maketitle
%
% これは自分用のマクロ集です。
%
% \StopEventually{}
%
% \begin{macro}{\me}
% 自分の名前を出力します。
%    \begin{macrocode}
```

```
%<*package>
\newcommand{\me}{奥村晴彦}
%</package>
%    \end{macrocode}
% \end{macro}
%
% \begin{environment}{注意}
% 注意事項を出力します。たとえば
%\begin{verbatim}
%  \begin{注意}
%    足元に注意してください。
%  \end{注意}
%\end{verbatim}
% と書くと，
% \begin{注意}
%   足元に注意してください。
% \end{注意}
% のように出力されます。
%    \begin{macrocode}
%<*package>
\newenvironment{注意}%
  {\begin{quote}\makebox[0pt][r]{\textbf{注} }}%
  {\end{quote}}
%</package>
%    \end{macrocode}
% \end{environment}
%
% \Finale
```

打ち込みに際して，

```
%␣␣␣␣\begin{macrocode}
```

と

```
%␣␣␣␣\end{macrocode}
```

は正確に半角スペース 4 個を含むようにしてください。

この test.dtx とは別に，次の 3 行からなる test.ins ファイルも作っておきます。

```
\def\batchfile{test.ins}
\input docstrip.tex
\generateFile{test.sty}{f}{\from{test.dtx}{package}}
```

この最後の `\generateFile` で始まる命令は，「`test.dtx` の中の `%<package>` で始まる行，および `%<*package>` と `%</package>` ではさまれた行を `test.sty` という名前のファイルに書き出しなさい」という意味です。2 番目の引数 `f` は，すでに `test.sty` があったら確認せずに上書きするという意味です。これを `t` にすると確認してきます。

この test.dtx と test.ins から test.sty を生成するには，test.ins を pTEX または pLATEX で処理します。ターミナル（コマンドプロンプト等）では

```
platex test.ins
```

と打ち込みます（拡張子は省略できません）。すると，次のような test.sty が生成されます（先頭と最後の `%` で始まるコメントは省略しています）。

```
\NeedsTeXFormat{pLaTeX2e}
\ProvidesPackage{test}[2020/10/10 My Macros]
\newcommand{\me}{奥村晴彦}
\newenvironment{注意}%
  {\begin{quote}\makebox[0pt][r]{\textbf{注} }}%
  {\end{quote}}
\endinput
```

`dtx` ファイルにコメントの形で含まれているドキュメントも含めて組版するには，ターミナル（コマンドプロンプト等）では

```
platex test.dtx
```

と打ち込みます。

上の `dtx` ファイルを pLATEX で処理したとき，`%` で始まる行はコメントとして無視されますので，

```
\documentclass{jltxdoc}
\usepackage{test}
\setcounter{StandardModuleDepth}{1}
\GetFileInfo{test.sty}
\begin{document}
  \DocInput{test.dtx}
\end{document}
```

の部分だけ実行されます。この中の \DocInput という命令は，最初に読み込んだ jltxdoc という特殊なドキュメントクラスで定義されており，test.dtx というファイル（つまり自分自身）を読み込んで，% をコメントと解釈しないで処理します。\DocInput で読み込んだときにコメント開始を表す文字は ^^A という3文字の連続です。たとえば

```
% これはコメントでない ^^A これはコメントである
```

と書いておけば「これはコメントである」がコメントになります。

\DocInput では \iffalse と \fi で囲んだ部分もコメントになります。上の場合は

```
% \iffalse
%<package>\NeedsTeXFormat{pLaTeX2e}
%<package>\ProvidesPackage{test}[2020/10/10 My Macros]
%<*driver>
\documentclass{jltxdoc}
\usepackage{test}
\setcounter{StandardModuleDepth}{1}
\GetFileInfo{test.sty}
\begin{document}
  \DocInput{test.dtx}
\end{document}
%</driver>
% \fi
```

がコメントになります。このようにしないと，自分自身から自分自身を読み込み，さらにまた自分自身を読み込み，……という無限の連鎖が生じてしまいます。

これら dtx のコメント以外の部分が組版され，dvi ファイルになります。特に，

```
%␣␣␣␣\begin{macrocode}
```

と

```
%␣␣␣␣\end{macrocode}
```

で囲まれた部分は verbatim 環境と同じようにタイプライタ書体で出力されます（<...> の部分はサンセリフ体になります）。

これ以外の特殊な命令を解説しておきます。

\NeedsTeXFormat　必要とする TEX の形態です。欧文用なら {LaTeX2e}，和文なら {pLaTeX2e} と書いておきます。さらに続けて [2015/03/05] のような形式で日付を書いておくと，それより古い日付のもので処理したときに警告が表示されます。

\ProvidesPackage　パッケージ名の宣言です。オプションで日付等を書いておきます。使う際に \usepackage{test}[2020/10/10] のように日付を指定して呼び出せば，その日付より古い場合に警告が表示されます。

StandardModuleDepth　このカウンタを 0 にセットすると，%<*...> と %</...> ではさまれた部分や，%<...> から行末までの部分が，斜体のタイプライタ書体になります。斜体のタイプライタ書体フォント cmsltt がない場合，dvi ドライバが通常のローマン体フォントで代用してしまうと，思いきり変な文字の羅列になってしまいます。このカウンタを 1 以上にセットすると，%<...> の入れ子の深さがその値以上のときだけ，斜体のタイプライタ書体になります。

\GetFileInfo　\ProvidesPackage，\ProvidesClass，\ProvidesFile のどれかのオプション部分に [2020/10/25 v1.0 My Humble Macros] の形式で日付，バージョン番号，その他の情報を書いておけば，このコマンドで日付を \filedate に，バージョン番号を \fileversion に，その他の情報を \fileinfo に取り出せます。\GetFileInfo で指定するファイルは，自分自身か，あるいは \documentclass や \usepackage などの命令ですでに読み込まれているファイルでないといけません。

\StopEventually　一般的な解説と，実際のマクロ等の定義との，区切りです。ここから \Finale までの間の macrocode 環境中の \ 印の数がチェックサム値になります。プリアンブルに \OnlyDescription と書いておくと，解説文書の出力をここで終了します。

\begin{macro} ... \end{macro}　マクロ定義をこの環境で囲んでおきます。引数で与えるマクロ名は \ も含めて書きます。マクロ名が欄外に出力されます。

\begin{environment} ... \end{environment}　環境定義をこの環境で囲んでおきます。引数には環境名を与えます。環境名が欄外に出力されます。

\Finale　最終処理としてチェックサムの計算等をします。

## 15.2 スタイルファイル中の特殊な命令

スタイルファイルの中では，本書で説明されていないたくさんの命令が使われています。そのすべてを解説する紙面はありませんが，いくつかヒントになることを述べておきます。

### ▶ @の扱い

一般の文書ファイル中では，アットマーク `@` は特殊文字の仲間と見なされますが，スタイルファイル中では `@` はアルファベットの仲間と見なされます。そのため，たとえば `\f@@t` のような `@` を含む命令を作ることができます。しかし，このような名前の命令を文書ファイル中で使ったり変更したりすることはできません。このため，文書ファイルで不用意に使ってほしくない命令は，名前の中に `@` をわざと含めてあります。

参考 どうしても文書ファイル中で `@` を含む命令にアクセスしたいときは，該当の部分全体を `\makeatletter` と `\makeatother` で囲んでおきます。これらは `@`（“at”）記号をそれぞれ普通の文字，特殊文字の扱いにするという意味です。

### ▶ 改行の扱い

TeX では行頭のスペースはたいてい無視されます（`verbatim` 環境の中などは例外です）が，改行は半角スペース 1 個と同じ意味になります。たとえば

```
\def\foo{bar}
```

は

```
\def\foo{
    bar}
```

と同じ意味ではありません。後者は

```
\def\foo{ bar}
```

と同じ意味になり，スペースが 1 個余分に入ります。このスペースが入らないように 2 行に分けるには，

```
\def\foo{%
    bar}
```

のように改行を `%` で無力化します。ただし，`\` で始まりアルファベットや `@` だけでできている命令の最後の改行やスペースはもともと無力ですので，

```
\def\foo{%
    \bar
}
```

も

```
\def\foo{\bar }
```

も

```
\def\foo{\bar}
```

と同じ意味になります。

### ▶ \def と \let

\def の代わりに \let を使って

```
\let\foo=\bar
```

と書いても \def\foo{\bar} とほぼ同じ意味になります。この等号を省略して

```
\let\foo\bar
```

と書くこともあります。

\foo という命令の定義を無効にするには，

```
\def\foo{}
```

でもかまいませんが，

```
\let\foo=\relax
```

とすることもできます。ここで \relax は「何もしない」という命令です。

参考　\def や \newcommand と \let は微妙に意味が違います。\let\A=\B はその時点での \B という命令の定義を \A にコピーしますので，その時点で \B が定義されていなければなりませんが，\def\A{\B} や \newcommand{\A}{\B} は単に \A が現れたら \B と見なせという意味ですので，\B は \A を利用する時点までに定義しておくだけでかまいません。

▶ 数値の短縮名

スタイルファイルではたとえば `10pt` と書く代わりに `\@xpt` と書いてあることがよくあります。この `\@xpt` は，正確には `10pt` ではなく `10` と同義ですが，おもにポイント数の指定に使われます。`\@xpt` と書くほうがほんの少し TeX にとって処理がしやすいだけです。同じような定義に次のものがあります。

| | | | | | |
|---|---|---|---|---|---|
| `\@vpt` | `5` | `\@vipt` | `6` | `\@viipt` | `7` |
| `\@viiipt` | `8` | `\@ixpt` | `9` | `\@xpt` | `10` |
| `\@xipt` | `10.95` | `\@xiipt` | `12` | `\@xivpt` | `14.4` |

たとえば

```
\@setfontsize\normalsize\@xpt\@xiipt
```

は，標準の文字サイズ（`\normalsize`）を 10 pt，行送りを 12 pt にします。

# 第16章 美しい文書を作るために

ちょっとした書き方の違いで，素人と玄人の違いが出てしまいます。また，LaTeX は自動でほとんどのことをやってくれますが，最終段階で視覚的な調整をすると見栄えが格段と変わります。ここではそのような工夫を集めてみました。

## 16.1 全角か半角か

全角文字とその半分の幅の半角文字しかなかった時代は終わり，今では「半角」文字と言っても欧文のプロポーショナル文字を指すことが多くなりました。

| | |
|---|---|
| 全角文字 | ＷｉｎｄｏｗｓでＷｏｒｄを使う |
| 昔の半角文字 | WindowsでWordを使う |
| 今の「半角」文字 | Windows で Word を使う |

全角・半角という呼び方がふさわしくなくなったので，和文文字・欧文文字，あるいは 2 バイト文字・1 バイト文字という呼び方もされるようになりましたが，Unicode の時代になり，バイト数による区別も無意味になってしまいました。

呼び方はともかく，印刷業界では，欧文や数字の部分には欧文（半角）文字を使うのが鉄則です。

意見が分かれるのは「Ｃ言語」「朝８時」のような和文の文脈で使われる 1 文字だけの英数字で，この場合は全角を使いたくなるかもしれませんが，縦組以外では欧文文字で統一するほうがよいでしょう。

| | |
|---|---|
| 半角 | 午後 5 時 55 分　BASIC から C 言語へ |
| 全角 | 午後５時５５分　ＢＡＳＩＣからＣ言語へ |
| 1 文字だけ全角 | 午後５時 55 分　BASIC からＣ言語へ |

縦組の際には，1 文字だけの英数字は全角にすると縦組になるので，よく使われます（欄外右側の「５」）。しかし，例えば jlreq ドキュメントクラスの \tatechuyoko というコマンドを使って，午後\tatechuyoko{5}時\tatechuyoko{55}分 のようにするほうが，5 の字形が統一されます（欄外左側）。

午後５時55分

午後5時55分

## 16.2 句読点・括弧類

※1　特に「，。」を用いる根拠は，昭和27年4月4日 内閣閣甲第16号「公用文改善の趣旨徹底について」https://www.bunka.go.jp/kokugo_nihongo/sisaku/joho/joho/kijun/sanko/koyobun/index.html の『公用文作成の要領』によります。この中に「句読点は，横書きでは「，」および「。」を用いる」とあります。「, . 」を使わない理由は，ディセンダの関係で和文フォントの「, 」が一般に「. 」と区別しづらいことにあると思われます。「、」は横書きでは座りが悪いという意見もありました。今は横書きでも「、。」を使うのが一般的です。

句読点や括弧の類は，和文では和文用（全角）を使うのが一般的です※1。欧文用を使うと，全角を基本とする文字の並びが乱れてしまいます。

| | |
|---|---|
| 全角読点・全角句点 | 地球は、青かった。 |
| 全角コンマ・全角句点 | 地球は，青かった。 |
| 全角コンマ・全角ピリオド | 地球は，青かった． |
| 半角コンマ・半角ピリオド | 地球は, 青かった. |

特に括弧では，欧文用のものは g などの下の部分（descender）をカバーするために下に延びているので，和文で使うと下にずれて見えます。

| | |
|---|---|
| 全角括弧 | 括弧（かっこ）だ。 |
| 半角括弧 | 括弧 (かっこ) だ。 |

## 16.3 引用符

〝縦書き用ダブル引用符〟

和文用の引用符は，かぎ括弧「　」，二重かぎ括弧『　』などがあります。欧文用の“ダブルクォート”に相当するものとして，和文用（全角）の“ダブル引用符”もよく使われます。これに対応する縦書き用のものは，欄外のようなものを使います。これは日本では俗に〝ダブルミニュート〟と呼ばれているものです。おそらく分《ふん》（minute《ミニット》）の記号としても使われる′《プライム》が語源なのでしょう。これらは otf パッケージの記法では次のように書けます：

```
\UTF{301D}横書き\UTF{301F}，\CID{7956}縦書き\CID{7957}
```

「何々」のように括弧類が段落の最初に来た場合の字下げの問題については，「何々」のように折返しの行頭に来た場合と合わせて考える必要があります。伝統的な活版印刷では，二分（半角幅）の括弧類を使って，段落の最初では全角下げ，折返しでは天付きにしていました。

「何々」のように見掛け全角半だけ下げる方式は，折返しの行頭で二分下げる「何々」のような組み方と合わせて，ワープロのような全角固定ピッチの組み方に馴染むので，最近では増えたようです。

「何々」のように段落の頭で二分下がりに組むことも，会話の多い文芸作品ではよくあります。折返しは天付きにします。

(lt)js... ドキュメントクラスでは全角・天付きになります※2。jlreq（273 ページ）では open_bracket_pos というドキュメントクラスのオプションで指定できます。

※2　Source specials という古い時代によく使われたオプションをオンにすると，jsarticle 等でも全角半・天付きになってしまいます。

## 16.4 疑問符・感嘆符

疑問符「？」や感嘆符「！」は，もともと日本語にないもので，その扱いにも揺れがありますが，全角ものを用い，縦書きで文末に用いられる場合は直後に全角（1 zw）の空きを入れるのが標準的な組み方です。横書きの場合は，特にルールはありませんが，半角（0.5 zw）程度の空きが適当なようです。「あら？」のように直後に終わり括弧類が来る場合はベタ組にします。`jsarticle` + `otf` パッケージや，`ltjsarticle` 等では，これらのルールに則っています。`jsarticle` だけの場合は，横書きでは空きが入りません。`jlreq` では縦書き・横書きともに空きが入りません。

いずれにしても，文末でない場合は，「あっ！と驚く」のようにベタ組にするのが普通です。

自動で入る空きを消すには `\<`（または `\inhibitglue`）を使います。次の例は，いったん `\<` した上で，いろいろなスペースを挿入して比較しています。

```
あら！\<ほんと？\<ウッソー！！
あら！\<␣ほんと？\<␣ウッソー！！
あら！\<\hspace{0.5\zw}ほんと？\<\hspace{0.5\zw}ウッソー！！
あら！\<\hspace{1\zw}ほんと？\<\hspace{1\zw}ウッソー！！
```

あら！ほんと？ウッソー！！
あら！ ほんと？ ウッソー！！
あら！ ほんと？ ウッソー！！
あら！　ほんと？　ウッソー！！

## 16.5 自動挿入されるスペース

上で説明したように，和文フォントメトリックによっては，「？」「！」の直後に自動的にグルー（glue，伸縮するスペース）が入ります。グルー以外にも，和文フォントメトリックによってカーン（kern，伸縮も行分割もしないスペース）が挿入される場合があります。詳しくは 264 ページをご覧ください。

和文フォントメトリックからのグルー・カーンの挿入がない和文文字間には，`\kanjiskip` というグルーが自動挿入されます。この `\kanjiskip` の量はドキュメントクラス等で設定されていますが，段落ごとに自由に変えることができます。例えば

```
\setlength{\kanjiskip}{0zw plus 0.15zw minus 0.05zw}
```

あるいは LuaLaTeX（LuaTeX-ja）では

```
\ltjsetparameter{kanjiskip=0\zw plus 0.15\zw minus 0.05\zw}
```

とすれば $0^{+0.15}_{-0.05}$ zw のグルーが入ります（zw は全角幅）。

この値は，段落（または `\mbox{...}` などの箱）が閉じた時点での値が，段

落（または箱）全体に適用されますので，次のような使い方の場合は波括弧を閉じる前に段落の区切りとなる空行（またはそれと同じ意味を持つ \par という命令）を入れておく必要があります：

```
{\setlength{\kanjiskip}{0.5zw}すかすかに組む\par}
```
→ す か す か に 組 む

また，和文・欧文間には \xkanjiskip というグルーが入ります。この値は伝統的には全角の 1/4（四分アキ）程度に設定されていますが，雑誌などでは，ゼロまたはそれに近い値に設定されることがよくあります。

```
数学 I 実力テスト
```
→ 数学 I 実力テスト

```
\mbox{\setlength{\xkanjiskip}{0zw}%
    数学 I 実力テスト}
```
→ 数学I実力テスト

注意しなければならないことは，和文・欧文間に半角空白を入れたり入れなかったりすると，スペースの量がまちまちになるかもしれないことです。半角空白のスペース（欧文の単語間スペース）の量は欧文フォントによって違い，10 ポイントの Computer Modern Roman フォント（cmr，lmr）では $3.33^{+1.66}_{-1.11}$ ポイントと広いのですが，昔からの Times や Palatino 相当フォント（ptm，ppl）なら $2.5^{+1.5}_{-0.6}$ ポイント，TeX Gyre 版（qtm，qpl）なら $2.5^{+1.25}_{-0.83}$ ポイント程度，さらに新しい Nimbus15 の Times 相当フォントでは $2.5^{+2}_{-1}$ ポイントです。jsarticle などでは \xkanjiskip を ptm，ppl の単語間スペースと同じ $2.5^{+1.5}_{-0.6}$ ポイントに設定してありますので，これらを使うときは和欧文間には空白を入れても入れなくてもスペースの量は同じですが，Computer Modern フォントを使うときは注意が必要です。同じ Palatino でも pplj，pplx の語間は $2.91^{+1.75}_{-0.7}$ ポイントです。

| 入力 | Times（ptm） | Palatino（qpl） | Latin Modern |
|---|---|---|---|
| \TeX␣とKnuth | TeX と Knuth | TeX と Knuth | TeX と Knuth |
| \TeX\␣と␣Knuth | TeX と Knuth | TeX と Knuth | TeX と Knuth |

参考　上の例で，\TeX のような命令の直後の半角空白は区切りの意味しかありませんので，積極的に半角空白を入れるには \␣ を付けます。

一般には，単語間の空きと和欧文間の空きとは別に設定できるほうが自由度が高いので，特に欧文単語や数字は，原稿を書く段階では和欧文間には半角空白を入れないで書くのがよいでしょう。ただし，スペースを含む欧文の句や数式などは両側にスペースを入れることも考えられます。

参考　\kanjiskip，\xkanjiskip の自動挿入を上書きしたい場合は，明示的にグルーまたはカーンを挿入します。グルーの挿入は \hspace{0zw} あるいは伸縮を入れ

るなら \hspace{0zw plus 0.15zw minus 0.05zw} のように書き，カーンの挿入は \kern0zw␣ のように書きます。

参考　フォントメトリックからのグルー・カーンが挿入されると，\kanjiskip が入りません。\inhibitglue でフォントメトリックからのグルー・カーンを禁止すると \kanjiskip や \xkanjiskip が効果を現しますので，両方禁止するには \inhibitglue\hspace{0pt} のように両方を並べます。あるいは文字を \mbox{！} のように箱で囲んでもいいでしょう。

## 16.6　アンダーライン

“\underline{何々}”と入力すれば何々のように下線（アンダーライン）が引けます。ただ，アンダーラインはタイプライター時代の遺物であり推奨しないというのが TEX の作者 Knuth 先生の考え方です。そのためもあって，TEX・LATEX の \underline はごく単純な作りになっていて，いったん箱で囲むので伸び縮みや途中での改行ができません。強調は欧文なら *italic* 体や **boldface**，和文なら圏点（257 ページ）や**太字**，**ゴシック体**を使うのが推奨です。

参考　アンダーラインを広範に使いたいなら，ulem というパッケージが便利です。下線 \uline{...}，二重下線 \uuline{...}，波線 \uwave{...}，中線 \sout{...}，斜線 \xout{...} などが使えます。\emph{...} もアンダーラインになります。ただし，やはり日本語では途中で改行しません。日本語で改行できるものとして，ここでは中島 浩さんによる jumoline[※3] をご紹介しておきます。プリアンブルに

```
\usepackage{jumoline}
```

と書いておけば，下線 \Underline{...}，中線 \Midline{...}，上線 \Overline{...} が使えるようになります。ただし，単純な全角・半角の文字列以外が含まれているときは，その部分を { } で囲まないとうまくいきません。{ } で囲んだ部分は途中で改行ができなくなります。

※3　http://www.para.media.kyoto-u.ac.jp/latex/

参考　\underline の両側に若干の空白（\xkanjiskip）が入る問題については TEX Live 2016 で修正されました。

## 16.7　欧文の書き方

欧文の場合に必要な，いくつかの注意点をまとめておきます。

### ▶ スペースの入れ方

欧文は，当然ながら，欧文（半角）文字で書きます。単語の区切りに半角空白を入れるのは当然ですが，コンマやピリオドの後，括弧の外側にも必ず空白を入れます。ただし，句読点・疑問符・感嘆符（,.?!）の直前，括弧・引用符の内側には，空白を入れません。

（誤）`Red,green,and blue are colors(or colours).`
（正）`Red, green, and blue are colors (or colours).`
（誤）`Red, green, and blue are colors ( or colours ).`

この単純なルールのおかげで，欧文では空白のあるところはどこでも改行することができ，特別な禁則処理（句読点や閉じ括弧が行頭に来ない処理）は不要です。

### ▶ 引用符

欧文の “Quote!” のようなダブルクォートは，左シングルクォート（バッククォート）2 個と右シングルクォート 2 個で囲んで書きます。`"..."` を使った場合の出力は，同じ Latin Modern Roman でもエンコーディングによって異なります。

（誤）`He said, "Hello."` → He said, ”Hello.” (TU/OT1 エンコーディング)
（誤）`He said, "Hello."` → He said, "Hello." (T1 エンコーディング)
（正）``` He said, ``Hello.'' ``` → He said, “Hello.”

次のような場合は，小さいスペースを出力する命令 `\,` を区切りに入れます。

``` ``He said, `Hello.'\,'' ``` → “He said, ‘Hello.’ ”
``` `He said, ``Hello.''\,' ``` → ‘He said, “Hello.” ’

### ▶ 2種類のスペース

一般的な LaTeX の設定では，同じ半角スペースでも，単語間のスペースと判断されるときと，センテンス間のスペースと判断されるときとでは，後者のほうが若干広くなります。ところが，LaTeX が判断を間違う場合は手動で指定する必要がありますし，そもそも現代的な組版ではスペースの幅を一定にするのが一般的ですので，特にこだわりがなければ，LaTeX 文書のプリアンブルの最後あたりに，スペースの幅を一定にする命令 `\frenchspacing` を書き込んでおくことをお勧めします。

とは言っても，ここは Knuth 先生のこだわったところですので，一応ルールを説明しておきます。

ルールでは，英小文字に . ! ? : のようなピリオド類（および，もしかしたら閉じ括弧類）が続くと，その直後のスペースはセンテンス間のスペースだと判断され，少し幅が広くなります。例えば 10 ポイントの Computer Modern Roman の単語間のスペースは 3.333 pt，センテンス間のスペースは 4.444 pt です。

英小文字＋ピリオド類でもセンテンスの終わりでない場合は，スペースの頭に `\`（バックスラッシュ）を付けると，単語間のスペースになります。

（誤）`\textit{Phys. Rev. Lett.}` → *Phys.  Rev.  Lett.*
（正）`\textit{Phys.\ Rev.\ Lett.}` → *Phys. Rev. Lett.*
（誤）`Mr. and Mrs. Okumura` → Mr.  and Mrs.  Okumura

（正）`Mr.\ and Mrs.\ Okumura` → Mr. and Mrs. Okumura
（正）`Mr.~and Mrs.~Okumura` → Mr. and Mrs. Okumura

最後の例のように，行分割しない空白 `~` も必ず単語間のスペースになります。Mr. 等の直後では改行してほしくないことが多いので，この場合は `~` を使うのがよいでしょう。

大文字＋ピリオド類でセンテンスが終わる場合は，例えば `I watch TV\@.` のように，ピリオド類の前に `\@` を付けます。

### ▶ ハイフネーション

LaTeX は aaaaaaaaaa のような無意味な綴りの途中では行分割しませんが，例えば hyphenation のような単語であれば，hyphen-(改行)ation あるいは hy-(改行)phenation のように，ハイフン（-）を付けて改行していいことになっている場所で行分割します。一般的な英語などの辞書には，ハイフンで切ってよい場所が hy-phen-ation のように示されています。

ハイフネーションを間違うと，たいへん読みづらく，誤解を招くこともあります。例えば therapist（療法士）は ther-a-pist のように切ることができますが，これを間違えて the-rapist と切れば，強姦犯（the rapist）と見間違えます。

もっとも，ハイフンで切ってよい場所の記述は辞書によって異なることがあります。例えば pro-cess か proc-ess か，per-form-ance か per-for-mance か，辞書によって判断が異なります。

LaTeX は自動ハイフン処理を行いますが，英語の辞書を持っているのではなく，一般則に従ってハイフン処理しています。したがって，辞書にない新語にも対応できます。結果は必ずしも読者の辞書と一致しないかもしれませんが，全く見当違いのところで語を切ることはまずありません。どちらかといえば LaTeX は安全な側（なるべく切らない側）に判断しますので，まず安心してよいと思います。例えば辞書には moth-er と切れるように書いてありますが，LaTeX は mother を切りません。

LaTeX がハイフンで切る位置を調べたいときは，文書ファイルに

```
\showhyphens{adobe postscript phenomenological manuscript}
```

のように調べたい語を空白で区切って書き，LaTeX で処理します。画面および `log` ファイルに

```
adobe postscript phe-nomeno-log-i-cal manuscript
```

などと出力されます（正解は ado-be，post-script，phe-nom-e-no-log-i-cal，man-u-script ですが，間違ったところでは切っていません）。

LaTeX が間違ったところで切ってしまう例を挙げておきます。括弧内が正しいハイフネーションです。複合語や外来語がほとんどです。

anti-nomy (an-tin-o-my), ban-dleader (band-leader), Brow-n-ian (Brown-ian), buz-zword (buzz-word), dat-a-p-ath (data-path), de-mos (demos), Di-jk-stra (Dijk-stra), elec-trome-chan-i-cal (electro-mechan-i-cal), elec-tromechanoa-cous-tic (electro-mechano-acoustic), equiv-ari-ant (equi-vari-ant), Eu-le-rian (Euler-ian), Gaus-sian (Gauss-ian), ge-o-met-ric (geo-met-ric), Hamil-to-nian (Hamil-ton-ian), Her-mi-tian (Her-mit-ian), hex-adec-i-mal (hexa-dec-i-mal), in-fras-truc-ture (in-fra-struc-ture), Leg-en-dre (Le-gendre), lin-earize (linear-ize), Lip-s-chitz (Lip-schitz), macroe-co-nomics (macro-eco-nomics), Marko-vian (Markov-ian), met-a-lan-guage (meta-lan-guage), mi-croe-co-nomics (micro-eco-nomics), mo-noen-er-getic (mono-en-er-getic), monos-trofic (mono-strofic), mul-ti-pli-ca-ble (mul-ti-plic-able), ne-ofields (neo-fields), Noethe-rian (Noether-ian), none-mer-gency (non-emer-gency), nonequiv-ari-ance (non-equi-vari-ance), noneu-clidean (non-euclid-ean), non-s-mooth (non-smooth), poly-go-niza-tion (polyg-on-i-za-tion), pseu-dod-if-fer-en-tial (pseu-do-dif-fer-en-tial), pseud-ofi-nite (pseu-do-fi-nite), pseud-ofinitely (pseu-do-fi-nite-ly), pseud-o-forces (pseu-do-forces), pseu-doword (pseu-do-word), qua-sis-mooth (qua-si-smooth), qua-sis-ta-tion-ary (qua-si-sta-tion-ary), Rie-man-nian (Rie-mann-ian), semidef-i-nite (semi-def-in-ite), ser-vomech-a-nism (ser-vo-mech-anism), tele-g-ra-pher (te-leg-ra-pher), ther-moe-las-tic (ther-mo-elas-tic), times-tamp (time-stamp), waveg-uide (wave-guide)

これら以外に，日本語のローマ字表記も注意が必要です。Oku-mura はいいのですが，Ya-m-aguchi はいただけません[※4]。

※4　固有名詞はできるだけ割らないようにしましょう。

LaTeX に正しいハイフネーションを教えるためには，プリアンブルに

```
\hyphenation{post-script post-scripts yama-guchi}
```

のように空白か改行で区切って正しいハイフネーションを指定します（自分用のスタイルファイルにたくさん書き込んでおくといいでしょう）。大文字・小文字はルールには無関係ですので，こう書けば PostScript にも適用されますが，LaTeX は語形変化のルールを知りませんので，名詞の複数形や動詞の変化形すべてについて書いておく必要があります。ハイフンで切ってはならない語なら，

```
\hyphenation{foobar}
```

のようにハイフンを入れずに書いておきます。

また，例えば `waveguide` と書く代わりに `wave\-guide` のように `\-` を入れておくと，一時的にハイフネーション・ルールが変わり，そこで切ってよいことになります。行が分かれなかったときは `\-` は出力されません。また，ハイ

フネーションをしたくない単語は `\mbox{Elsevier}` のように，改行しない箱 `\mbox` で囲んでおくという手もあります[※5]。

ちなみに，英語では，もともとハイフンを含む複合語は，そのハイフン位置以外にハイフンをつけて切ることはよくないとされています。LaTeX もこのルールに従います。でも，どうしても切ることが必要なら，切ってよい場所に `\-` をつけ，例えば `self-con\-tained` のように書いておきます。あるいは，`self-\hspace{0pt}contained` のように見かけ上 2 語にしてしまえば，ハイフネーションされるようになります。`$n$-\hspace{0pt}dimensional` なども同様です。

なお，typewriter フォントでは自動ハイフネーションを行いません。どうしてもハイフン分けしたいなら，`\texttt{type\-writ\-er}` のように `\-` を入れるか，あるいは自動ハイフネーションを行いたいなら，プリアンブルのフォント設定を終えたあとで

```
\ttfamily\hyphenchar\font=`\-
\DeclareFontFamily{\encodingdefault}{\ttdefault}%
                  {\hyphenchar\font=`\-}
```

のようにします。

参考　英語以外のハイフネーション規則に切り替えるためには babel パッケージを使います。例えば

```
\usepackage[french]{babel}
```

とすればフランス語のハイフネーションになるだけでなく，`\today` の出力などがフランス語になります。

参考　206 ページのT1 エンコーディングの表を見れば，ハイフンが 2 箇所にあることがわかります。そこで，`\hyphenchar\font=127` とすれば，複合語の中でもハイフン処理ができるようになります（ただし自動挿入されるのはコード点が 127 のほうのハイフンです）。

### ▶ リガチャの調整

LaTeX の標準フォント Computer Modern，Latin Modern などでは，fine flower のように ﬁ ﬂ ﬀ ﬃ ﬄ のようなリガチャ（ligature，合字（ごうじ））を使います。

この場合，oﬄine や shelﬀul のような合成語（compound word）は，offline や shelfful のように合字にしないほうがいいでしょう。このようなとき，よく `off{}line` のように `{}` を挿入しますが，LuaLaTeX では（それ以外でも条件によっては）効果がありません。`off\mbox{}line` とするのが一つの手です。また，その場所での合字を確実に禁止する `\textcompwordmark` というコマンドも用意されています[※6]。例えば

`off\textcompwordmark line` → offline

※5　ただし，pdfLaTeX や LuaLaTeX は文字幅も微妙に調節できる（microtypography，texdoc microtype）ので，できれば `\mbox` は避けたいところです。

※6　TUエンコーディングではこれはU+200C「ZERO WIDTH NON-JOINER」になります。Macの「プレビュー」ではこれが入っていても問題なく検索できますが，Acrobatでは検索やコピペで支障が出るようです。

のように使います。これだけでは語の途中でハイフネーションされませんので，さらにハイフネーションの位置の指定 `\-` も加えて

`off\textcompwordmark\-line` → offline

としておけば万全です。

ほかの例としては，pdflatex の fl，otfinfo の fi，人名 Hefferon の ff（Hefferon でない）も合字にしません。

参考　Latin Modern フォントのリガチャを禁止することもできます：

```
\setmainfont{Latin Modern Roman}[Ligatures=CommonOff]
```

### ▶ イタリック補正

文字をイタリック体にする命令には `{\itshape ...}` と `\textit{...}` がありました。前者は単にイタリック体にするだけですが，後者はさらにイタリック補正をします。

イタリック補正とは，$f$ のような傾斜した文字の右側に，余分の空白を入れることです。ただし，右隣がコンマ“,”やピリオド“.”の場合はイタリック補正を入れません。

`\text..{...}` 型の命令では，必要に応じて，最後の文字の右側にイタリック補正を自動挿入します。

強制的にイタリック補正を入れたい場合は，その場所に `\/` と書いておきます。逆にイタリック補正を入れたくない場所には `\nocorr` と書いておきます。

`{\itshape If} I were an {\itshape elf},`
→ *If* I were an *elf*,

`\textit{If} I were an \textit{elf},`
→ *If* I were an *elf*,

`\textit{If\nocorr} I were an \textit{elf\/},`
→ *If* I were an *elf* ,

2番目の書き方が推奨です。最後の例はわざと醜くしたものです。

`\text..{...}` 型の命令がイタリック補正を自動挿入する副作用として，例えば `\textbf{...}` を和文に適用すると，イタリック補正の影響で最後の `\kanjiskip` が入りません。最後が和文文字の場合には `{\bfseries ...}` の形の命令を使うほうがよいでしょう。

## 16.8　改行位置の調整

よく LaTeX を使い始めた人が「aaaaaaaaaa……」や「？？？？？……」と並べて組版して，改行されないので驚かれることがありますが，LaTeX はワープロソフトと違って

- 英単語の途中では（ハイフネーションできる場合を除いて）基本的に改行しない
- 禁則処理をまじめに行う

ということを理解する必要があります。

まず，aaaaaaaaaa……のような無意味な「英単語」（半角文字列）の途中では基本的に改行しません。この場合，版面の右端から突き出した組み方になり，LaTeX 実行時（および log ファイル）に次のような警告メッセージが出ます。

```
Overfull \hbox (123.4pt too wide) in paragraph at lines 12--15
```

これは，ソース（原稿）ファイルの 12〜15 行目の段落で，123.4 ポイントの overfull な（溢れた）\hbox（horizontal box，水平ボックス，つまり行）が生じたという意味です。

また，このような改行できない「英単語」がすっぽり次の行に送られてしまって，前の行がすかすかになってしまうことがあります。この場合には，LaTeX 実行時（および log ファイル）に次のような警告メッセージが出ます。

```
Underfull \hbox (badness 10000) in paragraph at lines 12--15
```

これは程度問題で，10000 は最悪を意味しますが，小さい値なら無視してもかまいません。

一般に，長い英単語で overfull/underfull \hbox が生じる場合は，LaTeX がハイフネーションを間違えただけなら，ハイフネーション位置を指定します（303 ページ）。それが無理なら，文を書き直して，ハイフネーションできない長い語が行の終わりに来ないようにします。

それが不可能な場合は，その段落全体を sloppypar 環境で囲むか，あるいは \sloppy という命令を入れると，改善されます。\sloppy の効果を元に戻すには \fussy とします。プリアンブルに \sloppy と書いておいてもいいでしょう。\sloppy にすると追い込みより追い出し気味になり，overfull \hbox は出にくくなりますが，すかすかな行が出やすくなります。それでも overfull \hbox よりましですので，原稿に手が入れられない場合は常に \sloppy にしてもいいでしょう。非常に特殊な例外を除いて，デフォルトの \fussy より \sloppy が悪い行分割をすることはありません。

さらに細かく行分割を制御するには，コマンド \linebreak，\nolinebreak を使います。

```
\linebreak = \linebreak[4]
             \linebreak[3]
             \linebreak[2]
             \linebreak[1]
             \linebreak[0] = \nolinebreak[0]
                             \nolinebreak[1]
                             \nolinebreak[2]
                             \nolinebreak[3]
              \nolinebreak = \nolinebreak[4]
```

必ず改行する

必ず改行しない

※7　以下の調整例はドキュメントクラスによって（つまり \kanjiskip の既定値によって）異なります。

使い方として，例えば次のような仕上がりを考えましょう[※7]。

> 日本国民は、正当に選挙された国会における代表者を通じて行動し、わ
> れらとわれらの子孫のために、……

「われ」の途中で行が割れないようにしたいとします。このためには，

```
行動し、\linebreak␣われらと
```

あるいは

```
行動し、わ\nolinebreak␣れらと
```

のようにします。結果はどちらでも次のようになります：

> 日本国民は、正当に選挙された国会における代表者を通じて行動し、
> われらとわれらの子孫のために、……

逆に，最初の行に「われ」を追い込むには

```
行動し、\nolinebreak␣わ\nolinebreak␣れらと
```

とします。結果は次の通りです：

日本国民は、正当に選挙された国会における代表者を通じて行動し、われらとわれらの子孫のために、……

もっと追い込むには，LaTeX ではなく TeX の命令 \leavevmode\hbox to 幅 で一定の幅を確保し，\kanjiskip（漢字間のグルー）をほんの少し負の値も許すようにして組みます：

```
\leavevmode\hbox to 32zw{\kanjiskip=0pt minus 0.05zw 日本国民
は、正当に選挙された国会における代表者を通じて行動し、われら}と
われらの子孫のために、……
```

結果は次の通りです：

日本国民は、正当に選挙された国会における代表者を通じて行動し、われらとわれらの子孫のために、……

もし \kanjiskip=0pt minus 0.05zw を入れなければ，通常の \kanjiskip の設定では十分縮むことができず，箱から飛び出してしまいます（overfull \hbox の警告が出ます）。\kanjiskip の minus 部分はごくわずかにしておかないと，句読点の後などのグルーが十分縮んでくれません。

なお，LuaLaTeX（LuaTeX-ja）では上の \kanjiskip の設定は

```
\ltjsetparameter{kanjiskip=0pt minus 0.05\zw}
```

のようにします。

## 16.9　改ページの調整

改ページについても，改行の制御と同様に，\pagebreak，\nopagebreak コマンドがあります。これらも [0] から [4] までの強さが付けられます。

\clearpage を使うと，改ページだけではなく，行き場所のなかった figure 環境や table 環境もその場で出力されます。

数行からなる引用やプログラムリストで，どうしても途中で改ページしたくないことがよくあります。このときは \samepage 命令を使うと改ページしにくくなります。例えば

```
\begin{quote}
  \samepage
  いろはにほへとちりぬるを \\
  わかよたれそつねならむ \\
  うゐのおくやまけふこえて \\
  あさきゆめみしゑひもせす
\end{quote}
```

のようにします。ただし，\samepage はできるだけ限定して用いないと，脚注が変な付き方になったりするので，注意が必要です。

また，改行の命令 \\ の代わりに，改ページしない改行 * を使っても改ページしにくくなります。例えば

```
\begin{quote}
  いろはにほへとちりぬるを \\*
  わかよたれそつねならむ \\
  うゐのおくやまけふこえて \\*
  あさきゆめみしゑひもせす
\end{quote}
```

とすれば，1 行目と 3 行目で改ページしにくくなります。ただ，jsarticle や jsbook のような延びにくいドキュメントクラスの場合はあまり効果がないかもしれません。

ちなみに，このような引用で各改行幅を微妙に調整するには，\\ または * の後に [-3pt] のように指定します。こうすると通常の改行幅より 3 ポイント狭くなります。

場合によってはページを余分に延ばす必要も出てきます。「あと 5 ミリこのページが大きければ……」というときには，

```
\enlargethispage{5mm}
```

という命令をそのページのどこかに入れておきます。

## 16.10 その他の調整

### ▶ 改行幅の調整

仕上がりを見てから調節しなければならない例として，$\frac{f(x)}{\int_{-\infty}^{\infty} f(x)dx}$ のような大きな式による改行の乱れがあります。

この場合，すぐ下の行に何もなければ，$\frac{f(x)}{\int_{-\infty}^{\infty} f(x)dx}$ のように改行幅を調整できます。

上の 2 番目のインライン数式は `\smash{$...$}` のように全体を `\smash`（112 ページ）で囲んで改行幅が乱れないようにしました。このような調整は必須ではありませんが，見苦しい場合は適用することがあります。

**参考** LuaLaTeX なら，LuaTeX-ja の `luatexja-adjust` パッケージで

```
\usepackage{luatexja-adjust}
\ltjenableadjust[profile=true]
```

とすれば，このような「中身まで見た」行送りが自動化できます。

### ▶ 図の調整

図

LaTeX は組版から図の配置までを自動でやってくれますが，特に図がたくさん入る場合は，自動ではなかなか人間の美意識にかなう配置ができません。最終段階で視覚的な調整が必須です。これについては第 9 章をご覧ください。

例えば，上のように図にテキストを回り込ませる場合，図がテキストの上端や，回り込みのないテキストの右端など，顕著な位置にぴったり揃うようにすると，整った感じがします。このようなルールを破って大胆に配置することもありますが，中途半端にずれていると，素人組版に見えてしまいます。

# 第17章 LaTeXによる入稿

本や論文を，LaTeX の原稿で入稿する場合と，自分で PDF ファイルにして入稿する場合とについて，ノウハウや留意点をまとめておきます。

## 17.1 LaTeX原稿を入稿する場合

本でも論文でも，著者が PDF まで作って投稿することが増えました。しかし，その品質は一般に低いと言わざるを得ません。書籍や伝統的な論文誌では，LaTeX 原稿と図版データを提出し，編集側でブラッシュアップするのが一般的です。

学会や出版社によっては，専用のスタイルファイル（cls ファイル，sty ファイル）を用意していることがあります。それにもかかわらず，著者がレイアウトを「改良」してしまうことがあり，編集側はそれを外すのにたいへん苦労します。著者にとっては「改良」でも，読者にとっては「不統一」であることをよく理解すべきです。

レイアウトにかかわらない場合でも，著者独自のマクロを作って執筆した場合，編集側はそのマクロを理解しないと編集できません。編集されることを前提として書くときは，合意されたマクロ以外は使わないのが鉄則です。別の編集システムに変換して印刷・データベース化している論文誌の場合は，マクロを一切禁止していることがあります。

図版は特に注意を要します。LaTeX の図版が EPS 形式だったころは，著者が Windows 上のソフト（例えば Excel）で図を作成し，Windows のプリンタドライバで EPS 化して，実際の印刷には使えない品質のものができてしまうことが多々あったようです。

## 17.2 PDFで入稿する場合

研究会でも国際会議でもプレプリントでも，著者が作成した “camera-ready” な PDF ファイルをそのまま使う時代になりました。画面で見たり普通のプリンタでプリントしたりするだけなら，素人が作った PDF でもまず大丈夫なはずですが，それでも記号やローマ数字などを和文フォント（いわゆる全角文字）で入力して※1，フォントが PDF に埋め込まれていない場合，海外の人から「読めない」と言われることがあります。日本国内でも，和文フォントを埋め込まないと，PDF 閲覧ソフトや電子書籍リーダーによっては，表示できないことがあります。

※1　ローマ数字は欧文（半角）のIやVをそのまま並べて，I, II, III, IV, V, VIなどのようにするのが海外では正式な表記法です。全角文字は使わないようにしましょう。

参考　LaTeX の話ではありませんが，Windows の和文プロポーショナルフォントを埋め込まずに使った PDF ファイルを Mac で開くと，レイアウトが大きく崩れ，悲惨なことになります。

このようなトラブルを防ぐため，フォントはすべて埋め込むのが今の流れです。和文フォントも含め，すべてのフォントが埋め込まれていないと，論文投稿システムに拒否されることも増えました※2。

※2　一方で，各自が勝手に和文フォントを埋め込むと体裁の統一がとれなくなるので，和文フォントは汎用のもの（Ryumin-Light, GothicBBB-Medium）を使って，「埋め込まない」で統一するという考え方もあります（250ページ傍注参照）。最近の TeX Liveは高品質の源ノ明朝・源ノ角ゴシックを再編した原ノ味フォントがデフォルトで使われるようになっているので，これに統一するという手もあります。

参考　学会によっては，「使用できるフォントの制限」と題して，指定のフォント以外を使うと化けるかのごとく書いているところがありましたが，これは間違いで，フォントを正しく埋め込んでいれば，問題は起こらないはずです。

印刷所に入稿するデータの場合は，ファイルサイズに上限はありませんので，フォントは必ずすべて埋め込むのは当然のこととして，さらに，出力機の対応している PDF バージョンに合わせる，RGB カラーを使わない，幅 0.1 mm 未満の極細罫線を使わないなどの制約を満たす必要があります。

書籍の場合は，これら以外にも，編集者から内容やレイアウトについていろいろ注文をいただくはずですので，それに対応できなければなりません。自分も編集者も対応できなければ，編集者と相談して，しかるべき業者に助けを求めましょう。

参考　本書は奥付（おくづけ）まで LaTeX で組んでありますが，一般には奥付や表紙は出版社側で用意してくれるものです。

## 17.3　ファイルとフォルダの準備

一つの論文なり本なりを書く際には，一つの新しいフォルダ（ディレクトリ）を用意して，図版も含め，関連するものをすべてその中に集めましょう※3。

※3　複数の著者で書く場合はさらに，フォルダごとバージョン管理をすると便利です。バージョン管理システムについてはコラム（317ページ）を参照してください。

本文は，短い論文なら一つのファイルに書き込めばいいのですが，本や学位論文の類は一般に量が多いので，章ごとに別ファイルにするのがよいでしょう。例えば序文は `intro.tex` 等々のように適当な名前をつけます。章立てが決まっていれば，`chap01.tex`，`chap02.tex` といった番号のほうが便利かもしれません。

章ごとのファイルには `\documentclass{...}` や `\begin{document}` 等は不要です。いきなり `\chapter{...}` から始めます。

ドキュメントクラスについては，ここでは jlreq を使い，カスタマイズ（修正）した部分は mybook.sty というファイルに書き込むことにします。

これら章ごとのファイルを一括処理するための元締めとなる次のようなファイルを作り，同じフォルダに置きます。ファイル名は何でもかまいませんが，仮に main.tex という名前だとしましょう。

以下で具体的に説明します。

▶ \RequirePackage[...]{latexrelease}

この行は，なくてもかまいません。いつの時点での LaTeX カーネル（LaTeX の基本部分）を使うかを指定します。2020/02/02 に指定すれば，出たばかりのころの TeX Live 2020 相当になります。ソフトの更新で組版結果が変わると困る場合は，この指定を入れておくと安全です。pLaTeX の場合は platexrelease とします。ただ，カーネル以外のバージョン指定は不完全です。

▶ \documentclass

以前なら jsbook を指定するところですが，ここでは新しい jlreq を使ってみます。オプションとして，書籍用，A5 判，和文文字サイズ 13Q としました。印刷上「トンボ」という位置決めの目印が必要な場合には tombow オプションを追加するか jlreq-trimmarks パッケージを利用します。トンボについては 319 ページをご覧ください。コンパイルには LuaLaTeX を使うことにすれば，bxpapersize の読み込みも不要です。

▶ \usepackage{makeidx}

索引を出力するためのパッケージ makeidx を読み込んでいます。

▶ \makeindex

索引の素となる idx ファイル（この場合は元締めのファイルが main.tex ですから main.idx という名前）を出力します。これについては第 10 章をご覧ください。

▶ \frontmatter

前付（まえづけ）（序，目次の類）の開始を意味します。ノンブル（ページ番号）をローマ数字（i，ii，iii，...）にし，\chapter で章番号を出力しません。つまり，\chapter{序} と書いても「第 1 章　序」とならず，単に「序」と出力されます。この場合，「序」は目次に出力されます。目次に出したくないなら \chapter*{序} のように * 印を付けます。

```
\RequirePackage[2020/02/02]{latexrelease} % オプション（新機能）
\documentclass[book,paper=a5,jafontsize=13Q]{jlreq}

\usepackage{graphicx,xcolor,tikz} % グラフィック関係
\usepackage{amsmath,amssymb}       % 高度な数式
\usepackage{mybook}      % 自分用スタイルファイル mybook.sty を読む
\usepackage{makeidx}     % 索引用に makeidx.sty を読む
\makeindex               % 索引用にidxファイルを出力する

\begin{document}

\frontmatter             % ページ番号はローマ数字。章番号を付けない

\include{intro}          % 序 intro.tex
\tableofcontents         % 目次を出力

\mainmatter              % ページ番号は算用数字。章番号を付ける

\include{joron}          % 第1章 序論 joron.tex
\include{honron}         % 第2章 本論 honron.tex
\include{keturon}        % 第3章 結論 keturon.tex

\appendix                % 以下は付録

\include{appa}           % 付録A appa.tex
\include{appb}           % 付録B appb.tex

\backmatter              % 章番号を付けない

\include{atogaki}        % 後書き atogaki.tex

\printindex              % 索引を出力

\include{okuzuke}        % 奥付（もし必要なら）okuzuke.tex

\end{document}
```

▲元締めファイルmain.texの例

### ◆ 複数の著者での執筆に便利なバージョン管理システム　COLUMN

複数の著者で原稿を書く場合は，バージョン管理システムを使うのが便利です。バージョン管理システムは，ファイルの履歴を管理するためのシステムです。区切りのいいところでコメントをつけてファイルを保存しておけるので，いざとなれば無限の過去まで戻ることもできます。複数の著者（＋編集者）でフォルダの中身を同期したり，加えた変更の差分を参照したりできます。同時に同じファイルを編集しても，たいていはうまくマージしてくれます。本書は Git（GitLab）を使ってバージョン管理しています。

さらに，議論や決まったことがメールの山に埋もれてしまうといったことを避けるためのフォーラム機能や Wiki 機能，それぞれの人が担当している課題を把握したり，出版後に読者からの感想や誤りの指摘を受け付けたりするためのチケット機能が備わった，プロジェクト管理ツールを使って共同作業するのも流行りです。Trac や Redmine がオープンソースでは有名です。

これらの機能を持ってオープンソースソフト開発を支援する公開のサービスでは GitHub が有名です。

著者の元には出版に使うフォントがないとか，何らかの理由で LaTeX システムを用意できない場合に，（例えば出版社の）サーバ上で最新の LaTeX ソースから PDF を生成して，著者はインターネットを介して PDF を取得して確認するといったワークフローも現実的になってきました。こういう仕組みのことは継続的インテグレーションと呼ばれ，Jenkins がオープンソースとして有名です。GitHub と連携するサービスとして Travis CI があります。最近では GitHub Actions や GitLab CI/CD のように，サービスに内包されることも増えました。

▶ `\include{...}`

ファイルを読み込む命令です。`\include` ではファイル名の拡張子 `tex` を除いた部分を指定します。

▶ `\mainmatter`

本文の開始を意味します。奇数ページ起こし（横書きなら右側のページから始めること）で，ノンブルは算用数字（1，2，3，...）になります。ページ番号はここで新たに 1 から始まりますが，もし例えば 3 から始めたいなら

```
\setcounter{page}{3}
```

という命令を入れておきます。

▶ `\appendix`

章番号を「付録 A」「付録 B」に変えます。つまり `\chapter{何々}` と書いただけで「付録 A　何々」のように出ます。ページ番号の付き方は変わりません。

▶ \backmatter

後付（後記，索引の類）の開始を意味します。再び章番号が出力されないようになります。ページ番号の付き方は変わりません。

▶ \printindex

索引を出力します。

▶ \nofiles

上の例では書き込んでありませんが，ページ割が確定した段階で，プリアンブルに \nofiles と書き込みます。すると，dvi/PDF，log ファイル以外の出力が止まりますので，索引・目次の上書きが防げます。

## 17.4 LaTeXで処理

原稿ができたら，元締めとなるファイル main.tex を LaTeX で処理します。コマンドで処理するなら，次のように打ち込みます（LuaLaTeX の場合）。

```
lualatex main
```

LaTeX のメッセージの最後のほうに “Label(s) may have changed. Rerun to get cross-references right.” というメッセージが出れば，再度 LaTeX で処理します（第 10 章）。もちろんエラーメッセージが出れば，その箇所を修正します。

続いて，索引を作る場合は upmendex（MakeIndex の日本語 Unicode 版）を実行します（第 10 章）：

```
upmendex main
```

エラーが出れば本文の \index 命令の中身を修正します。

最後にもう一度全体を LaTeX で処理すると完成です。

```
lualatex main
```

参考　章ごとに処理するには次のようにします。例えば honron.tex だけ処理したいなら，プリアンブル（\begin{document} の前）に

```
\includeonly{honron}
```

と書き込みます。こうすれば honron.tex しか処理されません。また，

```
\includeonly{honron,keturon}
```

のように複数の章を指定することもできます。以下同様にして，個々の章をチェックし終えたなら，\includeonly の行を削除して，全編を通して処理します。

### ◆ 更新のあったファイルだけ処理する　COLUMN

プログラム開発上のコンパイル作業を自動化するためのツールに make（メイク）があります。make は，テキスト形式で書かれた Makefile（メイクファイル）の指示にしたがってコンパイルなどの一連の処理を行います。ファイルの依存関係を記述しておくことにより，更新のあったファイルだけを処理できます。

例えば最終産物が main.pdf であり，main.pdf は main.dvi から dvipdfmx で作り，main.dvi は main.tex から platex で作り，main.tex は sub1.tex と sub2.tex を読み込んで使うとしましょう。このとき Makefile は

```
main.pdf: main.dvi
␣␣␣␣dvipdfmx main.dvi

main.dvi: main.tex sub1.tex sub2.tex
␣␣␣␣platex main.tex
```

と書きます。Makefile の先頭のインデント（字下げ，図中では ␣␣␣␣）は必ず [Tab] で行います。スペースをいくつか並べて字下げしたのでは正しく働きません。

この Makefile は main.tex と同じフォルダ（ディレクトリ）に置いておきます。このフォルダ内で「make」または「make main.pdf」と打ち込むと，インデントされていない行の : の左右のファイルのタイムスタンプ（最終更新時刻）を比べ，もし左辺が存在しないか，あるいは右辺のどれかのファイルが左辺のファイルより新しければ，後続のインデントされた命令を，無駄のない順序で実行します（この場合は platex が先，dvipdfmx が後）。

ほかにも make にはいろいろな機能があります。詳しくは Unix 関係の本をご覧ください。

参考　本書では索引をカスタマイズするために自作の Ruby スクリプトを使っています。このような処理も含め，全体を効率良く実行するために，Makefile を使うと便利です（319 ページのコラム参照）。

参考　さらに本書では編集者と著者でフォルダの中身を同期するために Git を使いました。Git などのバージョン管理システムについては，317 ページのコラムをご覧ください。

## 17.5　トンボ

トンボ（crop marks）とは位置合わせのための目印で，形がトンボに似ているので日本ではこう呼ばれます。pLaTeX では tombow オプションで右図のようなトンボとファイル名，日時が描かれます。欄外に描かれたものがトンボです。この図ではトンボを誇張して描いてありますが，実際は太さ 0.1 ポイントの細く目立たない線です。この内側の線を結んだ部分（図では色網で示しました）が仕

上がりサイズです。トンボの外側の線はこれより約3mm離れており，例えば本書で使っているような辞書風の爪のような，裁ち切り線いっぱいに配置したいグラフィックは，この約3mmの領域（いわゆるドブ）まで配置しないと，断ち切りの誤差で隙間ができることがあります。

tombow オプションの代わりに tombo を指定すると，ファイル名・日時なしのトンボになり，mentuke を指定すると，ファイル名・日時なし，太さ0のトンボになります。どのようなトンボが必要か（あるいは不要か）は，印刷所にご相談ください。

より汎用的な jlreq-trimmarks パッケージもあります。こちらを使う場合はクラスファイルの tombow オプションは使わないでください。

## 17.6　グラフィック

グラフィックについては第7章で説明しましたが，特に印刷入稿の場合は，モノクロ2値またはグレースケール，カラーの場合はCMYKにします（RGBでの入稿が可能な場合もあります）。

本書（紙版）のような2色刷りの場合，例えば黒と青を使いたいとしましょう。色の成分を $(C,M,Y,K)$ で表せば，黒は $(0,0,0,1)$，青は $(1,1,0,0)$ になりますが，これでは2色刷りなのに3色必要になるばかりか，CとMのずれがあると青い文字がきれいに出ません。そこで，青にしたいところを例えばシアン $(1,0,0,0)$ にして，印刷所にはシアンの代わりに青のインクを使ってもらいます。具体的には，次のように色を定義して使います。

```
\definecolor{mygray}{cmyk}{0,0,0,0.8}  % 濃い灰色
\definecolor{myblue1}{cmyk}{1,0,0,0}   % 青
\definecolor{myblue2}{cmyk}{0.4,0,0,0} % 青アミ
\definecolor{myblue3}{cmyk}{0.1,0,0,0} % 薄い青アミ
```

シアンを青に置き換えたので，色を使ったグラフィックは，そのままでは変な色になってしまいます。すべてCMYKのKだけを使ったグレースケールに変換すれば安心です。具体的な方法は第7章をご覧ください。

## 17.7　若干のデザイン

\chapter，\section などのコマンドをカスタマイズして，好きなデザインにしてみましょう。こういったデザインは別ファイル，例えばmybook.styというファイルに書き込んでおき，\usepackage{mybook} で読み込みます。

まずは章見出しです。jlreq では \ModifyHeading という見出しの体裁変更用コマンドが使えます。

```
\ModifyHeading{chapter}{%
  font={\Huge\sffamily},
  format={%
    {\color[gray]{0.5}\rule[-0.5\zw]{2\zw}{1.8\zw}}%
    \if@mainmatter
      \hspace{-2\zw}\raisebox{0.1\zw}{%
        \makebox[2\zw]{\color[gray]{1}\thechapter}}%
    \fi
    \hspace{0.5\zw}#2}}
```

節見出し \section はもう少し凝って tikzpicture 環境（付録 D）で適当なデザインを作ってみましょう。

```
\ModifyHeading{section}{%
  format={%
    \begin{tikzpicture}
      \useasboundingbox (0,0) rectangle (0,0);
      \fill[black!50] (0,-4pt) rectangle (8pt,12pt);
      \draw[black!50,line width=1pt] (0,-4pt) -- (\linewidth,-4pt);
    \end{tikzpicture}%
    \hspace{1\zw}#1#2}}
```

## 17.8 PDFへの変換

PDF ならどんな環境でも同じ出力が得られるように思われがちですが，実際はそうでもありません。

すでに書いたように，フォントを埋め込んでいないと期待通りに出力できません。また，PDF にもいろいろなバージョンがあり，出力機によってはPDF 1.4以降の透明効果に対応していないといったことがありえます。

最近では，失敗が少ない方法として，ISO で標準化されたPDF/X で入稿することが推奨されます。例えば PDF/X-1a:2001 は，PDF 1.3 と互換性がありますが，色はCMYK カラー，フォントはすべて埋め込むなどの制約があります。

LaTeX (pdfLaTeX, XeLaTeX, LuaLaTeX) で PDF/X や PDF/A などの標準に合致した PDF を作るための pdfx というパッケージがあります（texdoc pdfx)。これで PDF/X-1a にするには

```
\usepackage[x-1a]{pdfx}
```

と書いておきます。また，同じフォルダに main.xmpdata というファイルを作り，例えば次のように書き込んでおきます（本書の場合です）。著者やキーワードは \sep というマクロで区切ります。

```
\Title{［改訂第8版］LaTeX2ε美文書作成入門}
\Author{奥村 晴彦\sep 黒木 裕介}
\Language{ja-JP}
\Keywords{LaTeX\sep 美文書}
\Publisher{技術評論社}
```

これで LuaLaTeX で処理すると，PDF 1.5 だったものが，形式上 PDF/X-1a:2003 になります。同じフォルダには pdfx.xmpi というファイルができます。

なお，これはあくまで形式上の話で，RGB 図版をグレースケールや CMYK に変換してくれるというわけではありません。これは図版作成者が行わなければなりません。

参考　Adobe Acrobat があれば，次のような方法も可能です。

- LaTeX の PDF 出力を，Adobe Acrobat の「プリフライト」機能を使って PDF/X-1a:2001（Japan Color Coated）に変換する
- Acrobat からいったん PostScript 形式で書き出して，Distiller で PDF/X-1a に変換する
- LaTeX で dvi 出力し，これを dvips で PostScript 化し，Distiller で PDF/X-1a に変換する

参考　PDF/A はアーカイビング（長期保存）が目的のものです。

あと Acrobat でチェックするとすれば，出力プレビューです。黒であるべきところが正確に $C:M:Y:K=0:0:0:100$ になっているか確認します。$C:M:Y:K=75:68:67:90$ のような状態になっていると，画面を目で見てもわかりませんが，おかしな出力になります。

## 17.9　その他の注意

### ▶ 画像の解像度

図形を数式（例えば3次スプライン）で表すベクトル画像には解像度という概念がありませんが，図形をピクセル（画素）の集まりで表すビットマップ画像（ラスター画像）では，ピクセルの密度が画像の解像度です。1 インチあたりのピクセル数を ppi（pixels per inch）という単位で表します。

パソコンの画面では1ピクセルあたりRGBそれぞれ256階調を表せるのが一般的です。一方，印刷物では，例えば16 × 16ドットの領域の一部を塗り潰した網点(あみてん)で257階調が表せます。出力機の解像度が例えば2400 dpi（dots per inch）でも，網点の密度は1インチあたり $2400 \div 16 = 150$ 個に過ぎません。網点の密度を線数(せんすう)と呼び，lpi（lines per inch）という単位で表します。一般的な印刷物の線数は175 lpi程度までです。

印刷物に写真の類を挿入する際に必要な画像解像度はたかだか「線数 × 2」です※4。150 lpiなら300 ppi，175 lpiなら350 ppiが最適ということになります。

一方，2階調（白と黒だけ，白とマゼンタだけ，など）の図形は，1200 ppi程度で用意しないと，ギザギザが目立ってしまいます。

例えば `\includegraphics[width=5in]{...}` で幅5インチの枠に画像を300 ppiで挿入するには，横 300 ppi × 5 in = 1500 ピクセルの画像を用意します※5。

※4 線数150 lpiであれば150 ppiの画像で十分のような気がしますが，画像によっては150 ppiと300 ppiが確かに区別できます。網点の形は非対称にできるので，線数の2倍の解像度が表現可能だという理屈を聞くことがありますが，単にサンプリングの精度の問題のようにも思います。

※5 デジカメプリントの解像度も300 ppiほどですので，L判（5 × 3.5インチ）なら1500 × 1050 ピクセル（約1.5メガピクセル）で十分です。

### ▶ スクリーンショットの形式

パソコン画面のスクリーンショットを載せるときは，解像度を 線数 × 2 にする意味はありませんが，必ずPNGなどの可逆圧縮形式にします。JPEGにすると，スクリーンショットやアニメのセル画のような画像では，モスキートノイズ（もやもやしたノイズ）が出てしまいます。ただしPNGはグレースケールにできてもCMYKにできませんので，カラー印刷の場合はCMYKのPDFに変換するほうが安全です。

### ▶ ヘアライン（極細線）

幅 0.1 pt のような細い線は，通常のプリンタでは太って十分に見えるのですが，印刷所の出力機では細すぎて正しく出力できないことがあります。特にWordの極細罫線は要注意です。目安として，少なくとも0.25 pt（0.1 mm）程度以上のものを使いましょう。単色ベタ（100％）でないものは，さらに余裕を見て0.5 pt程度以上にします（LaTeXのデフォルトの罫線は0.4 ptです）。

### ▶ 台割

本は16ページまたは8ページ（これを「台」といいます）を一度に印刷するので，全体のページ数は16または8の倍数にする必要があります。このあたりは編集者と相談して，できるだけ白紙が入らないように工夫します。

なお，横書きなら右ページが奇数ページ，縦書きならその逆です。

# 第18章 LaTeXによるプレゼンテーション

LaTeX でプレゼンテーション資料（スライド）を作ることができます。PDF にしておけば，借り物の PC でも使えます。

Adobe Reader は Ctrl＋L（Mac では ⌘＋L）でフルスクリーンモードにできます。ページの切り替え時のいろいろな効果も設定できます。Mac 標準の閲覧ソフト「プレビュー」にもプレゼンテーションモードがあります。PDF から PowerPoint や Keynote 形式に変換するソフトを使えば，デュアルディスプレイにも対応できます。

ここでは，LaTeX でプレゼンテーション資料を作る方法として，レガシー LaTeX で文書作成用の jsarticle を使う方法と，モダン LaTeX で専用パッケージ Beamer を使う方法を説明します。

## 18.1 jsarticleによるスライド作成

特別なパッケージを使わず，文書作成用の jsarticle ドキュメントクラスと pLaTeX + dvipdfmx を使って，簡単なプレゼンテーション資料を作る方法を説明します。

jsarticle ではオプション slide を使うことでスライドモードになります。これは，横置きオプション landscape と文字サイズオプション 36pt を組み合わせ，さらにフォントや見出しの付き方を変えたものです。

通常は

```
\documentclass[slide,papersize,dvipdfmx]{jsarticle}
```

のように papersize オプションと dvipdfmx オプションを併せて使います。

本文の文字サイズは 14pt，17pt，21pt，25pt，30pt，36pt，43pt といったオプションで変更できます。

xcolor パッケージ（または color パッケージ）が読み込まれていると，見出しにブルーの線でアクセントを加えます。次の例は，さらに \pagecolor コマンドを使って背景を薄いブルーにしています。

```
\documentclass[slide,papersize,dvipdfmx]{jsarticle}
\usepackage{sansmathfonts}
\usepackage{graphicx,xcolor}
\pagecolor[rgb]{0.8,0.8,1}
\begin{document}

\title{\LaTeX によるプレゼンテーション}
\author{三重大学　奥村晴彦}
\maketitle

\section{数式の例}
\[ \left( \int_0^\infty \frac{\sin x}{\sqrt{x}} dx
   \right)^2 = \frac{\pi}{2} \]

\end{document}
```

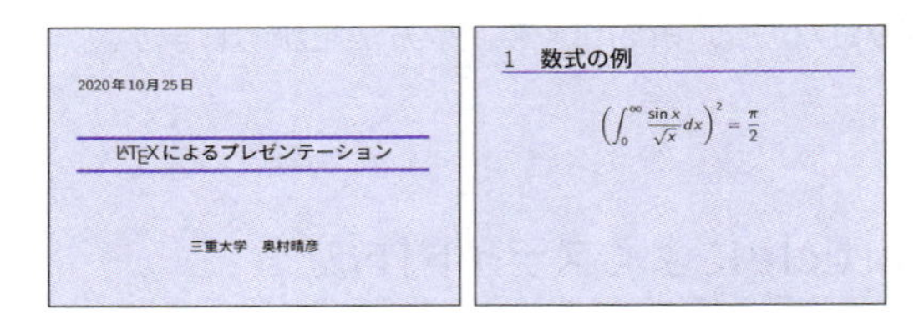


数式を含む欧文のサンセリフ体には \usepackage{sansmathfonts} により Computer Modern Sans Serif の改良版を用いてみましたが，ほかにも第 12 章で紹介したように色々な選択肢があります。

▶ トリック

次のようにセクションのカウンタに毎回 $-1$ を加えると，カウンタが増えず，結果として同じページに行が追加されていくように見えます。

```
\section{PDFを使う利点}
\begin{itemize}
\item Windows, Mac, LinuxなどOSを問わない
\end{itemize}

\addtocounter{section}{-1}
\section{PDFを使う利点}
\begin{itemize}
\item Windows, Mac, LinuxなどOSを問わない
\item すべてフリーのツールでできる
```

```
\end{itemize}

\addtocounter{section}{-1}
\section{PDFを使う利点}
\begin{itemize}
\item Windows, Mac, LinuxなどOSを問わない
\item すべてフリーのツールでできる
\item \LaTeX なら複雑な数式もOK
\end{itemize}
```

2　PDFを使う利点
- Windows, Mac, LinuxなどOSを問わない

2　PDFを使う利点
- Windows, Mac, LinuxなどOSを問わない
- すべてフリーのツールでできる

2　PDFを使う利点
- Windows, Mac, LinuxなどOSを問わない
- すべてフリーのツールでできる
- LaTeXなら複雑な数式もOK

## 18.2　Beamerによるスライド作成

Beamer はプレゼンテーション資料を作成するための LaTeX 用パッケージです。スライドは見た目も大事で，通常の文書よりも“おしゃれな”飾りや色使いが欲しくなります。プレゼンテーション資料作成に特化したパッケージということで，簡単なアニメーションを作れたり，話の区切りに目次を自動的に入れたりできます。

モダン LaTeX の LuaLaTeX を用いて PDF ファイルを作成するための方法を，以下の具体例に沿って簡単に書いておきます。

```
\documentclass[aspectratio=169]{beamer}
\usepackage[no-math]{fontspec}
\usepackage[deluxe]{luatexja-preset}
\renewcommand{\kanjifamilydefault}{\gtdefault}
\renewcommand{\emph}[1]{{upshape\bfseries #1}}
\usetheme{Madrid}
\setbeamertemplate{navigation symbols}{}

\title{Beamerによるスライド作成}
\author{黒木裕介}
\institute[texjp.org]{日本語\TeX 開発コミュニティ}
\date{2020年10月24日}

\begin{document}
```

```
\begin{frame}
  \titlepage
\end{frame}

\section*{目次}
\begin{frame}\frametitle{発表の流れ}
  \tableofcontents
\end{frame}

\section{はじめに}
\subsection{ブロック環境と数式の例}
\begin{frame}\frametitle{2項係数とパスカルの三角形}
  あとで埋める (1)
\end{frame}

\subsection{アニメーションの例}
\begin{frame}\frametitle{PDFを使う利点}
  あとで埋める (2)
\end{frame}
\end{document}
```

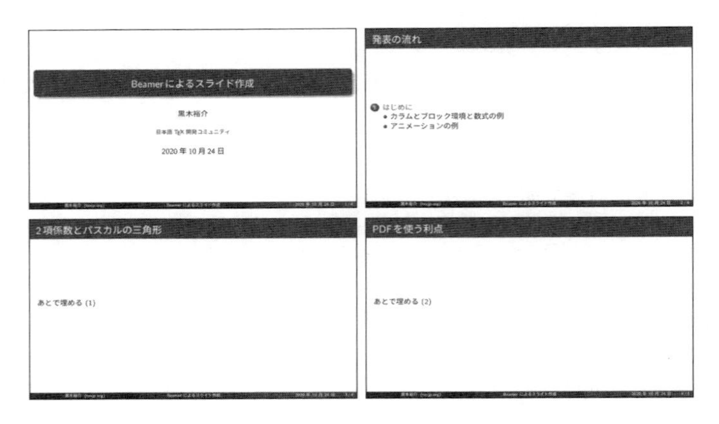


上記の内容を`slides.tex`という名前で保存したら，`lualatex slides.tex`を必要な回数実行することで，スライドのPDFを得られます。

### スライドのサイズ

最近では，横長のモニタで発表することも増えてきましたので，クラスオプションに`aspectratio=169`を与えて横：縦 = 16：9の仕上がりにしてみました。`aspectratio=`で始まるオプションを書かなければ（もしくは

aspectratio=43 を書けば）横：縦 ＝ 4 : 3 の仕上がりになります。

## フォントの設定

LuaLaTeX で和文を多書体で使う設定が \usepackage[deluxe]{luatexja-preset} です（254 ページ）。luatexja-preset は，内部で fontspec パッケージを呼ぶのですが，標準のままですと数式中の数字がセリフ体になってしまうので，luatexja-preset の前に \usepackage[no-math]{fontspec} を書いておきます。

参考 2020 年 9 月下旬以降の TeX Live であれば，

```
\usepackage[no-math]{fontspec}
\usepackage[deluxe]{luatexja-preset}
```

の代わりに \usepackage[no-math,deluxe]{luatexja-preset} と書いても同様の結果が得られます。

スライドでは和文フォントが明朝体だと細く見えます。和文をゴシック体に変更するために \renewcommand{\kanjifamilydefault}{\gtdefault} とします（256 ページ）。

和文の強調は斜体ではなく太字で行うのが自然なため，\emph を再定義しておくと便利でしょう。264 ページで紹介した \DeclareEmphSequence は残念ながら Beamer とは一緒に使えません。

## スライドの見た目と構成要素

スライドの見た目（テーマ）を一括して設定しているのが\usetheme{Madrid}です。Madrid のほかにもたとえば AnnArbor，Antibes，Berkeley，Berlin，Copenhagen といったテーマが用意されています。

スライドを構成する部品は，タイトル，テキスト（本文），フットライン（下部のバー）など，役割をもった要素に分けて考えることができます。Beamer では，各構成要素に表示する項目やデザインを個別に指定することができます。先の例では，フットラインは 3 段均等割りで，うち左段には発表者名と所属を中央揃えで（色・フォントは……で）表示する，中段にはプレゼンテーションタイトルを……，右段には日付とフレーム番号を……と指定されており，自動で組み上がります。

ただ，すべての構成要素を個々に指定するのは大変なので，内部要素，外部要素，色，フォントに分けてテーマが用意されており，ある程度まとめて指定できるようになっています。それぞれ \useinnertheme，\useoutertheme，\usecolortheme，\usefonttheme で指定します。内部要素には，タイトルページの構成，箇条書き環境，ブロック環境といったスライドの中身を記述するための要素がまとめられています。外部要素には，スライドタイトルのほか，どの節の話をしているかを示すナビゲーションや，発表に関する定型句，フレーム番号などを表示するための上下左右のバーに関する要素がまとめられています。

参考　Madrid テーマはおおむね以下のように設定されています。

```
\usecolortheme{whale}
\usecolortheme{orchid}
\useinnertheme[shadow]{rounded}
\useoutertheme{infolines}
\setbeamertemplate{headline}[default]
```

最初の 2 行で色テーマを，次の 2 行で内部要素と外部要素それぞれを既定値から変更しています。infolines 外部要素テーマでは，ヘッドライン（上部のバー）に節タイトルなどを，フットラインに日付・ページ番号などを表示するのですが，最後の行でヘッドラインは既定値（何も表示しない）に変更されています。

参考　色テーマ whale を抜粋すると

```
\setbeamercolor*{palette primary}{use=structure,fg=white,
  bg=structure.fg}
\setbeamercolor*{titlelike}{parent=palette primary}
```

のように書かれています。その他の色テーマでもアクセントとなる色・フォントは structure の指定を引き継いでいることがほとんどです。structure の設定を変更すると，スライドの見た目をガラッと変えることができます。\usecolortheme[rgb={0.7,0.2,0.2}]{structure} のように設定します。

標準では右下に表示されるナビゲーションシンボル[※1] は，スライドがうるさくなるだけですので，表示されないように

```
\setbeamertemplate{navigation symbols}{}
```

としておきます。

※1　以下のようなアイコン。

## プレゼンテーションの基本情報

プレゼンテーションの題名や発表者名は通常の文書と同様に設定します。サブタイトルを指定する \subtitle{...} と所属を指定する \institute{...} も使えます。所属が異なる複数人での発表のときには，

```
\author{〇黒木裕介\inst{1}\and 奥村晴彦\inst{1, 2}}
\institute[]{\inst{1}日本語\TeX 開発コミュニティ\and
            \inst{2}三重大学}
```

などと \and と \inst を使って表記します。題名や発表者名は，PDF のしおりにも反映されます。ヘッドラインやフットラインの定型句に反映される短い題名や発表者名は，[...] で囲んで与えます[※2]。

※2　連名の例では，発表者名と所属の関係が自動では正確に記述できないため [] と何も表記しないことにしてしまいました。

## プレゼンテーションの階層構造

プレゼンテーションの階層的な構造は，通常の文書と同じように，\section や \subsection を使って定義します。節や小節の名前は，目次，ナビゲーションと PDF のしおりに反映されます。\(sub)section* として * を付けたときは，目次には反映されません。ナビゲーション用に短い名前が必要なときは \section[短い名前]{長い名前} とします。

目次を挿入するには，\tableofcontents 命令を使います。

\appendix を書くと，それより後ろにある節・小節は，それより前に置く目次に出現しません[※3]。質問が出たときのために用意するスライドを最後にまとめて用意しておくために使えます。

※3　\appendix より後ろに目次を置くと，\appendix より後ろにある節・小節だけの目次になります。

標準では節の切れ目で特別な表示は行われませんが，各節の始まりで発表の流れを示したいときは，プリアンブルに

```
\AtBeginSection[% ← \section* のときに挿入するものを [...] に指定
]{%              ← \section のときに挿入するものを {...} に指定
  \begin{frame}\frametitle{発表の流れ}
    \tableofcontents[currentsection]
  \end{frame}%
}
```

と書いておけば，これから説明する節が強調された目次が自動で挿入されます。

## フレーム

Beamer では，プレゼンテーション資料は一連のフレームによって構成され，フレームは一連のスライドによって構成される，と考えられています。

参考　「フレーム」にはいろいろな意味がありますが，映画などの動画作品制作における絵コンテの「カット」や，漫画のコマ割の「コマ」のようなものを想像するのがしっくりきます。動画でのある時間分を一枚の絵に代表させるように，入力ファイルではフレームという単位で区切っていきます。フレームの中でパラパラ漫画的アニメーション（後述）を使えば，入力での 1 フレームに対して出力された PDF ファイルでは複数ページを占めることになります。

それぞれのフレームは

```
\begin{frame}[オプション]
  \frametitle{タイトル}
  \framesubtitle{サブタイトル}
  本文
\end{frame}
```

のように記述します。最後の行は，コメントすら後ろに付けず，\end{frame}だけを書くことをお勧めします※4。

※4　後述する，fragileオプションが動くために必要な条件です。

タイトルもサブタイトルも省略可能です。ただし，いくらタイトルがなくても\frametitle{} として原稿上タイトルを指定していないことを明示しておいたほうがよいでしょう。

[オプション] も省略可能です。有用と思われるものをいくつか紹介します。

b,c,t　垂直方向の位置揃えを指定できます（それぞれ下，中央，上揃え）。cが既定値です。

label=ラベル　\againframe{ラベル} として同じフレームを再度表示することができます。また，プリアンブルで \includeonlyframes{ラベル1, ラベル2,...} と書くと，\includeonly（318 ページ）のように組版結果を確認したい frame だけをタイプセットできます。

plain　たとえば，タイトルページには上下左右の定型句もナビゲーションもいらないというときには，

```
\begin{frame}[plain]
  \titlepage
\end{frame}
```

とすれば，すっきりしたデザインになります。

fragile　\verb 命令や verbatim 環境を含めるときに指定します。

参考　以下のようにフレームを作ることも可能です。

```
\begin{frame}[オプション]{タイトル}{サブタイトル}
 本文
\end{frame}
```

{タイトル} も {サブタイトル} も省略可能ですが，一つでも省略したときには，本文の最初が { で始まったり \verb で始まったりしないように気をつけなければなりません。

参考　\frame[オプション]{\frametitle{タイトル}...} のようにしてもフレームを作ることができます。fragile オプションとは両立不可能です。

## 段組

中身の話に入りましょう。最初の例で本文を「あとで埋める (1)」にしていたフレーム「2 項係数とパスカルの三角形」をたとえば以下のように書いてみます。タイプセットするためにはプリアンブルに \usepackage{amsmath,tikz} を加える必要があります。

```
\begin{frame}\frametitle{2項係数とパスカルの三角形}
  \begin{columns}[onlytextwidth]
    \begin{column}[T]{0.45\hsize}
      \begin{block}{2項係数に関する公式}
        \[ (a+b)^{n}
           = \sum_{k=0}^{n} \binom{n}{k} a^{k} b^{n-k} \]
      \end{block}
      \begin{exampleblock}{例}
        公式に$a = 1, b = 1$を代入……
        \[ 2^{n} = \sum_{k=0}^{n} \binom{n}{k} \]
      \end{exampleblock}
    \end{column}
    \begin{column}[T]{0.45\hsize}
      \begin{block}{パスカルの三角形}\centering
        \begin{tikzpicture}
          \foreach \n in {0,...,5} {
            \foreach \k in {0,...,\n} {
              \node at (\k-\n/2,-\n) {\directlua{
                function binom(n,k)
                  x = 1
                  for y = n-k+1, n do x = x * y end
                  for y = 1, k do x = x / y end
                  return math.floor(x)
                end
                tex.print(binom(\n, \k))}
              };
            }
          }
        \end{tikzpicture}
      \end{block}
    \end{column}
  \end{columns}
\end{frame}
```

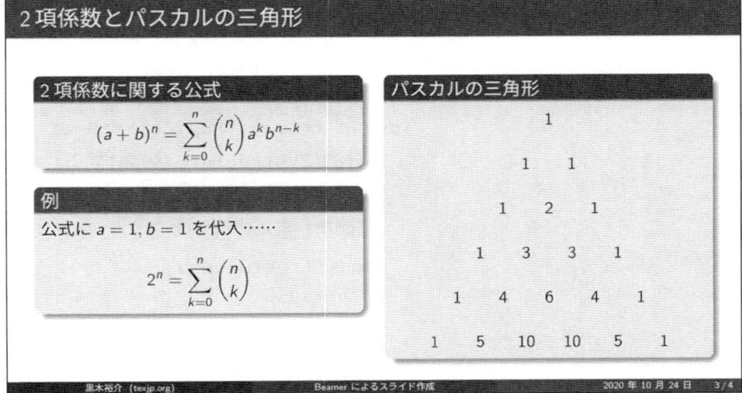

横長のスライドを使う際はとくに，フレームを左右に分割して，左側に図，右側に説明といった具合に配置したくなります。そのようなときは，columns 環境の中で column 環境を使用します。

```
\begin{columns}
  \begin{column}[オプション]{幅}
    左の段
  \end{column}
  \begin{column}[オプション]{幅}
    右の段
  \end{column}
\end{columns}
```

[オプション] には垂直方向の位置揃えを指定できます。T が上端揃え，t が 1 行目のベースライン揃え，c が中央揃え，b が下揃え（最終行のベースライン揃え）です。c が既定値です。

幅には 0.45\hsize のような相対値を指定することも 10\zw のような単位付きの絶対的な長さを指定することもできます。全幅からカラム幅の総和を引いた長さ分だけ，カラムの外側とカラム間とにおおよそ均等に割った余白ができます。

左右 2 段に分割するだけではなく，column 環境を増やせば 3 段以上に分割することもできます。

## 見出し付きの箱と強調表示

block 環境は，見出し付きの箱（ブロック）を作ります。

```
\begin{block}{見出し}
  中身
\end{block}
```

のように使用します。そのほかにもいくつかの強調用の命令・環境が用意されています。

```
\begin{frame}[fragile]\frametitle{}
  部分的に\structure{強調}することも
  \begin{structureenv}
    環境で囲んで強調することもできます。\verb|(^o^)|
  \end{structureenv}

  \begin{alertblock}{警告}
    注意を促す装飾
```

```
  \end{alertblock}
  部分的に\alert{警告}することも
  \begin{alertenv}
    環境で囲んで警告することもできます。\verb|(X_X)|
  \end{alertenv}

  \begin{exampleblock}{強調用とも警告用とも異なる色味}
    例えば……
  \end{exampleblock}
\end{frame}
```

### 定理環境

数学の発表や講義では，定義，定理や証明を囲って表示することもよく行われます。Beamer では amsthm パッケージを標準で読み込んでおり，theorem，corollary，definition(s)，fact，example(s) といった定理環境があらかじめ用意されています。たとえば theorem（定理）環境は

```
\begin{theorem}[発見者，発表年]
  ...
\end{theorem}
```

のように使用します。見出しは自動的に「Theorem (発見者，発表年)」のように生成されます。見た目は，block 環境と同様です。

参考　定理に通し番号を付けるには，\setbeamertemplate{theorems}[numbered] をプリアンブルに記述します。さらに，定理の通し番号を「節番号. 節内の通し番号」に変更したいときは，クラスオプションに envcountsect を追加します。

参考　proof 環境も amsthm パッケージと同様に使うことができます。

Theorem などの見出しを日本語にしたいときには，以下の命令をプリアンブルに加えます。

```
\def\languagename{ja}                          ← ja は何でもいい
\deftranslation[to=ja]{Theorem}{定理}
                     ← \languagename に指定した言語名を to= に与える
\deftranslation[to=ja]{Corollary}{系}
\deftranslation[to=ja]{Fact}{事実}
\deftranslation[to=ja]{Lemma}{補題}
\deftranslation[to=ja]{Problem}{問題}
\deftranslation[to=ja]{Solution}{解}
\deftranslation[to=ja]{Definition}{定義}
```

```
\deftranslation[to=ja]{Definitions}{定義}
\deftranslation[to=ja]{Example}{例}
\deftranslation[to=ja]{Examples}{例}
\def\proofname{証明}
```

参考　別解として，クラスオプションに notheorems を追加して，

```
\newtheorem{theorem}{定理}
\theoremstyle{definition}
\newtheorem{definition}[theorem]{定義}
\theoremstyle{example}              ← exampleblock 環境が適用される
\newtheorem*{example}{例}
\def\proofname{証明}
```

などとして新たに定理環境を定め直す方法もあります。

参考　もっと別解として，translator-theorem-dictionary-French.dict[※5] の仏語訳[※6] 部分を和訳に換えたファイルを translator-theorem-dictionary-Japanese.dict という名前で用意してから，入力ファイルのプリアンブルでは

```
\def\languagename{Japanese}
\uselanguage{Japanese}
\def\proofname{証明}
```

とするという手もあります。

※5　TEXに関わるファイルを探すときには，コマンドラインで kpsewhich ファイル名 と打ち込むのが便利です。

※6　英語の環境名との対訳を取る形式で書かれているため，英語訳のファイルでは，変更してよい訳語箇所の見分けが付きません。

## パラパラ漫画的アニメーション

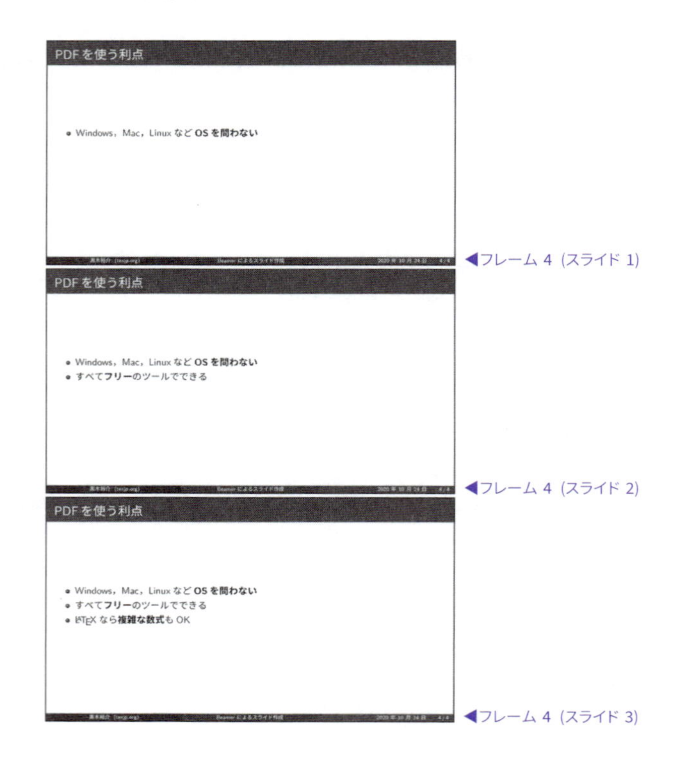

前ページ下のように，フレーム番号は変わらないまま箇条書きが 1 個，2 個，3 個と増えていくスライドを作るには，以下のように書けば実現できます。

```
\begin{frame}\frametitle{PDFを使う利点}
  \begin{itemize}
    \item<1-> Windows, Mac, Linuxなど\emph{OSを問わない}
    \item<2-> すべて\emph{フリー}のツールでできる
    \item<3-> \LaTeX なら\emph{複雑な数式}もOK
  \end{itemize}
\end{frame}
```

箇条書きの箇条を最初からすべては見せずに，話の流れに合わせて出現させるには，`\item<2->` などとして，`<>` 内にフレーム内でのスライド番号を指定します。`<-3,5,7->` と指定すれば，4 番目と 6 番目のスライドには出現しないことになります。

箇条書きに限らず，スライドによって本文の一部分を隠したいような場合には，`\onslide`修飾子`<`スライド番号`>{`中身`}` という命令が便利です。修飾子には，なし，`+`，`*` という 3 種類の選択肢があります。以下の例をご覧ください。

入力

```
\begin{frame}<1-3>
 \setbeamercovered{transparent}
 代表者による\onslide+<-2>{場所取り}分は認めません。
 \onslide<2->適正に\onslide*<-2>{詰めて}もらいます。
\end{frame}
```

スライド 1　代表者による場所取り分は認めません。適正に詰めてもらいます。

スライド 2　代表者による場所取り分は認めません。適正に詰めてもらいます。

スライド 3　代表者による　　　　分は認めません。適正にもらいます。

修飾子なしでは，指定以外のスライドでは「覆い」が掛けられ，指定されたスライドのときに取り除くイメージです。`+` 修飾子では，指定されたスライドのときだけ中身が出現し，指定以外のスライドでは中身と同じサイズの余白が確保されます。覆いを半透明にするという命令 `\setbeamercovered{transparent}` がなければ，覆いは背景色と同じになるため，修飾子なしと `+` 修飾子では見た目に差が出ません。

`*` 修飾子では，指定されたスライドにのみ，中身が挿入されます。中身が挿入されて，全体の行数が変わるときには，フレームのオプションに `t` または `b` を指定して，周囲のテキストが縦方向に動かないようにすると，きれいなパラパラ漫画になります。

`frame` の直後にある `<1-3>` は，出力するスライド番号を明示的に指定するために挿入しています。省略時には自動計算されて自然な長さのスライドが生成されます。上の例で `<1-3>` がないと，スライド 2 までしか作られません。

いろいろな命令や環境は，出力するスライド番号を `<>` で括って指定できるようになっています。たとえば `\begin{block}<3>{見出し}...` とすれば，スライド 3 にだけブロックを表示することができます。振舞いは，修飾子なしの `\onslide` と同じになります。ほかにもたとえば `\alert<5>{ここだけ}の話` とすれば，スライド 5 でのみ「ここだけ」が警告されます。`\onslide*<5>{\alert}{ここだけ}の話` と書いたのと同じ効果になります。

## 高度なアニメーション

PDF には，全画面表示（フルスクリーンモード）のときにページをめくる（画面を切り替える）効果を指定することができます。何も指定しないときには，ページ全体がすぐに置き換わります。指定可能な効果としては，掃き出すタイプのものや溶け込むタイプのものがあります。

凝った動画やパラパラ漫画を作らなくても，左から右に向って画像が出現するだけで，意味のあるアニメーションになることもあるでしょう。Beamer では，スライドごとに効果を指定することができます。

たとえば，約 10 秒かけて[※7]，`first.pdf` の左から `second.pdf` で徐々に上書きされるように表示するには，以下のようにフレームを作ります。

```
\begin{frame}
  \onslide*<1>{\includegraphics[clip]{first.pdf}}
  \onslide*<2>{\includegraphics[clip]{second.pdf}}
  \transwipe[duration=10,direction=0]<2>
\end{frame}
```

※7　ただし，実際に10秒間均等な速さで画面が切り替わるかどうかは，PDFビューアや計算機の性能に依ります。

# 付録 A
# 付録DVD-ROMを用いたインストールと設定

ここでは，本書付録 DVD-ROM を使って，Windows，Mac，Linux などに TEX システム一式をインストール・設定する方法を説明します。

## A.1 本書付録DVD-ROMの中身

本書付録 DVD-ROM には，TEX Live 一式と追加ソフトを収録しています。Windows，Mac 用の追加ソフトには，文字コード変換ツール nkf と，寺田侑祐(ゆうすけ)さん・阿部紀行(のりゆき)さんによる TeX2img とが含まれます。Mac 用にはさらに，TeXShop が含まれます。Ghostscript と TEXworks は，Windows の TEX Live には含まれますが，Mac 用には含まれないので，追加ソフトとして収録しています。

DVD-ROM の中には，説明ファイル `README.html` と，以下のフォルダが含まれています。

**win** 阿部紀行さんによる Windows 用のセットアップツールと，TeX2img を収めたフォルダです。Windows へのインストールと設定の方法は A.2 節をご覧ください。

**mac** 寺田侑祐さん，山本宗宏さんによる Mac 用のセットアップツールと，TeXShop，Mac 用の TEXworks，Ghostscript，TeX2img を収めたフォルダです。Mac へのインストールと設定の方法は A.3 節をご覧ください。

**texlive** TEX Live 一式を収めたフォルダです。

## A.2 Windowsへのインストールと設定

TEX Live 標準のインストーラでも Windows にインストールできますが，本書付録 DVD-ROM には，より簡単に TEX Live をインストールして日本語の設定ができるようにしたセットアップツールを収めました。セットアップツールを作成してくださった阿部紀行さんに感謝いたします。

## インストールの前に

古い TeX システムが入っている場合は注意が必要です。もし不要なら，あらかじめアンインストールしておいてください[※1]。

TeX システムに関連する環境変数（TEX で始まる名前のもの，例えば TEXMF など）は，現在では必要ありません。間違って設定されていると誤動作しますので，すべて削除しておいてください。また，環境変数 PATH に登録されている古い TeX の情報も消しておきます。Windows での環境変数の加除の方法は 341 ページ「環境変数の設定・確認」をご覧ください。

ウイルス対策ソフトによっては，インストールの邪魔をしたり，ウイルスと誤検知したりすることがあります。必要に応じてウイルス対策ソフトを切っておいてください。

※1　TeXはWindowsのレジストリを使いませんので，複数のTeXが違うフォルダーにインストールされていても，環境変数PATHを切り替えるかフルパスで起動すれば，使い分けることができます。ただ，間違えると誤動作の原因になりますので，コンピューターに詳しくない方はTeXシステムを一つに限るほうがいいでしょう。

## インストールの方法

Windows パソコンに本書付録 DVD-ROM を挿入します。パソコンによっては DVD-ROM を挿入すると，説明を表示するか聞いてきます。「表示する」を選択するとブラウザが起動して説明の画面（README.html）が現れます。

付録 DVD-ROM の win フォルダーに阿部紀行さんによる TeX Live セットアップツールを収録しています。「美文書 TeX セットアップ」（または bibunshoTeXsetup.exe）というファイルをダブルクリックすると，「［改訂第8版］LaTeX2e 美文書作成入門 TeX セットアップ」という画面が現れます[※2]。

デフォルトのインストール先は C:¥texlive になっています。

［インストール］をクリックすると，インストールが始まります。インストールに要する時間はパソコンによりますが，1〜2 時間といったところです。

TeX Live のインストールが完了すると，ログウィンドウが表示され，nkf や TeX2img がインストールされてセットアップが完了します[※3]。

［改訂第8版］LaTeX2e 美文書作成入門 TeX セットアップ

Welcome to TeX Live!

See C:/texlive/2020/index.html for links to documentation.
The TeX Live web site (https://tug.org/texlive/) contains any updates and corrections. TeX Live is a joint project of the TeX user groups around the world; please consider supporting it by joining the group best for you. The list of groups is available on the web at https://tug.org/usergroups.html.
Logfile: C:/texlive/2020/install-tl.log

TeX Live のセットアップを終了しています......
64bit バイナリをインストールします。
tlmgr の repository 設定を更新......
nkf のセットアップが完了。
TeX2img のセットアップが完了。
TeX のセットアップが完了しました。

終了

※2　DVD-ROMを開こうとしているのにREADME.htmlが開いてしまう場合，DVD-ROMのアイコンを右クリックしたメニューから「TeX Live 2020をセットアップする」を選択します。

※3　TeX2imgは標準では C:¥texlive¥TeX2img_2_2_1 以下にインストールされます。その中にある TeX2img.exe をダブルクリックして起動すれば（少々の設定が自動で行われたのち）すぐ使えるはずです。

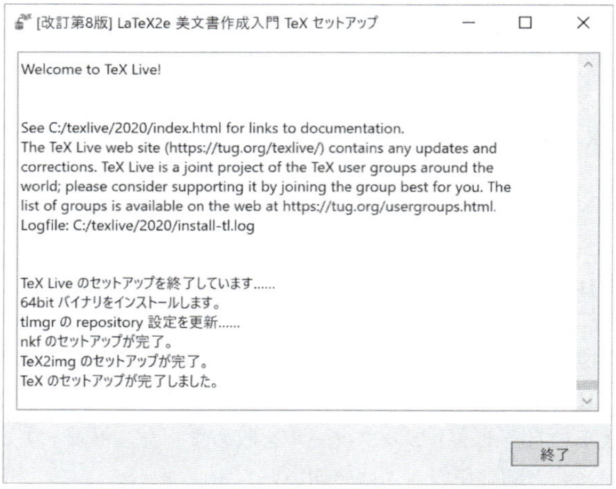

### アンインストールの方法

TeX Live 全体のアンインストールは，スタートメニューやスタート画面から「TeX Live 2020」を探して「Uninstall TeX Live」を実行します。

環境変数 PATH については，完全に削除したい場合には 64 ビット版の Windows OS では C:¥texlive¥2020¥bin¥win64 を手動で削除する必要があります。

ユーザーが変更したファイルやローカルの設定なども含めてすべてを削除したい場合には，さらにインストール先のフォルダー（C:¥texlive）とユーザー用のホームフォルダー（C:¥Users¥ユーザー名¥.texlive2020[※4]）も削除します。

### 環境変数の設定・確認

環境変数はセットアップツールやインストーラーが設定しますが，もしうまくいかなかった場合や，古い TeX などをアンインストールしたい場合は，環境変数を手動で編集します。

昔のものに比べて，現在の TeX の環境変数はたいへんシンプルになっています。標準の場所にインストールした場合には，システム環境変数 Path（またはユーザー環境変数 PATH[※5]）の先頭に，64 ビット版の Windows OS なら

```
C:¥texlive¥2020¥bin¥win64
C:¥texlive¥2020¥bin¥win32
```

の二つをこの順番で追加します。32 ビット版の Windows OS なら

```
C:¥texlive¥2020¥bin¥win32
```

を追加します[※6]。以前に設定されている値とは ;（セミコロン）で区切ります。パスについての詳しい説明は B.2 節をご覧ください[※7]。

システム環境変数はそのマシンを使うすべてのユーザーに影響し，その変更には管理者権限が必要です。ユーザー環境変数は自分だけで使う場合に設定します。システム環境変数がユーザー環境変数に優先します。

古い環境変数 TEXMF，TEXMFMAIN，TEXMFCNF，TEXINPUTS が残っていると誤動作します。以前に別の TeX システムをインストールした場合は，必ず確認して，これらの環境変数を消しておいてください。

環境変数の設定は，Cortana や検索ボックスに「環境変数」と入力して現れたパネルから行います。

環境変数を変えた場合，Windows を再起動する必要はありませんが，すでに起動している TeX 関連ソフトやターミナル類（コマンドプロンプト・PowerShell）は，いったん閉じてから開き直してください。

※4　エクスプローラーのナビゲーションウィンドウにある自分の名前の付いたフォルダーの中にあります。ナビゲーションウィンドウから「デスクトップ」または「コンピューター」の下を探してください。

※5　Windowsは環境変数の大文字と小文字を区別しませんので，PATH でも Path でも同じことです。

※6　Windowsが64ビットでも32ビット版バイナリは実行できますので，win32 だけでもいいのですが，本書全体をLuaLaTeXでコンパイルする場合に32ビット版ではメモリ不足になりました。

※7　間違って ; を二つ続けて書くと，プログラムによっては実行できなくなります。

## TEXworksの設定

TEXworksは，スタートメニューやスタート画面から「TeX Live 2020」を探して「TeXworks editor」を選ぶか，Cortanaや検索ボックス※8，またはターミナル（コマンドプロンプトまたはPowerShell）に `texworks` と打ち込んで起動できます。あるいは TeXworks editor をスタートメニューなどからスタート画面やタスクバーにピン留めしておけば，簡単に TEXworks が起動できます。

※8　複数のTEXworksがインストールされている場合，Cortanaや検索ボックスに `texworks` と打ち込むと複数表示されます。こんなときは，右クリックして「ファイルの場所を開く」を選ぶと，フォルダ名がわかりますので，新しいほうを起動します。

TEXworksを自分好みに設定するには，TEXworksを起動して「編集」→「設定」を選びます。

※セットアップが完了した段階では，タイプセットの設定が日本語向けになっていない場合があります。「タイプセットの方法」の「デフォルト」をこのページの設定に変更してからご利用ください。

**全体**　慣れないうちは「アイコンの下にテキストを表示する」にチェックを付けておくほうがわかりやすいかもしれません。

**エディタ**　好きなフォントを設定します（デフォルトではMS UI Gothic）。エンコーディングは UTF-8 が標準です。「行番号表示」「現在カーソルのある行をハイライトする」は好みに応じてオン・オフしてみてください。日本語のかな漢字変換時に，変換対象の文字列が見にくくなってしまう場合には，「現在カーソルのある行をハイライトする」のチェックをオフにすると解消します。これらは次回起動時から効果が現れます。

**タイプセット**　「タイプセットの方法」の下の「デフォルト」の設定は，よくわからなければ「pLaTeX (ptex2pdf)」にしてください。もしも設定候補の中にこれらの名前がなければ，セットアップに失敗しているか，セットアップしたユーザーとは異なるユーザーでTEXworksを使おうとしているか，何らかの理由で `C:¥Users¥`ユーザー名`¥.texlive2020` を失ってしまったかのどれかでしょう。そのようなときは，ターミナル（コマンドプロンプトまたはPowerShell）に次のように打ち込みます※9：

```
tlmgr postaction install script ptex2pdf
```

このあとで，「タイプセットの方法」の「デフォルト」の設定で，「pLaTeX (ptex2pdf)」「upLaTeX (ptex2pdf)」「LuaLaTeX」などのうちどれかを設定してください。

※9　日本語環境でないと動作しないので，その場合は一時的に日本語に設定するか手動で設定してください。

参考　タイプセットを自分で一から設定する場合，次ページの「タイプセットの方法」で［+］ボタンを押し，名前「pLaTeX (ptex2pdf)」，プログラム `ptex2pdf.exe` を入れ，引数は［+］ボタンを押して `-l`（数字の 1 ではなく小文字の L）を加え，さらに［+］ボタンを押して `-ot` を加え，さらに［+］ボタンを押して `-kanji=utf8 $synctexoption` を加え，さらに［+］ボタンを押して `$fullname` を加えます。「実行後，PDF を表示する」がオンになっていることを確認し，［OK］を押します。

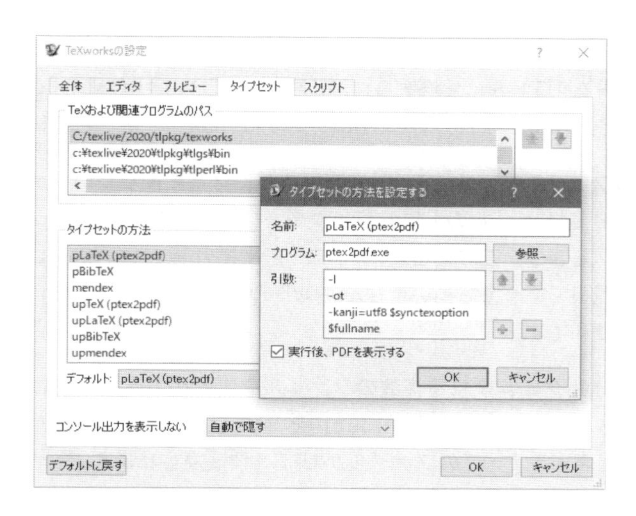


フォントなどの設定を反映させるためには，いったん TEXworks を閉じて，開き直します。

適当な例を打ち込んで「タイプセット」をクリックすると，「ファイルの保存」ダイアログボックスが開いて，ファイル名と保存するフォルダとを聞いてきます。

### ▶ 以前の環境で作成したtexファイルを開いたら文字化けしたときには

以前に作成した tex ファイルなどを，たとえばメモ帳（17 ページ）で開けば正常に表示されるのに（下図左），TEXworks では文字化けしてしまう（下図右）ことがあります。このような場合，ファイルの文字コードがシフト JIS になっていて，TEXworks の標準である UTF-8 と合っていないことが考えられます。

とりあえず文字化けを直すには，TEXworks 右下の［UTF-8］の部分をクリックし，一覧から「Shift_JIS」を選んだあとで，再度同じ部分（今度は［Shift_JIS］になっています）をクリックして「選択した文字コードで再読み込みする」を選びます。

最終的には，文字コードを UTF-8 に統一することをお薦めします。ファイルの文字コードを UTF-8 に変換するには，本書付録 DVD-ROM の win フォルダの中の tools フォルダにある「文字コード変換.bat」を使うと便利です。

- 一つのファイルだけを UTF-8 に変換するには，変換したいファイルを「文字コード変換.bat」の上にドラッグ＆ドロップ（マウスで引っ張って落とすこと）します。この場合，「文字コード変換.bat」は，コンピュータ上のどこに置いてあっても構いません。DVD-ROM から適当な場所にコピーしておくと便利です。
- 同じフォルダに含まれる複数のファイルをまとめて変換したければ，そのフォルダに「文字コード変換.bat」をコピーして，ダブルクリックすれば，TeX に関連するすべてのファイルが UTF-8 に変換されます。[※10]

※10 「文字コード変換.bat」はTeXに関連する（と思われる拡張子の）ファイルしか変換しません。具体的には，拡張子が ltx, aux, toc, lot, lof, idx, ind, bib, dtx, sty, ist, bst, bbl の ファイルを変換します。

参考　「文字コード変換.bat」は nkf というツールを呼び出しています。nkf は本書付録 DVD-ROM のセットアップツールによってインストールされます。「文字コード変換.bat」を別のコンピュータで使うには，nkf もパスの通ったフォルダーにコピーする必要があります。ターミナル（コマンドプロンプトまたは PowerShell）で nkf を直接使って文字コードを UTF-8 にするには，「nkf -w --overwrite *ファイル名*」と打ち込みます。

## A.3　Macへのインストールと設定

TeX Live 標準のインストーラでも Mac にインストールできますし，MacTeX という TeX Live ベースのシステムがありますが，本書付録 DVD-ROM には，より簡単に TeX Live をインストールして日本語の設定ができるようにしたセットアップツールを収めました。セットアップツールを作成してくださった寺田侑祐さん，山本宗宏さんに感謝いたします。

### インストールの方法

本書付録 DVD-ROM の TeX システムは，デフォルトでは アプリケーション/TeXLive フォルダにインストールされます。同じところにインストールされているもの（おそらく本書第 6〜7 版付録 DVD-ROM からインストールされたもの）がある場合は，アプリケーション フォルダの中の TeXLive フォルダを削除（ゴミ箱に移動）しておいてください（あるいは「高度な設定」で別の場所にインストールしてください）。それ以外の場所に TeX システムがインストールされている場合は，本書のものをそのままインストールしてかまいません。

本書付録 DVD-ROM を DVD ドライブに挿入し，mac フォルダの中にあるセットアップツールをダブルクリックして立ち上げます。次ページの図のようなセットアップツールが立ち上がりますので，通常は[※11] このまま「セットアップ開始」をクリックします。

※11　macOS Catalina (10.15) 以降をお使いの場合，OSのセキュリティ機構によりそのままではインストールできません。詳しくは346ページのコラム「macOS Catalina以降でのセットアップ」をご覧ください。

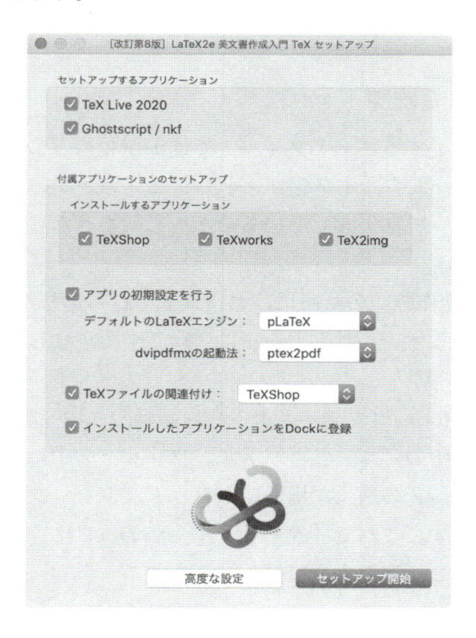


**参考**　ディスク容量の関係で外付けディスクにインストールしたいときや，UNIX 風に /usr/local/texlive 以下にインストールしたいときは，「高度な設定」をクリックして場所を変えることができます。以下では「高度な設定」をしない標準インストールについて説明します。

TeX システム本体（TeX Live と追加ソフト）は，「アプリケーション」(/Applications）の中の TeXLive フォルダに入ります。7〜8 G バイトのサイズになります。

これに加えて，「ユーザ」(/Users）の「共有」(Shared）フォルダの中と，ホームディレクトリ（自分の名前の付いた家の形のアイコンのフォルダ）の中に TeXLive フォルダ（/Users/Shared/TeXLive，~/TeXLive）が作られます[※12]。これらはそれぞれ，付録 B の TEXMFLOCAL と TEXMFHOME に相当し，そのコンピュータのユーザー全員の設定を保存するための場所，および特定ユーザーの設定を保存するための場所です。

※12　~（チルダ）はホームディレクトリを表します。~/TeXLive はホームディレクトリ直下にある TeXLive というフォルダを表します。

platex などの実行ファイルは

```
/Applications/TeXLive/Library/texlive/2020/bin/x86_64-darwin
```

に入ります。また，Ghostscript 関連のバイナリおよび文字コード変換ツール nkf は

```
/Applications/TeXLive/Library/mactexaddons/bin
```

に入ります。PATH の設定をこれらに変えるだけで，古い TEX と切り替えて使うこともできます。これらの PATH の設定は，/etc/paths.d/TeXLive に書き加えています。

### セットアップ後の確認

セットアップが完了すると，デフォルトでは Dock に TeXShop，TEXworks，TeX2img が登録されます。オプションを外した覚えがないのに登録されていなかったら，セットアップに失敗しているのかもしれません。再度セットアップを実行してください[※13]。

Mac での設定や動作確認のために，コマンドを打ち込むための「ターミナル」というアプリを使います。これも Dock に登録しておきましょう。やりかたは次の通りです。

まず Dock から Finder（ファインダー）を起動し，「アプリケーション」をクリックします。その中の「ユーティリティ」フォルダの中に「ターミナル」[※14] があります。これを Dock の適当な場所にドラッグ&ドロップ（マウスで引っ張って落とすこと）します。これで「ターミナル」が Dock に登録されました。

ターミナルを起動し，次のように打ち込みます：

```
which platex
```

※13　もしアプリケーションフォルダ（/Applications）の中に TeXLive フォルダがあれば，消しておきます。このフォルダに TEX のファイルがある状態ではセットアップが実行できません。

※14　拡張子を表示する設定にしている場合は「ターミナル.app」と表示されます。

#### ◆ macOS Catalina以降でのセットアップ　COLUMN

macOS Catalina（10.15）以降では，新たに導入されたセキュリティ保護の仕組みにより，デスクトップや外部ドライブなどにあるファイルへのアクセスが制限されるようになりました。

本書付録 DVD-ROM では，TEX Live システム全体を別ファイルで収録しているため，この制限に引っかかってしまい，セットアップツールが正常に動作しません。

maOS Catalina 以降でセットアップツールを使用するには，以下の手順に従ってください。

- 付録 DVD-ROM 内の mac フォルダと texlive フォルダを，お使いの Mac のローカルドライブ上にそのままコピーします。
  このとき，「デスクトップ」や「書類」など，もともと macOS で用意されているフォルダは同じように制限がかかっていますので，使用できません。
  例えば自分のホームフォルダ（🏠 マークのアイコンにあなたのアカウント名が書いてあるフォルダ）にコピーしてください。

- コピーした先の mac フォルダ内の「美文書 TeX セットアップ」をダブルクリックして起動してください。

- セットアップが完了したら，コピーした mac フォルダと texlive フォルダを削除します。

これで，インストール先の場所（デフォルトでは /Applications/TeXLive で始まる）が返ってくれば大丈夫です。もし何も返ってこないか，古い TeX の場所が返ってきたなら，インストールした場所にファイルがあるかどうか確かめてください。もしあるのにうまくいかなければ，PATH の設定ができていないことが考えられます。ターミナルに

```
echo $PATH
```

と打ち込んで，その中に正しい場所が登録されていなければ，.bash_profile や .zshenv で PATH を上書きしていることが考えられます。これらを編集して間違いを直すか，あるいは単に名前を変えるか別の場所に退避するかして，ターミナルを立ち上げ直して，再度試してください。

TeX Live デフォルトのフォント以外に，システムにインストールされているたくさんのフォントを使いたい場合は，ここで次のコマンドを打ち込んでおきます：

```
sudo cjk-gs-integrate-macos --link-texmf --force
```

パスワードを聞いてきますので，自分のパスワードを打ち込んでください。もし "あなたの名前 is not in the sudoers file." と言われたなら，管理者権限のない一般ユーザでログインしているので，いったん

```
sudo 管理者の名前
```

で管理者になってから，改めて上記を実行してください。

## TeXShop

本書で Mac 用としてお薦めしている TeX 用統合環境 TeXShop[※15] は，Oregon 大学の Richard Koch 教授（現在は退職されて名誉教授）が開発しました。2002 年の Apple Design Award の 6 部門のうちの一つ Best Mac OS X Open Source Port を受賞しています。宍倉光広（ししくらみつひろ）さん，銭谷誠司（ぜにたにせいじ）さん，寺田侑祐さんらのご努力により日本語も扱えるようになり，日本語のためのメンテナンスも続いています。エディタは Mac の標準エディタと同様に Emacs 類似のキーアサインになっています。LaTeX の命令に色を付けることができ，スペルチェックもできます。

※15 https://pages.uoregon.edu/koch/texshop/ 画面キャプチャや使い方は15ページ以降をご覧ください。

本書付録 DVD-ROM でセットアップした場合には設定済みですが，念のため，pLaTeX を使う場合の設定の確認方法を説明します。

TeXShop の「環境設定」を開き，左下の［設定プロファイル］で「pTeX (ptex2pdf)」を選び，右下の［OK］を押します。その後，次の設定をチェックします。

- ［書類］でエディタのフォントを好みのものに設定します。エンコーディングが「Unicode（UTF-8）」であることを確認します。

- ［タイプセット］でデフォルトのコマンドが「LaTeX」，デフォルトのスクリプトが「TeX + DVI」，Sync 方式が「SyncTeX」であることを確認します。
- ［内部設定］でパス設定の（pdf）TeX 欄，Distiller（Ghostscript）欄を確認します。本書付録 DVD-ROM からの標準インストールでは

```
/Applications/TeXLive/Library/texlive/2020/bin/x86_64-darwin
/Applications/TeXLive/Library/mactexaddons/bin
```

  となります。その下の「TeX + dvipdfmx」欄の TeX，LaTeX がそれぞれ

```
ptex2pdf -e -ot "-synctex=1 -file-line-error"
ptex2pdf -l -ot "-synctex=1 -file-line-error"
```

  であることを確認します。
- ［コピー］のフォーマットが PDF であることを確認します。
- ［詳細］で pTEX サポート「otf パッケージ対応」と「UTF-8-MAC を UTF-8 に自動変換」のチェックボックスがオンであることを確認します。

設定を変更したら，TeXShop をいったん終了し，再び開いてください。

環境設定の詳細で「otf パッケージ対応」がオンになっていると，otf パッケージと併用して pLATEX が直接扱えない漢字を扱えるようになります。TeXShop のエディタは 16 ビットの Unicode で表せない文字も入力できますので，「𠮷」などの異体字もそのまま入力できます。これを保存する時点で TeXShop は \CID{13706} という記法に直してくれるので，プリアンブルに \usepackage{otf} と書いておけば，たくさんの文字が pLATEX で扱えます。

同じ環境設定の詳細の「UTF-8-MAC を UTF-8 に自動変換」は，ちょっとわかりにくいのですが，Unicode の濁音・半濁音の扱い方などを Mac の方式から一般的な方式に変換します[※16]。

※16　単純にNFCでの正規化を行うと，CJK互換漢字など合成除外とすべき文字まで分解・合成されて字形が変化してしまうので，合成除外を考慮した独自のUnicode正規化を施しています。

## アンインストールの方法

Finder で「アプリケーション」の中の TeXLive フォルダを削除（ゴミ箱に移動）するだけで大丈夫です。より完全に削除するには，パス設定ファイル /etc/paths.d/TeXLive，システム全体の追加フォルダ /Users/Shared/TeXLive，個人用の追加フォルダ（もしあれば）~/TeXLive，および ~/Library/Preferences の中の TeX を含む名前の設定ファイルも削除します。

## A.4 LinuxやFreeBSDなどへのインストール

Linuxでは，Debian，Ubuntu，Vine Linux，CentOSといったディストリビューションごとに，aptやyum，dnfといったパッケージ管理用コマンドを持っています。まずはお使いのディストリビューションでTeX環境のパッケージが提供されていないか確認しましょう※17。

※17 Windows上で擬似的なUNIX環境を作るためのソフトウェアCygwinでも，texlive-collection-何々という名前のパッケージが公式に作られています。

より新しいTeX環境を構築するには，TeX Liveをインストールします。付録DVD-ROMにも`texlive`フォルダに`texlive*.iso`というUDFフォーマットのディスクイメージが収められています。同様なISOイメージはhttps://www.tug.orgでも提供されています。また，インストーラだけも提供されています。インストーラを単独で使えばネットワークインストールになります。

あらかじめ`/usr/local/texlive`というディレクトリを作成し，インストールする人の権限で書き込めるようにしておくのが簡単です。この中に`2020`というディレクトリがあれば消しておきます。それ以外のディレクトリ（例えば`/usr/local/texlive/texmf-local`）があっても上書きされません。また，`~/.texlive2020`がもしあれば消しておきます。

`texlive*.iso`を適当なマウンティングポイントにマウントします。

```
mount -o ro,loop,noauto texlive*.iso /mnt/iso
```

この中に移動し，`install-tl`というPerlスクリプトを実行します。質問に答えて，あとは地道に待つだけです。

終わったら，`/usr/local/texlive/2020/bin/x86_64-linux`にPATHを通します。

テキストエディタとしてはTeXworksが提供されていますが，Emacsやvimなどの一般的なテキストエディタや，WSLならばVS Codeを使うこともできます。

# 付録B マニュアルを読むための基礎知識

LaTeX および関連ソフトを使いこなしたりトラブルを解決したりするには，マニュアルを読むのが一番です。基本的なマニュアルは本書付録 C に載せましたし，texdoc コマンドやネット検索で詳しい技術情報が得られます。ここではこうしたマニュアル類を読むための基礎知識を解説しておきます。

## B.1 ディレクトリ (フォルダ) とパス

コンピュータのハードディスク[※1] の中のファイルを整理するために，フォルダ（folder）またはディレクトリ（directory）と呼ばれる間仕切りが使われます。

すべてのディレクトリの根っこにあたるディレクトリをルートディレクトリ（root directory）といって，Unix 系 OS[※2] では /（スラッシュ）で表します。Windows では \（バックスラッシュ）で表しますが，これは日本語フォントでは ¥（円印）に化けます。この化けた状態のほうが日本ではよく知られていますので，本章では Windows に限り ¥ を使っています。

この同じ文字はディレクトリの区切りにも使われます。

Windows では，ルートディレクトリを表す ¥ の前に，ドライブ文字（レター）（C: や D:）が必要になります。ハードディスクドライブが一つの場合は通常は C: になりますので，この場合，Unix 系 OS の / に相当するものは C:¥ ということになります。

例えば，ルートディレクトリの直下に usr というディレクトリがあり，その中に bin というディレクトリがあり，その中に nkf というファイルがあったとします。このファイルの位置をルートディレクトリからたどって書けば

```
/usr/bin/nkf
```

となります。このようにルートディレクトリからたどって書いた位置のことを「絶対パス」または「フルパス」といいます。

platex などの TeX Live の実行ファイルは一般にもっと深いところにあります。本書付録 DVD-ROM からデフォルトの設定でインストールした場合，Mac では

※1　今はハードディスクの代わりにSSD (半導体メモリ) を使う時代です。以下の「ハードディスク」は「SSDまたはハードディスク」と読み替えてください。

※2　OS (オペレーティング・システム) には，Windows, Linux, FreeBSD, macOS などがあります。このうちmacOS, Linux, FreeBSDなどをここではUnix系OSと呼んでいます。Windowsでも，Cygwinというフリーのツール群を使えば，Unix系OSとほぼ同じコマンドが使えるようになります。Windows 10ではWindows Subsystem for Linux (WSL) という仕組みを使ってUbuntuなどのLinuxディストリビューションをインストールできます。

```
/Applications/TeXLive/Library/texlive/2020/bin/x86_64-darwin/
platex
```

Windows（64 ビット）では

```
C:¥texlive¥2020¥bin¥win64¥platex.exe
```

にあります。Linux では特に決まっていませんが

```
/usr/local/texlive/2020/bin/x86_64-linux/platex
```

といったところが候補です。

## B.2　パスを通すとは?

以下の話は Windows でも Unix 系 OS でも同じことですが，Windows を中心に説明します。例えば okumura という名前のユーザー※3 が 16 ページのようにしてコマンドプロンプトまたは PowerShell を立ち上げると，

```
C:¥Users¥okumura>_
```

のようなプロンプトが出ます（表示は Windows のバージョンやユーザー名によって変わります）。これは，現在そのコマンドプロンプトが `C:¥Users¥okumura` という位置にいることを表しています。このような最初に開かれる位置のことを Unix 系の用語ではホームディレクトリ（home directory）といい，`~`（チルダ）という記号で表します。一般に okumura という人のホームディレクトリは Mac では `/Users/okumura`，Linux では `/home/okumura` といった場所になります。

また，コマンドプロンプトなどのターミナルの現在位置のことを，カレントディレクトリ（current directory）といいます。

さて，ある仕事に関するファイルがすべて `C:¥Users¥okumura¥work` に入っているとします。まずそこへ移動しなければなりません。カレントディレクトリを移動するコマンドは `cd`（change directory）です。

```
cd ¥Users¥okumura¥work
```

と打ち込めば，仕事のファイルのあるところに移動できます。また，`C:¥Users¥okumura` からであれば，`cd work` と打ち込んでも移動できます。

また，`D:¥work` のような違うドライブのディレクトリに移動するには，まず `d:` と打ち込んでドライブを移動し※4，さらに `cd ¥work` と打ち込みます。

このようにしてカレントディレクトリを `C:¥Users¥okumura¥work` に変更

※3　ユーザー名に「奥村 晴彦」のような全角の名前やスペースを含む名前を設定すると，動作に支障が出るアプリがあります。LaTeX は大丈夫ですが，なるべくユーザー名が半角英数字になるように設定しましょう。

※4　Cygwin の bash シェルの場合は cd d: と打ち込みます。PowerShell の場合は d: だけでも cd d: でも大丈夫です。

し，LaTeX ファイル ronbun.tex を作成してそこに保存したとします。そこでコマンドプロンプトから platex ronbun と打ち込んでも，お目当ての platex というソフトは起動してくれないかもしれません。Windows でも Unix 系 OS でも，platex と打ち込めばハードディスク全体から platex を探してくれるわけではありません。あらかじめ「ここところから探してね」とコンピュータに教えておかなければなりません。これがいわゆる「パスを通す」という作業です。

具体的には，PATH という名前の環境変数というもので設定します。

現在の環境変数 PATH の値を調べるには，Windows のコマンドプロンプトなら PATH，PowerShell なら $ENV:Path，Unix 系 OS なら echo $PATH と打ち込みます。Unix 系 OS では :（コロン）で，Windows では ;（セミコロン）で区切られた一連のディレクトリが表示されます。

Windows や Mac の環境変数の設定法は付録 A をご覧ください。もし platex が C:¥texlive¥2020¥bin¥win64 というフォルダに入っているならば，C:¥texlive¥2020¥bin¥win64 を環境変数 PATH に追加しなければなりません。

例えば PATH が

```
C:¥WINDOWS¥system32;C:¥WINDOWS
```

となっていたときに「platex」と打ち込めば，まず C:¥WINDOWS¥system32¥platex を，次に C:¥WINDOWS¥platex を起動しようとして，どちらにも見つからなければエラーになります（Windows では拡張子 .exe は省略できますので，実際に見つかるのは platex.exe というファイルです）。

環境変数を変えるのが面倒なら，コマンドプロンプトから

```
C:¥texlive¥2020¥bin¥win64¥platex
```

のような絶対パスを打ち込んでも，platex を起動させることができます。

なお，Windows のコマンドプロンプト[※5] では環境変数 PATH にかかわらずカレントディレクトリをまず探しますが，Unix 系 OS は，カレントディレクトリ（ピリオド 1 個 . で表します）を PATH に登録していなければ，探しません。カレントディレクトリを PATH に登録することはセキュリティ上の問題があるので，登録すべきでないとされています。Unix 系 OS では，カレントディレクトリにある platex を起動するには ./platex と打ち込みます。

※5 PowerShell では Unix 系 OS のように振る舞います。

パスが正しく設定されていれば，単に platex と打ち込むだけで platex(.exe) が起動します。どの場所にあるものが起動するかを確認するためには，Unix 系 OS ならターミナルに which platex と打ち込みます。Windows のコマンドプロンプトなら where platex，PowerShell なら where.exe platex です。

PATH 以外にも，プログラムの動作を指定するいろいろな環境変数があります。昔の TeX では，TEXMF など TEX... という形の環境変数を設定するのが一般的

でした。現在は，`TEX...` という形の環境変数があるとむしろ誤動作しますので，もし昔 TeX をインストールした場合は，探して消しておく必要があります。

## B.3 TeXのディレクトリ構成

TeX のディレクトリ構成は，システムによってかなり違いがありました。これが混乱の元でしたので，TeX Users Group（TUG）のテクニカルワーキンググループにより，標準的なディレクトリ構成 TeX Directory Structure（TDS）が提案されました（texdoc tds）。最近の TeX システムはほぼこれに従って構成されています。本書では，最近の TeX Live で構築した TeX システムに従って説明します。

まず TeX Live をインストールする場所ですが，これはどこでもかまいません。ホームディレクトリ以下でも，外付けハードディスクでも大丈夫です。ただ，Unix 起源のソフトの一般論として，名前に空白を含む `C:¥Program Files` のようなディレクトリや，全角文字や半角ｶﾅの名前のディレクトリは避けたほうが無難です。

インストールされた場所の中に `bin` というフォルダがあり，その下にアーキテクチャ名（`win64` とか `x86_64-darwin` とか）があり，その中に `platex(.exe)` などの大量の実行ファイルが入っているはずです。そこにパスが通っていれば，`kpsewhich` というコマンド（367 ページ）も実行できるはずです。以下はこのコマンドを使っていろいろ調べます。

まず，ターミナルに

```
kpsewhich --var-value TEXMFROOT
```

と打ち込んでみてください。何やら長いパス名が現れるはずです。これが現在利用中の TeX システムを収めた場所の根っこ（root（ルート））に相当する位置です。`TEXMF` は TeX や METAFONT（TeX 用のフォント製作システム）という意味です。

また，

```
kpsewhich --var-value TEXMFLOCAL
```

と打ち込んでみてください。この場所はシステムによって違いますが，ここはローカル（そのマシン）で追加インストールするファイル群を入れる場所です。TeX システム本体とは独立しており，TeX システムを更新しても上書きされることはありません。

この二つの場所を，本書では `TEXMFROOT`，`TEXMFLOCAL` と呼ぶことにします。この二つのディレクトリの構成を理解しておくと便利です。

`TEXMFROOT` は，さらに次のような構成になっています。

**texmf.cnf（テキストファイル）**
ローカルの追加設定を書き込むテキストファイルです。これは TEX Live を更新しても上書きされません。

**bin（ディレクトリ）**
システム（OS・CPU）ごとのフォルダに，実行ファイルを入れます。bin はバイナリ（binary，実行ファイル）の意味です。たとえば pLATEX の実行ファイル platex（Windows では platex.exe）[※6] がここに入ります。Windows 用の 32 ビットバイナリは bin/win32 に，Mac の 64 ビット用は bin/x86_64-darwin に，Linux の 64 ビット用は bin/x86_64-linux に入ります。

**texmf-dist（ディレクトリ）**
TEX Live ディストリビューション（配布物）の実行ファイル以外のものが入ります。この中の web2c というディレクトリ[※7] には TEX Live の基本的な設定ファイル texmf.cnf などの設定ファイル類が入ります。

この設定ファイル texmf.cnf を少し眺めてみましょう。% で始まる行はコメントです。最初のコメント以外の行は

```
TEXMFROOT = $SELFAUTOPARENT
```

ですが，これは例えば …/2020/bin/*/platex が実行されたなら，bin 以下を削除した …/2020 というフォルダを TEXMFROOT と名付けるという意味です。

```
TEXMFDIST = $TEXMFROOT/texmf-dist
```

は，その TEXMFROOT の中の texmf-dist というフォルダを TEXMFDIST と名付けるという意味です。以下，TEXMFMAIN，TEXMFLOCAL，TEXMFHOME などが定義され，これらを TEXMF として束ねています。

```
TEXMF = {$TEXMFCONFIG,$TEXMFVAR,$TEXMFHOME,
  !!$TEXMFSYSCONFIG,!!$TEXMFSYSVAR,!!$TEXMFLOCAL,!!$TEXMFDIST}
```

ここに並べた順序が優先順序になり，同じファイル名のものが複数の場所にあれば，最初のものが優先されます。

ここで !!$TEXMFDIST のように !! が付いているものは，そのディレクトリ直下に ls-R というファイルが存在しなければならないことを意味します。この ls-R は，そのディレクトリ以下の全ファイルの名前を列挙したテキストファイルで，ファイル検索を高速化するために使われます[※8]。この ls-R を再構築するためのコマンドが mktexlsr です（363 ページ）。TEX システムを更新して TEXMFDIST などの中が変化した場合は自動で mktexlsr が実行されますが，自

※6 Windowsでは実行ファイル名に .exe が付きますが，Unix系OSでは拡張子は付きません。

※7 Web2CのWebは インターネットのWebではなく，TEXの作者Knuthが考案した文芸的プログラミングのためのWEBというシステムを指します。TEXはもともとWEBで書かれていましたが，WEBからC言語に変換してTEXを構築する仕組みが考えられました。これがWeb2Cです。

※8 なぜ ls-R という名前かというと，もともとはUnixの ls コマンドに -R オプションを付けて実行したときの出力をファイルに収めたものだったからです。

分で TEXMFLOCAL の中身を変更した場合は，忘れずにこのコマンドを手動で実行する必要があります。

ここで定義されているいくつかの TEXMF... という変数のうち，TEXMFHOME というのは，そのマシンに複数のユーザがいる場合に，ユーザ個人が追加インストールするための場所を表します。ターミナルに

```
kpsewhich --var-value=TEXMFHOME
```

と打ち込めば場所がわかります。

TEXMFDIST の設定は TEXMFLOCAL で上書きされます。TEXMFLOCAL の設定は TEXMFHOME で上書きされます。もし TEXMFHOME にあたる位置に古いファイルが残っていれば，システムを更新したり TEXMFLOCAL に新しいものをインストールしたりしても，古いファイルのほうが優先されてしまい，期待通りの動作をしません。意図して TEXMFHOME を使っているのでなければ，TEXMFHOME の指し示すフォルダは消してしまってもかまいません。ただ，LuaTeX-ja では TEXMFHOME/texmf-var/luatexja をキャッシュ置き場に使っているようです。

以下ではこの複数ある TEXMF の構成について説明します。TEXMF は上で調べた TEXMFDIST または TEXMFLOCAL に読み替えてください。

- TEXMF/tex ディレクトリは，TeX の動作に必要なテキストファイルを収めるところです。共通のものが generic，LaTeX 用が latex，pLaTeX 用が platex 等々となっています。

- TEXMF/fonts ディレクトリは，フォント関連ファイルを入れるところです。この中の構成は次のようになっています。

  - TEXMF/fonts/tfm の下には，TFM（TeX フォントメトリック）ファイル（フォントの寸法を記したファイル）が入ります。

  - TEXMF/fonts/vf の下には，仮想（バーチャル）フォントファイルが入ります。

  - TEXMF/fonts/type1 の下には拡張子が pfb のファイル（PostScript Type 1 バイナリファイル）を入れます。

  - TEXMF/fonts/truetype，TEXMF/fonts/opentype の下には，それぞれ TrueType，OpenType 形式のフォントが入ります。

  - TEXMF/fonts/map の下には拡張子が map のファイル（map ファイル）を入れます。

  - TEXMF/fonts/cmap の下には一般に拡張子なしの CMap（Character Map）ファイルを入れます。これらは文字コードとフォントの文字番号（CID）とを対応づける表です。

- TEXMF/dvipdfmx ディレクトリには，dvipdfmx の設定ファイル dvipdfmx.cfg が入っています。
- TEXMF/doc ディレクトリにはドキュメント類が入っています。

付録 C
# 基本マニュアル

TEX および関連ソフトの基本マニュアルです。より詳しい説明は，TEX Live をインストールしたフォルダの中にある doc.html というファイルを Web ブラウザで開くと，texmf-dist/doc フォルダの下にある数千件のドキュメントへのリンクが並びます。これらのマニュアルからキーワードで目的のマニュアルを表示するには，この付録の最初に説明する texdoc コマンドが便利です。例えば platex コマンドについて知りたければ，ターミナルに texdoc platex と打ち込みます。もっと簡単な説明でよければ，ターミナルに platex --help と打ち込めば，platex コマンドのオプションが一覧できます。UNIX 風の操作に慣れていれば man platex と打ち込んでもマニュアルが読めます。

## C.1 texdoc

TEX Live のマニュアルを読むためのコマンドです。ターミナルに例えば

```
texdoc platex
```

と打ち込めば pLATEX のマニュアル（PDF）が開きます。

あいまいなキーワードの場合は，該当するマニュアルが複数ありうるので，例えば TEX Live について調べたいなら

```
texdoc -l texlive
```

のように -l（ハイフンエル）（または --list）オプションを与えると，当てはまるものがリストされます。texdoc -l texlive の場合，texlive-en.pdf や texlive-ja.pdf がリストされますので，日本語のマニュアルが読みたいなら後者を選びます。

## C.2 pdflatex, platex, uplatex, lualatex

それぞれ pdfLaTeX，pLaTeX，upLaTeX，LuaLaTeX を起動するためのコマンドです。pdflatex は pdftex，(u)platex は e(u)ptex（ε-TeX 拡張された (u)pTeX），lualatex は TeX Live 2020 では luahbtex（HarfBuzz エンジンを使った LuaTeX）へのシンボリックリンクです。

例えば pLaTeX は次のコマンドで起動します。

```
platex [オプション] ファイル名[.tex]
```

[ ] は省略できる部分を示します。例えば foo.tex を pLaTeX で処理するコマンドは，platex foo でも platex foo.tex でもかまいません。

入力ファイルの文字コードは UTF-8 が推奨です。行末は CR，LF，CRLF のどれでもかまいません[※1]。

※1　古いMacの行末がCR (carriage return, 16進 0D)，UNIX系OSの行末がLF (line feed, 16進 0A)，Windowsの行末がCRLF (16進 0D 0A) です。多くのテキストエディタはこれらを自動判断します。

おもなオプションは次のものがあります（頭の - は -- でもかまいません）。例えば foo.tex の文字コードがシフト JIS なら，打ち込むべきコマンドは platex -kanji=sjis foo になります。

`-kanji=文字コード`
: (u)pLaTeX の入力ファイルの文字コードです。euc，sjis，jis，utf8 が選べます。Windows 版は文字コードを自動判断します。文字コードがいわゆる JIS（ISO-2022-JP）および BOM 付き UTF-8 のファイルは常に自動判断で処理できます。なお，2016 年以降の pLaTeX では，文字コードを途中から例えばシフト JIS に変えたい場合は，\epTeXinputencoding sjis という命令を文書ファイル中に書くことができます。これを書いた次の行から文字コードが切り替わります。文字コードの違うスタイルファイルを読み込む際に便利です。

`-synctex=1`
: SyncTeX の機能を有効にします（23 ページ）。

`-fmt=ファイル名`
: 読み込むフォーマット（fmt）ファイルを指定します。fmt ファイルは通常 TEXROOT/texmf-var/web2c ディレクトリ以下にあり，LaTeX のマクロを読み込みが速くなるようにバイナリ形式に直したものです。通常はコマンド名と同じ fmt ファイルが読み込まれます。例えば platex コマンドは platex.fmt を読み込みます。

`-ini`
: フォーマット（fmt）ファイルを作成するモードにします。

例えば platex foo というコマンドを打ち込んだとしましょう。システムは

platex（Windows の場合は platex.exe）という実行ファイル[※2]を，環境変数 PATH に登録されているディレクトリ（フォルダ）から探します。複数の TEX システムをインストールしている場合は，PATH の列挙順に探し，最初に見つかったものを起動します。詳しくは 352 ページをご覧ください。

無事 platex が起動したなら，その platex 実行ファイルは，自分の存在する位置 TEXROOT/bin/.../platex から TEXROOT を推定し，TEXROOT/texmf-dist/web2c/texmf.cnf というファイルをまず読み込みます[※3]。これが TEX や METAFONT の設定（configuration）ファイルです。

platex コマンドは，texmf.cnf に書き込まれた TEXINPUTS.platex という項目を探し，そこに列挙されたディレクトリから foo.tex を探します。カレントディレクトリ “.” が列挙の最初にありますので，まずカレントディレクトリから foo.tex を探します。もし見つからなければ，TEXINPUTS.platex に列挙されたディレクトリを一つずつ探していき，どこにも見つからなければエラーを返します。texmf.cnf に TEXINPUTS.platex という項目がなければ，単なる TEXINPUTS という項目に従って動作します。もし foo.tex に \documentclass{jsarticle} と書かれていれば，jsarticle.cls をやはり上と同様の順序で探します。\usepackage{otf} と書かれていれば otf.sty を同様に探します。具体的にどこにあるファイルが読み込まれるかは kpsewhich コマンド（367 ページ）で調べられます。

以上が最近の TEX の動作ですが，もし環境変数 TEXMFCNF が登録されていれば，そこから texmf.cnf を探します。また，TEXINPUTS などの環境変数が登録されていれば，texmf.cnf での指定より優先されてしまいます。以前 TEX を使っていたパソコンに新しい TEX をインストールしたけれども期待通り動かないといったトラブルの多くは，古い TEX... といった環境変数が残っていることが原因です。今の TEX は PATH さえ設定しておけば後は自分自身の属する texmf.cnf に従って正しく動作するはずですので，特殊な目的がなければ TEX... 環境変数をすべて削除してください。

※2 実は platex と eptex は中身が同じです（UNIX系OSでは platex は eptex のシンボリックリンクです）。platex というコマンド名で起動すれば，起動直後に platex.fmt という fmt ファイルを読み込みます。

※3 Windowsでは拡張子 cnf のファイルは変なアイコンで表示されたり，Windowsの設定によっては拡張子が隠されたりするかもしれません。このことは TEX の動作に影響を及ぼしません。

## C.3 dvipdfmx

dvi を PDF に変換するツールです。コマンドは

```
dvipdfmx [オプション] ファイル名[.dvi]
```

の形式で与えます。

dvipdfmx の設定は TEXMFDIST/dvipdfmx/dvipdfmx.cfg というファイルに書き込んであります。行頭に % のある行はコメントです。最後のほうに f 何々.map という行がいくつかありますが，この 何々.map というファイル

（map ファイル）に，TEX でのフォント名と dvipdfmx でのフォント名との対応が書き込まれています。f の行がいくつかあれば上から順に読み込まれ，さらにコマンドラインでの -f オプションで指定した map ファイルが順に読み込まれます。矛盾した設定があれば，後のものが勝ちます。dvipdfmx.cfg が標準で読み込む map ファイルは，手で編集するのではなく，後述の updmap や kanji-config-updmap というツールで変更します。

-f ファイル名
: 追加で読み込む map ファイル名を指定します。map ファイルは，カレントディレクトリになければ，TEXMF/fonts/map から探します。

-s ページ範囲
: ページ範囲を 12-34 のような形式あるいはコンマで区切った形式で与えます。

-x 横方向オフセット，-y 縦方向オフセット
: オフセットに 1 インチを足した長さを指定します。

-p 用紙
: 用紙（letter，legal，ledger，tabloid，a6，a5，a4，a3，b6，b5，b4，b3，b5var）を指定します。デフォルトは a4 です。あるいは，LATEX ソースファイルのプリアンブルに

```
\AtBeginDvi{\special{pdf: pagesize width 210mm height 297mm}}
```

のように書いておくと任意サイズにできます。jsarticle などでは \documentclass[papersize]{...} とすれば自動的にこの \AtBeginDvi 命令が入ります。

-l
: 横置き（landscape）モードにします。

-V *n*
: PDF バージョン 1.*n* を指定します（$n = 3, 4, 5, 6, 7$）。例えば -V 3 で PDF バージョン 1.3 の出力になります。透明画像（アルファチャンネルを使った PNG など）を使うなら 1.4 以上にします。インクルードする PDF ファイルのバージョンが -V で指定したバージョンを超えるとエラーになります。

## C.4　ptex2pdf

(u)p(la)tex と dvipdfmx とを順に実行して PDF ファイルを作成するコマンドです。

```
ptex2pdf [オプション] ファイル名[.tex]
```

のように起動します。

| | |
|---|---|
| `-l` | (u)platex を実行します。これを付けなければ (u)ptex を実行します。 |
| `-u` | up(la)tex を実行します。これを付けなければ p(la)tex を実行します。 |
| `-ot 'オプション'` | (u)p(la)tex に渡すオプションを指定します。オプションは '...' または "..." で囲みます。 |
| `-od 'オプション'` | dvipdfmx に渡すオプションを指定します。オプションは '...' または "..." で囲みます。 |

## C.5 mktexlsr

付録 B でも説明しましたが，TEX Live の実行ファイル以外がインストールされたフォルダ（`TEXMFDIST` など），およびローカルで TEX 関係のファイルを収めたフォルダ（`TEXMFLOCAL`）の検索を高速化するために `ls-R` というデータベース（テキストファイル）が使われます。これらのフォルダの内容が変化すれば，`ls-R` を再構築する必要があります。そのときに使うコマンドが mktexlsr です（texhash というコマンドも中身は同じです）。使い方は簡単で，単にターミナルに

```
mktexlsr
```

と打ち込むだけです。インストールしたはずのファイルが認識されないときは，これをやってみると解決されます。

## C.6 latexmk

latexmk は LATEX とそれに関連するコマンド（dvipdfmx，bibtex，mendex など）を適切な順序で適切な回数実行するためのツールです[※4]。

latexmk を使うには，カレントディレクトリに `latexmkrc` というファイルを作り[※5]，それに例えば次のように書き込んでおきます（これは pLATEX を使う例です）。

```
$latex = 'platex';
$dvipdf = 'dvipdfmx %O -o %D %S';
$pdf_mode = 3;
```

これで例えば `main.tex` を処理するには，ターミナルに `latexmk main.tex` または単に `latexmk main` と打ち込みます。すると，適切な順序で platex と

※4 latexmkの “mk” は “make” が由来です。

※5 “~rc” という接尾辞は，設定ファイルの類に昔からUNIXなどで使われてきたもので，run command が語源です。なお，ホームディレクトリに `.latexmkrc` というファイルを作る流儀もあります。

dvipdfmx を，相互参照（第 10 章参照）が解消するまで何度も（デフォルトでは最大 5 回）実行します[※6]。

※6　latexmkrc に @default_files = ("main"); と書き込んでおけば，ファイル名なしで latexmk とだけ打ち込んだときに main.tex を処理します。("main","sub") のようにコンマで区切って複数のファイルを指定することもできます。この指定がなければ latexmk とだけ打ち込むとカレントディレクトリの全 *.tex ファイルを順に処理します。

$pdf_mode が 1 なら $pdflatex に設定されたコマンドで PDF を生成し，2 なら $latex に設定されたコマンドで dvi を生成してから $dvips に設定されたコマンドで PostScript に変換してさらに $ps2pdf に設定されたコマンドで PDF に変換し，3 なら $latex に設定されたコマンドで dvi を生成してから $dvipdf に設定されたコマンドで PDF に変換し，4 なら $lualatex に設定されたコマンドで PDF を生成し，5 なら $xelatex に設定されたコマンドで PDF を生成します。つまり，

```
$pdf_mode = 4;
```

とだけ書いておけば LuaLaTeX で処理します。

さらに，索引を生成したり（第 10 章），文献データベースを使ったり（第 11 章）する場合は，例えば

```
$makeindex = 'upmendex %O -o %D %S';
$bibtex = 'upbibtex';
```

のように追加します。%S がソース（そのコマンドが処理するファイル名），%D がデスティネーション（そのコマンドが出力するファイル名），%O がオプション（必要に応じて latexmk が挿入するオプション）の入る場所を示します。

## C.7　texfot

texfot は LaTeX 関連ツールの画面出力をフィルタして重要なメッセージだけを表示するプログラム（Perl スクリプト）です[※7]。例えば

※7　作者 Karl Berry によれば "fot" は filter online transcript だろうとのことです。

```
texfot lualatex main
```

のように，通常のコマンドの頭に付けて使います。

## C.8　tlmgr, tlshell

tlmgr（TeX Live Manager）は TeX Live を管理するツールです。以下のコマンドは，TeX Live をインストールしたディレクトリ（フォルダ）の中身を変更しますので，ディレクトリの所有者・パーミッション（許可）によっては，管理者権限が必要になります。その場合は，コマンドの先頭に sudo[※8] を付けて sudo tlmgr ... のように打ち込む必要があります。ユーザーに sudo の権限

※8　sudo = substitute user, do

があれば，ユーザーのパスワードを打ち込めと言ってきますので，打ち込みます。sudo は毎回使う必要がありますが，パスワードは 1 回打ち込めば，しばらくは聞いてきません。

リポジトリ（ダウンロード先）をデフォルトの CTAN ミラー（自動選択）にリセットするには

```
tlmgr option repository ctan
```

と打ち込みます。実際に TEX Live のアップデートを始めるには

```
tlmgr update --self --all
```

と打ち込みます。しばらくアップデートしていないと，アップデートにかなりの時間がかかります。アップデートにより最新の機能が使えるようになったり不具合がなくなったり，逆に不具合が増えたりすることもあります。

同じことをマウス操作で行うツール TEX Live Shell もあります。ターミナルに tlshell と打ち込めば起動します（texdoc tlshell）。

日本語 TEX 開発コミュニティの補助リポジトリ tltexjp を追加することで，日本語に特化したパッケージ（以下の例では hiraprop）がインストールできます。そのためには，https://texlive.texjp.org/tltexjp-key.asc をダウンロードして，tltexjp-key.asc の入っているフォルダで次のように打ち込みます。

```
tlmgr key add tltexjp-key.asc
tlmgr repository add http://texlive.texjp.org/current/tltexjp tltexjp
tlmgr pinning add tltexjp "*"
tlmgr install hiraprop
```

## C.9　updmap

モダン LATEX では文書ファイル中で実フォント名を直接指定できますが，一般には内部フォント名を実フォント名に対応づける map ファイルが必要になります。さまざまな map ファイルを統一的に管理するためのツールが updmap[※9] です。

※9　update map の意

updmap には updmap-sys（または updmap --sys）と updmap-user（または updmap --user）の 2 通りがあります。前者はシステム全体の設定を変更し，後者はユーザーだけの設定を変更します。前者を実行するためには，管理者権限が必要なことがあります。その際は，頭に sudo を付けて sudo updmap-sys のように起動します（364 ページ）。一方，updmap-user は，一度使ってしまうとそちらがシステムの設定に優先し，後で updmap-sys を使っても変更が反映されないことになります。

カレントディレクトリまたは TEXMF の fonts/map 以下にある foo.map というファイルの内容を有効にするには，次のように打ち込みます。

```
updmap-sys --enable foo.map
```

逆に foo.map の内容を無効にするには，次のように打ち込みます。

```
updmap-sys --disable foo.map
```

ただ，updmap を使うとフォント環境が変わり，その環境でうまくいく LaTeX ファイルでも別の環境でうまくいかないことが起こり得ます。環境は TeX Live のデフォルトの状態に保ち，例えば foo.map と bar.map を使いたいなら dvipdfmx -f foo.map -f bar.map のようにするほうがトラブルが少ないように思います。同様に，pdfLaTeX なら \pdfmapfile{+foo.map}，LuaLaTeX なら \pdfextension mapfile {+foo.map} と LaTeX ファイルに書いておきます。

## C.10 kanji-config-updmap

(u)pLaTeX + dvipdfmx の和文フォントを設定するコマンドです。

```
kanji-config-updmap-sys  または kanji-config-updmap --sys
kanji-config-updmap-user または kanji-config-updmap --user
```

の 2 通りがあります[※10]。両者の関係は updmap の場合と同じです。TeX Live 2020 のデフォルトでは

※10　第13章（250ページ）もご参照ください。

```
kanji-config-updmap-sys --jis2004 haranoaji
```

を実行した状態（原ノ味フォント，JIS 2004 字形）になっています。

```
kanji-config-updmap-sys status
```

で現在の状態とスダンドバイ（待機中）の状態が表示されます。この中で，例えば IPAex に設定したければ，

```
kanji-config-updmap-sys ipaex
```

とします。

## C.11 getnonfreefonts

ライセンス上 TeX Live に含められなかったフォントを CTAN からダウンロードしてインストールするためのスクリプトです[※11]。

※11 https://tug.org/fonts/getnonfreefonts/

```
getnonfreefonts --sys --lsfonts
```

でダウンロード可能なフォント一覧が表示されます。例えば Garamond をインストールするには

```
getnonfreefonts --sys garamond
```

と打ち込みます（必要に応じて sudo を付けます）。

## C.12 kpsewhich

TeX 関連の（TEXMF 以下の）ファイルの場所を検索するコマンドです。

```
kpsewhich ファイル名
```

検索に kpathsearch というライブラリを使っています（k は作者 Karl Berry に因みます）。

変数の値を調べることもできます。例えば TEXMFLOCAL の値を調べるには

```
kpsewhich --var-value TEXMFLOCAL
```

と打ち込みます。

## C.13 Ghostscript

Ghostscript は PostScript や PDF を扱うためのオープンソースのツールです。LaTeX で EPS 形式の画像をインクルードする際に，EPS を PDF に変換するために LaTeX は Ghostscript を呼び出します。この呼び出しは LaTeX を遅くするだけでなく，複雑な EPS で失敗することもあるので，なるべく EPS は使わず，PDF・PNG・JPEG のどれかを使うのが推奨です。そうすれば Ghostscript は不要です[※12]。

※12 131ページで紹介したpdfcropを使うためにはGhostscriptが必要なので完全には捨てられません。

Ghostscript の日本語フォントの設定は非常に複雑です。Windows 版は設定が自動で行われるはずですが，Windows 以外は cjk-gs-integrate コマンドで設定します（必要に応じて sudo を付けます）。特に Mac の場合は，次のようにします。

```
cjk-gs-integrate --link-texmf --cleanup --force
tlmgr repository add http://contrib.texlive.info/current tlcontrib
tlmgr pinning add tlcontrib '*'
tlmgr install japanese-otf-nonfree japanese-otf-uptex-nonfree \
              ptex-fontmaps-macos cjk-gs-integrate-macos
cjk-gs-integrate-macos --link-texmf --force
```

本書付録 DVD-ROM からインストールした場合は，必要なものはすべて入っていますので，最後の行だけ（sudo を付けて）実行すれば，システムに合わせて構成されるはずです。

これで Ghostscript（gs コマンド）の入っているフォルダの一つ上から `share/ghostscript/9.XX/Resource` とたどったところにたくさんのファイルが入り，これで `TEXMFLOCAL/fonts/{opentype,truetype}/cjk-gs-integrate` に Mac の（`/System/Library/AssetsV2` の中も含めた）フォントへのシンボリックリンクができ，LaTeX からも見えるようになります。

# 付録D TikZ

TikZ は LaTeX の中で使える強力な描画（ドロー）コマンド群です。従来の picture 環境，METAPOST，Asymptote，PSTricks に置き換えて使えます。

R，Python，gnuplot などと組み合わせれば，より高度なグラフを描くことができます。

## D.1 PGF/TikZとは

TikZ[※1]（texdoc tikz）は LaTeX の中で使える強力な描画（ドロー）コマンド群です。作者は，スライド作成用パッケージ Beamer[※2] の作者としても有名な Till Tantau さんです。

TikZ はご覧のように *k* だけイタリック体で書きます。名前の由来は TikZ ist *kein* Zeichenprogramm（TikZ はドローツールではない）です（再帰的な略語）。従来の LaTeX の picture 環境を強力にしたもので，機能的には METAPOST，Asymptote，PSTricks に近いものです。バックエンドとして PGF（Portable Graphics Format）という仕組みを使っています。

※1　TikZの読み方は特に決まっていませんが，「ティックス」「ティックズィー」などと読まれているようです。

※2　18.2 節参照。

## D.2 TikZの基本

pLaTeX + dvipdfmx の場合の簡単な例です。オプション dvipdfmx は必須です。この例のように，\documentclass のほうに付けるのが推奨です。

```
\documentclass[dvipdfmx]{jsarticle}
\usepackage{tikz}
\begin{document}
\tikz\draw(0,0)--(0.1,0.2)--(0.2,0)--(0.3,0.2)--(0.4,0);
\end{document}
```

LuaLaTeX の場合はオプションは不要です。

```
\documentclass{ltjsarticle}
```

```
\usepackage{tikz}
...以下同様...
```

これで「⋀⋀」のような出力が得られます。(0,0) などは座標で，デフォルトの単位は cm ですが，(12mm,3pt) のように LaTeX が理解する単位を付けることもできます。

参考　和文用の zw などの単位は使えませんが，本文フォントの 1 zw に相当する長さ \Cwd が日本語用ドキュメントクラスの中で定義されていますので，例えば 3 zw なら 3\Cwd と書くことができます。LuaLaTeX の日本語用ドキュメントクラスなら 3\zw とも書けます。

このように，\draw は点を結んで折れ線を描きます。\draw 文の最後にはセミコロン（;）が必要です。

複数の \draw がある場合は，

```
\tikz{\draw(0,0)--(10pt,10pt);\draw(0,10pt)--(10pt,0);}
```

のように波括弧で囲むか，あるいは

```
\begin{tikzpicture}
  \draw (0,0) -- (10pt,10pt);
  \draw (0,10pt) -- (10pt,0);
\end{tikzpicture}
```

のように tikzpicture 環境を使います。

図の入る箱（バウンディングボックス）は，中身がぴったり収まるように自動的に決まります[※3]。例えば中身が \draw(1,2)--(4,3); であれば，図形をぴったり囲む 3 cm × 1 cm の領域（厳密にはこれをデフォルトの線幅 0.4 pt の半分で囲んだ領域）の箱が確保されます。

※3　この点が従来の LaTeX の picture 環境よりずっと便利です。TikZに慣れると picture 環境は使いたくなくなります。

参考　もしバウンディングボックスを指定したいなら，tikzpicture 環境の最初に

```
\useasboundingbox (-1,-1) rectangle (5,5);
```

のように左下隅と右上隅の座標で長方形領域を指定します。この領域の外側に描いたものも出力されます。この領域の外側を消し去るには，\useasboundingbox の代わりに \clip を使って

```
\clip (-1,-1) rectangle (5,5);
```

のように指定します。

参考　tikzpicture 環境の途中または最後に \useasboundingbox を指定すれば，バウンディングボックスは，それまでに出力した部分と，この長方形との両方を含む最大の領域になります。

# D.3　いろいろな図形の描画

$x$ 座標も $y$ 座標も単位を 1 mm にして，線幅 2 pt，角の丸み 8 pt の矢印を描きます：

```
\begin{tikzpicture}[x=1mm,y=1mm]
  \draw[line width=2pt,rounded corners=8pt,->]
    (0,0) -- (5,5) -- (10,0) -- (15,5) -- (20,0);
\end{tikzpicture}
```

矢印は ->，<-，<->，->> などが指定できます。

矢印の形には，TikZ 標準（→），LaTeX 標準（➔），ステルス戦闘機型（➔）などがあります。

```
\begin{tikzpicture}[line width=1pt]
  \draw[->] (0,1) -- (1,1);
  \draw[-latex] (0,0.5) -- (1,0.5);
  \draw[-stealth] (0,0) -- (1,0);
\end{tikzpicture}
```

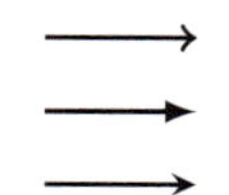

TikZ 標準（→）は，数式で $f\colon A \to B$ と書くときの \to（\rightarrow）と（大きさは違いますが）同じ形です。-> は -to と書くこともできます。

\begin{tikzpicture}[>=latex] のようにオプション >=latex を与えると，-> が ➔ になります。このとき → を描くには -to と書きます。

\draw でグリッドや円，長方形，楕円を描くことができます。文字や数式も書けます。\fill にすると指定した色で塗りつぶします（この例では 20 %の灰色）。

```
\begin{tikzpicture}
  \draw[step=1,gray] (-0.2,-0.2) grid (2.2,2.2);
  \draw (0.5,0.5) circle (0.5) node {$\pi r^2$};
  \draw[line width=1pt] (1,0) rectangle (2,0.5);
  \fill[black!20] (1,1.5) ellipse (1 and 0.5);
  \draw (1,1.5) node {\hbox{\tate 楕円}};
\end{tikzpicture}
```

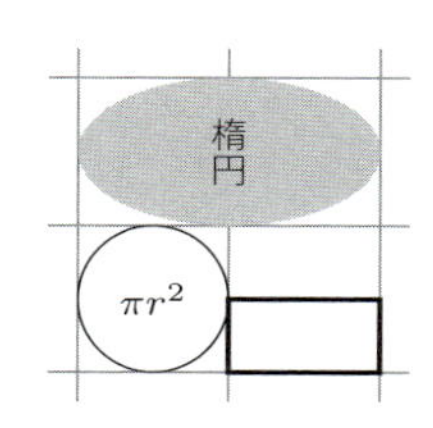


gray や black!20 などの色の指定については，第 7 章 135 ページ以降をご覧ください。

参考　このように本物の楕円が使える点でも，従来の picture 環境より優れています。picture 環境では欄外のような「楕円もどき」しか描けませんでした。しかも，角の部分が微妙にずれることもありました。TikZ ではこのような楕円もどきは次のようにして描きます。

```
\begin{tikzpicture}
  \draw[rounded corners=5pt] (0,0) rectangle (3,1);
\end{tikzpicture}
```

より複雑な図形は，制御点を二つ与えたベジエ（Bézier）曲線で描けます。第2の制御点が第1のものと同じ場合は省略できます。

```
\begin{tikzpicture}[x=1mm,y=1mm]
  \fill[gray] ( 0, 0) circle (1)
              (10,10) circle (1)
              (20,10) circle (1)
              (20, 0) circle (1);
  \draw (0,0) -- (10,10) -- (20,10) -- (20,0);
  \draw[line width=2pt] (0,0) ..
              controls (10,10) and (20,10)
                                     .. (20,0);
  \draw[line width=2pt,gray] (0,0) ..
              controls (10,10) .. (20,0);
\end{tikzpicture}
```

折れ線と曲線は次のように混在できます：

```
\begin{tikzpicture}[x=1mm,y=1mm,line width=2pt]
  \draw (2,2) circle (2);
  \draw (2,4) -- (6,4) -- (6,0)
     .. controls (6,3) and (7,4) ..
       (12,4) -- (9,0) -- (12,0);
\end{tikzpicture}
```

繰返しも `\foreach` という強力な命令で簡単にできます。`...` は書くのを省略したのではなく，本当にこのように書けばTi*k*Zが補ってくれます。

```
\begin{tikzpicture}[x=1mm,y=1mm]
  \draw (0,0)--(100,0);
  \foreach \x in {0,...,100} \draw (\x,0)--(\x,3);
  \foreach \x in {0,5,...,100} \draw (\x,0)--(\x,5);
  \foreach \x in {0,10,...,100} \draw (\x,0)--(\x,7);
\end{tikzpicture}
```

応用として大学入学共通テスト（旧センター試験）でよく使われる楕円の番号を作ってみましょう。

```
\newcommand{\egg}[1]{\raisebox{-3pt}{%
    \begin{tikzpicture}[x=1pt,y=1pt,line width=1pt]
      \draw (0,0) ellipse (4.5 and 6);
      \draw (0,0) node {%
        \usefont{T1}{phv}{m}{n}%
        \fontsize{9pt}{0}\selectfont #1\/};
    \end{tikzpicture}}}
\newcommand{\eggg}[1]{\raisebox{-3pt}{%
    \begin{tikzpicture}[x=1pt,y=1pt,line width=1pt]
      \draw[fill=black!30] (0,0) ellipse (4.5 and 6);
      \draw (0,0) node {%
        \usefont{T1}{phv}{m}{n}%
        \fontsize{9pt}{0}\selectfont #1\/};
    \end{tikzpicture}}}
```

これで \egg{0} \egg{1} \egg{2} \eggg{0} \eggg{1} \eggg{2} とすれば ⓪ ① ② ⓪ ① ② と出力します。

次は [A] のようなキーボード記号です。

```
\newcommand{\keytop}[2][12]{%
  \begin{tikzpicture}[x=0.1em,y=0.1em]
    \useasboundingbox (0,0) rectangle (#1,9);
    \draw[rounded corners=0.2em] (0,-3) rectangle (#1,9);
    \draw[anchor=base] (#1/2,0) node {\sffamily #2};
  \end{tikzpicture}}
```

\keytop{A} と書けば [A] と出力されます。[Enter] のように幅の広いものは \keytop[30]{Enter} のように幅を 0.1 em 単位で指定します（1 em は欧文フォントサイズの公称値です）。最初の \draw[...] を

```
\shadedraw[top color=black!20,rounded corners=0.2em]
```

のようにすればグラデーションが付きますが，TikZ のグラデーションはグレースケールではなく RGB になってしまうようです。

## D.4 グラフの描画 (1)

TikZ では sin, cos, exp, sqrt などの関数が使えます。ただし，TeX で実装しているので，遅く，精度の低い固定小数点数です。次のような簡単なことはできます。

```
\begin{tikzpicture}[domain=0:4,samples=200,>=stealth]
  \draw[->] (-0.5,0) -- (4.2,0) node[right] {$x$};
  \draw[->] (0,-0.5) -- (0,2.2) node[above] {$y$};
  \draw plot (\x, {sqrt(\x)}) node[below] {$y=\sqrt{x}$};
  \draw (0,0) node[below left] {O};
\end{tikzpicture}
```

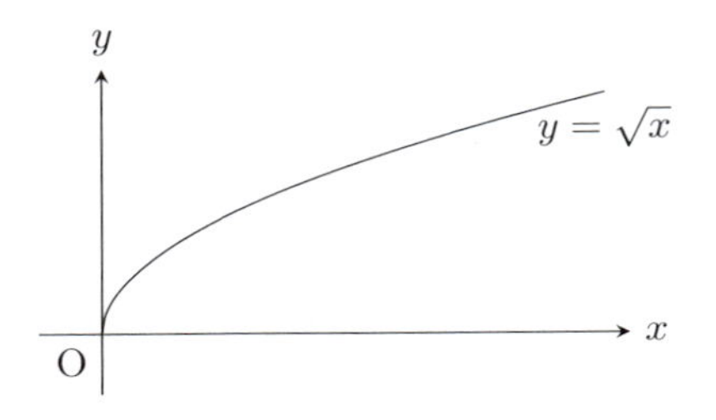


数値の表を与えてグラフをプロットすることもできます。例えば，毎年の日本の合計特殊出生率が

```
1970 2.13
1971 2.16
1972 2.14
...
2019 1.36
```

のようなテキストファイル TFR.tbl で与えられているとします。これを

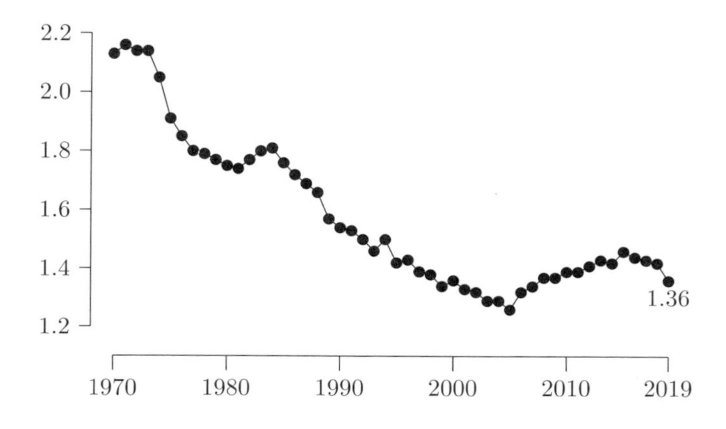


のように描くには次のようにします（... は Ti*k*Z が補ってくれます）。

```
\begin{tikzpicture}[x=1.5mm,y=40mm]
  \draw (1968,1.2)--(1968,2.2);
  \foreach \x in {1.2,1.4,1.6,1.8,2.0,2.2}
    \draw (1968,\x)--(1967,\x) node[left] {\x};
  \draw (1970,1.1)--(2019,1.1);
  \foreach \x in {1970,1980,...,2000,2010,2019}
    \draw (\x,1.1)--(\x,1.05) node[below] {\x};
  \draw[mark=*] plot file {TFR.tbl} node[below] {1.36};
\end{tikzpicture}
```

あるいは，もっと単純に 2.13 1.36 のようなスパークライン（sparkline）で描くには次のようにします。

```
\begin{tikzpicture}[x=1pt]
  \fill (1970,2.13) circle (2pt) node[left] {2.13};
  \draw plot file {TFR.tbl};
  \fill (2019,1.36) circle (2pt) node[right] {1.36};
\end{tikzpicture}
```

ただ，Ti*k*Z は TeX の固定小数点数で計算しますので，あまり大きな数を扱うと “ERROR: Dimension too large.” となることがあります。その場合は適当に数を切り詰めます。次の棒グラフの例では年から 2000 を引いた数を $x$ 座標としています。

```
\begin{tikzpicture}[ybar,x=5mm,y=0.005mm]
\draw[fill=lightgray] plot coordinates
```

```
  {(4,12415) (5,12317) (6,12214) (7,12043) (8,11813)
   (9,11695) (10,11585) (11,11528) (12,11366) (13,10792)
   (14,11123) (15,10945)};
\draw (4,0) node[below] {2004};
\draw (15,0) node[below] {2015};
\draw (4,12415)|-(16,13000) node[right] {12415億円};
\draw (15,10945)|-(16,12000) node[right] {10945億円};
\draw (9.5,13000) node[above] {\large 国立大学運営費交付金};
\end{tikzpicture}
```

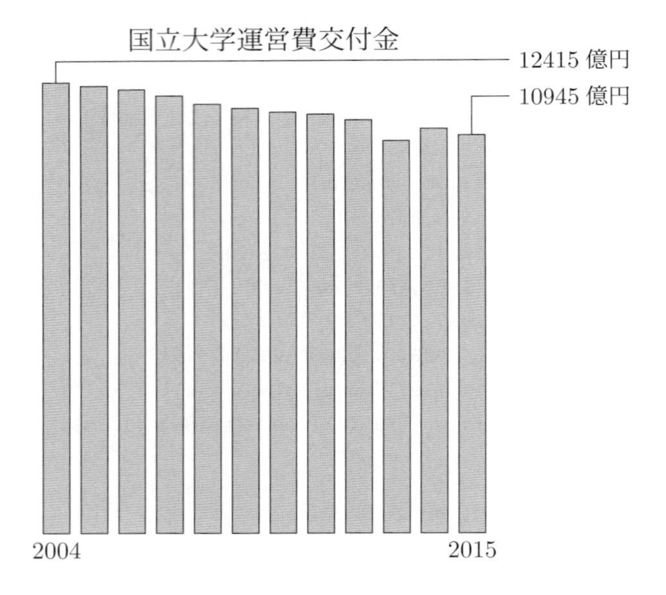


この例では，引出線を引くために -- ではなく |- を使っています。$(x_1, y_1)$ |- $(x_2, y_2)$ は，$(x_1, y_1)$ -- $(x_1, y_2)$ -- $(x_2, y_2)$ と同じことで，先に垂直方向に，次に水平方向に，線を引きます。水平と垂直の順番を入れ替えた -| もあります。

## D.5　グラフの描画 (2)

グラフといえば，グラフ理論のグラフも簡単に描けます。ノード（点）に名前を付け，両端のノードを指定して辺を描きます。

有名な Königsberg（ケーニヒスベルク）の橋の問題のグラフです：

```
\begin{tikzpicture}[line width=1.6pt,node distance=2cm]
\node(a)                          [draw,circle]{$a$};
\node[above right of=a](b)        [draw,circle]{$b$};
```

```
\node[below right of=a](c)                  [draw,circle]{$c$};
\node[right of=a,node distance=2.82cm](d) [draw,circle]{$d$};
\draw (a) to[bend left]  node[midway,left] {$e_1$} (b);
\draw (a) --             node[midway,right]{$e_2$} (b);
\draw (a) --             node[midway,right]{$e_3$} (c);
\draw (a) to[bend right] node[midway,left] {$e_4$} (c);
\draw (a) --             node[pos=.7,above]{$e_5$} (d);
\draw (b) --             node[midway,above]{$e_6$} (d);
\draw (c) --             node[midway,below]{$e_7$} (d);
\end{tikzpicture}
```

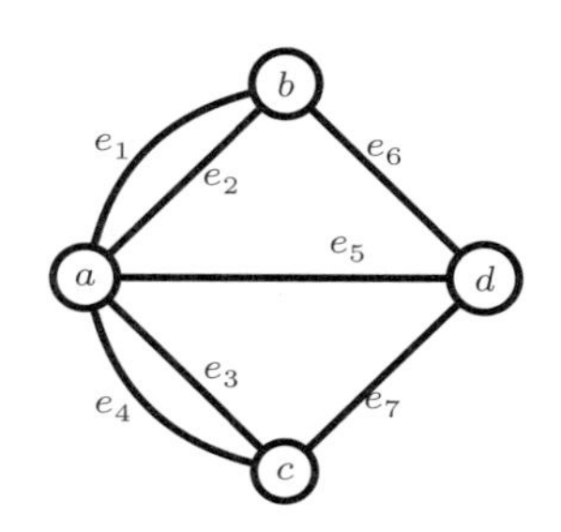


この例では，ノード a を基準とした相対的な位置で b，c，d を指定しています。辺は両端点で指定し，辺の途中にラベルを付けています。bend left や bend right で湾曲した辺を描くには -- でなく to を使います（この例では -- をすべて to で置き換えてもかまいません）。

TikZ では，ノードとノードを結ぶ辺は各ノードの中心を結んで描かれますので，右のように辺が多くても見にくくなりません。

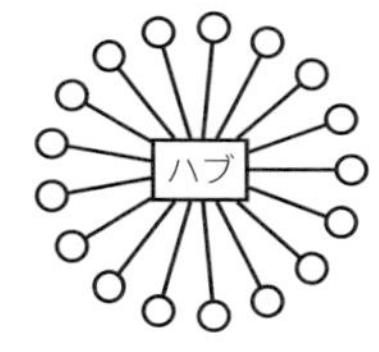


# D.6 Rで使う方法

R は強力な統計・データ解析・可視化ツールです。奥村著『R で楽しむ統計』（共立出版，2016 年）の図はすべて R で PDF を作成し，LaTeX の本文にインクルードしました。しかし，この方法では図に LaTeX の数式を書き込むのが面倒です。そこで，ここでは R から TikZ のコードを出力する方法を説明します。

あらかじめ R に tikzDevice パッケージをインストールしておきます：

```
install.packages("tikzDevice")
```

また，R から pdflatex コマンドが実行できるように環境変数 PATH が設定されている必要があります。この状態で，R に

```
library("tikzDevice")
```

と打ち込んでライブラリをロードしておきます。

R で正規分布の密度関数 dnorm() を使った簡単な図を描いてみましょう。次の例は，最初の行と最後の行がなければ画面への出力になりますが，tikz(...) と dev.off() でサンドイッチすることによって，指定したファイル（ここでは dnorm.tex）に tikzpicture 環境のコードを出力します。

```
tikz("dnorm.tex", width=7, height=5)
x = seq(-3.5, 1.5, by=0.1)
y = dnorm(x)
par(las=1, mgp=c(2,0.8,0))
plot(NULL, xlim=c(-3.5,3.5), ylim=c(0,0.4), xlab="", ylab="")
polygon(c(x,rev(x)), c(rep(0,51),rev(y)), col="gray")
curve(dnorm, lwd=2, add=TRUE)
dev.off()
```

この出力を `\scalebox{0.6}{\input{dnorm.tex}}` で読み込むと，次のようになります。ただし，`-3`，`-2`，`-1` を `$-3$`，`$-2$`，`$-1$` に置換し，最後の `\end{tikzpicture}` の直前に，背景色を白にした箱に数式

```
\draw (264.94,150) node[scale=1.2] {%
  \colorbox{white}{$\displaystyle
  \int_{-\infty}^{1.5}\frac{1}{\sqrt{2\pi}}e^{-x^2\!/2}dx$}};
```

を付け加えました。

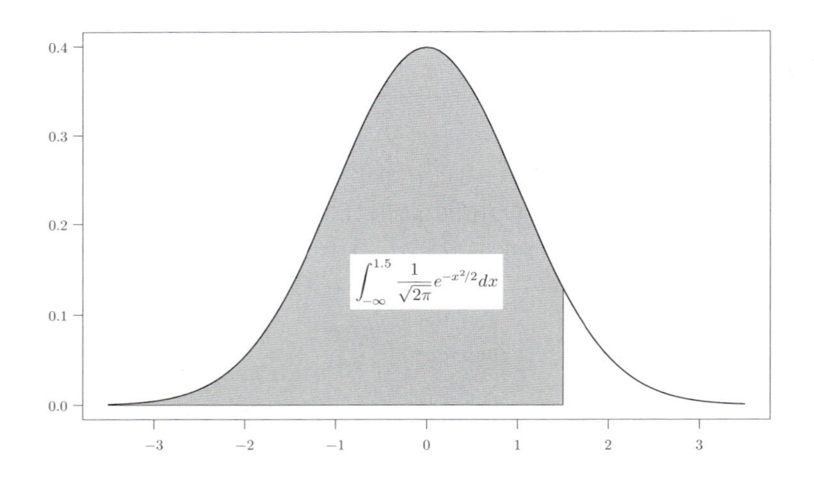


**参考** `tikz("dnorm.tex", width=7, height=5, symbolicColors=TRUE)` とすると `dnorm.tex` が読み込むための `dnorm_colors.tex` というファイルができ，それに

```
\definecolor{transparent}{RGB}{255,255,255}
\definecolor{black}{RGB}{0,0,0}
\definecolor{gray}{RGB}{190,190,190}
```

と書き込まれます。この形のほうがあとで色を置換する際に便利です。特に印刷では RGB を CMYK またはグレイスケールに直したいでしょうから，`{RGB}{255,255,255}` などをそれぞれ `{gray}{1}`，`{gray}{0}`，`{gray}{0.75}` に直します。

## D.7 Pythonで使う方法

Python の matplotlib は PGF 形式で保存する機能を標準で備えています。

```
import matplotlib.pyplot as plt
import numpy as np
from scipy.stats import norm

x = np.linspace(-3, 3, 101)
plt.plot(x, norm.pdf(x), 'k')
plt.savefig('dnorm.pgf', bbox_inches="tight")
```

これを実行してできる dnorm.pgf はそのまま LaTeX 文書に\input できます。PDF に変換するには,

```
\documentclass{standalone}
\usepackage{pgf}
\usepackage{unicode-math}
\begin{document}
\input{dnorm.pgf}
\end{document}
```

のような LaTeX ファイルを LuaLaTeX で処理します。

より編集しやすい TikZ 形式の出力を得るには tikzplotlib[※4]（旧 matplotlib2tikz）をインストール（pip install tikzplotlib）して使います。

※4 https://pypi.org/project/tikzplotlib/

```
import tikzplotlib
tikzplotlib.clean_figure()  % オプション
tikzplotlib.save("dnorm.tex")
```

これを実行してできる dnorm.tex もそのまま LaTeX 文書に\input できます。PDF に変換するには,

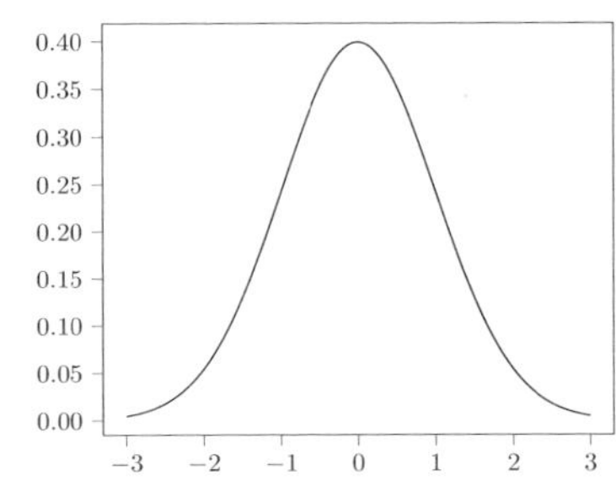


```
\documentclass{standalone}
\usepackage{tikz,pgfplots}
\begin{document}
\input{dnorm.tex}
\end{document}
```

のような LaTeX ファイルを LuaLaTeX で処理します。

## D.8 gnuplotとの連携

※5 GNUプロジェクトを思わせる名前なのでグニュープロットと呼ばれることもありますが，無関係とのことです。

gnuplot（ニュープロット）[※5] は昔から使われている強力なプロットツールです。これと連携させて TikZ のプロットを描くことができます。

例えば，標準正規分布のグラフを描いてみましょう。次のように `function{...}` という命令を使えば，関数の中身 `exp(-x**2/2)/sqrt(2*pi)` が gnuplot に渡され，関数値の表に変換されます。このとき `platex` に `-shell-escape` オプションを付けて起動しなければなりません。gnuplot に渡される命令と，返される表のファイル名は，LaTeX 文書のファイル名と `id=` で与えた名前とから生成されます（本書の場合 `bibunsho.dnorm.gnuplot`, `bibunsho.dnorm.table` になりました）。いったんこれらが生成されれば，関数を変えない限り gnuplot を呼び出しませんので，`-shell-escape` オプションも不要です。

```
\begin{tikzpicture}[domain=-3:3,samples=50,>=latex,y=8cm]
  \draw[->] (-3.2,0) -- (3.2,0) node[right] {$x$};
  \draw plot[id=dnorm,smooth]
        function{exp(-x**2/2)/sqrt(2*pi)};
  \draw (2,0.35) node {%
        $y=\frac{1}{\sqrt{2\pi}}e^{-x^2\!/2}$};
  \foreach \x in {-3,...,3}
    \draw (\x,0)--(\x,-0.02) node[below=-2pt]
      {\footnotesize $\x$};
\end{tikzpicture}
```

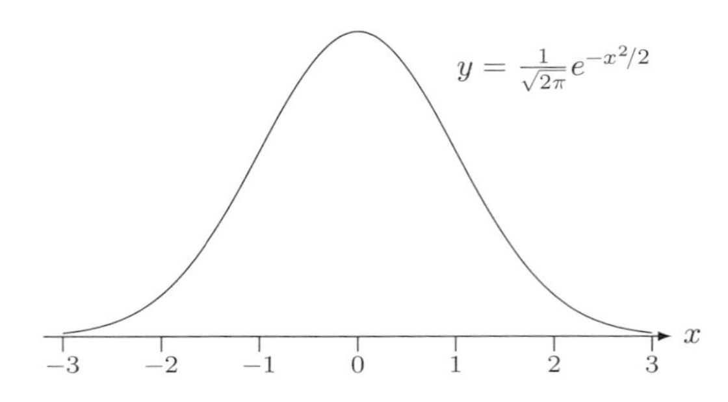


なお，これくらいの関数なら，TikZ だけで

```
\draw plot[smooth] (\x, {exp(-0.5 * \x * \x)) / sqrt(2 * pi)});
```

のようにして描くこともできます。

gnuplot から返される表は，`#` で始まるコメント行を除けば，次のような形式です：

```
-3.00000 0.00443  i
-2.87755 0.00635  i
-2.75510 0.00897  i
...
```

最後の文字 i は範囲内，o は範囲外，u は未定義を表します。gnuplot にかかわらず，このような表を用意しておけば，

```
\draw plot[smooth] file {ファイル名};
```

のようにしてプロットすることができます。

別の方法として，gnuplot で

```
set term tikz
```

とすれば，Ti*k*Z 形式の出力が得られます。例えば

```
set term tikz monochrome
set output "dnorm-gp.tex"
set xrange [-3:3]
plot exp(-x**2/2)/sqrt(2*pi) with lines
exit
```

とし，LaTeX 文書の中では

```
\documentclass[dvipdfmx]{jsarticle}
\usepackage{gnuplot-lua-tikz}
\begin{document}
\input{dnorm-gp}
\end{document}
```

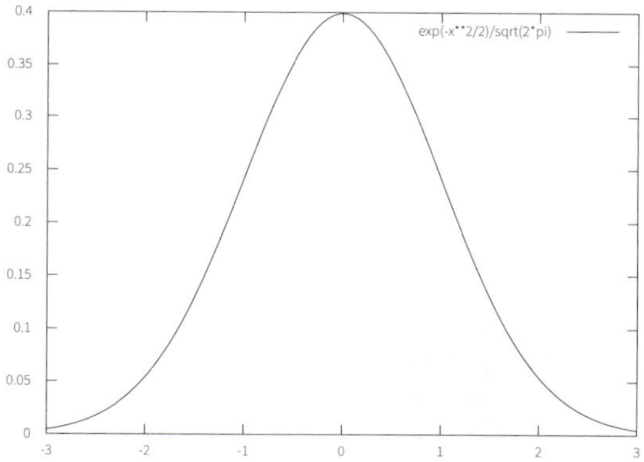

とすれば，右のような図が得られます。実際にはさらに手を加えて見栄えを良くする必要があります。

**参考**　gnuplot-lua-tikz は gnuplot に同梱されているパッケージで，gnuplot ソースツリーの中の share/LaTeX にある gnuplot-lua-tikz.sty と gnuplot-lua-tikz-common.tex という二つのファイルからなります。インストール時に TEXMFLOCAL/tex/latex/gnuplot にコピーしておきます。このパッケージから Ti*k*Z が読み込まれます。

## D.9　ほかの図との重ね書き

TikZ は強力な描画能力を備えていますが，コマンドだけですべてを描くのはたいへんです。そこで，ほかのソフトで描いた図の上に TeX の数式などを TikZ で重ね書きする方法を考えましょう。

例えば Ghostscript の虎の絵（129 ページ）に説明を加えたいとします。図は

```
\includegraphics[width=3cm]{tiger.pdf}
```

のような命令で読み込むのでした。この任意の位置に文字や図を重ね書きするために，一時的にグラフ用紙を重ね書きしてみましょう。

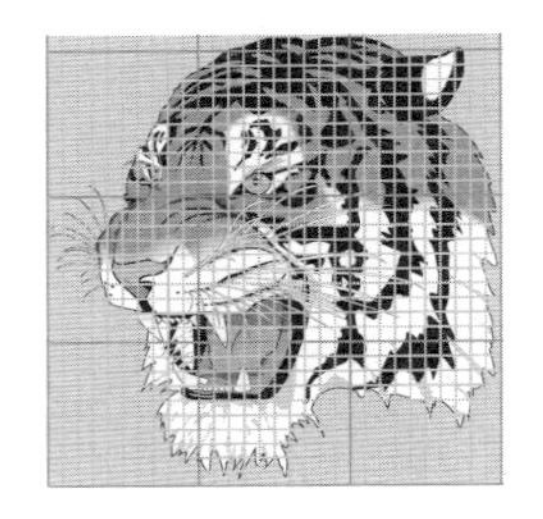

```
\begin{tikzpicture}[inner sep=0pt]
  \node[anchor=south west] (image) at (0,0)
    {\includegraphics[width=3cm]{tiger.pdf}};
  \draw[step=0.1,lightgray] (0,0) grid (image.north east);
  \draw[step=1,gray] (0,0) grid (image.north east);
\end{tikzpicture}
```

この図を見て，座標 (0.3, 2.5) を中心とする位置に文字を入れたいとします。tikzpicture 環境内に追加するのは次の 2 行です。

```
\node[white] at (0.3,2.5) {\hbox{\tate {\LARGE 虎}さん}};
\node at (0.2,0.3) {がおー};
```

うまくいけばグラフ用紙（grid）を描く次の 2 行は消しておきます。

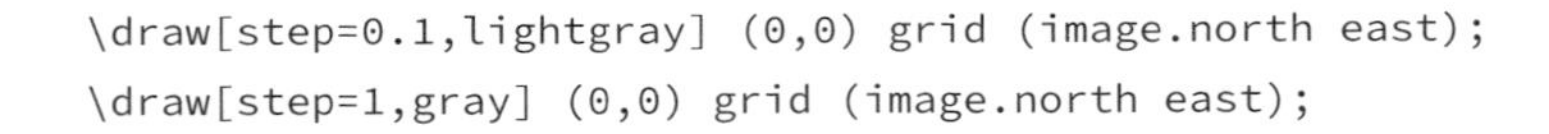

```
\draw[step=0.1,lightgray] (0,0) grid (image.north east);
\draw[step=1,gray] (0,0) grid (image.north east);
```

結果は左のようになります。

## D.10　TikZを使うパッケージ

TikZ を使って特定領域の図を描くパッケージが多数開発されています。可換図式を描く tikz-cd，ファインマン図を描く tikz-feynman や tikzfeynhand，素粒子加速器を描く tikz-palattice，3 次元プロットを描く tikz-3dplot，ネットワークを描く tikz-network，惑星を描く tikz-planets，木構造を簡単に描く tikz-qtree，図にラベルを上書きする tikz-imagelabels などがその例です。それぞれ texdoc コマンドでマニュアルが読めます。

また，特にパッケージ化されていなくても，図を描く例はネット上に多数あります。

☺ のような絵文字を描く `tikzsymbols` というパッケージもあります。笑顔（`\tikzsymbolsuse{Smiley}`）のほか，いろいろな絵文字が簡単に描けます。

**参考**　Ti*k*Z と既存のパッケージの相性が悪いと “Package tikz Error: Sorry, some package has redefined the meaning of the math-mode dollar sign. This is incompatible with tikz and its calc library and might cause unrecoverable errors.” というエラーメッセージが出て止まってしまいます。とりあえずプリアンブルに次のように書けば直ります。

```
\makeatletter
\global\let\tikz@ensure@dollar@catcode=\relax
\makeatother
```

# 付録E 記号一覧

LATEX で本文に使える記号を集めました。lmodern，mathpazo，新旧 TX/PX フォントでの違いについても書いておきました。

OpenType フォントと utf/otf パッケージで出力できる記号も載せてあります。

数学記号については第 5 章・第 6 章をご覧ください。

なお，TEX Live には広範な記号を集めた表（texdoc symbols）が付いています。

## E.1 特殊文字

| 入力 | 出力 | 入力 | 出力 | 入力 | 出力 | 入力 | 出力 |
|---|---|---|---|---|---|---|---|
| \# | # | \copyright | © | \L | Ł | ``\,` | “‘ |
| \$ | $ | \pounds | £ | \ss | ß | '\,'' | ’” |
| \% | % | \oe | œ | ?` | ¿ | - | - |
| \& | & | \OE | Œ | !` | ¡ | -- | – |
| _ | _ | \ae | æ | \i | ı | --- | — |
| \{ | { | \AE | Æ | \j | ȷ | \textregistered | ® |
| \} | } | \aa | å | ` | ‘ | \texttrademark | ™ |
| \S | § | \AA | Å | ' | ’ | \textvisiblespace | ␣ |
| \P | ¶ | \o | ø | `` | “ | \textbackslash | \ |
| \dag | † | \O | Ø | '' | ” | \textasciitilde | ~ |
| \ddag | ‡ | \l | ł | * | ∗ | \textasciicircum | ^ |

参考 点のない ı（\i）や ȷ（\j）は，i や j の上にアクセントを付けたいときに使います。

参考 ȷ が出るのは Computer Modern，Latin Modern，mathptmx，新旧 TX/PX フォントといった一部のフォントに限られています。

参考 \copyright は出ないことがあります。\textcopyright のほうが確実です。\textcircled{c} でも代用できます。\textcircled でうまく丸囲みできるのは上下に延びていない小文字だけです。

次の記号は OT1 エンコーディングでは使えません。\NG, \ng は Computer Modern, Latin Modern, 新旧 TX/PX フォント等で使えます。

| 入力 | 出力 | 入力 | 出力 | 入力 | 出力 | 入力 | 出力 |
|---|---|---|---|---|---|---|---|
| \DH | Ð | \DJ | Đ | \NG | Ŋ | \TH | Þ |
| \dh | ð | \dj | đ | \ng | ŋ | \th | þ |

| 入力 | 出力 | 入力 | 出力 |
|---|---|---|---|
| \guillemotleft | « | \guillemotright | » |
| \guilsinglleft | ‹ | \guilsinglright | › |
| \quotedblbase | „ | \quotesinglbase | ‚ |
| \textquotedbl | " | | |

▶ アクセント

| 入力 | 出力 | 入力 | 出力 | 入力 | 出力 | 入力 | 出力 |
|---|---|---|---|---|---|---|---|
| \`{o} | ò | \~{o} | õ | \v{o} | ǒ | \d{o} | ọ |
| \'{o} | ó | \={o} | ō | \H{o} | ő | \b{o} | o̲ |
| \^{o} | ô | \.{o} | ȯ | \t{oo} | o͡o | \r{a} | å |
| \"{o} | ö | \u{o} | ŏ | \c{c} | ç | \k{a} | ą |

参考　\k（ogonek）は OT1 エンコーディングでは使えません。

## E.2　ロゴ

LaTeX 関連のロゴです。

| 入力 | 出力 | 入力 | 出力 | 入力 | 出力 |
|---|---|---|---|---|---|
| \TeX | TeX | \LaTeX | LaTeX | \LaTeXe | LaTeX $2_\varepsilon$ |

mflogo パッケージで使える文字です。

| 入力 | 出力 |
|---|---|
| \MF | METAFONT |
| \MP | METAPOST |

## E.3 旧textcompパッケージで使える文字

2018 年以前の LaTeX では \usepackage{textcomp} で定義されたマクロです。現在は LaTeX 本体で定義されています。

\usepackage{mathcomp} を使えば \text... を tc... にした命令が数式モードで使えます。その際，例えば \usepackage[ppl]{mathcomp} とすれば，Palatino（ppl）フォントになります（95 ページ）。

| 入力 | Latin Modern | newtxtext | newpxtext | Pagella |
|---|---|---|---|---|
| \textquotestraightbase | ' | ' | ' | ' |
| \textquotestraightdblbase | " | " | " | " |
| \texttwelveudash | — | — | — | — |
| \textthreequartersemdash | — | — | — | — |
| \textleftarrow | ← | ← | ← | ← |
| \textrightarrow | → | → | → | → |
| \textblank | ƀ | ƀ | ƀ | ƀ |
| \textdollar | $ | $ | $ | $ |
| \textquotesingle | ' | ' | ' | ' |
| \textasteriskcentered | * | * | * | * |
| \textdblhyphen | = | = | = | = |
| \textfractionsolidus | / | / | / | / |
| \textzerooldstyle | 0 | 0 | 0 | 0 |
| \textoneoldstyle | 1 | 1 | 1 | 1 |
| \texttwooldstyle | 2 | 2 | 2 | 2 |
| \textthreeoldstyle | 3 | 3 | 3 | 3 |
| \textfouroldstyle | 4 | 4 | 4 | 4 |
| \textfiveoldstyle | 5 | 5 | 5 | 5 |
| \textsixoldstyle | 6 | 6 | 6 | 6 |
| \textsevenoldstyle | 7 | 7 | 7 | 7 |
| \texteightoldstyle | 8 | 8 | 8 | 8 |
| \textnineoldstyle | 9 | 9 | 9 | 9 |
| \textlangle | 〈 | 〈 | 〈 | 〈 |
| \textminus | — | — | — | — |
| \textrangle | 〉 | 〉 | 〉 | 〉 |
| \textmho | ℧ | ℧ | ℧ | ℧ |
| \textbigcircle | ○ | ○ | ○ | ○ |

※フォントによってはグリフが存在せず，デフォルトのLatin Modernになってしまっています。

| 入力 | Latin Modern | newtxtext | newpxtext | Pagella |
|---|---|---|---|---|
| \textohm | Ω | Ω | Ω | Ω |
| \textlbrackdbl | ⟦ | ⟦ | ⟦ | ⟦ |
| \textrbrackdbl | ⟧ | ⟧ | ⟧ | ⟧ |
| \textuparrow | ↑ | ↑ | ↑ | ↑ |
| \textdownarrow | ↓ | ↓ | ↓ | ↓ |
| \textasciigrave | ` | ` | ` | ` |
| \textborn | ★ | ★ | ★ | ★ |
| \textdivorced | ⚮ | ⚮ | ⚮ | ⚮ |
| \textdied | ✝ | ✝ | ✝ | ✝ |
| \textleaf | 🙠 | 🙠 | 🙠 | 🙠 |
| \textmarried | ⚭ | ⚭ | ⚭ | ⚭ |
| \textmusicalnote | ♪ | ♪ | ♪ | ♪ |
| \texttildelow | ˷ | ˷ | ˷ | ˷ |
| \textdblhyphenchar | = | = | = | = |
| \textasciibreve | ˘ | ˘ | ˘ | ˘ |
| \textasciicaron | ˇ | ˇ | ˇ | ˇ |
| \textacutedbl | ˝ | ˝ | ˝ | ˝ |
| \textgravedbl | ˵ | ˵ | ˵ | ˵ |
| \textdagger | † | † | † | † |
| \textdaggerdbl | ‡ | ‡ | ‡ | ‡ |
| \textbardbl | ‖ | ‖ | ‖ | ‖ |
| \textperthousand | ‰ | ‰ | ‰ | ‰ |
| \textbullet | • | • | • | • |
| \textcelsius | ℃ | ℃ | ℃ | ℃ |
| \textdollaroldstyle | $ | $ | $ | $ |
| \textcentoldstyle | ¢ | ¢ | ¢ | ¢ |
| \textflorin | f | f | f | ƒ |
| \textcolonmonetary | ₡ | ₡ | ₡ | ₡ |
| \textwon | ₩ | ₩ | ₩ | ₩ |
| \textnaira | ₦ | ₦ | ₦ | ₦ |
| \textguarani | ₲ | ₲ | ₲ | ₲ |
| \textpeso | ₱ | ₱ | ₱ | ₱ |
| \textlira | ₤ | ₤ | ₤ | ₤ |
| \textrecipe | ℞ | ℞ | ℞ | ℞ |

| 入力 | Latin Modern | newtxtext | newpxtext | Pagella |
|---|---|---|---|---|
| \textinterrobang | ‽ | ‽ | ‽ | ‽ |
| \textinterrobangdown | ⸘ | ⸘ | ⸘ | ⸘ |
| \textdong | ₫ | ₫ | ₫ | ₫ |
| \texttrademark | ™ | ™ | ™ | ™ |
| \textpertenthousand | ‱ | ‱ | ‱ | ‱ |
| \textpilcrow | ¶ | ¶ | ¶ | ¶ |
| \textbaht | ฿ | ฿ | ฿ | ฿ |
| \textnumero | № | № | № | № |
| \textdiscount | ⁒ | ⁒ | ⁒ | ⁒ |
| \textestimated | ℮ | ℮ | ℮ | ℮ |
| \textopenbullet | ◦ | ◦ | ◦ | ◦ |
| \textservicemark | ℠ | ℠ | ℠ | ℠ |
| \textlquill | ⁅ | ⁅ | ⁅ | ⁅ |
| \textrquill | ⁆ | ⁆ | ⁆ | ⁆ |
| \textcent | ¢ | ¢ | ¢ | ¢ |
| \textsterling | £ | £ | £ | £ |
| \textcurrency | ¤ | ¤ | ¤ | ¤ |
| \textyen | ¥ | ¥ | ¥ | ¥ |
| \textbrokenbar | ¦ | ¦ | ¦ | ¦ |
| \textsection | § | § | § | § |
| \textasciidieresis | ¨ | ¨ | ¨ | ¨ |
| \textcopyright | © | © | © | © |
| \textordfeminine | ª | ª | ª | ª |
| \textcopyleft | 🄯 | 🄯 | 🄯 | 🄯 |
| \textlnot | ¬ | ¬ | ¬ | ¬ |
| \textcircledP | ℗ | ℗ | ℗ | ℗ |
| \textregistered | ® | ® | ® | ® |
| \textasciimacron | ¯ | ¯ | ¯ | ¯ |
| \textdegree | ° | ° | ° | ° |
| \textpm | ± | ± | ± | ± |
| \texttwosuperior | ² | ² | ² | ² |
| \textthreesuperior | ³ | ³ | ³ | ³ |
| \textasciiacute | ´ | ´ | ´ | ´ |
| \textmu | µ | µ | µ | µ |

| 入力 | Latin Modern | newtxtext | newpxtext | Pagella |
|---|---|---|---|---|
| \textparagraph | ¶ | ¶ | ¶ | ¶ |
| \textperiodcentered | · | · | · | · |
| \textreferencemark | ※ | ※ | ※ | ※ |
| \textonesuperior | ¹ | ¹ | ¹ | ¹ |
| \textordmasculine | º | º | º | º |
| \textsurd | √ | √ | √ | √ |
| \textonequarter | ¼ | ¼ | ¼ | ¼ |
| \textonehalf | ½ | ½ | ½ | ½ |
| \textthreequarters | ¾ | ¾ | ¾ | ¾ |
| \texteuro | € | € | € | € |
| \texttimes | × | × | × | × |
| \textdiv | ÷ | ÷ | ÷ | ÷ |

## E.4　pifontパッケージで使える文字

### ▶ Zapf Dingbatsフォント

例えば ✎ を出すには \ding{"2E} と書きます。

| | 20 | 30 | 40 | 50 | 60 | 70 | A0 | B0 | C0 | D0 | E0 | F0 |
|---|---|---|---|---|---|---|---|---|---|---|---|---|
| 00 | | ✐ | ✠ | ✰ | ❀ | ❐ | | ⑤ | ➀ | ➐ | ➠ | |
| 01 | ✁ | ✑ | ✡ | ✱ | ❁ | ❑ | ❡ | ⑥ | ➁ | ➑ | ➡ | ➱ |
| 02 | ✂ | ✒ | ✢ | ✲ | ❂ | ❒ | ❢ | ⑦ | ➂ | ➒ | ➢ | ➲ |
| 03 | ✃ | ✓ | ✣ | ✳ | ❃ | ▲ | ❣ | ⑧ | ➃ | ➓ | ➣ | ➳ |
| 04 | ✄ | ✔ | ✤ | ✴ | ❄ | ▼ | ❤ | ⑨ | ➄ | ➔ | ➤ | ➴ |
| 05 | ☎ | ✕ | ✥ | ✵ | ❅ | ◆ | ❥ | ⑩ | ➅ | → | ➥ | ➵ |
| 06 | ✆ | ✖ | ✦ | ✶ | ❆ | ❖ | ❦ | ❶ | ➆ | ↔ | ➦ | ➶ |
| 07 | ✇ | ✗ | ✧ | ✷ | ❇ | ◗ | ❧ | ❷ | ➇ | ↕ | ➧ | ➷ |
| 08 | ✈ | ✘ | ★ | ✸ | ❈ | ❘ | ♣ | ❸ | ➈ | ➘ | ➨ | ➸ |
| 09 | ✉ | ✙ | ✩ | ✹ | ❉ | ❙ | ♦ | ❹ | ➉ | ➙ | ➩ | ➹ |
| 0A | ☛ | ✚ | ✪ | ✺ | ❊ | ❚ | ♥ | ❺ | ➊ | ➚ | ➪ | ➺ |
| 0B | ☞ | ✛ | ✫ | ✻ | ❋ | ❛ | ♠ | ❻ | ➋ | ➛ | ➫ | ➻ |
| 0C | ✌ | ✜ | ✬ | ✼ | ● | ❜ | ① | ❼ | ➌ | ➜ | ➬ | ➼ |
| 0D | ✍ | ✝ | ✭ | ✽ | ❍ | ❝ | ② | ❽ | ➍ | ➝ | ➭ | ➽ |
| 0E | ✎ | ✞ | ✮ | ✾ | ■ | ❞ | ③ | ❾ | ➎ | ➞ | ➮ | ➾ |
| 0F | ✏ | ✟ | ✯ | ✿ | ❏ | | ④ | ❿ | ➏ | ➟ | ➯ | |

### ▶ Symbolフォント

例えば ↲ を出すには \Pisymbol{psy}{"BF} とします。

| | 20 | 30 | 40 | 50 | 60 | 70 | A0 | B0 | C0 | D0 | E0 | F0 |
|---|---|---|---|---|---|---|---|---|---|---|---|---|
| 00 | | 0 | ≅ | Π | ‾ | π | | ° | ℵ | ∠ | ◊ | |
| 01 | ! | 1 | Α | Θ | α | θ | ϒ | ± | ℑ | ∇ | 〈 | 〉 |
| 02 | ∀ | 2 | Β | Ρ | β | ρ | ′ | ″ | ℜ | ® | ® | ∫ |
| 03 | # | 3 | Χ | Σ | χ | σ | ≤ | ≥ | ℘ | © | © | ⌠ |
| 04 | ∃ | 4 | Δ | Τ | δ | τ | ⁄ | × | ⊗ | ™ | ™ | ⎮ |
| 05 | % | 5 | Ε | Υ | ε | υ | ∞ | ∝ | ⊕ | ∏ | ∑ | ⌡ |
| 06 | & | 6 | Φ | ς | ϕ | ϖ | ƒ | ∂ | ∅ | √ | ⎛ | ⎞ |
| 07 | ∍ | 7 | Γ | Ω | γ | ω | ♣ | • | ∩ | ⋅ | ⎜ | ⎟ |
| 08 | ( | 8 | Η | Ξ | η | ξ | ♦ | ÷ | ∪ | ¬ | ⎝ | ⎠ |
| 09 | ) | 9 | Ι | Ψ | ι | ψ | ♥ | ≠ | ⊃ | ∧ | ⎡ | ⎤ |
| 0A | ∗ | : | ϑ | Ζ | φ | ζ | ♠ | ≡ | ⊇ | ∨ | ⎢ | ⎥ |
| 0B | + | ; | Κ | [ | κ | { | ↔ | ≈ | ⊄ | ⇔ | ⎣ | ⎦ |
| 0C | , | < | Λ | ∴ | λ | \| | ← | … | ⊂ | ⇐ | ⎧ | ⎫ |
| 0D | − | = | Μ | ] | μ | } | ↑ | ⏐ | ⊆ | ⇑ | ⎨ | ⎬ |
| 0E | . | > | Ν | ⊥ | ν | ∼ | → | ⎯ | ∈ | ⇒ | ⎩ | ⎭ |
| 0F | / | ? | Ο | _ | ο | | ↓ | ↲ | ∉ | ⇓ | ⎪ | |

## E.5 otfパッケージで使える文字

### ▶ 囲みつき文字

| コマンド名 | 最小値 | 最大値 | 例 |
|---|---|---|---|
| \ajMaru | 0 | 100 | ⓪①②③④⑤⑥⑦⑧⑨⑩ |
| \ajMaru* | 0 | 100 | 00 01 02 03 04 05 06 07 08 09 10 |
| \ajKuroMaru | 0 | 100 | ⓿❶❷❸❹❺❻❼❽❾❿ |
| \ajKuroMaru* | 0 | 100 | 00 01 02 03 04 05 06 07 08 09 10 |
| \ajKaku | 0 | 100 | 0 1 2 3 4 5 6 7 8 9 10 |
| \ajKaku* | 0 | 100 | 00 01 02 03 04 05 06 07 08 09 10 |
| \ajKuroKaku | 0 | 100 | 0 1 2 3 4 5 6 7 8 9 10 |
| \ajKuroKaku* | 0 | 100 | 00 01 02 03 04 05 06 07 08 09 10 |
| \ajMaruKaku | 0 | 100 | 0 1 2 3 4 5 6 7 8 9 10 |
| \ajMaruKaku* | 0 | 100 | 00 01 02 03 04 05 06 07 08 09 10 |
| \ajKuroMaruKaku | 0 | 100 | 0 1 2 3 4 5 6 7 8 9 10 |
| \ajKuroMaruKaku* | 0 | 100 | 00 01 02 03 04 05 06 07 08 09 10 |
| \ajKakko | 0 | 100 | (0)(1)(2)(3)(4)(5)(6)(7)(8)(9)(10) |

| コマンド名 | 最小値 | 最大値 | 例 |
|---|---|---|---|
| \ajKakko* | 0 | 100 | (00)(01)(02)(03)(04)(05)(06)(07)(08)(09)(10) |
| \ajRoman | 1 | 15 | Ⅰ Ⅱ Ⅲ Ⅳ Ⅴ Ⅵ Ⅶ Ⅷ Ⅸ Ⅹ |
| \ajRoman* | 1 | 15 | Ⅰ Ⅱ Ⅲ ⅡⅡ Ⅴ Ⅵ Ⅶ Ⅷ Ⅸ Ⅹ |
| \ajroman | 1 | 15 | ⅰ ⅱ ⅲ ⅳ ⅴ ⅵ ⅶ ⅷ ⅸ ⅹ |
| \ajPeriod | 1 | 9 | 1.2.3.4.5.6.7.8.9. |
| \ajKakkoYobi | 1 | 9 | (日)(月)(火)(水)(木)(金)(土)(祝)(休) |
| \ajKakkoroman | 1 | 15 | (ⅰ)(ⅱ)(ⅲ)(ⅳ)(ⅴ)(ⅵ)(ⅶ)(ⅷ)(ⅸ)(ⅹ) |
| \ajKakkoRoman | 1 | 15 | (Ⅰ)(Ⅱ)(Ⅲ)(Ⅳ)(Ⅴ)(Ⅵ)(Ⅶ) |
| \ajKakkoalph | 1 | 26 | (a)(b)(c)(d)(e)(f)(g) |
| \ajKakkoAlph | 1 | 26 | (A)(B)(C)(D)(E)(F)(G) |
| \ajKakkoHira | 1 | 48 | (あ)(い)(う)(え)(お)(か)(き) |
| \ajKakkoKata | 1 | 48 | (ア)(イ)(ウ)(エ)(オ)(カ)(キ) |
| \ajKakkoKansuji | 1 | 20 | (一)(二)(三)(四)(五)(六)(七) |
| \ajMaruKansuji | 1 | 10 | ㊀㊁㊂㊃㊄㊅㊆ |
| \ajMarualph | 1 | 26 | ⓐⓑⓒⓓⓔⓕⓖ |
| \ajMaruAlph | 1 | 26 | ⒶⒷⒸⒹⒺⒻⒼ |
| \ajMaruHira | 1 | 48 | あいうえおかき（丸囲み） |
| \ajMaruKata | 1 | 48 | ㋐㋑㋒㋓㋔㋕㋖ |
| \ajMaruYobi | 1 | 7 | ㊐㊊㊋㊌㊍㊎㊏ |
| \ajKuroMarualph | 1 | 26 | abcdefg（黒丸囲み） |
| \ajKuroMaruAlph | 1 | 26 | 🅐🅑🅒🅓🅔🅕🅖 |
| \ajKuroMaruHira | 1 | 48 | あいうえおかき（黒丸囲み） |
| \ajKuroMaruKata | 1 | 48 | アイウエオカキ（黒丸囲み） |
| \ajKuroMaruYobi | 1 | 7 | 日月火水木金土（黒丸囲み） |
| \ajKakualph | 1 | 26 | abcdefg（角囲み） |
| \ajKakuAlph | 1 | 26 | 🄰🄱🄲🄳🄴🄵🄶 |
| \ajKakuHira | 1 | 48 | あいうえおかき（角囲み） |
| \ajKakuKata | 1 | 48 | アイウエオカキ（角囲み） |
| \ajKakuYobi | 1 | 7 | 日月火水木金土（角囲み） |
| \ajKuroKakualph | 1 | 26 | abcdefg（黒角囲み） |
| \ajKuroKakuAlph | 1 | 26 | 🅰🅱🅲🅳🅴🅵🅶 |
| \ajKuroKakuHira | 1 | 48 | あいうえおかき（黒角囲み） |
| \ajKuroKakuKata | 1 | 48 | アイウエオカキ（黒角囲み） |
| \ajKuroMaruKakualph | 1 | 26 | abcdefg（黒角丸囲み） |

| コマンド名 | 最小値 | 最大値 | 例 |
|---|---|---|---|
| \ajKuroKakuYobi | 1 | 7 | 日月火水木金土 |
| \ajMaruKakualph | 1 | 26 | abcdefg |
| \ajMaruKakuAlph | 1 | 26 | ABCDEFG |
| \ajMaruKakuHira | 1 | 48 | あいうえおかき |
| \ajMaruKakuKata | 1 | 48 | アイウエオカキ |
| \ajMaruKakuYobi | 1 | 7 | 日月火水木金土 |
| \ajKuroMaruKakuAlph | 1 | 26 | ABCDEFG |
| \ajKuroMaruKakuHira | 1 | 48 | あいうえおかき |
| \ajKuroMaruKakuKata | 1 | 48 | アイウエオカキ |
| \ajKuroMaruKakuYobi | 1 | 7 | 日月火水木金土 |
| \ajNijuMaru | 1 | 10 | ⓵⓶⓷⓸⓹⓺⓻ |
| \ajRecycle | 0 | 11 | ♲♳♴♵♶♷♸♹♺♻♼♽ |

### ▶ 略語・単位など

| 入力 | 出力 | 入力 | 出力 | 入力 | 出力 |
|---|---|---|---|---|---|
| \ajLig{!!} | !! | \ajLig{!!*} | !! | \ajLig{!*} | ! |
| \ajLig{!?} | !? | \ajLig{!?*} | !? | \ajLig{?!} | ?! |
| \ajLig{??} | ?? | \ajLig{AM} | AM | \ajLig{F} | °F |
| \ajLig{FAX} | FAX | \ajLig{GB} | GB | \ajLig{HP} | HP |
| \ajLig{Hz} | Hz | \ajLig{K.K.} | K.K. | \ajLig{KB} | KB |
| \ajLig{KK} | KK | \ajLig{KK.} | KK. | \ajLig{MB} | MB |
| \ajLig{No} | No | \ajLig{No.} | No. | \ajLig{PH} | PH |
| \ajLig{PM} | PM | \ajLig{PR} | PR | \ajLig{TB} | TB |
| \ajLig{TEL} | TEL | \ajLig{Tel} | Tel | \ajLig{VS} | VS |
| \ajLig{a.m.} | a.m. | \ajLig{a/c} | ℀ | \ajLig{c.c.} | c.c. |
| \ajLig{c/c} | c/c | \ajLig{c/o} | ℅ | \ajLig{cal} | caℓ |
| \ajLig{cc} | cc | \ajLig{cm} | cm | \ajLig{cm2} | cm² |
| \ajLig{cm3} | cm³ | \ajLig{dB} | dB | \ajLig{dl} | dℓ |
| \ajLig{dl*} | dl | \ajLig{g} | g | \ajLig{hPa} | hPa |
| \ajLig{in} | in | \ajLig{kcal} | kcaℓ | \ajLig{kg} | kg |
| \ajLig{kl} | kℓ | \ajLig{kl*} | kl | \ajLig{km} | km |
| \ajLig{km2} | km² | \ajLig{km3} | km³ | \ajLig{l} | ℓ |
| \ajLig{l*} | l | \ajLig{m} | m | \ajLig{m/m} | m/m |
| \ajLig{m2} | m² | \ajLig{m3} | m³ | \ajLig{mb} | mb |

| 入力 | 出力 | 入力 | 出力 | 入力 | 出力 |
|---|---|---|---|---|---|
| \ajLig{mg} | mg | \ajLig{mho} | ℧ | \ajLig{microg} | μg |
| \ajLig{microm} | μm | \ajLig{micros} | μs | \ajLig{min} | min |
| \ajLig{ml} | mℓ | \ajLig{ml*} | ml | \ajLig{mm} | mm |
| \ajLig{mm2} | mm² | \ajLig{mm3} | mm³ | \ajLig{ms} | ms |
| \ajLig{n/m} | n/m | \ajLig{ns} | ns | \ajLig{ohm} | Ω |
| \ajLig{p.m.} | p.m. | \ajLig{pH} | pH | \ajLig{ps} | ps |
| \ajLig{sec} | sec | \ajLig{tel} | TEL | \ajLig{tm} | ™ |

## ▶ 略語・単位(和文)

| 入力 | 出力 | 入力 | 出力 |
|---|---|---|---|
| \ajLig{さじ} | さじ | \ajLig{アール} | アール |
| \ajLig{アール*} | アール | \ajLig{アト} | アト |
| \ajLig{アパート} | アパート | \ajLig{アルファ} | アルファ |
| \ajLig{アンペア} | アンペア | \ajLig{イニング} | イニング |
| \ajLig{インチ} | インチ | \ajLig{インチ*} | インチ |
| \ajLig{ウォン} | ウォン | \ajLig{ウルシ} | ウルシ |
| \ajLig{エーカー} | エーカー | \ajLig{エクサ} | エクサ |
| \ajLig{エスクード} | エスクード | \ajLig{オーム} | オーム |
| \ajLig{オングストローム} | オングストローム | \ajLig{オングストローム*} | オングストローム |
| \ajLig{オンス} | オンス | \ajLig{オントロ} | オントロ |
| \ajLig{カイリ} | カイリ | \ajLig{カップ} | カップ |
| \ajLig{カラット} | カラット | \ajLig{カロリー} | カロリー |
| \ajLig{ガロン} | ガロン | \ajLig{ガンマ} | ガンマ |
| \ajLig{キュリー} | キュリー | \ajLig{キロ} | キロ |
| \ajLig{キログラム} | キログラム | \ajLig{キロメートル} | キロメートル |
| \ajLig{キロリットル} | キロリットル | \ajLig{キロワット} | キロワット |
| \ajLig{ギガ} | ギガ | \ajLig{ギニー} | ギニー |
| \ajLig{ギルダー} | ギルダー | \ajLig{クルサード} | クルサード |
| \ajLig{クルゼイロ} | クルゼイロ | \ajLig{クローネ} | クローネ |
| \ajLig{グスーム} | グスーム | \ajLig{グラム} | グラム |
| \ajLig{グラム*} | グラム | \ajLig{グラムトン} | グラムトン |
| \ajLig{ケース} | ケース | \ajLig{コーポ} | コーポ |
| \ajLig{コーポ*} | コーポ | \ajLig{コルナ} | コルナ |
| \ajLig{サイクル} | サイクル | \ajLig{サンチーム} | サンチーム |

| 入力 | 出力 |
|---|---|
| \ajLig{シリング} | シリング |
| \ajLig{センチ★} | センチ |
| \ajLig{セント★} | セント |
| \ajLig{テラ} | テラ |
| \ajLig{デシ} | デシ |
| \ajLig{ドラクマ} | ドラクマ |
| \ajLig{ナノ} | ナノ |
| \ajLig{ハイツ} | ハイツ |
| \ajLig{バーツ} | バーツ |
| \ajLig{バレル} | バレル |
| \ajLig{パスカル} | パスカル |
| \ajLig{ピアストル} | ピアストル |
| \ajLig{ピコ} | ピコ |
| \ajLig{ファラド} | ファラド |
| \ajLig{フェムト} | フェムト |
| \ajLig{ブッシェル} | ブッシェル |
| \ajLig{ヘクト} | ヘクト |
| \ajLig{ヘルツ} | ヘルツ |
| \ajLig{ベータ} | ベータ |
| \ajLig{ページ★} | ページ |
| \ajLig{ペソ} | ペソ |
| \ajLig{ペニヒ} | ペニヒ |
| \ajLig{ホール} | ホール |
| \ajLig{ホーン★} | ホーン |
| \ajLig{ボルト} | ボルト |
| \ajLig{ポンド} | ポンド |
| \ajLig{マイル} | マイル |
| \ajLig{マルク} | マルク |
| \ajLig{ミクロン} | ミクロン |
| \ajLig{ミリバール} | ミリバール |
| \ajLig{メガ} | メガ |
| \ajLig{ヤード} | ヤード |
| \ajLig{ヤール} | ヤール |
| \ajLig{ユアン} | ユアン |
| \ajLig{センチ} | センチ |
| \ajLig{セント} | セント |
| \ajLig{ダース} | ダース |
| \ajLig{デカ} | デカ |
| \ajLig{トン} | トン |
| \ajLig{ドル} | ドル |
| \ajLig{ノット} | ノット |
| \ajLig{ハイツ★} | ハイツ |
| \ajLig{バーレル} | バーレル |
| \ajLig{パーセント} | パーセント |
| \ajLig{ビル} | ビル |
| \ajLig{ピクル} | ピクル |
| \ajLig{ファラッド} | ファラッド |
| \ajLig{フィート} | フィート |
| \ajLig{フラン} | フラン |
| \ajLig{ヘクタール} | ヘクタール |
| \ajLig{ヘクトパスカル} | ヘクトパスカル |
| \ajLig{ヘルツ★} | ヘルツ |
| \ajLig{ページ} | ページ |
| \ajLig{ペセタ} | ペセタ |
| \ajLig{ペタ} | ペタ |
| \ajLig{ペンス} | ペンス |
| \ajLig{ホーン} | ホーン |
| \ajLig{ホン} | ホン |
| \ajLig{ポイント} | ポイント |
| \ajLig{マイクロ} | マイクロ |
| \ajLig{マッハ} | マッハ |
| \ajLig{マンション} | マンション |
| \ajLig{ミリ} | ミリ |
| \ajLig{メートル} | メートル |
| \ajLig{メガトン} | メガトン |
| \ajLig{ヤード★} | ヤード |
| \ajLig{ユーロ} | ユーロ |
| \ajLig{ラド} | ラド |

| 入力 | 出力 | 入力 | 出力 |
|---|---|---|---|
| \ajLig{リットル} | リットル | \ajLig{リラ} | リラ |
| \ajLig{ルーブル} | ルーブル | \ajLig{ルクス} | ルクス |
| \ajLig{ルピー} | ルピー | \ajLig{ルピア} | ルピア |
| \ajLig{レム} | レム | \ajLig{レントゲン} | レントゲン |
| \ajLig{ワット} | ワット | \ajLig{ワット*} | ワット |
| \ajLig{医療法人} | 医療法人 | \ajLig{学校法人} | 学校法人 |
| \ajLig{株式会社} | 株式会社 | \ajLig{共同組合} | 共同組合 |
| \ajLig{協同組合} | 協同組合 | \ajLig{合資会社} | 合資会社 |
| \ajLig{合名会社} | 合名会社 | \ajLig{財団法人} | 財団法人 |
| \ajLig{社団法人} | 社団法人 | \ajLig{宗教法人} | 宗教法人 |
| \ajLig{昭和} | 昭和 | \ajLig{大正} | 大正 |
| \ajLig{平成} | 平成 | \ajLig{明治} | 明治 |
| \ajLig{有限会社} | 有限会社 | \ajLig{郵便番号} | 郵便番号 |

### ▶ \ajLig{○上} の類

上中下左右〒夜企医協名宗労学有株社監資財印秘大小優控調注副減標欠基禁項休女男正写祝出適特済増問答例電

### ▶ \ajLig{(株)} の類

(株)(有)(代)(至)(企)(協)(名)(労)(社)(監)(自)(資)(財)(特)(学)(祭)(呼)(祝)(休)(営)(合)(注)(問)(答)(例)

### ▶ \ajLig{●問}, \ajLig{□問}, \ajLig{■問}, \ajLig{◇問}, \ajLig{◆問} の類

問答例問答例問答例問答例問答例印負勝

### ▶ \ajLig{う゛} の類

ゔヷヸヹヺか゚き゚く゚け゚こ゚カ゚キ゚ク゚ケ゚コ゚セ゚ツ゚ト゚

### ▶ \ajLig{小か} の類

か け こ コ ク シ ス ト ヌ ハ ヒ フ ヘ ホ プ ム ラ リ ル レ ロ

### ▶ 半角文字等

\aj半角{半角かなカナ} → 半角かなカナ

\ajTsumesuji1{0123456789} → 0 1 2 3 4 5 6 7 8 9

\ajTsumesuji2{0123456789} → 0 1 2 3 4 5 6 7 8 9

\ajTsumesuji3{0123456789} → 0 1 2 3 4 5 6 7 8 9

\ajTsumesuji4{0123456789} → 0 1 2 3 4 5 6 7 8 9

### ▶ その他

| 入力 | 出力 | 入力 | 出力 |
|---|---|---|---|
| \ajMasu | 〼 | \ajYori | ゟ |
| \ajKoto | ヿ | \ajUta | 〽 |
| \ajCommandKey | ⌘ | \ajReturnKey | ⏎ |
| \ajCheckmark | ✓ | \ajVisibleSpace | ␣ |
| \ajSenteMark | ☗ | \ajGoteMark | ☖ |
| \ajClub | ♣ | \ajHeart | ♡ |
| \ajSpade | ♠ | \ajDiamond | ♢ |
| \ajvarClub | ♧ | \ajvarHeart | ♥ |
| \ajvarSpade | ♤ | \ajvarDiamond | ♦ |
| \ajPhone | ☎ | \ajPostal | 〠 |
| \ajvarPostal | 〶 | \ajSun | ☀ |
| \ajCloud | ☁ | \ajUmbrella | ☂ |
| \ajSnowman | ☃ | \ajJIS | 〄 |
| \ajJAS | (JAS) | \ajBall | ⚾ |
| \ajHotSpring | ♨ | \ajWhiteSesame | ﹆ |
| \ajBlackSesame | ﹅ | \ajWhiteFlorette | ❀ |
| \ajBlackFlorette | ✿ | \ajRightBArrow | ➡ |
| \ajLeftBArrow | ⬅ | \ajUpBArrow | ⬆ |
| \ajDownBArrow | ⬇ | \ajRightHand | ☞ |
| \ajLeftHand | ☜ | \ajUpHand | ☝ |
| \ajDownHand | ☟ | \ajRightScissors | ✂ |
| \ajLeftScissors | ✄ | \ajUpScissors | ✁ |
| \ajDownScissors | ✃ | \ajRightWArrow | ⇨ |
| \ajLeftWArrow | ⇦ | \ajUpWArrow | ⇧ |
| \ajDownWArrow | ⇩ | \ajRightDownArrow | ↘ |
| \ajLeftDownArrow | ↙ | \ajLeftUpArrow | ↖ |
| \ajRightUpArrow | ↗ | \ajHashigoTaka | 髙 |
| \ajTsuchiYoshi | 𠮷 | \ajTatsuSaki | 﨑 |
| \ajMayuHama | 濵 | | |

# 付録F 原ノ味フォント全グリフ

TeX Live 2020 搭載の原ノ味明朝（源ノ明朝を組み換えたもの）全 16888 グリフの一覧です。左端は Adobe-Japan1-7 の CID 番号です。`otf` パッケージの `\CID{...}` で出力できます。最後の「龣」は `\CID{23057}` です。

00000　! " # $ %& ' (　) * + , - . / 0 1 2　3 4 5 6 7 8 9 : ; <　= > ? @A B C D E F　G H I J K L M N O P
00050　Q R S T U V W X Y Z　[ ¥ ] ^ _ ` a b c d　e f g h i j k l m n　o p q r s t u v w x　y z { ¦ } ☒’ \ ‘ |
00100　~ ¡ ¢ £ ☒ƒ ☒¤ “ «　‹ › ﬁ ﬂ – ☒☒· ☒•　‚ „ ” » …☒¿ ´ ^ ¯　☒☒☒☒¸ ☒☒☒—Æ　ª ☒Ø Œº æ☒☒ø œ
00150　ß - ©¬ ® ☒☒² ³ µ　¹ ¼½¾ÀÁÂÃÄÅ　Ç È É Ê Ë Ì Í Î Ï Ð　Ñ Ò Ó Ô Õ Ö ☒Ù Ú Û　Ü Ý Þ à á â ã ä å ç
00200　è é ê ë ì í î ï ð ñ　ò ó ô õ ö ☒ù ú û ü　ý þ ÿ ☒☒☒☒☒™☒　☒ ! ☒# $ % & ☒(　) * + , - . / 0 1 2
00250　3 4 5 6 7 8 9 : ; <　= > ? @ A B C D E F　G H I J K L M N O P　Q R S T U V W X Y Z　[ ¥ ] ^ _ ☒a b c d
00300　e f g h i j k l m n　o p q r s t u v w x　y z { | } ☒ ｡｢ ｣　､ ･ ｦ ｧ ｨ ｩ ｪ ｫ ｬ ｭ　ｮ ｯ ｰ ｱ ｲ ｳ ｴ ｵ ｶ ｷ
00350　ｸ ｹ ｺ ｻ ｼ ｽ ｾ ｿ ﾀ ﾁ　ﾂ ﾃ ﾄ ﾅ ﾆ ﾇ ﾈ ﾉ ﾊ ﾋ　ﾌ ﾍ ﾎ ﾏ ﾐ ﾑ ﾒ ﾓ ﾔ ﾕ　ﾖ ﾗ ﾘ ﾙ ﾚ ﾛ ﾜ ﾝ ﾞ ﾟ　` ☒☒☒☒☒☒☒☒☒
00400　☒☒☒☒☒☒☒☒☒☒　☒☒☒☒☒☒☒☒☒☒　☒☒ ☒☒☒☒☒☒☒　☒☒☒☒☒☒☒☒☒☒　☒☒☒☒☒☒☒☒☒☒
00450　☒☒☒☒☒☒☒☒☒☒　☒☒☒☒☒☒☒☒☒☒　☒☒☒☒☒☒☒☒☒☒　☒☒☒☒☒☒☒☒☒☒　☒☒☒☒☒☒☒☒☒☒
00500　☒☒☒☒☒☒☒☒☒☒　☒☒☒☒☒☒☒☒☒☒　☒☒☒☒☒☒☒☒☒☒　☒☒☒☒☒☒☒☒☒☒　☒☒☒☒☒☒☒☒☒☒
00550　☒☒☒☒☒☒☒☒☒☒　☒☒☒☒☒☒☒☒☒☒　☒☒☒☒☒☒☒☒☒☒　☒☒☒☒☒☒☒☒☒☒　☒☒☒☒☒☒☒☒☒☒
00600　☒☒☒☒☒☒☒☒☒☒　☒☒☒☒☒☒☒☒☒☒　☒☒☒☒☒☒☒☒☒☒　☒~ ☒ 、。，．・：　；？！゛゜´｀¨＾￣
00650　＿ヽヾゝゞ〃仝々〆〇　ー―‐／＼～∥｜…‥　‘’“”（）〔〕［］　｛｝〈〉《》「」『』　【】＋－±×÷＝≠＜
00700　＞≦≧∞∴♂♀°′″　℃￥＄¢£％＃＆＊＠　§☆★○●◎◇◆□■　△▲▽▼※〒→←↑↓　〓∈∋⊆⊇⊂⊃∪∩∧
00750　∨¬⇒⇔∀∃∠⊥⌒∂　∇≡≒≪≫√∽∝∵∫　∬Å‰♯♭♪†‡¶◯　０１２３４５６７８９　ＡＢＣＤＥＦＧＨＩＪ
00800　ＫＬＭＮＯＰＱＲＳＴ　ＵＶＷＸＹＺａｂｃｄ　ｅｆｇｈｉｊｋｌｍｎ　ｏｐｑｒｓｔｕｖｗｘ　ｙｚぁあぃいぅうぇえ
00850　ぉおかがきぎくぐけげ　こごさざしじすずせぜ　そぞただちぢっつづて　でとどなにぬねのはば　ぱひびぴふぶぷへべぺ
00900　ほぼぽまみむめもゃや　ゅゆょよらりるれろゎ　わゐゑをんァアィイゥ　ウェエォオカガキギク　グケゲコゴサザシジス
00950　ズセゼソゾタダチヂッ　ツヅテデトドナニヌネ　ノハバパヒビピフブプ　ヘベペホボポマミムメ　モャヤュユョヨラリル
01000　レロヮワヰヱヲンヴヵ　ヶΑΒΓΔΕΖΗΘΙ　ΚΛΜΝΞΟΠΡΣΤ　ΥΦΧΨΩαβγδε　ζηθικλμνξο
01050　πρστυφχψωА　БВГДЕЁЖЗИЙ　КЛМНОПРСТУ　ФХЦЧШЩЪЫЬЭ　ЮЯабвгдеёж
01100　зийклмноп р　стуфхцчшщъ　ыьэюя亜唖娃阿哀　愛挨姶逢葵茜穐悪握渥　旭葦芦鯵梓圧斡扱宛姐
01150　虻飴絢綾鮎或粟袷安庵　按暗案闇鞍杏以伊位依　偉囲夷委威尉惟意慰易　椅為畏異移維緯胃萎衣　謂違遺医井亥域育郁磯
01200　一壱溢逸稲茨芋鰯允印　咽員因姻引飲淫胤蔭院　陰隠韻吋右宇烏羽迂雨　卯鵜窺丑碓臼渦嘘唄欝　蔚鰻姥厩浦瓜閏噂云運
01250　雲荏餌叡営嬰影映曳栄　永泳洩瑛盈穎頴英衛詠　鋭液疫益駅悦謁越閲榎　厭円園堰奄宴延怨掩援　沿演炎焔煙燕猿縁艶苑
01300　薗遠鉛鴛塩於汚甥凹央　奥往応押旺横欧殴王翁　襖鴬鴎黄岡沖荻億屋憶　臆桶牡乙俺卸恩温穏音　下化仮何伽価佳加可嘉
01350　夏嫁家寡科暇果架歌河　火珂禍禾稼箇花苛茄荷　華菓蝦課嘩貨迦過霞蚊　俄峨我牙画臥芽蛾賀雅　餓駕介会解回塊壊廻快
01400　怪悔恢懐戒拐改魁晦械　海灰界皆絵芥蟹開階貝　凱劾外咳害崖慨概涯碍　蓋街該鎧骸浬馨蛙垣柿　蛎鈎劃嚇各廓拡撹格核
01450　殻獲確穫覚角赫較郭閣　隔革学岳楽額顎掛笠樫　橿梶鰍潟割喝恰括活渇　滑葛褐轄且鰹叶椛樺鞄　株兜竃蒲釜鎌噛鴨栢茅
01500　萱粥刈苅瓦乾侃冠寒刊　勘勧巻喚堪姦完官寛干　幹患感慣憾換敢柑桓棺　款歓汗漢澗潅環甘監看　竿管簡緩缶翰肝艦莞観
01550　諌貫還鑑間閑関陥韓館　舘丸含岸巌玩癌眼岩翫　贋雁頑顔願企伎危喜器　基奇嬉寄岐希幾忌揮机　旗既期棋棄機帰毅気汽
01600　畿祈季稀紀徽規記貴起　軌輝飢騎鬼亀偽儀妓宜　戯技擬欺犠疑祇義蟻誼　議掬菊鞠吉吃喫桔橘詰　砧杵黍却客脚虐逆丘久

01650　仇休及吸宮弓急救朽求　汲泣灸球究窮笈級糾給　旧牛去居巨拒拠挙渠虚　許距鋸漁禦魚亨享京供　侠僑兇競共凶協匡卿叫
01700　喬境峡強彊怯恐恭挟教　橋況狂狭矯胸脅興蕎郷　鏡響饗驚仰凝尭暁業局　曲極玉桐粁僅勤均巾錦　斤欣欽琴禁禽筋緊芹菌
01750　衿襟謹近金吟銀九倶句　区狗玖矩苦躯駆駈駒具　愚虞喰空偶寓遇隅串櫛　釧屑屈掘窟沓靴轡窪熊　隈粂栗繰桑鍬勲君薫訓
01800　群軍郡卦袈祁係傾刑兄　啓圭珪型契形径恵慶慧　憩掲携敬景桂渓畦稽系　経継繋罫茎荊蛍計詣警　軽頚鶏芸迎鯨劇戟撃激
01850　隙桁傑欠決潔穴結血訣　月件倹倦健兼券剣喧圏　堅嫌建憲懸拳捲検権牽　犬献研硯絹県肩見謙賢　軒遣鍵険顕験鹸元原厳
01900　幻弦減源玄現絃舷言諺　限乎個古呼固姑孤己庫　弧戸故枯湖狐糊袴股胡　菰虎誇跨鈷雇顧鼓五互　伍午呉吾娯後御悟梧檎
01950　瑚碁語誤護醐乞鯉交佼　侯候倖光公功効勾厚口　向后喉坑垢好孔孝宏工　巧巷幸広庚康弘恒慌抗　拘控攻昂晃更杭校梗構
02000　江洪浩港溝甲皇硬稿糠　紅紘絞綱耕考肯肱腔膏　航荒行衡講貢購郊酵鉱　砿鋼閤降項香高鴻剛劫　号合壕拷濠豪轟麹克刻
02050　告国穀酷鵠黒獄漉腰甑　忽惚骨狛込此頃今困坤　墾婚恨懇昏昆根梱混痕　紺艮魂些佐叉唆嵯左差　査沙瑳砂詐鎖裟坐座挫
02100　債催再最哉塞妻宰彩才　採栽歳済災采犀砕砦祭　斎細菜裁載際剤在材罪　財冴坂阪堺榊肴咲崎埼　碕鷺作削咋搾昨朔柵窄
02150　策索錯桜鮭笹匙冊刷察　拶撮擦札殺薩雑皐鯖捌　錆鮫皿晒三傘参山惨撒　散桟燦珊産算纂蚕讃賛　酸餐斬暫残仕仔伺使刺
02200　司史嗣四士始姉姿子屍　市師志思指支孜斯施旨　枝止死氏獅祉私糸紙紫　肢脂至視詞詩試誌諮資　賜雌飼歯事似侍児字寺
02250　慈持時次滋治爾璽痔磁　示而耳自蒔辞汐鹿式識　鴫竺軸宍雫七叱執失嫉　室悉湿漆疾質実蔀篠偲　柴芝屡蕊縞舎写射捨赦
02300　斜煮社紗者謝車遮蛇邪　借勺尺杓灼爵酌釈錫若　寂弱惹主取守手朱殊狩　珠種腫趣酒首儒受呪寿　授樹綬需囚収周宗就州
02350　修愁拾洲秀秋終繍習臭　舟蒐衆襲讐蹴輯週酋酬　集醜什住充十従戎柔汁　渋獣縦重銃叔夙宿淑祝　縮粛塾熟出術述俊峻春
02400　瞬竣舜駿准循旬楯殉淳　準潤盾純巡遵醇順処初　所暑曙渚庶緒署書薯藷　諸助叙女序徐恕鋤除傷　償勝匠升召哨商唱嘗奨
02450　妾娼宵将小少尚庄床廠　彰承抄招掌捷昇昌昭晶　松梢樟樵沼消渉湘焼焦　照症省硝礁祥称章笑粧　紹肖菖蒋蕉衝裳訟証詔
02500　詳象賞醤鉦鍾鐘障鞘上　丈丞乗冗剰城場壌嬢常　情擾条杖浄状畳穣蒸譲　醸錠嘱埴飾拭植殖燭織　職色触食蝕辱尻伸信侵
02550　唇娠寝審心慎振新晋森　榛浸深申疹真神秦紳臣　芯薪親診身辛進針震人　仁刃塵壬尋甚尽腎訊迅　陣靭笥諏須酢図厨逗吹
02600　垂帥推水炊睡粋翠衰遂　酔錐錘随瑞髄崇嵩数枢　趨雛据杉椙菅頗雀裾澄　摺寸世瀬畝是凄制勢姓　征性成政整星晴棲栖正
02650　清牲生盛精聖声製西誠　誓請逝醒青静斉税脆隻　席惜戚斥昔析石積籍績　脊責赤跡蹟碩切拙接摂　折設窃節説雪絶舌蝉仙
02700　先千占宣専尖川戦扇撰　栓栴泉浅洗染潜煎煽旋　穿箭線繊羨腺舛船薦詮　賎践選遷銭銑閃鮮前善　漸然全禅繕膳糎噌塑岨
02750　措曾曽楚狙疏疎礎祖租　粗素組蘇訴阻遡鼠僧創　双叢倉喪壮奏爽宋層匝　惣想捜掃挿掻操早曹巣　槍槽漕燥争痩相窓糟総
02800　綜聡草荘葬蒼藻装走送　遭鎗霜騒像増憎臓蔵贈　造促側則即息捉束測足　速俗属賊族続卒袖其揃　存孫尊損村遜他多太汰
02850　詑唾堕妥惰打柁舵楕陀　駄騨体堆対耐岱帯待怠　態戴替泰滞胎腿苔袋貸　退逮隊黛鯛代台大第醍　題鷹滝瀧卓啄宅托択拓
02900　沢濯琢託鐸濁諾茸凧蛸　只叩但達辰奪脱巽竪辿　棚谷狸鱈樽誰丹単嘆坦　担探旦歎淡湛炭短端箪　綻耽胆蛋誕鍛団壇弾断
02950　暖檀段男談値知地弛恥　智池痴稚置致蜘遅馳築　畜竹筑蓄逐秩窒茶嫡着　中仲宙忠抽昼柱注虫衷　註酎鋳駐樗瀦猪苧著貯
03000　丁兆凋喋寵帖帳庁弔張　彫徴懲挑暢朝潮牒町眺　聴脹腸蝶調諜超跳銚長　頂鳥勅捗直朕沈珍賃鎮　陳津墜椎槌追鎚痛通塚
03050　栂掴槻佃漬柘辻蔦綴鍔　椿潰坪壷嬬紬爪吊釣鶴　亭低停偵剃貞呈堤定帝　底庭廷弟悌抵挺提梯汀　碇禎程締艇訂諦蹄逓邸
03100　鄭釘鼎泥摘擢敵滴的笛　適鏑溺哲徹撤轍迭鉄典　填天展店添纏甜貼転顛　点伝殿澱田電兎吐堵塗　妬屠徒斗杜渡登菟賭途
03150　都鍍砥砺努度土奴怒倒　党冬凍刀唐塔塘套宕島　嶋悼投搭東桃梼棟盗淘　湯涛灯燈当痘祷等答筒　糖統到董蕩藤討謄豆踏
03200　逃透鐙陶頭騰闘働動同　堂導憧撞洞瞳童胴萄道　銅峠鴇匿得徳涜特督禿　篤毒独読栃橡凸突椴届　鳶苫寅酉瀞噸屯惇敦沌
03250　豚遁頓呑曇鈍奈那内乍　凪薙謎灘捺鍋楢馴縄畷　南楠軟難汝二尼弐迩匂　賑肉虹廿日乳入如尿韮　任妊忍認濡禰祢寧葱猫
03300　熱年念捻撚燃粘乃廼之　埜嚢悩濃納能脳膿農覗　蚤巴把播覇杷波派琶破　婆罵芭馬俳廃拝排敗杯　盃牌背肺輩配倍培媒梅
03350　楳煤狽買売賠陪這蝿秤　矧萩伯剥博拍柏泊白箔　粕舶薄迫曝漠爆縛莫駁　麦函箱硲箸肇筈櫨幡肌　畑畠八鉢溌発醗髪伐罰
03400　抜筏閥鳩噺塙蛤隼伴判　半反叛帆搬斑板氾汎版　犯班畔繁般藩販範釆煩　頒飯挽晩番盤磐蕃蛮匪　卑否妃庇彼悲扉批披斐
03450　比泌疲皮碑秘緋罷肥被　誹費避非飛樋簸備尾微　枇毘琵眉美鼻柊稗匹疋　髭彦膝菱肘弼必畢筆逼　桧姫媛紐百謬俵彪標氷
03500　漂瓢票表評豹廟描病秒　苗錨鋲蒜蛭鰭品彬斌浜　瀕貧賓頻敏瓶不付埠夫　婦富冨布府怖扶敷斧普　浮父符腐膚芙譜負賦赴
03550　阜附侮撫武舞葡蕪部封　楓風葺蕗伏副復幅服福　腹複覆淵弗払沸仏物鮒　分吻噴墳憤扮焚奮粉糞　紛雰文聞丙併兵塀幣平
03600　弊柄並蔽閉陛米頁僻壁　癖碧別瞥蔑箆偏変片篇　編辺返遍便勉娩弁鞭保　舗鋪圃捕歩甫補輔穂募　墓慕戊暮母簿菩倣俸包
03650　呆報奉宝峰峯崩庖抱捧　放方朋法泡烹砲縫胞芳　萌蓬蜂褒訪豊邦鋒飽鳳　鵬乏亡傍剖坊妨帽忘忙　房暴望某棒冒紡肪膨謀
03700　貌貿鉾防吠頬北僕卜墨　撲朴牧睦穆釦勃没殆堀　幌奔本翻凡盆摩磨魔麻　埋妹昧枚毎哩槙幕膜枕　鮪柾鱒桝亦俣又抹末沫
03750　迄侭繭麿万慢満漫蔓味　未魅巳箕岬密蜜湊蓑稔　脈妙粍民眠務夢無牟矛　霧鵡椋婿娘冥名命明盟　迷銘鳴姪牝滅免棉綿緬
03800　面麺摸模茂妄孟毛猛盲　網耗蒙儲木黙目杢勿餅　尤戻籾貰問悶紋門匁也　冶夜爺耶野弥矢厄役約　薬訳躍靖柳薮鑓愉愈油
03850　癒諭輸唯佑優勇友宥幽　悠憂揖有柚湧涌猶猷由　祐裕誘遊邑郵雄融夕予　余与誉輿預傭幼妖容庸　揚揺擁曜楊様洋溶熔用
03900　窯羊耀葉蓉要謡踊遥陽　養慾抑欲沃浴翌翼淀羅　螺裸来莱頼雷洛絡落酪　乱卵嵐欄濫藍蘭覧利吏　履李梨理璃痢裏裡里離

| CID | +0 | +10 | +20 | +30 | +40 |
|---|---|---|---|---|---|
| 03950 | 陸律率立葎掠略劉流溜 | 琉留硫粒隆竜龍侶慮旅 | 虜了亮僚両凌寮料梁涼 | 猟療瞭稜糧良諒遼量陵 | 領力緑倫厘林淋燐琳臨 |
| 04000 | 輪隣鱗麟瑠塁涙累類令 | 伶例冷励嶺怜玲礼苓鈴 | 隷零霊麗齢暦歴列劣烈 | 裂廉恋憐漣煉簾練聯蓮 | 連錬呂魯櫓炉賂路露労 |
| 04050 | 婁廊弄朗楼榔浪漏牢狼 | 篭老聾蝋郎六麓禄肋録 | 論倭和話歪賄脇惑枠鷲 | 亙亘鰐詫藁蕨椀湾碗腕 | 弌丐丕个丱丶丼丿乂乖 |
| 04100 | 乘亂亅豫亊舒弍于亞亟 | 亠亢亰亳亶从仍仄仆仂 | 仗仞仭仟价伉佚估佛佝 | 佗佇佶侈侏侘佻佩佰侑 | 佯來侖儘俔俟俎俘俛俑 |
| 04150 | 俚俐俤俥倚倨倔倪倥倅 | 伜俶倡倩倬俾俯們倆偃 | 假會偕偐偈做偖偬偸傀 | 傚傅傴傲僉僊傳僂僖僞 | 僥僭僣僮價僵儉儁儂儖 |
| 04200 | 儕儔儚儡儺儷儼儻儿兀 | 兒兌兔兢竸兩兪兮冀冂 | 囘册冉冏冑冓冕冖冤冦 | 冢冩冪冫决冱冲冰况冽 | 凅凉凛几處凩凭凰凵凾 |
| 04250 | 刄刋刔刎刧刪刮刳刹剏 | 剄剋剌剞剔剪剴剩剳剿 | 剽劍劔劒剱劈劑辨辧劬 | 劭劼劵勁勍勗勞勣勦飭 | 勠勳勵勸勹匆匈甸匍匐 |
| 04300 | 匏匕匚匣匯匱匳匸區卆 | 卅丗卉卍凖卞卩卮夘卻 | 卷厂厖厠厦厥厮厰厶參 | 簒雙叟曼燮叮叨叭叺吁 | 吽呀听吭吼吮吶吩吝呎 |
| 04350 | 咏呵咎呟呱呷呰咒呻咀 | 呶咄咐咆哇咢咸咥咬哄 | 哈咨咫哂咤咾咼哘哥哦 | 唏唔哽哮哭哺哢唹啀啣 | 啌售啜啅啖啗唸唳啝喙 |
| 04400 | 喀咯喊喟啻啾喘喞單啼 | 喃喩喇喨嗚嗅嗟嗄嗜嗤 | 嗔嘔嗷嘖嗾嗽嘛嗹噎噐 | 營嘴嘶嘲嘸噫噤嘯噬噪 | 嚆嚀嚊嚠嚔嚏嚥嚮嚶嚴 |
| 04450 | 囂嚼囁囃囀囈囎囑囓囗 | 囮囹圀囿圄圉圈國圍圓 | 團圖嗇圜圦圷圸坎圻址 | 坏坩埀垈坡坿垉垓垠垳 | 垤垪垰埃埆埔埒埓堊埖 |
| 04500 | 埣堋堙堝塲堡塢塋塰毀 | 塒堽塹墅墹墟墫墺壞墻 | 墸墮壅壓壑壗壙壘壥壜 | 壤壟壯壺壹壻壼壽夂夊 | 夐夛梦夥夬夭夲夸夾竒 |
| 04550 | 奕奐奎奚奘奢奠奧奬奩 | 奸妁妝佞侫妣妲姆姨姜 | 妍姙姚娥娟娑娜娉娚婀 | 婬婉娵娶婢婪媚媼媾嫋 | 嫂媽嫣嫗嫦嫩嫖嫺嫻嬌 |
| 04600 | 嬋嬖嬲嫐嬪嬶嬾孃孅孀 | 孑孕孚孛孥孩孰孳孵學 | 斈孺宀它宦宸寃寇寉寔 | 寐寤實寢寞寥寫寰寶寳 | 尅將專對尓尠尢尨尸尹 |
| 04650 | 屁屆屎屓屐屏孱屬屮乢 | 屶屹岌岑岔妛岫岻岶岼 | 岷峅岾峇峙峩峽峺峭嶌 | 峪崋崕崗嵜崟崛崑崔崢 | 崚崙崘嵌嵒嵎嵋嵬嵳嵶 |
| 04700 | 嶇嶄嶂嶢嶝嶬嶮嶽嶐嶷 | 嶼巉巍巓巒巖巛巫已巵 | 帋帚帙帑帛帶帷幄幃幀 | 幎幗幔幟幢幤幇幵并幺 | 麼广庠廁廂廈廐廏廖廣 |
| 04750 | 廝廚廛廢廡廨廩廬廱廳 | 廰廴廸廾弃弉彝彜弋弑 | 弖弩弭弸彁彈彌彎弯彑 | 彖彗彙彡彭彳彷徃徂彿 | 徊很徑徇從徙徘徠徨徭 |
| 04800 | 徼忖忻忤忸忱忝悳忿怡 | 恠怙怐怩怎怱怛怕怫怦 | 怏怺恚恁恪恷恟恊恆恍 | 恣恃恤恂恬恫恙悁悍惧 | 悃悚悄悛悖悗悒悧悋惡 |
| 04850 | 悸惠惓悴忰悽惆悵惘慍 | 愕愆惶惷愀惴惺愃愡惻 | 惱愍愎慇愾愨愧慊愿愼 | 愬愴愽慂慄慳慷慘慙慚 | 慫慴慯慥慱慟慝慓慵憙 |
| 04900 | 憖憇憬憔憚憊憑憫憮懌 | 懊應懷懈懃懆憺懋罹懍 | 懦懣懶懺懴懿懽懼懾戀 | 戈戉戍戌戔戛戞戡截戮 | 戰戲戳扁扎扞扣扛扠扨 |
| 04950 | 扼抂抉找抒抓抖拔抃抔 | 拗拑抻拏拿拆擔拈拜拌 | 拊拂拇抛拉挌拮拱挧挂 | 挈拯拵捐挾捍搜捏掖掎 | 掀掫捶掣掏掉掟掵捫捩 |
| 05000 | 掾揩揀揆揣揉插揶揄搖 | 搴搆搓搦搶攝搗搨搏摧 | 摯摶摎攪撕撓撥撩撈撼 | 據擒擅擇撻擘擂擱擧舉 | 擠擡抬擣擯攬擶擴擲擺 |
| 05050 | 攀擽攘攜攅攤攣攫攴攵 | 攷收攸畋效敖敕敍敘敞 | 敝敲數斂斃變斛斟斫斷 | 旃旆旁旄旌旒旛旙无旡 | 旱杲昊昃旻杳昵昶昴昜 |
| 05100 | 晏晄晉晁晞晝晤晧晨晟 | 晢晰暃暈暎暉暄暘暝曁 | 暹曉暾暼曄暸曖曚曠昿 | 曦曩曰曵曷朏朖朞朦朧 | 霸朮朿朶杁朸朷杆杞杠 |
| 05150 | 杙杣杤枉杰枩杼杪枌枋 | 枦枡枅枷柯枴柬枳柩枸 | 柤柞柝柢柮枹柎柆柧檜 | 栞框栩桀桍栲桎梳栫桙 | 档桷桿梟梏梭梔條梛梃 |
| 05200 | 檮梹桴梵梠梺椏梍桾椁 | 棊椈棘椢椦棡椌棍棔棧 | 棕椶椒椄棗棣椥棹棠棯 | 椨椪椚椣椡棆楹楷楜楸 | 楫楔楾楮椹楴椽楙椰楡 |
| 05250 | 楞楝榁楪榲榮槐榿槁槓 | 榾槎寨槊槝榻槃榧樮榑 | 榠榜榕榴槞槨樂樛槿權 | 槹槲槧樅榱樞槭樔槫樊 | 樒櫁樣樓橄樌橲樶橸橇 |
| 05300 | 橢橙橦橈樸樢檐檍檠檄 | 檢檣檗蘗檻櫃櫂檸檳檬 | 櫞櫑櫟檪櫚櫪櫻欅蘖櫺 | 欒欖鬱欟欸欷盜欹飮歇 | 歃歉歐歙歔歛歟歡歸歹 |
| 05350 | 歿殀殄殃殍殘殕殞殤殪 | 殫殯殲殱殳殷殼毆毋毓 | 毟毬毫毳毯麾氈氓气氛 | 氤氣汞汕汢汪沂沍沚沁 | 沛汾汨汳沒沐泄泱泓沽 |
| 05400 | 泗泅泝沮沱沾沺泛泯泙 | 泪洟衍洶洫洽洸洙洵洳 | 洒洌浣涓浤浚浹浙涎涕 | 濤涅淹渕渊涵淇淦涸淆 | 淬淞淌淨淒淅淺淙淤淕 |
| 05450 | 淪淮渭湮渮渙湲湟渾渣 | 湫渫湶湍渟湃渺湎渤滿 | 渝游溂溪溘滉溷滓溽溯 | 滄溲滔滕溏溥滂溟潁漑 | 灌滬滸滾漿滲漱滯漲滌 |
| 05500 | 漾漓滷澆潺潸澁澀潯潛 | 濳潭澂潼潘澎澑濂潦澳 | 澣澡澤澹濆澪濟濕濬濔 | 濘濱濮濛瀉瀋濺瀑瀁瀏 | 濾瀛瀚潴瀝瀘瀟瀰瀾瀲 |
| 05550 | 灑灣炙炒炯烱炬炸炳炮 | 烟烋烝烙焉烽焜焙煥煕 | 熈煦煢煌煖煬熏燻熄熕 | 熨熬燗熹熾燒燉燔燎燠 | 燬燧燵燼燹燿爍爐爛爨 |
| 05600 | 爭爬爰爲爻爼爿牀牆牋 | 牘牴牾犂犁犇犒犖犢犧 | 犹犲狃狆狄狎狒狢狠狡 | 狹狷倏猗猊猜猖猝猴猯 | 猩猥猾獎獏默獗獪獨獰 |
| 05650 | 獸獵獻獺珈玳珎玻珀珥 | 珮珞璢琅瑯琥珸琲琺瑕 | 琿瑟瑙瑁瑜瑩瑰瑣瑪瑶 | 瑾璋璞璧瓊瓏瓔珱瓠瓣 | 瓧瓩瓮瓲瓰瓱瓸瓷甄甃 |
| 05700 | 甅甌甎甍甕甓甞甦甬甼 | 畄畍畊畉畛畆畚畩畤畧 | 畫畭畸當疆疇畴疊疉疂 | 疔疚疝疥疣痂疳痃疵疽 | 疸疼疱痍痊痒痙痣痞痾 |
| 05750 | 痿痼瘁痰痺痲痳瘋瘍瘉 | 瘟瘧瘠瘡瘢瘤瘴瘰瘻癇 | 癈癆癜癘癡癢癨癩癪癧 | 癬癰癲癶癸發皀皃皈皋 | 皎皖皓皙皚皰皴皸皹皺 |
| 05800 | 盂盍盖盒盞盡盥盧盪蘯 | 盻眈眇眄眩眤眞眥眦眛 | 眷眸睇睚睨睫睛睥睿睾 | 睹瞎瞋瞑瞠瞞瞰瞶瞹瞿 | 瞼瞽瞻矇矍矗矚矜矣矮 |
| 05850 | 矼砌砒礦砠礪硅碎硴碆 | 硼碚碌碣碵碪碯磑磆磋 | 磔碾碼磅磊磬磧磚磽磴 | 礇礒礑礙礬礫祀祠祗祟 | 祚祕祓祺祿禊禝禧齋禪 |
| 05900 | 禮禳禹禺秉秕秧秬秡秣 | 稈稍稘稙稠稟禀稱稻稾 | 稷穃穗穉穡穢穩龝穰穹 | 穽窈窗窕窘窖窩竈窰窶 | 竅竄窿邃竇竊竍竏竕竓 |
| 05950 | 站竚竝竡竢竦竭竰笂笏 | 笊笆笳笘笙笞笵笨笶筐 | 筺笄筍笋筌筅筵筥筴筧 | 筰筱筬筮箝箘箟箍箜箚 | 箋箒箏筝箙篋篁篌篏箴 |
| 06000 | 篆篝篩簑簔篦篥籠簀簇 | 簓篳篷簗簍篶簣簧簪簟 | 簷簫簽籌籃籔籏籀籐籘 | 籟籤籖籥籬籵粃粐粤粭 | 粢粫粡粨粳粲粱粮粹粽 |
| 06050 | 糀糅糂糘糒糜糢鬻糯糲 | 糴糶糺紆紂紜紕紊絅絋 | 紮紲紿紵絆絳絖絎絲絨 | 絮絏絣經綉絛綏絽綛綺 | 綮綣綵緇綽綫總綢綯緜 |
| 06100 | 綸綟綰緘緝緤緞緻緲緡 | 縅縊縣縡縒縱縟縉縋縢 | 繆繦縻縵縹繃縷縲縺繧 | 繝繖繞繙繚繹繪繩繼繻 | 纃緕繽辮繿纈纉續纒纐 |
| 06150 | 纓纔纖纎纛纜缸缺罅罌 | 罍罎罐网罕罔罘罟罠罨 | 罩罧罸羂羆羃羈羇羌羔 | 羞羝羚羣羯羲羹羮羶羸 | 譱翅翆翊翕翔翡翦翩翳 |
| 06200 | 翹飜耆耄耋耒耘耙耜耡 | 耨耿耻聊聆聒聘聚聟聢 | 聨聳聲聰聶聹聽聿肄肆 | 肅肛肓肚肭冐肬胛胥胙 | 胝胄胚胖脉胯胱脛脩脣 |

| | | | | | |
|---|---|---|---|---|---|
| 06250 | 脯腋脣腆脾腓腑胼腱腮 | 腥腦腴膃膈膊膀膂膠膕 | 膤膣腟膓膩膰膵膾膸膽 | 臀臂膺臉臍臑臙臘臈臚 | 臟臠臧臺臻臾舁舂舅與 |
| 06300 | 舊舍舐舖舩舫舸舳艀艙 | 艘艝艚艟艤艢艨艪艫舮 | 艱艷艸艾芍芒芫芟芻芬 | 苡苣苟苒苴苳苺莓范苻 | 苹苞茆苜茉苙茵茴茖茲 |
| 06350 | 茱荀茹荐荅茯茫茗茘莅 | 莚莪莟莢莖茣莎莇莊荼 | 莵荳荵莠莉莨菴萓菫菎 | 菽萃菘萋菁菷萇菠菲萍 | 萢萠莽萸蔆菻葭萪萼蕚 |
| 06400 | 蒄葷葫蒭葮蒂葩葆萬葯 | 葹萵蓊葢蒹蒿蒟蓙蓍蒻 | 蓚蓐蓁蓆蓖蒡蔡蓿蓴蔗 | 蔘蔬蔟蔕蔔蓼蕀蕣蕘蕈 | 蕁蘂蕋蕕薀薤薈薑薊薨 |
| 06450 | 蕭薔薛藪薇薜蕷蕾薐藉 | 薺藏薹藐藕藝藥藜藹蘊 | 蘓蘋藾藺蘆蘢蘚蘰蘿虍 | 乕虔號虧虱蚓蚣蚩蚪蚋 | 蚌蚶蚯蛄蛆蚰蛉蠣蚫蛔 |
| 06500 | 蛞蛩蛬蛟蛛蛯蜒蜆蜈蜀 | 蜃蛻蜑蜉蜍蛹蜊蜴蜿蜷 | 蜻蜥蜩蜚蝠蝟蝸蝌蝎蝴 | 蝗蝨蝮蝙蝓蝣蝪蠅螢螟 | 螂螯蟋螽蟀蟐雖螫蟄螳 |
| 06550 | 蟇蟆螻蟯蟲蟠蠏蠍蟾蟶 | 蟷蠎蟒蠑蠖蠕蠢蠡蠱蠶 | 蠹蠧蠻衄衂衒衙衞衢衫 | 袁衾袞衵衽袵衲袂袗袒 | 袮袙袢袍袤袰袿袱裃裄 |
| 06600 | 裔裘裙裝裹褂裼裴裨裲 | 褄褌褊褓襃褞褥褪褫襁 | 襄褻褶褸襌褝襠襞襦襤 | 襭襪襯襴襷襾覃覈覊覓 | 覘覡覩覦覬覯覲覺覽覿 |
| 06650 | 觀觚觜觝觧觴觸訃訖訐 | 訌訛訝訥訶詁詛詒詆詈 | 詼詭詬詢誅誂誄誨誡誑 | 誥誦誚誣諄諍諂諚諫諳 | 諧諤諱謔諠諢諷諞諛謌 |
| 06700 | 謇謚諡謖謐謗謠謳鞫謦 | 謫謾謨譁譌譏譎證譖譛 | 譚譫譟譬譯譴譽讀讌讎 | 讒讓讖讙讚谺豁谿豈豌 | 豎豐豕豢豬豸豺貂貉貅 |
| 06750 | 貊貍貎貔豼貘戝貭貪貽 | 貲貳貮貶賈賁賤賣賚賽 | 賺賻贄贅贊贇贏贍贐齎 | 贓賍贔贖赧赭赱赳趁趙 | 跂趾趺跏跚跖跌跛跋跪 |
| 06800 | 跫跟跣跼踈踉跿踝踞踐 | 踟蹂踵踰踴蹊蹇蹉蹌蹐 | 蹈蹙蹤蹠踪蹣蹕蹶蹲蹼 | 躁躇躅躄躋躊躓躑躔躙 | 躪躡躬躰軆躱躾軅軈軋 |
| 06850 | 軛軣軼軻軫軾輊輅輕輒 | 輙輓輜輟輛輌輦輳輻輹 | 轅轂輾轌轉轆轎轗轜轢 | 轣轤辜辟辣辭辯辷迚迥 | 迢迪迯邇迴逅迹迺逑逕 |
| 06900 | 逡逍逞逖逋逧逶逵逹迸 | 遏遐遑遒逎遉逾遖遘遞 | 遨遯遶隨遲邂遽邁邀邊 | 邉邏邨邯邱邵郢郤扈郛 | 鄂鄒鄙鄲鄰酊酖酘酣酥 |
| 06950 | 酩酳酲醋醉醂醢醫醯醪 | 醵醴醺釀釁釉釋釐釖釟 | 釡釛釼釵釶鈞釿鈔鈬鈕 | 鈑鉞鉗鉅鉉鉤鉈銕鈿鉋 | 鉐銜銖銓銛鉚鋏銹銷鋩 |
| 07000 | 錏鋺鍄錮錙錢錚錣錺錵 | 錻鍜鍠鍼鍮鍖鎰鎬鎭鎔 | 鎹鏖鏗鏨鏥鏘鏃鏝鏐鏈 | 鏤鐚鐔鐓鐃鐇鐐鐶鐫鐵 | 鐡鐺鑁鑒鑄鑛鑠鑢鑞鑪 |
| 07050 | 鈩鑰鑵鑷鑽鑚鑼鑾钁鑿 | 閂閇閊閔閖閘閙閠閨閧 | 閭閼閻閹閾闊濶闃闍闌 | 闕闔闖關闡闥闢阡阨阮 | 阯陂陌陏陋陷陜陞陝陟 |
| 07100 | 陦陲陬隍隘隕隗險隧隱 | 隲隰隴隶隸隹雎雋雉雍 | 襍雜霍雕雹霄霆霈霓霎 | 霑霏霖霙霤霪霰霹霽霾 | 靄靆靈靂靉靜靠靤靦靨 |
| 07150 | 勒靫靱靹鞅靼鞁靺鞆鞋 | 鞏鞐鞜鞨鞦鞣鞳鞴韃韆 | 韈韋韜韭齏韲竟韶韵頏 | 頌頸頤頡頷頽顆顏顋顫 | 顯顰顱顴顳颪颯颱颶飄 |
| 07200 | 飃飆飩飫餃餉餒餔餘餡 | 餝餞餤餠餬餮餽餾饂饉 | 饅饐饋饑饒饌饕馗馘馥 | 馭馮馼駟駛駝駘駑駭駮 | 駱駲駻駸騁騏騅駢騙騫 |
| 07250 | 騷驅驂驀驃騾驕驍驛驗 | 驟驢驥驤驩驫驪骭骰骼 | 髀髏髑髓體髞髟髢髣髦 | 髯髫髮髴髱髷髻鬆鬘鬚 | 鬟鬢鬣鬥鬧鬨鬩鬪鬮鬯 |
| 07300 | 鬲魄魃魏魍魎魑魘魴鮓 | 鮃鮑鮖鮗鮟鮠鮨鮴鯀鯊 | 鮹鯆鯏鯑鯒鯣鯢鯤鯔鯡 | 鰺鯲鯱鯰鰕鰔鰉鰓鰌鰆 | 鰈鰒鰊鰄鰮鰛鰥鰤鰡鰰 |
| 07350 | 鱇鰲鱆鰾鱚鱠鱧鱶鱸鳧 | 鳬鳰鴉鴈鳫鴃鴆鴪鴦鶯 | 鴣鴟鵄鴕鴒鵁鴿鴾鵆鵈 | 鵝鵞鵤鵑鵐鵙鵲鶉鶇鶫 | 鵯鵺鶚鶤鶩鶲鷄鷁鶻鶸 |
| 07400 | 鶺鷆鷏鷂鷙鷓鷸鷦鷭鷯 | 鷽鸚鸛鸞鹵鹹鹽麁麈麋 | 麌麒麕麑麝麥麩麸麪麭 | 靡黌黎黏黐黔黜點黝黠 | 黥黨黯黴黶黷黹黻黼黽 |
| 07450 | 鼇鼈皷鼕鼡鼬鼾齊齒齔 | 齣齟齠齡齦齧齬齪齷齲 | 齶龕龜龠堯槇遙瑤⊠─ | ━│┃┄┅┆┇┈┉┊ | ┋┌┍┎┏┐┑┒┓└ |
| 07500 | ┕┖┗┘┙┚┛├┝┞ | ┟┠┡┢┣┤┥┦┧┨ | ┩┪┫┬┭┮┯┰┱┲ | ┳┴┵┶┷┸┹┺┻┼ | ┽┾┿╀╁╂╃╄╅╆ |
| 07550 | ╇╈╉╊╋①②③④⑤ | ⑥⑦⑧⑨⑩⑪⑫⑬⑭⑮ | ⑯⑰⑱⑲⑳ⅠⅡⅢⅣⅤ | ⅥⅦⅧⅨⅩ㍉㌔⊠㍍⊠ | ㌧㌶㍑⊠㌍㌦⊠㌫㍊ |
| 07600 | ⊠㎜㎝㎞㎎㎏㏄㎡〝〟 | №㏍℡㊤㊥㊦㊧㊨㈱㈲ | ㈹㍾㍽㍼∮∑⊠⊠⊠∟ | ⊿⊠⊠啞飴溢鰯淫迂鬱 | 厩閏噂餌焰襖鷗迦恢拐 |
| 07650 | 晦喝葛鞄嚙澗翰翫徽祇 | 俠卿僅軀喰櫛屑靴祁慧 | 稽繫荊隙倦嫌捲鹼諺巷 | 昂溝麴鵠甑采榊柵薩鯖 | 錆珊叱屢遮杓灼繡酋曙 |
| 07700 | 渚薯藷哨廠梢蔣醬鞘蝕 | 靭逗翠摺逝蟬撰栓煎煽 | 詮噌遡創搔痩遜騨腿黛 | 啄濯琢蛸巽辿棚鱈樽箪 | 註瀦凋捗槌鎚塚摑鄭擢 |
| 07750 | 溺塡顚堵屠菟賭塘禱鴇 | 瀆瀞噸遁頓那謎灘楢禰 | 囊牌這秤剝箸潑醱挽屛 | 樋柊稗逼媛謬廟瀕頻蔽 | 瞥娩庖泡蓬頰鱒麵儲餅 |
| 07800 | 籾鑓愈癒猷熔耀萊遼漣 | 煉蓮榔蠟兎冉冕冤吻喉 | 嗤嘲嘸堋媾宼屛幣悗捩 | 搆攢斃栌枴梛棯湮燗爨 | 珎甄甕褻皓硼稱穐箙粐 |
| 07850 | 粮綛緊緑翔舮芎苒莫葱 | 蔗蘂螂蟒褊覲謌譁蹣踉 | 輓迪迹邁匽釁闇睢霤靠 | 靭頤鼷鮗鯵麪龜｀°｜ | ｜｜｜·∫═─⁝⁝︵ |
| 07900 | ︶︹︺︻︼︽︾︿﹀︽ | ︾﹁﹂﹃﹄︷︸‖あい | うえおつやゆよわアイ | ウエオツヤユヨワカケ | ㍉㌔⊠㍍⊠㌧⊠㌶㍑⊠ |
| 07950 | ㌍㌦⊠㌫㍊⊠〝〟ゔゕ | ゖ芦茨嘘厩牙汲笈饗拳 | 餐鞦煽穿箭揃菟祢叛篇 | 迄簾僊匕喩嚮堙孑耄厖 | 廏扁瞥氈渣滬窗篝翩葩 |
| 08000 | 蝙蟒蝌騙麭¦'"⊠◁ | ▷⇩⇧⇦⇨□♧♡♤♢ | ㎠㎢㎤㎥㎗ℓ㎘㎳㎲㎱ | ㎰㎅㎆㎇㏋㎐㏔㎖㌢㌖ | ㌘㌕㌃㌣㍗㌿㍀㌻㌀㍂ |
| 08050 | ㍇㌱㌌⊠㍿℡☎〒〶⊠ | ⊠0.1.2.3.4.5.6.7.8. | 9.⑴⑵⑶⑷⑸⑹⑺⑻⑼ | ⑽⑾⑿⒀⒁⒂⒃⒄⒅⒆ | ⒇(21)ⅰⅱⅲⅳⅴⅵⅶⅷ |
| 08100 | ⅸⅹ㉒㉓㉔㉕㉖㉗㉘㉙ | ㉚㉛⒜⒝⒞⒟⒠⒡⒢⒣ | ⒤⒥⒦⒧⒨⒩⒪⒫⒬⒭ | ⒮⒯⒰⒱⒲⒳⒴⒵㊭㊮ | ㊯㊔㊫㊓㊬㊒㊮㊖㊕㊫ |
| 08150 | ㊗㊡㊰㊙㊩㊕㊔㊪㊫㊕ | ㊲㊊㊋㊌㊎㊍⊠⊠⊠⊠ | ⊠⊠⊠⊠⊠⊠⊠⊠⊠⊠ | ⊠⊠in㌅⊠⊠㎟㎣㎦⊠ | ⊠㊞㎈㎉㏈∭⊠㈰㈪㈫ |
| 08200 | ㈬㈭㈮㈯㈷㈸➡⬅⬆⬇ | ◉♠♥♣♦☀☁☂☃☞ | ☜☝☟㊙⓪XIXII⊠⊠ | ▁▂▃▄▅▆▇█▌ | ▍▎▏▕▉▔▕︵︶ |
| 08250 | ︶─┣┫▲▼⊠ | ⊠╱╲╳ゕゖ逢辻’。 | ⊠°゛,˙⊠⊠⊠⊠⊠ | ⊠⊠⊠〃凜熙❶❷❸❹ | ❺❻❼❽❾⊠⊠⊠ⅺⅻ |
| 08300 | ⊠⊠⊠⊠g℉⊠℻⟲⇆ | ⇄⇅⇵⇅ヷヸヹヺ⊠⊠㊝ | ⊠⊠⊠㍻㍿⊠⊠㌳㌕ | ㌔⊠⊠㌠㌫⊠⊠㌦㌍ | ㌘⊠⊠㌥⊠⊠㌴ |
| 08350 | ㌐⊠⊠㌽⊠⊠㌞㌸纊 | 褜鍈銈蓜俉炻昱棈鋹曻 | 彅丨仡仼伀伃伹佖侒侊 | 侚侔俍偀倢俿倞偆偰偂 | 傔僴僘兊兤冝冾凬刕劜 |
| 08400 | 刕劶勛匀匇匤卲厓厲叝 | 﨎咜咊咩哿喆坙坥垬埈 | 埇﨏塚增墲夋奓奛奝奣 | 妤妺孖寀甯寘寬尞岦岺 | 峵崧嵓﨑嵂嵭嶸嶹巐弡 |
| 08450 | 弴彧德忞恝悅悊惞惕愠 | 惲愑愷愰憘戓抦揵摠撝 | 擎敎昀昕昻昉昮昞昤晥 | 晗晙晴晳暙暠暲暿曺朎 | 朗杦枻桒柀栁桄棏﨓楨 |
| 08500 | 榘槢樰橫橆橳橾櫢櫤毖 | 氿汜沆汯泚洄涇浯涖涬 | 淏淸淲淼渹湜渧渼溿澈 | 澵濵瀅瀇瀨炅炫焏焄煜 | 煆煇凞燁燾犱犾猤猪獷 |

| | | | | | |
|---|---|---|---|---|---|
| 08550 | 玽珉珖珣珒琇珵琦琪琩 | 琮瑢璉璟甁畯皂皜皞皛 | 皦益睆劯砡硎硤硺礰礼 | 神祥禔福禛竑竧靖竫箞 | 精絈絜綷綠緖繒罇羡羽 |
| 08600 | 茁荢荿菇菶葈蒴蕓蕙蕫 | 﨟薰蘒﨡蠇裵訒訷詹誧 | 誾諟諸諶譓譿賰賴贒赶 | 﨣軏﨤逸遧郞都鄕鄧釚 | 釗釞釭釮釤釥鈆鈐鈊鈺 |
| 08650 | 鉀鈼鉎鉙鉑鈹鉧銧鉷鉸 | 鋧鋗鋙鋐﨧鋕鋠鋓錥錡 | 鋻﨨錞鋿錝錂鍰鍗鎤鏆 | 鏞鏸鐱鑅鑈閒隆﨩隝隯 | 霳霻靃靍靏靑靕顗顥飯 |
| 08700 | 飼餧館馞驎髙髜魵魲鮏 | 鮱鮻鰀鵰鵫鶴鸙黑⊠\ | ⊠⊠⊠⊠⊠⊠⊠⊠⊠⊠ | ⊠⊠⊠⊠⊠⊠⊠⊠⊠⊠ | ⊠⊠⊠⊠⊠⊠⊠⊠⊠⊠ |
| 08750 | ⊠⊠⊠⊠⊠⊠⊠⊠⊠⊠ | ⊠⊠⊠⊠⊠⊠⊠⊠⊠⊠ | ⊠⊠⊠⊠⊠⊠⊠⊠⊠⊠ | ⊠⊠⊠⊠⊠⊠⊠⊠⊠⊠ | ⊠⊠⊠⊠⊠⊠⊠⊠⊠⊠ |
| 08800 | ⊠⊠⊠⊠⊠⊠⊠⊠⊠⊠ | ⊠⊠⊠⊠⊠⊠⊠⊠⊠⊠ | ⊠⊠⊠⊠⊠⊠⊠⊠⊠⊠ | ⊠⊠⊠⊠⊠⊠⊠⊠⊠⊠ | ⊠⊠⊠⊠⊠⊠⊠⊠⊠⊠ |
| 08850 | ⊠⊠⊠⊠⊠⊠⊠⊠⊠⊠ | ⊠⊠⊠⊠⊠⊠⊠⊠⊠⊠ | ⊠⊠⊠⊠⊠⊠⊠⊠⊠⊠ | ⊠⊠⊠⊠⊠⊠⊠⊠⊠⊠ | ⊠⊠⊠⊠⊠⊠⊠⊠⊠⊠ |
| 08900 | ⊠⊠⊠⊠⊠⊠⊠⊠⊠⊠ | ⊠⊠⊠⊠⊠⊠⊠⊠⊠⊠ | ⊠⊠⊠⊠⊠⊠⊠⊠⊠⊠ | ⊠⊠⊠⊠⊠⊠⊠⊠⊠⊠ | ⊠⊠⊠⊠⊠⊠⊠⊠⊠⊠ |
| 08950 | ⊠⊠⊠⊠⊠⊠⊠⊠⊠⊠ | ⊠⊠⊠⊠⊠⊠⊠⊠⊠⊠ | ⊠⊠⊠⊠⊠⊠⊠⊠⊠⊠ | ⊠⊠⊠⊠⊠⊠⊠⊠⊠⊠ | ⊠⊠⊠⊠⊠⊠⊠⊠⊠⊠ |
| 09000 | ⊠⊠⊠⊠⊠⊠⊠⊠⊠⊠ | ⊠⊠⊠⊠⊠⊠⊠⊠⊠⊠ | ⊠⊠⊠⊠⊠⊠⊠⊠⊠⊠ | ⊠⊠⊠⊠⊠⊠⊠⊠⊠⊠ | ⊠⊠⊠⊠⊠⊠⊠⊠⊠⊠ |
| 09050 | ⊠⊠⊠⊠⊠⊠⊠⊠⊠⊠ | ⊠⊠⊠⊠⊠⊠⊠⊠⊠⊠ | ⊠⊠⊠⊠⊠⊠⊠⊠⊠⊠ | ⊠⊠⊠⊠⊠⊠⊠⊠⊠⊠ | ⊠⊠⊠⊠⊠⊠⊠⊠⊠⊠ |
| 09100 | ⊠⊠⊠⊠⊠⊠⊠⊠⊠⊠ | ⊠⊠⊠⊠⊠⊠⊠⊠⊠⊠ | ⊠⊠⊠⊠⊠⊠⊠⊠⊠⊠ | ⊠⊠⊠⊠⊠⊠⊠⊠⊠⊠ | ⊠⊠⊠⊠⊠⊠⊠⊠⊠⊠ |
| 09150 | ⊠⊠⊠⊠⊠⊠⊠⊠⊠⊠ | ⊠⊠⊠⊠⊠⊠⊠⊠⊠⊠ | ⊠⊠⊠⊠⊠⊠⊠⊠⊠⊠ | ⊠⊠⊠⊠⊠⊠⊠⊠⊠⊠ | ⊠⊠⊠⊠⊠⊠⊠⊠⊠⊠ |
| 09200 | ⊠⊠⊠⊠⊠⊠⊠⊠⊠⊠ | ⊠⊠⊠⊠⊠⊠⊠⊠⊠⊠ | ⊠⊠⊠⊠⊠⊠⊠⊠⊠⊠ | ⊠⊠⊠⊠⊠⊠⊠⊠⊠⊠ | ⊠⊠⊠⊠⊠⊠⊠⊠⊠⊠ |
| 09250 | ⊠⊠⊠⊠⊠⊠⊠⊠⊠⊠ | ⊠⊠⊠⊠⊠⊠⊠⊠⊠⊠ | ⊠⊠⊠⊠⊠⊠⊠⊠⊠⊠ | ⊠⊠⊠⊠⊠⊠⊠⊠⊠⊠ | ⊠⊠⊠⊠⊠⊠⊠⊠⊠⊠ |
| 09300 | ⊠⊠⊠⊠⊠⊠⊠⊠⊠⊠ | ⊠⊠⊠⊠⊠⊠⊠⊠⊠⊠ | ⊠⊠⊠⊠⊠⊠⊠⊠⊠⊠ | ⊠⊠⊠⊠⊠⊠⊠⊠⊠⊠ | ⊠⊠⊠⊠⊠⊠⊠⊠⊠⊠ |
| 09350 | ⊠⊠⊠⊠€ Ω⊠⊠ﬀ ﬃ | ﬄā ī ū ē ō Ā Ī Ū Ē | Ō ⊠⊠⊠⊠⊠⊠⊠⊠⊠ | ⊠⊠⊠⊠⊠⊠⊠⊠⊠⊠ | ⊠⊠⊠⊠Ă Ĕ ⊠Ẽ Ĭ ⊠ |
| 09400 | Ĩ Ŏ ⊠Ŭ ⊠Ũ ă ĕ ⊠ẽ | ĭ ⊠ĩ ŏ ⊠ŭ ⊠ũ ɑ ⊠ | ⊠⊠⊠⊠⊠⊠⊠⊠⊠⊠ | ⊠⊠⊠⊠⊠⊠⊠⊠⊠⊠ | ⊠⊠⊠⊠⊠⊠⊠⊠⊠⊠ |
| 09450 | ⊠⊠⊠⊠⊠⊠⊠⊠⊠⊠ | ⊠⊠⊠⊠⊠⊠⊠⊠⊠⊠ | ⊠⊠⊠⊠⊠⊠⊠⊠⊠⊠ | ⊠⊠⊠⊠⊠⊠⊠⊠⊠⊠ | ⊠⊠⊠⊠⊠⊠⊠⊠⊠⊠ |
| 09500 | ⊠⊠⊠⊠⊠⊠⊠⊠⊠⊠ | ⊠⊠⊠⊠⊠⊠⊠⊠⊠⊠ | ⊠⊠⊠⊠⊠⊠⊠⊠⊠⊠ | ⊠⊠⊠⊠⊠⊠⊠⊠⊠⊠ | ⊠⊠⊠⊠⊠⊠⊠⊠⊠⊠ |
| 09550 | ⊠⊠⊠⊠⊠⊠⊠⊠⊠⊠ | ⊠⊠⊠⊠⊠⊠⊠⊠⊠⊠ | ⊠⊠⊠⊠⊠⊠⊠⊠⊠⊠ | ⊠⊠⊠⊠⊠⊠⊠⊠⊠⊠ | ⊠⊠⊠⊠⊠⊠⊠⊠⊠⊠ |
| 09600 | ⊠⊠⊠⊠⊠⊠⊠⊠⊠⊠ | ⊠⊠⊠⊠⊠⊠⊠⊠⊠⊠ | ⊠⊠⊠⊠⊠⊠⊠⊠⊠⊠ | ⊠⊠⊠⊠⊠⊠⊠⊠⊠⊠ | ⊠⊠⊠⊠⊠⊠⊠⊠⊠⊠ |
| 09650 | ⊠⊠⊠⊠⊠⊠⊠⊠⊠⊠ | ⊠⊠⊠⊠⊠⊠⊠⊠⊠⊠ | ⊠⊠⊠⊠⊠⊠⊠⊠⊠⊠ | ⊠⊠⊠⊠⊠⊠⊠⊠⊠⊠ | ⊠⊠⊠⊠⊠⊠⊠⊠⊠⊠ |
| 09700 | ⊠⊠⊠⊠⊠⊠⊠⊠⊠⊠ | ⊠⊠⊠⊠⊠⊠⊠⊠⊠⊠ | ⊠⊠⊠⊠⊠⊠⊠⊠⊠⊠ | ⊠⊠⊠⊠⊠⊠⊠⊠⊠⊠ | ⊠⊠⊠⊠⊠⊠⊠⊠⊠⊠ |
| 09750 | ⊠⊠⊠⊠⊠⊠⊠⊠⊠⊠ | ⊠⊠⊠⊠⊠⊠⊠⊠⊠⊠ | ⊠⊠⊠⊠⊠⊠⊠⊠⊠⊠ | ⊠⊠⊠⊠⊠⊠⊠⊠⊠⊠ | ⊠⊠⊠⊠⊠⊠⊠⊠⊠⊠ |
| 09800 | ⊠⊠⊠⊠⊠⊠⊠⊠⊠⊠ | ⊠⊠⊠⊠⊠⊠⊠⊠⊠⊠ | ⊠⊠⊠⊠⊠⊠⊠⊠⊠⊠ | ⊠⊠⊠⊠⊠⊠⊠⊠⊠⊠ | ⊠⊠⊠⊠⊠⊠⊠⊠⊠⊠ |
| 09850 | ⊠⊠⊠⊠⊠⊠⊠⊠⊠⊠ | ⊠⊠⊠⊠⊠⊠⊠⊠⊠⊠ | ⊠⊠⊠⊠⊠⊠⊠⊠⊠⊠ | ⊠⊠⊠⊠⊠⊠⊠⊠⊠⊠ | ⊠⊠⊠⊠⊠⊠⊠⊠⊠⊠ |
| 09900 | ⊠⊠⊠⊠⊠⊠⊠⊠⊠⊠ | ⊠⊠⊠⊠⊠⊠⊠⊠⊠⊠ | ⊠⊠⊠⊠⊠⊠⊠⊠⊠⊠ | ⊠⊠⊠⊠⊠⊠⊠⊠⊠⊠ | ⊠⊠⊠⊠⊠⊠⊠⊠⊠⊠ |
| 09950 | ⊠⊠⊠⊠⊠⊠⊠⊠⊠⊠ | ⊠⊠⊠⊠⊠⊠⊠⊠⊠⊠ | ⊠⊠⊠⊠⊠⊠⊠⊠⊠⊠ | ⊠⊠⊠⊠⊠⊠⊠⊠⊠⊠ | ⊠⊠⊠⊠⊠⊠⊠⊠⊠⊠ |
| 10000 | ⊠⊠⊠⊠(A)(B)(C)(D)(E)(F) | (G)(H)(I)(J)(K)(L)(M)(N)(O)(P) | (Q)(R)(S)(T)(U)(V)(W)(X)(Y)(Z) | ⊠⊠⊠⊠⊠⊠⊠⊠⊠⊠ | ⊠⊠⊠⊠⊠⊠⊠⊠⊠⊠ |
| 10050 | ⊠⊠⊠⊠⊠⊠⊠⊠⊠⊠ | ⊠⊠⊠⊠⊠⊠⊠⊠⊠⊠ | ⊠⊠⊠⊠⊠⊠⊠⊠⊠⊠ | ⊠⊠⊠⊠⊠⊠⊠⊠⊠⊠ | ⊠⊠⊠⊠⊠⊠⊠⊠⊠⊠ |
| 10100 | ⊠⊠⊠⊠⊠⊠⊠⊠⊠⊠ | ⊠⊠⊠⊠⊠⊠⊠⊠⊠⊠ | ⊠⊠⊠⊠⊠⊠㈠㈡㈢㈣ | ㈤㈥㈦㈧㈨㈩⊠⊠⊠⊠ | ⊠⊠⊠⊠⊠⊠⊠⊠⊠⊠ |
| 10150 | ⊠⊠⊠⊠⊠⊠⊠⊠⊠⊠ | ⊠⊠⊠⊠⊠⊠⊠⊠⊠⊠ | ⊠⊠⊠⊠⊠⊠⊠⊠⊠⊠ | ⊠⊠⊠⊠⊠⊠⊠⊠⊠⊠ | ⊠⊠⊠⊠⊠⊠⊠⊠⊠⊠ |
| 10200 | ⊠⊠⊠⊠⊠⊠⊠⊠⊠⊠ | ⊠⊠⊠⊠⊠⊠⊠⊠⊠⊠ | ⊠⊠⊠⊠⊠⊠⊠⊠⊠⊠ | ⊠⊠⊠⊠⊠⊠⊠⊠⊠⊠ | ⊠⊠⊠⊠㉜㉝㉞㉟㊱㊲ |
| 10250 | ㊳㊴㊵㊶㊷㊸㊹㊺㊻㊼ | ㊽㊾㊿⊠⊠⊠⊠⊠⊠⊠ | ⊠⊠⊠⊠⊠⊠⊠⊠⊠⊠ | ⊠⊠⊠⊠⊠⊠⊠⊠⊠⊠ | ⊠⊠⊠⊠⊠⊠⊠⊠⊠⊠ |
| 10300 | ⊠⊠⊠⊠⊠⊠⊠⊠⊠⊠ | ⊠⊠⊠ⓐⓑⓒⓓⓔⓕⓖ | ⓗⓘⓙⓚⓛⓜⓝⓞⓟⓠ | ⓡⓢⓣⓤⓥⓦⓧⓨⓩⒶ | ⒷⒸⒹⒺⒻⒼⒽⒾⒿⓀ |
| 10350 | ⓁⓂⓃⓄⓅⓆⓇⓈⓉⓊ | ⓋⓌⓍⓎⓏ⊠⊠⊠⊠⊠ | ⊠⊠⊠⊠⊠⊠⊠⊠⊠⊠ | ⊠⊠⊠⊠⊠⊠⊠⊠⊠⊠ | ⊠⊠⊠⊠⊠⊠⊠⊠⊠⊠ |
| 10400 | ⊠⊠⊠⊠⊠⊠⊠⊠⊠⊠ | ⊠⊠⊠㋐㋑㋒㋓㋔㋕㋖ | ㋗㋘㋙㋚㋛㋜㋝㋞㋟㋠ | ㋡㋢㋣㋤㋥㋦㋧㋨㋩㋪ | ㋫㋬㋭㋮㋯㋰㋱㋲㋳㋴ |
| 10450 | ㋵㋶㋷㋸㋹㋺㋻㋼㋽㋾ | ⊠㊀㊁㊂㊃㊄㊅㊆㊇㊈ | ㊉㊐㊊㊋㊌㊍㊎㊏⊠㊟ | ⊠⊠⊠⊠⊠⊠㊠㊡㊛㊚ | ㊣㊢㊗⊠㊜㊕⊠⊠㉄⊠ |
| 10500 | ⊠⊠◌⓿⊠⊠⊠⊠⊠⊠ | ⊠⊠⊠⊠❿⓫⓬⓭⓮⓯ | ⓰⓱⓲⓳⓴⊠⊠⊠⊠⊠ | ⊠⊠⊠⊠⊠⊠⊠⊠⊠⊠ | ⊠⊠⊠⊠⊠⊠⊠⊠⊠⊠ |
| 10550 | ⊠⊠⊠⊠⊠⊠⊠⊠⊠⊠ | ⊠⊠⊠⊠⊠⊠⊠⊠⊠⊠ | ⊠⊠⊠⊠⊠⊠⊠⊠⊠⊠ | ⊠⊠⊠⊠⊠⊠⊠⊠⊠⊠ | ⊠⊠⊠⊠⊠⊠⊠⊠⊠⊠ |
| 10600 | ⊠⊠⊠⊠⊠⊠⊠⊠⊠⊠ | ⊠⊠⊠⊠⊠⊠⊠⊠⊠⊠ | ⊠⊠⊠⊠⊠⊠⊠⊠⊠⊠ | ⊠🅐🅑🅒🅓🅔🅕🅖🅗🅘 | 🅙🅚🅛🅜🅝🅞🅟🅠🅡🅢 |
| 10650 | 🅣🅤🅥🅦🅧🅨🅩⊠⊠⊠ | ⊠⊠⊠⊠⊠⊠⊠⊠⊠⊠ | ⊠⊠⊠⊠⊠⊠⊠⊠⊠⊠ | ⊠⊠⊠⊠⊠⊠⊠⊠⊠⊠ | ⊠⊠⊠⊠⊠⊠⊠⊠⊠⊠ |
| 10700 | ⊠⊠⊠⊠⊠⊠⊠⊠⊠⊠ | ⊠⊠⊠⊠⊠⊠⊠⊠⊠⊠ | ⊠⊠⊠⊠⊠⊠⊠⊠⊠⊠ | ⊠⊠⊠⊠⊠⊠⊠⊠⊠⊠ | ⊠⊠⊠⊠⊠⊠⊠⊠⊠⊠ |
| 10750 | ⊠⊠⊠⊠⊠⊠⊠⊠⊠⊠ | ⊠⊠⊠⊠⊠⊠⊠⊠⊠⊠ | ⊠⊠⊠⊠⊠⊠⊠⊠⊠⊠ | ⊠⊠⊠⊠⊠⊠⊠⊠⊠⊠ | ⊠⊠⊠⊠⊠⊠⊠⊠⊠⊠ |
| 10800 | ⊠⊠⊠⊠⊠⊠⊠⊠⊠⊠ | ⊠⊠⊠⊠⊠⊠⊠⊠⊠⊠ | ⊠⊠⊠⊠⊠⊠⊠⊠⊠⊠ | ⊠⊠⊠⊠⊠⊠⊠⊠⊠⊠ | ⊠⊠⊠⊠⊠⊠⊠⊠⊠⊠ |

| | | | | | |
|---|---|---|---|---|---|
| 10850 | ⊠⊠⊠⊠⊠⊠⊠⊠⊠⊠ | ⊠⊠⊠⊠⊠⊠⊠⊠⊠⊠ | ⊠⊠⊠⊠⊠⊠⊠⊠⊠⊠ | ⊠⊠⊠⊠⊠⊠⊠⊠⊠⊠ | ⊠⊠⊠⊠⊠⊠⊠⊠⊠⊠ |
| 10900 | ⊠ABCDEFGHI | JKLMNOPQRS | TUVWXYZ⊠⊠⊠ | ⊠⊠⊠⊠⊠⊠⊠⊠⊠⊠ | ⊠⊠⊠⊠⊠⊠⊠⊠⊠⊠ |
| 10950 | ⊠⊠⊠⊠⊠⊠⊠⊠⊠⊠ | ⊠⊠⊠⊠⊠⊠⊠⊠⊠⊠ | ⊠⊠⊠⊠⊠⊠⊠⊠⊠⊠ | ⊠⊠⊠⊠⊠サ⊠⊠⊠⊠ | ⊠⊠⊠⊠⊠⊠⊠⊠⊠⊠ |
| 11000 | ⊠⊠⊠⊠⊠⊠⊠⊠⊠⊠ | ⊠⊠⊠⊠⊠⊠⊠⊠⊠⊠ | ⊠⊠⊠⊠月⊠⊠⊠⊠⊠ | ⊠⊠⊠⊠⊠□⬚⊠⊠⊠ | ⊠⊠⊠⊠⊠⊠⊠⊠⊠⊠ |
| 11050 | ⊠⊠⊠⊠⊠⊠⊠⊠⊠⊠ | ⊠⊠⊠⊠⊠⊠⊠⊠⊠⊠ | ⊠⊠⊠⊠⊠⊠⊠⊠⊠⊠ | ⊠⊠⊠⊠⊠⊠⊠⊠⊠⊠ | ⊠⊠⊠⊠⊠⊠⊠⊠⊠⊠ |
| 11100 | ⊠⊠⊠⊠⊠⊠⊠⊠⊠⊠ | ⊠⊠⊠⊠⊠⊠⊠⊠⊠⊠ | ⊠⊠⊠⊠⊠⊠⊠⊠⊠⊠ | ⊠⊠⊠⊠⊠⊠⊠⊠⊠⊠ | ⊠⊠⊠⊠⊠⊠⊠⊠⊠⊠ |
| 11150 | ⊠⊠⊠⊠⊠⊠⊠⊠⊠⊠ | ⊠⊠⊠⊠⊠⊠⊠⊠⊠⊠ | ⊠⊠⊠⊠⊠⊠⊠⊠⊠⊠ | ⊠⊠⊠⊠⊠⊠⊠⊠⊠⊠ | ⊠⊠⊠⊠⊠⊠⊠⊠⊠⊠ |
| 11200 | ⊠⊠⊠⊠⊠⊠⊠⊠⊠⊠ | ⊠⊠⊠⊠⊠⊠⊠⊠⊠⊠ | ⊠⊠⊠⊠⊠⊠⊠⊠⊠⊠ | ⊠⊠⊠⊠⊠⊠⊠⊠⊠⊠ | ⊠⊠⊠⊠⊠⊠⊠⊠⊠⊠ |
| 11250 | ⊠⊠⊠⊠⊠⊠⊠⊠⊠⊠ | ⊠⊠⊠⊠⊠⊠⊠⊠⊠⊠ | ⊠⊠⊠⊠⊠⊠⊠⊠⊠⊠ | ⊠⊠⊠⊠⊠⊠⊠⊠⊠⊠ | ⊠⊠⊠⊠⊠⊠⊠⊠⊠⊠ |
| 11300 | ⊠⊠⊠⊠⊠⊠⊠⊠⊠⊠ | ⊠⊠⊠⊠⊠⊠⊠⊠⊠⊠ | ⊠⊠⊠⊠⊠⊠⊠⊠⊠⊠ | ⊠⊠⊠⊠⊠⊠⊠⊠⊠⊠ | ⊠⊠⊠⊠⊠⊠⊠⊠⊠⊠ |
| 11350 | ⊠⊠⊠⊠⊠⊠⊠⊠⊠⊠ | ⊠⊠⊠⊠⊠⊠⊠⊠⊠⊠ | ⊠⊠⊠⊠⊠⊠⊠⊠⊠⊠ | ⊠⊠⊠⊠⊠⊠⊠⊠⊠⊠ | ⊠⊠⊠⊠⊠⊠⊠⊠⊠⊠ |
| 11400 | ⊠⊠⊠⊠⊠⊠⊠⊠⊠⊠ | ⊠⊠⊠⊠⊠⊠⊠⊠⊠⊠ | ⊠⊠⊠⊠⊠⊠⊠⊠⊠⊠ | ⊠⊠⊠⊠⊠⊠⊠⊠⊠⊠ | ⊠⊠⊠⊠⊠⊠⊠⊠⊠⊠ |
| 11450 | ⊠⊠⊠⊠⊠⊠⊠⊠⊠⊠ | ⊠⊠⊠⊠⊠⊠⊠⊠⊠⊠ | ⊠⊠⊠⊠⊠⊠⊠⊠⊠⊠ | ⊠⊠⊠⊠⊠⊠⊠⊠⊠⊠ | ⊠⊠⊠⊠⊠⊠⊠⊠⊠⊠ |
| 11500 | ⊠⊠⊠⊠⊠⊠⊠⊠⊠⊠ | ⊠⊠⊠⊠⊠⊠⊠⊠⊠⊠ | ⊠⊠⊠⊠⊠⊠⊠⊠⊠⊠ | ⊠⊠⊠⊠⊠⊠⊠⊠⊠⊠ | ⊠⊠⊠⊠⊠⊠⊠⊠⊠⊠ |
| 11550 | ⊠⊠⊠⊠⊠⊠⊠⊠⊠⊠ | ⊠⊠⊠⊠⊠⊠⊠⊠⊠⊠ | ⊠⊠⊠⊠⊠⊠⊠⊠⊠⊠ | ⊠⊠⊠⊠⊠⊠⊠⊠⊠⊠ | ⊠⊠⊠⊠⊠⊠⊠⊠⊠⊠ |
| 11600 | ⊠⊠⊠⊠⊠⊠⊠⊠⊠⊠ | ⊠⊠⊠⊠⊠⊠⊠⊠⊠⊠ | ⊠⊠⊠⊠⊠⊠⊠⊠⊠⊠ | ⊠⊠⊠⊠⊠⊠⊠⊠⊠⊠ | ⊠⊠⊠⊠⊠⊠⊠⊠⊠⊠ |
| 11650 | ⊠⊠⊠⊠⊠⊠⊠⊠⊠⊠ | ⊠⊠⊠⊠⊠⊠⊠⊠⊠⊠ | ⊠⊠⊠⊠⊠⊠⊠⊠⊠⊠ | ⊠⊠⊠⊠⊠⊠⊠⊠⊠⊠ | ⊠⊠⊠⊠⊠⊠⊠⊠⊠⊠ |
| 11700 | ⊠⊠⊠⊠⊠⊠⊠⊠⊠⊠ | ⊠⊠⊠ABCDEFG | HIJKLMNOPQ | RSTUVWXYZ⊠ | ⊠⊠⊠⊠⊠⊠⊠⊠⊠⊠ |
| 11750 | ⊠⊠⊠⊠⊠⊠⊠⊠⊠⊠ | ⊠⊠⊠⊠⊠⊠⊠⊠⊠⊠ | ⊠⊠⊠⊠⊠⊠⊠⊠⊠⊠ | ⊠⊠⊠⊠⊠⊠⊠⊠⊠⊠ | ⊠⊠⊠⊠⊠⊠⊠⊠⊠⊠ |
| 11800 | ⊠⊠⊠⊠⊠⊠⊠⊠⊠⊠ | ⊠⊠⊠⊠⊠⊠⊠⊠⊠⊠ | ⊠⊠⊠⊠⊠⊠⊠⊠⊠⊠ | ⊠⊠⊠⊠⊠⊠⊠⊠⊠⊠ | ⊠⊠⊠⊠⊠⊠⊠⊠⊠⊠ |
| 11850 | ⊠PR⊠⊠⊠℅a.m.⊠⊠% | ⊠hPa⊠⊠μgμm⊠⊠⊠pH | p.m.⊠⊠⊠アルファアンペアイニングウォン⊠エーカー | ⊠エスクードオーム⊠オンス⊠カイリ⊠カラットガロン | ガンマギガギニーキュリーギルダー⊠キロワット⊠グラムトン⊠ |
| 11900 | クルゼイロクローネケースコルナサイクルサンチームシリングダース⊠デシ | ⊠⊠ナノノット⊠バーレル⊠⊠ピアストルピクル | ピコファラッド⊠⊠ブッシェルフランベータ⊠⊠⊠ | ペソ⊠ペニヒペンスポイントホールボルトホンポンドマイクロ | マイルマッハマルクミクロンメガメガトンヤールユアン⊠⊠ |
| 11950 | リラルーブル⊠⊠ルピーレムレントゲン⊠ファアルペアアン | シグイニウオ⊠カ｜エ｜⊠クドエスムオ｜⊠スオン⊠ | リイカ⊠ツトカラン ガロマンガ ギギ｜リニキ｜ダユギ｜ル⊠ | ワッキト⊠トログン⊠ゼロク｜ルクネスロケナ｜コクルサルチイサム | ンシグスリダ｜⊠シデ⊠⊠ノナトツノ⊠レル｜バ |
| 12000 | ⊠⊠スルピアルピクピコラドフア⊠⊠シルブッン フラ | タベ｜⊠⊠⊠ソペ⊠ヒペスペンボルホ ニ ントイ ｜ | トルボン ホドボクマルマハマクマロミシロイ イ ツ ルンクガ メトメンガ | ルヤ｜ンユア⊠⊠ラリブル｜⊠⊠｜ルピレム | トシレン罯奆罞羕⊠⊠⊠⊠⊠ |
| 12050 | ⊠⊠⊠⊠⊠⊠⊠⊠⊠⊠ | ⊠⊠⊠⊠⊠⊠⊠⊠⊠⊠ | ⊠⊠⊠⊠⊠⊠⊠⊠⊠⊠ | ⊠⊠⊠⊠⊠⊠⊠' " ⊠ℵ | ⊠∊ℏ⊠⊠⊠⊠⊠⚾♨♩ |
| 12100 | ♬‥⊠⊠⊠⊠⊠≷⊠〳〴 | ＼‼⁉⊠⊠⊠⊠⊠∓⊠ | ≃⋦⋧⊠⊠⊠⊠⊠⊠〘 | 〙⦅⦆⊠⊠⊠⊠⊠⊠⏠ | ⏝⏜⏝⊠⊠⊠⊠⊠⊠⊠ |
| 12150 | ⊠⊠⊠⊠⊠⊠⊠⊠⊠⊠ | ⊠⊠⊠⊠⊠⊠⊠⊠⊠⊠ | 〵⊠⊠〳⊠✂⊠✂〽 | ⊠ゟ⊠⊠⊘⊠⊖⊘⊕⊗ | ⊠⊠⚠⊠◀▶⊠⊠⊠⊠ |
| 12200 | ⇐⇔↘↙↖↗⇄⇆⊠⊠ | ⊠⊠⊠⊠⊠⊠⊠⊠〰⌇ | ⊠⊠⊠⊠⊠⊠⊠⊠❀✽ | ⊠⊠⊠⊠⊠⊠⊠▫⊠▪ | ⊠✚⊠⊠⊠⊠⊠⊠⊠⊠ |
| 12250 | ⊠⊠⊠⊠◦⊠⊠⊠⊠❖ | ⊠⊠⊠⊠⊠⊠⊠⊠⊠⊠ | ⊠⊠⊠⊠⊠⊠⊠⊠⊠⊠ | ⊠⊠⊠⊠⊠⊠⊠⊠⊠⊠ | ⊠⊠⊠⊠⊠⊠⊠⊠⊠⊠ |
| 12300 | ⊠⊠⊠⊠⊠⊠⊠⊠⊠⊠ | ⊠⊠⊠⊠⊠⊠⊠⊠⊠⊠ | ⊠⊠⊠⊠⊠⊠⊠⊠⊠⊠ | ⊠⊠⊠⊠⊠⊠⊠⊠⊠⊠ | ⊠⊠⊠⊠⊠⊠⊠⊠⊠⊠ |
| 12350 | ⊠⊠⊠⊠⊠⊠⊠⊠⊠⊠ | ⊠⊠⊠⊠⊠⊠⊠⊠⊠⊠ | ⊠⊠⊠⊠⊠⊠⊠⊠⊠⊠ | ⊠⊠⊠⊠⊠⊠⊠⊠⊠⊠ | ⊠⊠⊠⊠⊠⊠⊠⊠⊠⊠ |
| 12400 | ⊠⊠⊠⊠⊠⊠⊠⊠⊠⊠ | ⊠⊠⊠⊠⊠⊠⊠⊠⊠⊠ | ⊠⊠⊠⊠⊠⊠⊠⊠⊠⊠ | ⊠⊠⊠⊠⊠⊠⊠⊠⊠⊠ | ⊠⊠⊠⊠⊠⊠⊠⊠⊠⊠ |
| 12450 | ⊠⊠⊠⊠⊠⊠⊠⊠⊠⊠ | ⊠⊠⊠⊠⊠⊠⊠⊠⊠⊠ | ⊠⊠⊠⊠⊠⊠⊠⊠⊠⊠ | ⊠⊠⊠⊠⊠⊠⊠⊠⊠⊠ | ⊠⊠⊠⊠⊠⊠⊠⊠⊠⊠ |
| 12500 | ⊠⊠⊠⊠⊠⊠⊠⊠⊠⊠ | ⊠⊠⊠⊠⊠⊠⊠⊠⊠⊠ | ⊠⊠⊠⊠⊠⊠⊠⊠⊠⊠ | ⊠⊠⊠⊠⊠⊠⊠⊠⊠⊠ | ⊠⊠⊠⊠⊠⊠⊠⊠⊠⊠ |
| 12550 | ⊠⊠⊠⊠⊠⊠⊠⊠⊠⊠ | ⊠⊠⊠⊠⊠⊠⊠⊠⊠⊠ | ⊠⊠⊠⊠⊠⊠⊠⊠⊠⊠ | ⊠⊠⊠⊠⊠⊠⊠⊠⊠⊠ | ⊠⊠⊠⊠⊠⊠⊠⊠⊠⊠ |
| 12600 | ⊠⊠⊠⊠⊠⊠⊠⊠⊠⊠ | ⊠⊠⊠⊠⊠⊠⊠⊠⊠⊠ | ⊠⊠⊠⊠⊠⊠⊠⊠⊠⊠ | ⊠⊠⊠⊠⊠⊠⊠⊠⊠◝ | ◜⊠⊠⊠⊠⊠⊠⊠⊠⊠ |
| 12650 | ⊠⊠⊠⊠⊠⊠⊠⊠⊠⊠ | ⊠⊠⊠⊠⊠⊠⊠⊠⊠⊠ | ⊠⊠⊠⊠⊠⊠⊠⊠⊠⊠ | ⊠⊠⊠⊠⊠⊠⊠⊠⊠⊠ | ⊠⊠⊠⊠⊠⊠⊠⊠⊠⊠ |
| 12700 | ⊠⊠⊠⊠⊠⊠⊠⊠⊠⊠ | ⊠⊠⊠⊠⊠⊠⊠⊠⊠⊠ | ⊠⊠⊠⊠⊠⊠⊠⊠⊠⊠ | ⊠⊠⊠⊠⊠⊠⊠⊠⊠⊠ | ⊠⊠⊠⊠⊠⊠⊠⊠⊠⊠ |
| 12750 | ⊠⊠⊠⊠⊠⊠⊠⊠⊠⊠ | ⊠⊠⊠⊠⊠⊠⊠⊠⊠⊠ | ⊠⊠⊠⊠⊠⊠⊠⊠⊠⊠ | ⊠⊠⊠⊠⊠⊠⊠⊠⊠⊠ | ⊠⊠⊠⊠⊠⊠⊠⊠⊠⊠ |
| 12800 | ⊠⊠⊠⊠⊠⊠⊠⊠⊠⊠ | ⊠⊠⊠⊠⊠⊠⊠⊠⊠⊠ | ⊠⊠⊠⊠⊠⊠⊠⊠⊠⊠ | ⊠⊠⊠⊠⊠⊠⊠⊠⊠⊠ | ⊠⊠⊠⊠⊠⊠⊠⊠⊠⊠ |
| 12850 | ⊠⊠⊠⊠⊠⊠⊠⊠⊠⊠ | ⊠⊠⊠⊠⊠⊠⊠⊠⊠⊠ | ⊠⊠⊠⊠⊠⊠⊠⊠⊠⊠ | ⊠⊠⊠⊠⊠⊠⊠⊠⊠⊠ | ⊠⊠⊠⊠⊠⊠⊠⊠⊠⊠ |
| 12900 | ⊠⊠⊠⊠⊠⊠⊠⊠⊠⊠ | ⊠⊠⊠⊠⊠⊠⊠⊠⊠⊠ | ⊠⊠⊠⊠⊠⊠⊠⊠⊠⊠ | ⊠⊠⊠⊠⊠⊠⊠⊠⊠⊠ | ⊠⊠⊠⊠⊠⊠⊠⊠⊠⊠ |
| 12950 | ⊠⊠⊠⊠⊠⊠⊠⊠⊠⊠ | ⊠⊠⊠⊠⊠⊠⊠⊠⊠⊠ | ⊠⊠⊠⊠⊠⊠⊠⊠⊠⊠ | ⊠⊠⊠⊠⊠⊠⊠⊠⊠⊠ | ⊠⊠⊠⊠⊠⊠⊠⊠⊠⊠ |
| 13000 | ⊠⊠⊠⊠⊠⊠⊠⊠⊠⊠ | ⊠⊠⊠⊠⊠⊠⊠⊠⊠⊠ | ⊠⊠⊠⊠⊠⊠⊠⊠⊠⊠ | ⊠⊠⊠⊠⊠⊠⊠⊠⊠⊠ | ⊠⊠⊠⊠⊠⊠⊠⊠⊠⊠ |
| 13050 | ⊠⊠⊠⊠⊠⊠⊠⊠⊠⊠ | ⊠⊠⊠⊠⊠⊠⊠⊠⊠⊠ | ⊠⊠⊠⊠⊠⊠⊠⊠⊠⊠ | ⊠⊠⊠⊠⊠⊠⊠⊠⊠⊠ | ⊠⊠⊠⊠⊠⊠⊠⊠⊠⊠ |
| 13100 | ⊠⊠⊠⊠⊠⊠⊠⊠⊠⊠ | ⊠⊠⊠⊠⊠⊠⊠⊠⊠⊠ | ⊠⊠⊠⊠⊠⊠⊠⊠⊠⊠ | ⊠⊠⊠⊠⊠⊠⊠⊠⊠⊠ | ⊠⊠⊠⊠⊠⊠⊠⊠⊠⊠ |

13150 ☒☒☒☒☒☒☒☒☒☒ ☒☒☒☒☒☒☒☒☒☒ ☒☒☒☒☒☒☒☒☒☒ ☒☒☒☒☒☒☒☒☒☒ ☒☒☒☒☒☒☒☒☒☒

13200 ☒☒☒☒☒☒☒☒☒☒ ☒☒☒☒☒☒☒☒☒☒ ☒☒☒☒☒☒☒☒☒☒ ☒☒☒☒☒☒☒☒☒☒ ☒☒☒☒☒☒☒☒☒☒

13250 ☒☒☒☒☒☒☒☒☒☒ ☒☒☒☒☒☒☒☒☒☒ ☒☒☒☒☒☒☒☒☒☒ ☒☒☒☒☒☒☒☒☒☒ ☒☒☒☒☒☒☒☒☒☒

13300 ☒☒☒☒☒☒☒☒☒☒ ☒☒☒☒☒☒☒☒☒☒ 逸謁縁黄温禍悔海慨概 渇褐漢器既祈虚響勤謹 掲撃研穀殺祉視煮社者

13350 臭祝暑署渉状慎真節祖 僧層巣憎贈即嘆著徴懲 鎮禎闘突難梅繁晩卑碑 賓敏侮併塀勉歩墨毎免 戻祐欄隆虜涙類暦歴練

13400 錬廊録概冴捌蛛遷逢偉 緯違厩餌衛延沿鉛翁芽 雅害慨概殻敢貫巌頑帰 軌窮均傑穴健建鈷檎交 公更校硬絞考購降拷罪

13450 使史姉謝邪収輯柔瞬舜 楯松訟丈墻植職親遂据 摂船総聡像誕恥兆眺聴 跳庭廷艇桃逃派排輩班 頒悲扉斐緋誹貧父葺分

13500 噴憤粉紛雰蔽便捧盆栟 脈耶翼吏隣麟麗聯甕湾 傳菁凜匕區雙喩囁圍壜 姚娶媾嵎嶇巉巓弭徘惘 慱懾扨拏攝摶擲敝晟杏

13550 柧楫椰榧橄檐氈氓渣溉 滾漾燿珥琲瑟瓠甌癲礪 磔禺穐窕糲絳緝縵羮翡 聚聟聳聰聶腓膊膵臍菲 蕕藕蜚蠶衮裘裴褫褻襪

13600 襯訝贅贏齎躑躡遒遒鄰 酖酘酥酳酲醘醘醪醴醺 鑷隘霽靠靱頌顳飀驅魍 魘鯆鯡鯱鳴鶫鼈扱暗意 衣違遺磯負雫臼厩瓜運

13650 餌衛鋭閲延援沿煙遠鉛 於往翁卸音化花菓貨過 芽雅餓廻灰害慨慨慨概 概柿角隔割轄鎌苅寒環 緩缶還閒韓舘危㐂㐂㐂

13700 幾既期機起飢吉喫虐逆 及吸急級巨拒距臭臭卿 強恐槗槗槗郷響饗暁王 近俱矩具虞空遇櫛啓契 恵慧迎傑潔亠月月兼券

13750 憲权肩謙遣原言戸雇顧 呉娯誤互慌拘控構浩港 耕腔荒講購告酷腰甑込 今鎖座彩採歳菜冴咲削 産餐姿姿市諮諮資資次

13800 次滋璽叱捨斜邪勺爵爵 酌弱主受授周終習衆週 住術述巡遵遵所書女勝 商宵将⺌⺌尚消硝肖丈 冗城情埴飾植殖食食食

13850 尻侵⺗浸真進亻亼刃尋 訊訊迅衰遂勢勢成盛聖 覀誠請静静税脆隻籍節 説雪絶扇潜羨船選遷前 全掃挿痩辶送遭造足速

13900 賊尊尊妥泰退逮隊鯛亠 才瀧達脱丹歎炭誕暖値 置築⺮筑逐杜注駐彫徴 懲朝潮調直朕朕墜追通 坪釣呈帝程的適迭添兎

13950 途砺土士冬唐糖藤騰逃 透騰導道呑棕内肉乳忍 認寧納覇派肺博薄迫縛 肇丷潑醱伴判半帆畔晩 蕃避微鼻匹疋彦姫姫評

14000 庙病婦敷浮負負服覆丙 幣平弊蔑偏編返遍簿包 崩抱朋砲縫胞萌邦邦飽 鵬亡帽忘忙房望望冒摩 翻凡磨魔麻槙桝俣マ繭

14050 膺脈明盟迷妄勐盲耗戻 紋门約躍栭栭栁愉諭輪 勇有猶猶猷裕遊曜羊要 養翌翼躶蘭率龍龍旅梁 燐隣鱗麟类廉憐連朗耂

14100 脇僊僂兔冕几劍勗ク卉 巳叟曼唳嗤呕囀夹娜嫂 孶寃尔嵜峦幔么廣悗拔 拌搜揆搨擧挛晟晟晰曵 杞條梎槶榆寨寨榻毌澂

14150 滲濳沪沪瀛熒㸚丬猜瓊 瓯畵瘍痼瘵罣矚祀祓祓 齋禮邃笄簔簔籔籐籐絆 絣縢縢繈縵繃續鑵冂四 冎翅翠翩胼臺艘艹艹艹

14200 苣茲莢萠莽蓴蕭薇蘊庯 蜷蜻蠅蝨虽蠶褎袑覽訣 謾譚赳趙跛踴蹊迯邇迺 逞逵遐迈邁邊邊邊邊邊 邊邉邉邉邉邉邉邉邉邉

14250 邉邉邉鉄鏝閤阡隲静頽 飫餃餉饅饅饋騈騾驥髯 鬘鰊鴉鳫麦_釁鼈齊齣齧 龤煕煕嬰精昇甥勻厉参 碕桒橳泾凞訙丄丅丟丫

14300 丯丰乀乁乂乚乿亍亖亹 仐仟份仿伋伕你伻佉佔 佺佽侚侗侤俏俶倀倁倏 倛倧倮倄偖偪偯偒偗 僌僦僩僯儈儋儐儛儞兟

14350 冡冼凞凬凴刁刂刋剉剡 剙剸勈勰匊匋匾冊卋卡 卬厫叚另叵吧吰呦呫呴 咍咖咡咭咹咿哆响唎唫 唵啊啎啡喈喝嘈嘎嘏嘷

14400 嘿噉噋噏嚱嚚嗳噱噲嚕 囂囒囍囈囉团囤圊圕圣 圯圳均坌垌垌垜垸埦埭 埵埶垽埻堠堽塼墀墩壛 壐壔壚壩麦夤夯奡奭姀

14450 姒姝姣姤娄娌娣娖婕媚 娅媮媞媧媬媳嫠嫣嬙嬥 嬭嬱孽孾孿宊宂庒尰屣 屩屼岣峒峴崤崦嵾嵆嵘 嶒嶔嶙嶠巘巠巸帀帒帔

14500 帕帟帮幘幫幬庨庪庾廇 廋廒弇弍弜弝弢弨弶弻 彀彐彘彤徉徜徧徤徯徸 忄忉忡忿怍忼怗怚悗悿 恿悞悤悰惋惛惸惕愓愔

14550 愜慼憍憡憝懂懟戕戩扃 扆扌扑扒拄拼挔挍挵挹 捂捃捥捴捽掄掇掐掞揑 揨揰搖搢搩摛摭摻擓擶 擥擷擻攄攖攙敕敧斁斆

14600 旂旰旲昏晌晛晷晡晫暑 暭曈曬朅朓朳杈杌杶杻 枰枭柹柗柙柰栬栰栱栫 桲桵梛梄梥梲棐棖棨棭 椸棱棼椫椓椹榎楗楣槭

14650 槢榀榦榭榷槖槁槆槷橄 樨樴橛橅橐橑檏橛檗檉 檑檝檞櫃櫜櫧櫬欃欤欵 歆歊歔歹殸毡毱氐氳氵 氺汙汶汻沅沕泬泐泔泖

14700 泠泫泬泮洊洎洑洮浗浞 浥涂涿淄淊淖淩渢湑湞 溁滎滽漚漪漯潼濾潞潢 澘澋澍澒澔澚澧澨澶澲 濞濹瀹瀼瀻灑灝灞灤灬

14750 灾炁炕炷烔烘烜焇焠 焱煊煒煠煹熒熳燋燓燡 爀爝爫爸牁牓牖牪犍 犭犴犾狻猄猅猨猱獃獬 獮玃玅玆玕玞玟玠玦玫

14800 玵玷珧珽珙珩珴珽琄琊 琚琛琤琨琬琯琰琱琹瑄 瑇瑋瑍瑑瑗瑦瑫瑱瑲璅 璆璇璐璘璜璠璣璨瑫璵 璿瓈瓚瓞瓰甽畷疐疒疠

14850 疴痤痹瘀瘊瘕瘖瘙瘞瘭 瘵瘻瘉癓癭癯癱癴皤皡 盅盌盬盻眗眶睟睠睲 瞍瞕瞪矦矰矴砄砢砣砮 砰砵硨碞磈磒磙磤磝礀

14900 礫磷磻礐礴礻礽祆祛祜 禋禖禘禸离秊秂秅稉秷 稞稭積穅穌穓穠穭穸窠 窣窳窵窶窹竿笔笧笱笲 笳筠筩筭箵箻篌篗篙篡

14950 篪篦篸簇簱簽簶籛籠籰 粼粿糈糉糗糙糝糰紇紈 紉紓紝紣絁絓綄綌綈綆 絃綌綉綏綟綮緀緇緻 緤績緭繳纍纑纘罄罏罒

15000 罓罡羑羿翎翟翥翬翮翯 翱耎耑耔耤耦聀聈聅聱 聵肷肦肫肸肱脖脘脺腊 腌腬腴膴膹臓舄舡舲舴 艆艋艏芎芮芷苐芴苾茎

15050 茰茿莆莍莒莘莩莉菀菪 萏萑萚葶蒨蒯蓀蓂蓰蓳 蔌蔍蕞蕙蕎薔薭藲蘩虒 虤虬蚓虺蚍蚑蚘蚡蚨蛱 蛽蜋蜓蜙蜞蜨蜾蝱螈螽

15100 螬螭螵螹蟫蟭蠁蠃蠆蠋 蠔蠜衕衜礻袘袪袽袾裛 裒褱褑褤褆褘褙褡褩褰 襟襻觔觖觥觺訇訏訕訢 詎詿誡諂謷譃譄譔讌讞

15150 豇豓豳貤賙賡賸賾贑赩 赬赸趂趕趨跆跎跤跬踠 踢蹬蹰蹺躒躳躶軑軔軹 輗輶辦辵辶辿迠迤迶适 迸遄邈邑邙邛邢邴郗郝

15200 郴郶鄖鄗鄛鄝鄘酛酡酤 酨醞醑醭醮醲醾釖釓釚 鈇鈗鈳鈸鉄鉇鉏鉠鉧鋌 鋋鋟錍錕錟錩鍩鍒鍥鍪 鎞鏄鏓鏦鏁鏧鏢鐙鏽鐏

15250 鐴鐿鑌鑫鑲镸閔閭閶闓 闟闥阝阤陘隄隫隩雒雟 雞雩雱霂霿靚靣靮靳靲 鞢鞻鞶韆韞韴頊頎頗頣 頫頴顒顓顙顥颸颻飀颹

15300 飥餇餳餡餹饜饞馱馹馺 駧騂騺騤騧騭騮騶騸驊 驥骵骶髹鬃鬠鬳鬴鮄魹 鮧鮿鯇鯗鯧鯫鯷鰆鯽鰋 鱇鰫鰶鰹鱓鱣鱈鰻鳩鴇

15350 鴝鵁鵬鵐鵾鵰鶱鷃鷇鷺 鷟鸛鶻鸕鸜鸝麮麳黧黮 黵鼒鼗鼙鼲鼷鼹齁齂齗 齣齱齳龐龑龢丰メ你嘎 廋ヨ悤槗欤瀝溹熳爫窮

15400 罡聱肞辶釼嶲韫俓僨僰 凃噶墩浩涓滆滙琺琡畬 硏蝠栈玨昬刅脊猻梳熂 奭壿珊曦朐蘐覞毿褃袂 粿訠儆忡☒☒☒☒☒☒、

| | | | | | |
|---|---|---|---|---|---|
| 15450 | ヽゝゞ⊠〆ー⊠⊠⊠⊠ | ⊠⊠⊠⊠⊠⊠⊠⊠⊠⊠ | ⊠⊠⊄⊅⊊⊋⋹⊠⌅⌆ | ⊠⊠⊠⊠⊠⊠⊠⊠⊠⫽ | ⫽̸⊠⊠⊠⊠⊠⊠⊠⊠⊠ |
| 15500 | ⊠⊠⊠⊠⊠≠⊠≅≈⋚ | ⋛⊠⊠⊠⊠Ʊ⊠ぁあぃ | いぅうぇえぉおかがき | ぎくぐけげこごさざし | じすずせぜそぞただち |
| 15550 | ぢっつづてでとどなに | ぬねのはばぱひびぴふ | ぶぷへべぺほぼぽまみ | むめもゃやゅゆょよら | りるれろゎわゐゑをん |
| 15600 | ゔゕゖ⊠⊠⊠⊠⊠ァア | ィイゥウェエォオカガ | キギクグケゲコゴサザ | シジスズセゼソゾタダ | チヂッツヅテデトドナ |
| 15650 | ニヌネノハバパヒビピ | フブプヘベペホボポマ | ミムメモャヤュユョヨ | ラリルレロヮワヰヱヲ | ンヴヵヶ⊠⊠⊠⊠⊠⊠ |
| 15700 | ⊠⊠ㇰㇱㇲㇳㇴㇵㇶㇷ | ㇸㇹㇷ゚ㇺㇻㇼㇽㇾㇿヷ | ヸヹヺ⊠⊠⋚⋛⊠⌘Ḿ | ḿǸǹǖǘǚǜ⊠⊠⊠ | ⊠⊠⊠⊠⊠⊠⊠⊠⊠ˇ |
| 15750 | ⊠⊠⊠⊠⊠⊠Ă⊠⊠⊠ | ⊠⊠ŃŇ⊠⊠⊠⊠⊠ă | ⊠⊠⊠⊠⊠đńň⊠⊠ | ⊠⊠・⊠⊠⊠⊠⊠Ǔ⊠ | ⊠⊠⊠⊠ǔ⊠⊠⊠⊠⊠ |
| 15800 | ⊠⊠⊠⊠⊠⊠⊠⊠⊠⊠ | ⊠⊠⊠ɡ⊠⊠⊠⊠⊠⊠ | ⊠⊠⊠⊠⊠⊠⊠⊠⊠⊠ | ⊠⊠⊠⊠⊠⊠⊠⊠⊠⊠ | ⊠⊠⊠⊠⊠⊠⊠⊠⊠⊠ |
| 15850 | ⊠⊠⊠⊠⊠⊠⊠⊠⊠⊠ | ⊠⊠⊠⊠⊠⊠⊠⊠⊠⊠ | ⊠⊠⊠⊠⊠⊠⊠⊠⊠⊠ | ⊠⊠⊠⊠⊠⊠⊠⊠⊠⊠ | ⊠⊠⊠⊠⊠⊠⊠⊠⊠⊠ |
| 15900 | ⊠⊠⊠⊠⊠⊠⊠⊠⊠⊠ | ⊠⊠⊠⊠⊠⊠⊠⊠⊠⊠ | ⊠⊠⊠⊠⊠⊠⊠⊠⊠⊠ | ⊠⊠⊠⊠⊠⊠⊠⊠⊠⊠ | ⊠⊠⊠⊠⊠⊠⊠⊠⊠⊠ |
| 15950 | ⊠⊠⊠⊠⊠⊠⊠⊠⊠⊠ | ⊠⊠⊠⊠⊠⊠⊠⊠⊠⊠ | ⊠⊠⊠⊠⊠⊠⊠⊠⊠⊠ | ⊠⊠⊠⊠⊠⊠⊠⊠⊠⊠ | ⊠⊠⊠⊠⊠⊠⊠⊠⊠⊠ |
| 16000 | ⊠⊠⊠⊠⊠⊠⊠⊠⊠⊠ | ⊠⊠⊠⊠⊠⊠⊠⊠⊠⊠ | ⊠⊠⊠⊠⊠⊠⊠⊠⊠⊠ | ⊠⊠⊠⊠⊠⊠⊠⊠⊠⊠ | ⊠⊠⊠⊠⊠⊠⊠⊠⊠⊠ |
| 16050 | ⊠⊠⊠⊠⊠⊠⊠⊠⊠⊠ | ⊠⊠⊠⊠⊠⊠⊠⊠⊠⊠ | ⊠⊠⊠⊠⊠⊠⊠⊠⊠⊠ | ⊠⊠⊠⊠⊠⊠⊠⊠⊠⊠ | ⊠⊠⊠⊠⊠⊠⊠⊠⊠⊠ |
| 16100 | ⊠⊠⊠⊠⊠⊠⊠⊠⊠⊠ | ⊠⊠⊠⊠⊠⊠⊠⊠⊠⊠ | ⊠⊠⊠⊠⊠⊠⊠⊠⊠⊠ | ⊠⊠⊠⊠⊠⊠⊠⊠⊠⊠ | ⊠⊠⊠⊠⊠⊠⊠⊠⊠⊠ |
| 16150 | ⊠⊠⊠⊠⊠⊠⊠⊠⊠⊠ | ⊠⊠⊠⊠⊠⊠⊠⊠⊠⊠ | ⊠⊠⊠⊠⊠⊠⊠⊠⊠⊠ | ⊠⊠⊠⊠⊠⊠⊠⊠⊠⊠ | ⊠⊠⊠⊠⊿ㄱ⊠〘〙♮ |
| 16200 | ♫⤴⤵⊙⊠゠⊠⧺⧻か゚ | き゚く゚け゚こ゚カ゚キ゚ク゚ケ゚コ゚セ゚ | ツ゚ト゚ς①②③④⑤⑥⑦ | ⑧⑨⑩☖☗▱ㇰㇱㇲㇳ | ㇴㇵㇶㇷㇸㇹㇷ゚ㇺㇻㇼ |
| 16250 | ㇽㇾㇿ⌈⌊⏀⏁⏂⏃⏄ | ⏅⏆⏇⏈⏉⏊⏋⌟⊠⊠ | √⊠⎵⏎◐◑◒◓⁇⁈ | ⊠⁑⁂｜レ一二三四上 | 中下甲乙丙丁天地人⊠ |
| 16300 | ⊠⊠⊠⊠⊠⊠⊠⊠⊠⊠ | ⊠⊠∫≀♲♳♴♵♶♷ | ♸♹♺♻♼♽° ◯⏤ | ⏝‖⊠ㇰㇱㇲㇳㇴㇵㇶ | ㇷㇸㇹㇷ゚ㇺㇻㇼㇽㇾㇿ |
| 16350 | ⏝〜⊠⊠⊠⊠⊠⊠⊠⊠ | ⊠⊠⊠⊠⊠⊠⊠⊠⊠⊠ | ⊠⊠⊠⊠⊠⊠⊠⊠⊠⊠ | ⊠⊠⊠⊠⊠⊠⊠⊠⊠⊠ | ⊠⊠⊠⊠⊠⊠⊠⊠⊠⊠ |
| 16400 | ⊠⊠⊠⊠⊠⊠⊠⊠⊠⊠ | ⊠⊠⊠⊠⊠⊠⊠⊠⊠⊠ | ⊠⊠⊠⊠⊠⊠⊠⊠⊠⊠ | ⊠⊠⊠⊠⊠⊠⊠⊠⊠⊠ | ⊠⊠⊠⊠⊠⊠⊠⊠⊠⊠ |
| 16450 | ⊠⊠⊠⊠⊠⊠⊠⊠⊠⊠ | ⊠⊠⊠⊠⊠⊠⊠⊠⊠⊠ | ⊠⊠⊠⊠⊠⊠⊠⊠⊠⊠ | ⊠⊠⊠⊠⊠⊠⊠⊠⊠⊠ | ⊠⊠⊠⊠⊠⊠⊠⊠⊠⊠ |
| 16500 | ⊠⊠⊠⊠⊠⊠⊠⊠⊠⊠ | ⊠⊠⊠⊠⊠⊠⊠⊠⊠⊠ | ⊠⊠⊠⊠⊠⊠⊠⊠⊠⊠ | ⊠⊠⊠⊠⊠⊠⊠⊠⊠⊠ | ⊠⊠⊠⊠⊠⊠⊠⊠⊠⊠ |
| 16550 | ⊠⊠⊠⊠⊠⊠⊠⊠⊠⊠ | ⊠⊠⊠⊠⊠⊠⊠⊠⊠⊠ | ⊠⊠⊠⊠⊠⊠⊠⊠⊠⊠ | ⊠⊠⊠⊠⊠⊠⊠⊠⊠⊠ | ⊠⊠⊠⊠⊠⊠⊠⊠⊠⊠ |
| 16600 | ⊠⊠⊠⊠⊠⊠⊠⊠⊠⊠ | ⊠⊠⊠⊠⊠⊠⊠⊠⊠⊠ | ⊠⊠⊠⊠⊠⊠⊠⊠⊠⊠ | ⊠⊠⊠⊠⊠⊠⊠⊠⊠⊠ | ⊠⊠⊠⊠⊠⊠⊠⊠⊠⊠ |
| 16650 | ⊠⊠⊠⊠⊠⊠⊠⊠⊠⊠ | ⊠⊠⊠⊠⊠⊠⊠⊠⊠⊠ | ⊠⊠⊠⊠⊠⊠⊠⊠⊠⊠ | ⊠⊠⊠⊠⊠⊠⊠⊠⊠⊠ | ⊠⊠⊠⊠⊠⊠⊠⊠⊠⊠ |
| 16700 | ⊠⊠⊠⊠⊠⊠⊠⊠⊠⊠ | ⊠⊠⊠⊠⊠⊠⊠⊠⊠⊠ | ⊠⊠⊠⊠⊠⊠⊠⊠⊠⊠ | ⊠⊠⊠⊠⊠⊠⊠⊠⊠⊠ | ⊠⊠⊠⊠⊠⊠⊠⊠⊠⊠ |
| 16750 | ⊠⊠⊠⊠⊠⊠⊠⊠⊠⊠ | ⊠⊠⊠⊠⊠⊠⊠⊠⊠⊠ | ⊠⊠⊠⊠⊠⊠⊠⊠⊠佈 | 佟佪佬倎倘倗僎僐儆儃 | 儵兕兗皃凊凢剗勌勣勻 |
| 16800 | 匜卣厝吒呿咈啐喁嗲嗎 | 嘻嚞嚩嚳坷坼堅埏埤塤 | 墉壥壒壠夔妋妒姃娓婧 | 婷媄嫄嬬孽宓尒屮岌屺 | 岏峡峋崶崤崘崍嵇嶁嶢 |
| 16850 | 嶧巂幞廹开异弜彅彔彽 | 怍怔忥怴恇悝惔惀慊憝 | 憹戢扚扯拕揍搋摹擄擐 | 攩斝昺昢昫昰昳晈昪晷 | 晸暍暻曛曨杇极枓枘杌 |
| 16900 | 杭栝栲梓楛梳楂楤榥槺 | 槲榛槃樚樸樻檜檔檥櫄 | 欛欻歧殩殭毗毿氂汴沘 | 浮洪洱洹洿浞浧涪淛淝 | 湄湞溱滁漐潙潡潾澌澠 |
| 16950 | 澼濇濊濰灩灵炤烤焫焞 | 焮煑煨熅熇熺燄燓犢犛 | 猨猧獐獦玢琫琝瑢瑭瑷 | 璩瓚瓿甗疠痎痖瘈癇皁 | 皝皪皺盁盨盦盰眊眙睍 |
| 17000 | 睎睺瞀瞶䂢矹硃硧碰碕 | 碭磵磬礮礴祆禂秈秄秔 | 秞秫秭窅竃弃竽笒筊筇 | 筯箷簳籥籠籹粆粔粡糕 | 紱絜絹綦緂緄羗翛耵耷 |
| 17050 | 胸胠胳膎臉臑膞膻臊臏 | 舐艠艴艾芡芣芤芩芿苕 | 苽茀茢茭茺荇荽莧菏菑 | 菡萁葍葟葰葳葇葹蒺蓄 | 蔲蔓蔯蕤蕺蘕蘚藋藭藿 |
| 17100 | 蘄蘅藬蘠蘘蘸虘虢虫虵 | 蚸蜱螇蟨蠊蠐裎裓褲襒 | 襀覔觶訣許詡詵訾譠譙 | 譩讕豉豨趯跑跗踣踽蹻 | 躳軓軺輞輭轔轢迨迮迵 |
| 17150 | 追邗邳郝郄郢郇郯鄎鄍 | 鄢鄣鄯鄹醃釱鍉銛鍥鍪 | 鏈鐄鐳鑊鑣鑱閎閟閬閭 | 闋闠闥闟闢隥雯靄鞭鞮 | 鞶韁韉韝顓飧饘駛騍髃 |
| 17200 | 髎髖鬒鬠鬮鬭魞魦鯡鮊 | 鮰鰄鯥鯸鯖鱆鱐鱵鴝鴞 | 鵃鵒鵰鷟鵼鵨鶫鶹鷊鸇 | 鼞麯鼊⺈丂丏丒丩丮乇 | 乕乑冃乬乩亝亢亼仃仈 |
| 17250 | 仫仚伶仵伖佤伷伾佘佪 | 佷佸侂侅侢侲俫侣俒侪 | 俲倓倜偎偓倍傣傈傒傓 | 傕傪僤傱傺僂僄僇僳僛 | 僎僬僔僡儏儃儗儳兂兲 |
| 17300 | 关冃冋冓冘冣冭沃浴凳 | 划刖刡刵剜剬劃劄劂劉 | 劚勀劤勑勂勊勅勵勸匵 | 卂斗卓卧厏厤厴厶厷叓 | 叚叏叡叜叾吂吩吨吹呃 |
| 17350 | 呢呬咕咠咦咮咷咺咰哝 | 响哯哼哳唀啎唉唆啁啈 | 啇喙啤喜喨喂喑喓嗒嗂 | 嗝嗓嗉嗌嗑嗝嘌嘔嗹嗊 | 嘯噁噆嘐嘰嘲嘽嘳噇噞 |
| 17400 | 嚔噉嚅嚦嚌嚔嚨嚩嚮嚷 | 囟囨囷圀圁圂圬坘坅圾 | 坍坸坨坯坳坴垢坻垌垍 | 垚垝垞垨埗埢埌埣埆垸 | 埰埽場埻堝堄堞堧堽壄 |
| 17450 | 堉塲塩塾墋墍墐墣墶墽 | 墼壄壋壘壍壢壳壴夆夅 | 夐夔夳夶会奜奞臭奠奟 | 奫奷奶姃妟妮娰姈姗姞 | 姧姮娀娍娂娭娗娧娭婞 |
| 17500 | 婺婚媜媟媠媢媱媵嬓媿 | 嫚嫜嫥嫰嫮嫵嬈嬗嬴孌 | 孑孨孯宁宄宇宖宬寑寓 | 寎寖尌尗尋守导専尪屎 | 屝屟屧屰屹岀岆岇岈岊 |
| 17550 | 岍岼岏岠岧岩岪岭岵峜 | 峉峧峣峵峼峿崓崨崩崪 | 崣崹嵋嵬嵰嵱嵷嶂嶋嶗 | 嶰巎巏巑巕巛巤巩巸帆 | 帇帟帾幉幓幖幗幠幡幧 |
| 17600 | 庥庬庰庬廣廻廽弈弲弨 | 彇彣彲彺彾徍徛忉忇忏 | 忔忢忮忯忳忴忸忷恦恌 | 悕您悥悱悾惈惙惮惵愊 | 愙愞愫愬慁慆慠慝慣慐 |
| 17650 | 憖憝憭憸懕擬憒戋戭扖 | 扡抌抏扭扳抍抯挛拽拹 | 挈挗捞掌挵捠捘捁捄捎 | 捔捭掝捡揕揁揤摯掽揔 | 揕揘揫揬揲搗揫搩搯搼 |
| 17700 | 搋摳摽撇撐撟擋撲擕擗 | 擜擤擿擧擹攔攖攞攲敄 | 敔敫敺斄斉斳斮斸斿旉 | 旔旵旵旼昄昒昡昪昫昬 | 哄春昝晃晅晎晘晛晼晬 |

17750　暭暒曓暤暱暵曔瞖旱瞖　朒朡朙朽杋杍杔杝杒杈　杮枕枤枒枺枽栐栙栣柒　枾柷栣栫栘栘栟栭栫栳　栻栥栬桉桌柏桗栵桫桰

17800　桼梂梐梖梛梘梙梚梜梪　梫梴梻棻梳棫棃棟棌椇　棤棶棬棴棷棙棛棫椝椻　楩楬楺椲椷楘楮楱楬槖　楳楨槕槕槜槬槮槰槵樞

17850　槾槷樚樝樠樲樳樿橉橌　橎橒橓橚橧橨橩橴橸橰　檰檷檺櫍櫅櫎櫏櫐櫛櫟　櫬櫮欏欐欑欗欗欥欯歊　歍歒歕歺歿殈殯殴殺毆

18000　氋氎氁氉氏毷氀氇毿氼　氿汃汃汭沄沉浡沔沗沭　泂泦泜泩泭泐泲泾洦洧　洴洯洼涂浠浰浣浶浻涍　涑浂浧涊涂涒涓涰涴涽

17950　淁淢淶渆渁渏渐渲湈　渻湋湌湏溋湇湭溍溜溥　溦溳溺滀滫漙滮滬滻漃　漨漶潅漼潗潥潨潩潿　濏濎濣濧濨瀎瀰瀳灙

18000　瀁瀯瀠瀷瀺瀼瀿灄灊灋　灨灮灴灹炆炘炟炢炥炦　烊烑烋烐烔烕烝烞烴煐　煞煄焰焜熛熠熥熮熯熒　燙燜爇燸爏爹爿牗牣牳

18050　犎犏犞犢犣犤犮犰犺狏　狌狚狧狳猏猇猊猒猘猙　猹猬猳猺獒獗獊獔獮獯　獱獿王玔玘玙玥玹玿珅　珋珡珧珹琓珺琁琫瑀琫

18100　瑒瑝瑭瑰瑱瑲瑴璂璉璊　璙璝璟璭瓌瓘瓮瓱瓶瓹　甠甤甪甬甭甽畂畀畐畗　畤畬畮畱畽疀疃疌疚疢　疨疷疿痀痆痏痖痗痜痝

18150　痠痩痬痭痵痶痸痻痾瘀　瘂瘃瘉瘊瘌瘐瘓瘕瘖瘙　瘚瘛瘵瘶瘸瘾皕皗皘皚　皛皜皝皞皤皥皦皬盋盝　盦盧盨盩盬盭盲盳盵盷

18200　盻盿眀眃眕眙眚眛眜眡　眣眥眦眩眭眮眯眰眴眵　眷眹眻眽睅睆睊睍睎睏　睒睖睗睘睙睜睟睠睢睧　睩睪睭睰睲睷睺睽瞀瞇

18250　瞋瞌瞎瞐瞏瞑瞓瞔瞕瞖　瞝瞟瞠瞤瞥瞫瞬瞮瞯瞰　瞱瞴瞷瞹瞽矇矉矊矌矎　矏矐矓矔矕矘矙矚矝矞　矟矠矤矦矪矬矰矱矴矷

18300　篩篺篻篼篾簁簂簃簄簅　簆簈簉簊簋簌簎簏簐簑　簒簓簔簕簗簘簙簚簛簜　簝簞簠簡簢簣簤簥簦簨　簩簬簭簮簯簰簱簲簳簴

18350　縩縪縬縭縯縰縱縲縳縵　縶縷縸縹縺縼總績縿繀　繂繃繄繅繆繈繉繊繋繌　繍繎繏繐繑繒繓織繕繖　繗繘繙繚繛繜繝繞繟繠

18400　翏翛翜翞翢翣翤翦翪翫　翬翭翯翲翴翵翶翷翸翹　翺翻翼翽翾翿耀老耂考　耄者耆耇耋而耍耎耏耑　耓耔耕耖耗耘耙耚耛耜

18450　粤舄舐舔舙舚舝舠舡舥　舨舩舫舭舮舲舳舴舸舺　艁艂艃艅艆艇艈艊艌艍　艐艑艔艖艗艙艛艜艞艟　艠艡艣艤艥艦艧艨艩艪

18500　茡葀葁葂葃葄葅葆葇葊　葋葌葍葎葏葐葒葓葔葕　葖葘葝葞葟葠葢葤葥葦　葧葨葪葮葰葲葴葹葺葼　葽蒁蒅蒒蒓蒕蒚蒛蒝蒞

18550　蒢蒤蒥蒦蒧蒨蒩蒪蒫蒬　蒭蒮蒯蒰蒱蒳蒵蒶蒷蒹　蒻蒼蒾蓀蓂蓃蓅蓆蓇蓈　蓋蓌蓎蓏蓒蓔蓕蓗蓘蓙　蓚蓛蓜蓞蓡蓢蓤蓧蓨蓩

18600　蜱蜺蝀蝃蝄蝆蝇蝉蝊蝋　蝌蝍蝏蝐蝑蝒蝔蝕蝖蝗　蝘蝙蝚蝛蝜蝝蝞蝟蝡蝢　蝣蝤蝥蝦蝧蝨蝩蝪蝫蝬　蝭蝮蝯蝰蝱蝲蝳蝴蝵蝶

18650　褛褜褝褞褟褠褡褢褣褤　褥褦褧褨褩褪褫褬褭褮　褯褰褱褲褳褴褵褶褷褸　褹褺褻褼褽褾褿襀襁襂　襃襄襅襆襇襈襉襊襋襌

18700　谽谿豀豂豃豄豅豆豇豈　豉豊豋豌豍豎豏豐豑豒　豓豔豕豖豗豘豙豚豛豜　豝豞豟豠象豢豣豤豥豦　豧豨豩豪豫豬豭豮豯豰

18750　輫轀轉轘辛辢辴辺迁迆　返迊迚迓迕迠迥迻逌逿　迣迏遝遝遻遣遼邇邡邛　部邶部邸邸邰郏郏郒郲　郡郫郻郿鄄鄆鄘鄞鄷鄹

18800　鄷鄺酖酙酴酹醅醳醶醿　醾釦欽釬釿鈖鈗鋈鈠鉊　鉖鉡鉥鉨鉫鉼鉽鉿銉銍　鈻銙銈銫鉅鍔銲銿鋀鋆　鋎鋥鋟鋳鋺鋻錩鍃鍏鍑

18850　鍚鍪鍱鍳鎡鎆鏈鎈鎋鎏　鏆鏵鏞鏟鏱鏇鏜鏧鏷鐖　鐗鐎鐲鐻鑢鑕鑭鑯戠閂　閒閖閔閶閹闆阷阬阳阴　阫阼陡陎陰隌隍隮隳隮

18900　隺隽雄雞騰雗雒雡霆霣　霢霧靇靇靗靛靪靯鞧鞍　鞞鞱韝韡韧韹韯韘韡韯　頄頍頔頓頣頚頞頳頥領　頫颭颰颬颾颸飆颸飂飈

18950　飀飡飣飪飰飱飳飺飸飻　餀餗餝餚餛餜餩餱餺饍　饙饎饆饏饠饛饟馵馿駃　駔駙駞駯駰駹駼駒騑騙　騠騱騘驌驘驫骯骫骷骱

19000　骹髃髆髐髒髖髡髥髧髩　髳髺鬖鬇鬫鬃鬾鬿魣魬　魷魬魶魼鮂鮬鮎鮲鮸鮻　鯀鯪鯝鯪鯯鯮鯸鯍鯡鰖　鯹鯺鰌鰝鰢鰩鰫鰱鰶鱅

19050　鱂鱃鱉鱊鱛鱔鱘鱠鱝鱟　鱨鱩鱫鱮鱯鱲鱵鱺鳦鳲　鳹鴉鴑鴗鴘鴙鴡鴥鴮鴶　鴸鴽鵁鵉鵓鵗鵝鵪鵡鶂　鶗鶩鶪鶬鶭鶯鶵鶹鷊鷚

19100　鷴鷃鷵鸛鸃鹿麀麞麡麩　麽黕黟黿鼂鼁鼉鼺鼽鼿　齓齕齘齟齝齠齢齤齰齸　亓嚝弢彿瘺蜿蚴馱艌鵮　丌丣两乹仳伌伙伫伮伱

19150　侄侚侷侑倌偌偟偢偷偵　傞傢備債僤僾儇儌儽儬　儳儸兴冄泮冺凈减凑凓　凔凘凟办刦刨別刕刧刵　刼剕剠剮剸劉劊劚勡勱

19200　勳匄匔匟匲匵匽卤卭卹　卾厔厙厪厯厺厽叄叅叠　吓吪吱吴吵吽咧咪咱咻　哎哪哼唅唈啅唧唪啫唼　啦啫喈喔喤喲嗃嗆嗓嗛

19250　嗬嗮嗥嗶嘗嘅嘍嘘嘒嘬　嘵嘹嘺嘽嚅嚓嚦嚷嚥囍　囙囨囫园囪圇圖圚圛圝　圬圮圽圾坟坫坭坺垃垗　垮埕埧埦埳埿塏塟塭塿

19300　墁墩墼够夢奄她妗妯妳　姟姱姸娩媸嫪嫶嬛嬝嫒　嬏宷寗寠尟尪尬尷屙屜　屭峝峧崴崽嵙嵾嶄巇巹　帨帲帵幛幨幪幷庀庋庳

19350　廌廛廔廕彍徬忪怇怡恔　恧悻惄惛愊愖愪愶慞慜　慉慽憑憨憸憼憸懅懨懮　戇戱戹戺扺抐抨抪拴挖　挪捐捆捋捓捱捵捿掂掊

19400　掮揹揪揸揹搒搢搠搤搪　搵搽搿摒摟摢撐搭撙撬　撳擭擰攎攄攘敉敪敹斕　斮旆旒旋旎旟晾晵晱暳　曀曏朥朵朾枀柎桠柍柗

19450　柺柹栨梆棫棵椗椳椸楛　楥榨榫榯槥槱樰樸檜櫉　檯檵櫥櫰欻欿歽殇殨毬　毹毿氄氍氳汊汒汔汹沬　沴泒泎洝浽淰渎渮渻湽

19500　溉溼滚溣滎漩漰澇瀟澮　潪瀘瀯灑炘炰烕烖煅煩　燴爆爟牒牖牐掌牠犺牷　犄犽狗狴猂猋猪猢猺猻　獍獘獧瑲璯瓟瓢瓴甋甖

19550　甡甿畞疙疤痁痄痌痗痜　痛瘖瘖瘌瘰瘲瘺瘤瘰瘺　皭皾盬盫盰盹明盿眢眨　眯眹眾睅睊睏睐睤睧睬　瞄瞌瞍瞖瞧瞯瞯瞿瞺矑

19600　矙矱砷硜硾碘碡碱碳磉　磓磖磤礧礨礿祂祔祫祼　禫秄秖稂稌稍稺穄窇窆　窔窵竂笆笫筷筆箬箪篠　篳篸篼簑簉簨籈籂籓籓

19650　籛籜籯籲籽粇粞粺糇糓　糚紼紝綂綅綒綑綞綳綹　緐緤緵緶縝縶緊繯縫繶　缽罛罝罥罦罿罶羋羢羻　翾翿耉耎耞聆肇肎肺胔

19700　胭胰脅胺胾脃脟脰脾腇　腳膂腐膛膞膥膴羸臞臡　臯臶舀舋舓舔舗舯艄艘　艽芉芑芪芰茀芮苯茶茌　荸菸萎菑蒓蒱蒽蓺蔵蕖

19750　蕝蘀蓬蘦蘽蛀蚼蜢蝛蝻　蝝蝻盤蝸螗螘螞螣螧螿　蟉蠁蠘蠛蠭蠶蚍蠹衎衕　衙衮袚袛袜袽袰裯裦裦　裭褵褷襜襝襹襼覰覵覶

19800　觕觖訶訾詾誆誖誶誘豚　謂謽謫謆謏謑譂譒譤譸　譼讗譇譊譐譖豬豻貥豏　賒賬賯賷賫賻贗贜赮赾　趨趫趲跕跧跱跲跴跸踀

19850　踦踱蹀蹁蹍蹏蹐蹓蹩蹱　蹵躄躉躐躕躘躩躚躭軨　軰輊輹輥輧輬輵轀輳轇　轑轕辠辡辢辥逄逛逯遌　遛遭遴遹邋邗邠邲邽邢

19900　郰鄍鄔酚酧酺醃醋醄醰　醻醽醾釃鈀鈉鈣鈿鋆銯　銻銼鋁鋃鋅鋈鋙錳鍈鍘　錙鎂鎊鎖鎮鏦鏰鐳鐍鐎　鐮鐨閈閡閿闆闃闌闟闠

19950　闒闚阰阱陀阽陔陴陘陜　隁陮隍隖隮霠霧霦霾霨　霱靧靶鞈鞠鞙鞞鞴鞹鞸　韡韱頏頞頯顤顧颷颾餂　餑餕餵餹饔饞駡騌騐騣

20000　鶩驑骸骾鬁鬉鬎鬍鬏鬐　鷲魈魒魨鮀鮆鮐鮝鮰鯔　鯈鯿鰂鰜鰲鰳鱖鱥鱠鴰　鴐鴸鵃鷥鷩鵬鹺鹿麃麄　麩麧麨黟黽黿鼓鼛齣齠

| | | | | | |
|---|---|---|---|---|---|
| 20050 | 鼯鼴鼷齄齆鼈齇乹瘵麨 | 賍再善形慈栟靭噘萑醬 | 訷鵫譽与並亭佳�僭八 | 泙熈凾刑剤剱割匿悞呀 | 門喜喫嘉嚮嚮嘣囃嚽囮 |
| 20100 | 垬堽塙奏契奠奢嫚孚孶 | 孽害寐幃座廣弸御忝慢 | 憲懸懿戟攜撓擶擥㔟敞 | 整文斉㸚斎斻旇旡晧普 | 曁旺㬅最条柄栅椂楞樅 |
| 20150 | 檜檄櫸殲氶沪涼淤滚済 | 湲滋滕滃潽潛潤潴瀝爾 | 牸犇珊璽畩疼痊瘈癈癲 | 盈眷睾禧禱窽篠籐紖網 | 綗緋翡耒耴胖脉脩舌舛 |
| 20200 | 舒莵菔菖菜蓪蔘蔺蕣藏 | 虎號蚊蚓衷褫譜譜譜讖 | 象豪豹賊赧跛較轄迅返 | 逌遷遷遷邊邨配鉈銧錯 | 錞闍阪隘隧響響粯餡饕 |
| 20250 | 鮨鮮鮹鰈鰤鰻鰤鮀鴟鷁 | 鹼皈欄笈摯簾筵甕訝恢 | 灸厩粂隙虔腱鍵咬狡梗 | 鮫叉杖甦甑竃挺遁駁斧 | 釜鞭芒籾爺蝿蚤觜鬭倂 |
| 20300 | 凞匇寬廊昞朗瀟凞啡⺢ | 穠羊贏闖蒨鯡鮨⊠⊠⊠ | ⊠⊠Đ⊠⊠⊠⊠⊠⊠⊠ | ⊠⊠⊠⊠⊠⊠⊠⊠⊠⊠ | ⊠⊠⊠⊠⊠⊠Ǘ Ǜ Ǚ Ǖ |
| 20350 | ⊠⊠⊠⊠⊠⊠⊠⊠⊠⊠ | ⊠⊠⊠⊠⊠⊠℮ Δ ∏ ≤ | ≥ ◊ ⊠⊠⊠⊠⊠⊠⊠⊠ | ⊠⊠⊠⊠⊠⊠⊠⊠⊠⊠ | ⊠⊠⊠⊠⊠⊠⊠⊠⊠⊠ |
| 20400 | ⊠⊠⊠⊠⊠⊠⊠⊠⊠⊠ | ⊠⊠⊠⊠⊠⊠⊠⊠⊠⊠ | ⊠⊠⊠⊠⊠⊠⊠⊠⊠⊠ | ⊠⊠⊠⊠⊠⊠⊠⊠⊠⊠ | ⊠⊠⊠⊠⊠⊠⊠⊠⊠⊠ |
| 20450 | ⊠⊠⊠⊠⊠⊠⊠⊠⊠⊠ | ⊠⊠⊠⊠⊠⊠⊠⊠⊠⊠ | ⊠⊠⊠⊠⊠⊠⊠⊠⊠⊠ | ⊠⊠⊠⊠⊠⊠⊠⊠⊠⊠ | ⊠⊠⊠⊠⊠⊠⊠⊠⊠⊠ |
| 20500 | ⊠⊠⊠⊠⊠⊠⊠⊠⊠⊠ | ⊠⊠⊠⊠⊠⊠⊠⊠⊠⊠ | ⊠⊠⊠⊠⊠⊠⊠⊠⊠⊠ | ⊠⊠⊠⊠⊠⊠⊠⊠⊠⊠ | ⊠⊠⊠⊠⊠⊠⊠⊠⊠⊠ |
| 20550 | ⊠⊠⊠⊠⊠⊠⊠⊠⊠⊠ | ⊠⊠⊠⊠⊠⊠⊠⊠⊠⊠ | ⊠⊠⊠⊠⊠⊠⊠⊠⊠⊠ | ⊠⊠⊠⊠⊠⊠⊠10.11.⊠ | ⊠⊠⊠⊠⊠⊠⊠⊠⊠⊠ |
| 20600 | ⊠⊠⊠⊠⊠⊠⊠⊠⊠⊠ | ⊠⊠⊠⊠⊠⊠⊠⊠⊠⊠ | ⊠⊠⊠⊠⊠⊠⊠⊠⊠⊠ | ⊠⊠⊠⊠⊠⊠⊠⊠⊠⊠ | ⊠⊠⊠⊠⊠⊠⊠⊠⊠⊠ |
| 20650 | ⊠⊠⊠⊠⊠⊠⊠⊠⊠⊠ | ⊠⊠⊠⊠⊠⊠⊠⊠⊠⊠ | ⊠⊠⊠⊠⊠⊠⊠⊠⊠⊠ | ⊠⊠⊠⊠⊠⊠⊠⊠⊠⊠ | ⊠⊠⊠⊠⊠⊠⊠⊠⊠⊠ |
| 20700 | ⊠⊠⊠⊠⊠⊠⊠⊠⊠⊠ | ⊠⊠⊠⊠⊠⊠⊠⊠⊠⊠ | ⊠⊠⊠⊠⊠⊠⊠⊠⊠⊠ | ⊠⊠⊠⊠⊠⊠⊠⊠⊠⊠ | ⊠⊠⊠⊠⊠⊠⊠⊠⊠⊠ |
| 20750 | ⊠⊠⊠⊠⊠⊠⊠⊠⊠⊠ | ⊠⊠⊠⊠⊠⊠⊠⊠⊠⊠ | ⊠⊠⊠⊠⊠⊠⊠⊠⊠⊠ | ⊠⊠⊠⊠⊠⊠⊠⊠⊠⊠ | ⊠⊠⊠⊠⊠⊠⊠⊠⊠⊠ |
| 20800 | ⊠⊠⊠⊠⊠⊠⊠⊠⊠⊠ | ⊠⊠⊠⊠⊠⊠⊠⊠⊠⊠ | ⊠⊠⊠⊠⊠⊠⊠⊠⊠⊠ | ⊠⊠⊠⊠⊠⊠⊠⊠⊠⊠ | ⊠⊠⊠⊠⊠⊠⊠⊠⊠⊠ |
| 20850 | ⊠⊠⊠⊠⊠⊠⊠⊠⊠⊠ | ⊠⊠⊠⊠⊠⊠⊠⊠⊠⊠ | ⊠⊠⊠⊠⊠⊠⊠⊠⊠⊠ | ⊠⊠⊠⊠⊠⊠⊠⊠⊠⊠ | ⊠⊠⊠⊠⊠⊠⊠⊠⊠⊠ |
| 20900 | ⊠⊠⊠⊠⊠⊠⊠⊠⊠⊠ | ⊠⊠⊠⊠⊠⊠⊠⊠⊠⊠ | ⊠⊠⊠⊠⊠⊠⊠⊠⊠⊠ | ⊠⊠⊠⊠⊠⊠⊠⊠⊠⊠ | ⊠⊠⊠⊠⊠⊠⊠⊠⊠⊠ |
| 20950 | ⊠⊠⊠⊠⊠⊠⊠⚽⊠⊠ | ⊠⊠⊠⊠⊠⊠⊠⊠⊠⊠ | ⊠⊠⊠⊠⊠⊠⊠⊠⊠⊠ | ⊠⊠⊠⊠⊠⊠⊠⊠⊠⊠ | ⊠⊠⊠⊠⊠⊠⊠⊠⊠⊠ |
| 21000 | ⊠⊠⊠⊠⊠⊠⊠⊠⊠⊠ | ⊠⊠⊠⊠⊠⊠⊠⊠⊠⊠ | ⊠⊠⊠⊠⊠⊠⊠⊠⊠⊠ | ⊠⊠⊠⊠⊠⊠⊠⊠⊠⊠ | ⊠⊠⊠⊠⊠⊠⊠⊠⊠⊠ |
| 21050 | ⊠⊠⊠⊠⊠⊠⊠⊠⊠⊠ | ⊠⊠⊠⊠⊠⊠⊠⊠⊠⊠ | ⊠溢懲穐讃丵乜乣乩乴 | 乿亗亯亻仂仨仯伍伂伈 | 伒众伖伵佀征佋佌佒佣 |
| 21100 | 佮佥佹佻侉侌侎侐侓侙 | 侟侹侻侼俜俀俁俆俈俌 | 俜俢俰俷俹偬偑偘偠偣 | 傁偆偅偶偑偒偙偛偬偭 | 偱傁傃傄傆傊傐傛傜傠 |
| 21150 | 傖傯僃僊僎僓僙僜僝僟 | 僢僤僦僩僫僲僳僸儁儹 | 儐儭儭儳儱儴儹兂兏兟 | 兤兦兾冄冓冘冚冞冣冦 | 凷刈刢刭刱剙剦劉劕劖 |
| 21200 | 劏劚劤劧劬劶劸劺劽勄 | 勈勏勔勜勡勥勦勨勮勱 | 勼匓匘匛匟匢匳匴匷匽 | 區匬匼卙卛卣卢厇厈厎 | 厡厵厸厹厺厽叀叐叠叧 |
| 21250 | 叴叶叱叾台召叿吀吂吅 | 吙吚吪吤吽吾吴吺吿呃 | 呄呅呎呏呒呓呔呕呖呗 | 呚呛呜呝呞呟呠呡呢呣 | 呤呥呦呧周呩呪呫呬呭 |
| 21300 | 呮呯呰呱呲味呴呵呶呷 | 呸呹呺呻呼命呾呿咀咁 | 圠圢圤圥圪圬圭圯圱圲 | 圴圵圶圷圸圹场圻圼圽 | 坒坓坔坕坖坘坙坜坢坣 |
| 21350 | 塶墏墟墤墥墦墧墪墫墬 | 墭墯墰墱墲墳墵墶墷墸 | 夒夓夔夗夘夛夝夞夡夣 | 夦夨夬夯夰夲夳夵夶夻 | 夽夾夿奀奃奅奆奊奌奍 |
| 21400 | 奐奒奓奙奛奜奝奞奟奡 | 奣奤奦奨奩奫奬奭奮奯 | 奰奱奲奵奶奷奺奻奼奾 | 奿妀妅妉妋妌妎妏妐妑 | 妔妕妘妚妛妜妟妠妡妢 |
| 21450 | 尃尗尛尟尡尣尦尨尩尪 | 尫尭尮尯尰尲尳尵尶尷 | 屃屄屆屇屌屍屒屓屔屖 | 屗屘屙屚屛屜屝屟屢層 | 屦屧屨屩屪屫属屭屰屲 |
| 21500 | 庎庒庘庛庝庡庢庣庤庨 | 奔弪弭弳弶弸弻弽弿彀 | 彃彅彈彉彋彍彎彏彑彔 | 彖彗彙彚彛彜彞彟彠彡 | 彣彥彧彨彫彬彭彮彯彲 |
| 21550 | 忙性恷悈悎悑悕悘悙悜 | 悝悞悡悢悤悥悧悩悪悮 | 悰悳悵悶悷悹悺悻悼悾 | 悿惀惁惂惃惄惇惈惉惌 | 惍惎惏惐惒惓惔惖惗惙 |
| 21600 | 懭敷難黨或戠戧戨居扃 | 扐扔扝扟扡扢扤扥扦扨 | 抹抾拀拁拃拋拌拐拑拕 | 拪拫挃挄挅挆挋挍挏挐 | 挒挓挔挕挗挘挙挜挦挧 |
| 21650 | 揫揬揯揰揱揳揵揷揹揺 | 搋搎搏搑搒搕搘搙搚搝 | 搟搢搣搤搥搧搨搩搫搮 | 攽敀敁敂敃敄敆敇敉敋 | 斮斳斴斵斶斸旳旵旸旹 |
| 21700 | 昑昒昖昗昘昛昜昞昡昢 | 昤昦昩昪昫昬昮昰昲昳 | 晉晊晍晎晐晑晘晙晛晜 | 曯曱曵曶曷曺曻曽朁朂 | 朄朅朆朇朌朎朏朑朒朓 |
| 21750 | 柲柶栔栙栚栛栜栞栟栠 | 栢栣栤栥栦栧栨栫栬栭 | 栮栯栰栱栴栵栶栺栻栿 | 桇桋桍桏桒桖桗桘桙桚 | 桛桜桝桞桟桪桬桭桮桯 |
| 21800 | 樤樥樦樧樨樫樬樭樮樰 | 樲樳樴樶樷樸樹樺樻樼 | 歈歋歑歒歓歔歕歖歗歘 | 殢殣殥殦殧殨殩殫殬殭 | 氙氚氜氝氞氟氠氡氢氣 |
| 21850 | 汸沇沟沰沲沴泏泑泘泲 | 盗泅泗泩泭泦泬泿洀洂 | 涷涽渄渆渇渋渍渏渐渑 | 湒湓湔湕湗湘湙湚湜湝 | 溻溼溽滀滁滂滃滄滅滆 |
| 21900 | 澂澃澅澆澇澊澋澏澐澑 | 澒澓澔澕澖澗澘澙澚澛 | 濯灘炅炆炇炈炋炌炍炏 | 烐烑烒烓烔烕烖烗烚烜 | 燀燂燄燅燆燇燈燉燊燋 |
| 21950 | 牗牘牚牜牞牠牣牤牥牫 | 犸狁狃狅狆狇狉狊狋狌 | 猤猦猧猨猪猫猬猭献猯 | 玗玙玚玛玜玝玞玟玠玡 | 琝琞琟琠琡琣琤琦琧琩 |
| 22000 | 璮璯璱璲璳璴璵璶璷璸 | 瓯甅甆甈甉甊甌甎甏甐 | 富畟畡畣畤畧畨畩畮畱 | 痩瘩瘷瘺瘻瘼瘽瘾瘿癀 | 皅皉皊皋皌皍皏皐皒皔 |
| 22050 | 眔眕眛眮眽睂睃睄睅睆 | 睉睊睋睌睍睎睏睒睓睔 | 研硆硈硉硊硋硍硏硑硓 | 硔硘硙硚硛硜硞硟硠硡 | 碽碿磀磂磃磄磆磇磈磌 |
| 22100 | 礞礠礡礢礣礥礦礧礨礩 | 禃禆禇禈禉禋禌禐禑禓 | 秠秢秥秨秪秬秮秱秲秳 | 稯稰稱稲稴稵稶窆窇窉 | 籠竏竐竑竒竓竔竕竗竘 |
| 22150 | 笥笿筀筁筂筃筄筆筈筊 | 箷箸箹箺箻箼箽箾箿篂 | 篆篇篈築篊篋篍篎篏篐 | 簹簺簻簼簽簾籀籁籂籃 | 粻粿糀糁糃糄糅糆糇糈 |
| 22200 | 絑絗絘絙絚絛絜絝絞絟 | 緭緮緰緳緵緶緷緸緹緺 | 繂繄繅繆繈繉繊繋繌繍 | 繼繽繾繿纀纁纃纄纅纆 | 羼羾羿翀翂翃翄翆翇翈 |
| 22250 | 耴聄聅聇聈聉聍聎聏聐 | 肥胮胲胵胶脃脅脆脇脈 | 腰腲腶腸腹腺腻腼腽腾 | 膠膡膢膣膤膥膦膧膨膩 | 艆艋艎艑艓艔艗芀芁芃 |
| 22300 | 芇芺芻芼芾芿苀苁苂苃 | 苆苇苈苉苊苋苌苍苎苏 | 荂荃荄荅荇荈荊荋荌荍 | 荎荏荐荑荒荓荔荕荖荗 | 葙葚葛葜葝葞葟葠葡葢 |

22350 蕕蕁蕣蕢蕤蕩蕪蕭蕮蕳 蕺蕻蕼蕽蕾蕿薀薁薂薃 薆薈薉薊薋薌薍薎薏薐 薑薒薓薔薕薖薗薘薙薚 薝薞薟薠薡薢薣薤薥薦

22400 虗虛虜虝虞虠虡虷虺蚈 蚠蚡蚢蚤蚦蚩蚫蚭蚯蚰 蛚蛛蛜蛝蛞蛟蛠蛡蛢蛣 蜂蜃蜄蜅蜆蜇蜈蜉蜊蜋 蝎蝏蝐蝑蝒蝓蝔蝕蝖蝗

22450 蟆蟇蟈蟉蟊蟋蟌蟍蟎蟏 蟐蟑蟒蟓蟔蟕蟖蟗蟘蟙 衚衛衜衝衞衟衠衡衢衣 裎裏裐裑裒裓裔裕裖裗 襆襇襈襉襊襋襌襍襎襏

22500 襴襷覍覎覐覑覒覓覔覕 觓觔觕觖觗觘觙觚觛觜 訬設訮訯訰許訲訳訴訵 詗詘詙詚詛詜詝詞詟詠 誇誈誉誊誋誌認誎誏誐

22550 諔諕諗諘諙諚諛諜諝諞 譍譎譏譐譑譒譓譔譕譖 豝豞豟豠豢豣豤豥豦豧 豨豩豪豫豬豭豮豯豰豱 賓賔賕賖賗賘賙賚賛賜

22600 趠趡趢趣趤趥趦趧趨趩 跔跕跖跗跘跙跚跛跜距 蹎蹏蹐蹑蹒蹓蹔蹕蹖蹗 躺躻躼躽躾躿軀軁軂軃 輂輄輅輆輇輈載輊輋輌

22650 輷輸輹輺輻輼輽輾輿轀 达迁迂迃迄迅迆迉迊迋 遥遦遧遨適遪遫遬遭遮 郕郖郗郘郙郚郛郜郝郞 鄗鄘鄙鄚鄛鄜鄝鄞鄟鄠

22700 醆醇醈醉醊醋醌醍醎醏 釩釪釫釬釭釮釯釰釱釲 鈘鈙鈚鈛鈜鈝鈞鈟鈠鈡 鉛鉜鉝鉞鉟鉠鉡鉢鉣鉤 銅銆銇銈銉銊銋銌銍銎

22750 銶銷銸銹銺銻銼銽銾銿 鋀鋁鋂鋃鋄鋅鋆鋇鋈鋉 錂錃錄錅錆錇錈錉錊錋 鍺鍻鍼鍽鍾鍿鎀鎁鎂鎃 鏆鏇鏈鏉鏊鏋鏌鏍鏎鏏

22800 鏓鏔鏕鏖鏗鏘鏙鏚鏛鏜 鐠鐡鐢鐣鐤鐥鐦鐧鐨鐩 閤閥閦閧閨閩閪閫閬閭 阯阰阱防阳阴阵阶阷阸 隟隠隡隢隣隤隥隦隧隨

22850 霻靀靁靂靃靄靅靆靇靈 韀韁韂韃韄韅韆韇韈韉 頣頤頥頦頧頨頩頪頫頬 顣顤顥顦顧顨顩顪顫顬 餫餬餭餮餯餰餱餲餳餴

22900 馲馳馴馵馶馷馸馹馺馻 駧駨駩駪駫駬駭駮駯駰 驊驋驌驍驎驏驐驑驒驓 骿髀髁髂髃髄髅髆髇髈 髫髬髭髮髯髰髱髲髳髴

22950 鬻鬼鬽鬾鬿魀魁魂魃魄 魠魡魢魣魤魥魦魧魨魩 鮄鮅鮆鮇鮈鮉鮊鮋鮌鮍 鯦鯧鯨鯩鯪鯫鯬鯭鯮鯯 鰗鰘鰙鰚鰛鰜鰝鰞鰟鰠

23000 鶓鶔鶕鶖鶗鶘鶙鶚鶛鶜 鶝鶞鶟鶠鶡鶢鶣鶤鶥鶦 麔麕麖麗麘麙麚麛麜麝 黖黗默黙黚黛黜黝點黟 鼠鼡鼢鼣鼤鼥鼦鼧鼨鼩

23050 齺齻齼齽齾齿龀龁

# 付録 G
# TEX関連の情報源

書籍やネット上の主な情報源をご紹介します。

## G.1 文献

まずはTEXの作者Knuthの本です。

[1] Donald E. Knuth, *The TEXbook* (Addison-Wesley, 1986). TEXの原典です。全編を読まなくても（読めなくても），一応は本棚に飾っておきましょう。邦訳は斎藤信男監修，鷺谷好輝訳『[改訂新版] TEXブック』（アスキー，1992年）です（絶版）。なお，原著の初版は1984年ですが，1986年に現在の形のものが出た後，少しずつ修正され，最新版には "Incorporates the final corrections made in 1996, and a few dozen more." と書いてあります。

[2] Donald E. Knuth, *The METAFONTBook* (Addison-Wesley, 1986). これはKnuthがComputer Modernなどの書体をデザインするために作成したツール METAFONT の解説書です。邦訳は鷺谷好輝訳『METAFONTブック』（アスキー，1994年）です。KnuthのTEX関連の本では，これらのほか，TEXとMETAFONTの全ソースコードと詳しい注釈を収めた *TEX: The Program*, *METAFONT: The Program*, *Computer Modern Typefaces* が同じ出版社から出ています。

[3] Donald E. Knuth, Tracy Larrabee, and Paul M. Roberts, *Mathematical Writing* (MAA Notes No. 14, The Mathematical Association of America, 1989). 文章論の本です。TEXと直接の関係はありませんがKnuthファン必読の書です。邦訳は有澤誠訳『クヌース先生のドキュメント纂法』（共立，1989年）です。

[4] 有澤誠編『クヌース先生のプログラム論』（共立，1991年）。TEXの生い立ち，文芸的プログラミングの話などが載っています。これもKnuth教徒の必読書です。

[5] Ronald L. Graham, Donald E. Knuth, and Oren Patashnik, *Concrete Mathematics: A Foundation for Computer Science* (Addison-Wesley, 初

版 1989，第 2 版 1994)．TEX の特徴を生かして作った楽しい数学の本です。邦訳は有澤誠ほか訳『コンピュータの数学 第 2 版』(共立，2020 年) です。

[6] Donald E. Knuth, *Literate Programming* (Center for the Study of Language and Information, 1992). TEX 関連の話も載っています。邦訳は有澤誠訳『文芸的プログラミング』(アスキー，1994 年) です。

次は，LaTeX 2ε 関係の本です。

[7] Leslie Lamport, *LaTeX: A Document Preparation System*, 2nd edition (Addison-Wesley, 1994). LaTeX 2ε の原典です。邦訳は『文書処理システム LaTeX 2ε』(阿瀬はる美訳，ピアソン・エデュケーション，1999 年) です。

[8] Frank Mittelbach and Michel Goossens, *The LaTeX Companion*, 2nd edition (Addison-Wesley, 2004). 上記の本の内容を補完するもので，LaTeX 2ε の詳細マニュアルになっています。3rd edition がそのうち出るという噂です。1994 年の初版の邦訳『The LaTeX コンパニオン』(アスキー書籍編集部監訳，アスキー，1998 年) が出ています。

[9] Michel Goossens, Sebastian Rahtz, and Frank Mittelbach, *The LaTeX Graphics Companion*, 2nd edition (Addison-Wesley, 2007). 上記 *The LaTeX Companion* を補完するものです。初版 (1997 年) の邦訳は『LaTeX グラフィックスコンパニオン』(鷺谷義輝訳，アスキー，2000 年) です。

[10] Michel Goossens and Sebastian Rahtz (with Eitan Gurari, Ross Moore, and Robert Sutor), *The LaTeX Web Companion: Integrating TEX, HTML, and XML* (Addison-Wesley, 1999). これで 3 部作が完成します。邦訳は『LaTeX Web コンパニオン――TEX と HTML/XML の統合』(鷺谷好輝訳，アスキー，2001 年) です。

日本語環境での TEX についての本は，たくさん出ています。ここでは最近の本ではなく古典となった本だけ紹介しておきます。

[11] アスキー出版技術部責任編集『日本語 TEX テクニカルブック I』(アスキー，1990 年)。日本語 TEX (pTEX の旧版) の技術資料です。入門書ではありません。II はとうとう出ませんでした。

[12] 中野 賢『日本語 LaTeX 2ε ブック』(アスキー，1996 年)。アスキーの pTEX，pLaTeX 2ε 開発者による必読書です。

最後に，数式組版についての稀有な専門書を挙げておきます。

[13] 木枝祐介『数式組版』(ラムダノート，2018 年)

## G.2 ネット上の情報

▶ 本書サポートページ

https://github.com/okumuralab/bibun8 です。

▶ TEX Wiki

https://texwiki.texjp.org は日本語の総合案内所です。もともと著者（奥村）のサイトで運用していたものですが，2016 年から日本語 TEX 開発コミュニティのサイトに移設されました。

▶ CTAN

CTAN（シータン，Comprehensive TEX Archive Network）はインターネット上の TEX 関連ソフトの宝庫です[※1]。

※1 PerlのアーカイブCPAN，RのアーカイブCRANは，CTANに倣って作られたものです。

米国の https://www.ctan.org/ のほか，たくさんのサイトが CTAN をミラーしています（同内容のものを提供しています）。

例えば「CTAN の fonts/urw/classico」は

https://www.ctan.org/tex-archive/fonts/urw/classico

を意味します。

▶ 検索・質問サイト

Google などの検索サイトにエラーメッセージを打ち込めばたいていのトラブルは解決します。それでもだめなら，TEX フォーラム（https://oku.edu.mie-u.ac.jp/tex/），Stack Overflow（https://ja.stackoverflow.com）などの質問サイトをご利用ください。

# あとがき by 奥村晴彦

昔（おそらく高校の図書館で菊判漱石全集などを貪り読んだころ）から本の製作に憧れ，学生時代に日本エディタースクールの通信教育まで受講しました。

1980 年代には，高校数学教科書の執筆陣に加えていただき，数式を含む文章の校正で苦労しました。パソコン雑誌にたくさん寄稿したのもこのころでした。

一人で本を書くようになったのは『パソコンによるデータ解析入門――数理とプログラム実習』（技術評論社，1986 年）や『コンピュータ・アルゴリズム事典』（技術評論社，1987 年）のころからです。どちらも数式やプログラムリストが多い本でしたので，校正には苦労しました。数式も含めてワープロソフトで書いたり，数式部分だけ手書きして MS-DOS のテキストファイルで入稿したり，いろいろ工夫したのですが，著者校正段階で夥しい数の誤植に悩まされました。数式は何度校正してもバランスが悪く，プログラムリストにはレーザプリンタ出力を切り貼りする際の間違いまでありました。幸いにして出版社はたいへん良心的で，何度でも校正につきあってくださいましたが，たいへんな手間であることに変わりはありませんでした。

何とかならないかと考えました。欧米では TeX というソフトがよく使われていると聞き，試してみたのですが，当然ながら日本語が使えません。アスキーが「日本語 MicroTeX」を開発したと聞いて秋葉原を探しましたがどこにも見つからず，取り寄せてもらいました。98,000 円もしました。

その後，ソース配布されていたアスキーの UNIX 版日本語 TeX を畏友小林 誠さんをはじめ何人かの人がパソコンに移植され，大島利雄さんの出力ドライバ dviout，dviprt と組み合わせてパソコン上で欧米と同様に日本語版の TeX が使えるようになりました。

さらに，東京書籍印刷の小林 肇さんが写研の写植機用の出力ドライバを開発され，やっと本格的に出版に使えるようになりました。小林さんに教えていただきながら試行錯誤を重ね，ようやく『C 言語による最新アルゴリズム事典』（技術評論社，1991 年）を完成させることができました。

この経験に基づいて『LaTeX 美文書作成入門』（技術評論社，1991 年）を書いたところ，幸いにしてたいへん評判がよく，たくさんの本が TeX で作られるきっかけになったようです。私も『Numerical Recipes in C 日本語版――C 言語による数値計算のレシピ』（William H. Press, Brian P. Flannery, Saul A. Teukolsky, William T. Vetterling 著，丹慶勝市・奥村晴彦・佐藤俊郎・小林 誠 訳，技術評論社，1993 年）などを製作し，TeX の腕を磨きました。

一方で，pTeX の和文フォントメトリック（min10.tfm 等）のいくつかの重大な欠陥に頭を悩ませていました。この欠陥を目立たせないように，『C 言語による最新アルゴリズム事典』のように約物を欧文にしたり，TeX のソースに前処理したりしました。1993 年の日本工業規格「日本語文書の行組版方法」（JIS X 4051）をきっかけとして小林 肇さんにいろいろ教えを乞い，その結果は小林さんの JIS フォントメトリックとして結実しました。これで初めて pTeX の和文組版に満足できるようになり，このフォントメトリックを使った『LaTeX 入門』（奥村晴彦監修，技術評論社，1994 年）を製作しました。

1997 年には，LaTeX 2.09 に代わって LaTeX 2ε を採用し，さらに PostScript に対応した『LaTeX 2ε 美文書作成入門』（技術評論社，1997 年），続いて，リュウミンと Computer Modern に替えてヒラギノと Times で組んだ『［改訂版］LaTeX 2ε 美文書作成入門』（技術評論社，2000 年）を出しました。

2003 年度から放送大学で TeX（2006 年度からは Java も）の講義にかかわるようになり，森本光生，長岡亮介『数学とコンピュータ』（放送大学教材，2003 年）の TeX に関する三つの章，長岡亮介，岡本久『新訂 数学とコンピュータ』（放送大学教材，2006 年 3 月）の TeX と Java に関する四つの章を執筆した際に全編の組版も引き受け，印刷所には PDF で入稿しました。『Java によるアルゴリズム事典』（技術評論社，2003 年）の組版を三美印刷と共同で行ったこともたいへん勉強になりました。

この間，MS-DOS，BSD，Sun OS，Solaris，Linux，Windows といろいろな OS を使ってきましたが，ヒラギノフォントが使いたくなり，2003 年に Mac ユーザーになりました。Mac で動く Illustrator や Photoshop，InDesign 等のオペレーションを通じて，DTP の流儀からたくさんのことを学ぶことができました。こうした中で『［改訂第 3 版］LaTeX 2ε 美文書作成入門』（2004 年）を執筆しました。

土村展之さんによる UTF-8 対応の pTeX のおかげで，『［改訂第 4 版］LaTeX 2ε 美文書作成入門』（2007 年）からは原稿を UTF-8 で統一し，バージョン管理に Subversion を使いました。

2008 年 1 月に韓国で開かれた Asian TeX Conference 2008 に出かけて海外の人と話し合い，感銘を受けました。海外ではもう pdfTeX が当たり前で，次は LuaTeX だろうといった話になっているのに，レジスタの数が 256 といった制限のある pTeX では，海外で新しく開発されたパッケージも使えません。折しも日本では田中琢爾さんが upTeX，北川弘典さんが ε-pTeX を開発され，やっと日本の TeX 事情も変わる兆しが現れました。この流れで執筆したのが『［改訂第 5 版］LaTeX 2ε 美文書作成入門』（2010 年）でした。

シフト JIS から UTF-8 へ，dvi や PostScript から PDF へという変革のさなか，それまで専ら日本で使われてきた pTeX，upTeX や IPA の和文フォントが，世界的な集大成 TeX Live に取り込まれました。この新しい環境に合わせて『［改訂第 6 版］LaTeX 2ε 美文書作成入門』（2013 年）を書きました。この版からは黒木裕介さんにも著者として加わっていただき，私の不得意な Windows 関係や Beamer 関係の執筆だけでなく，セットアップツールを含めたプロジェクトのまとめ役として活躍していただきました。また，この版の出たタイミングで，日本で TeX Users Group の大会（TUG 2013）が開かれ，海外の最新事情を学ぶことができました。特に XeTeX や LuaTeX を無視してはこれからの TeX が語れないことも痛感しました。この過渡期に書いたのが『［改訂第 7 版］LaTeX 2ε 美文書作成入門』（2017 年）です。原稿のバージョン管理も Git に乗り換えました。

その後も TeX Live はどんどん進化し，2020 年には LuaLaTeX ＋ `jlreq` ドキュメントクラス ＋ 原ノ味フォントが標準の LaTeX 環境になった感があります。一方でまだ広く使われている pTeX を切り捨てるわけにもいかず，バランスに気を配りつつ大幅に改訂したのが本書です。新しすぎると感じる読者も，古すぎると感じる読者もおられると思います。ご意見をお聞かせいただければ幸いです。

# 索引

B

## C

## J



## K

■ ··············· O ··············· ■



■ ··············· P ··············· ■

■ Q ■



■ R ■

T

## U



## V

■ か〜こ ■



■ さ〜そ ■

■ た〜と ■



■ な〜の ■



■ は〜ほ ■

■著者略歴

**奥村 晴彦（おくむら はるひこ）**

1951年生まれ　三重大学名誉教授，教育学部特任教授

主な著書：『パソコンによるデータ解析入門』（技術評論社，1986年）
『コンピュータアルゴリズム事典』（技術評論社，1987年）
『C言語による最新アルゴリズム事典』（技術評論社，1991年）
『Javaによるアルゴリズム事典』（共著，技術評論社，2003年）
『LHAとZIP――圧縮アルゴリズム×プログラミング入門』（共著，ソフトバンク，2003年）
『Moodle入門――オープンソースで構築するeラーニングシステム』（共著，海文堂，2006年）
『高等学校　社会と情報』『高等学校　情報の科学』など（共著，第一学習社，2013年～）
『Rで楽しむ統計』（共立出版，2016年）
『Rで楽しむベイズ統計入門』（技術評論社，2018年）
『[改訂新版] C言語による標準アルゴリズム事典』（技術評論社，2018年）
『[改訂第4版] 基礎からわかる情報リテラシー』（共著，技術評論社，2020年）

訳書：William H. Press他『Numerical Recipes in C日本語版』（共訳，技術評論社，1993年）
Luke Tierney『LISP-STAT』（共訳，共立出版，1996年）
P. N. エドワーズ『クローズド・ワールド』（共訳，日本評論社，2003年）

**黒木 裕介（くろき ゆうすけ）**

1982年生まれ

訳書：Benjamin C. Pierce『型システム入門――プログラミング言語と型の理論』（共訳，オーム社，2013年）

**本書サポート**：https://github.com/okumuralab/bibun8
**技術評論社Webサイト**：https://book.gihyo.jp/
https://gihyo.jp/

カバーデザイン◆浅野ゆかり
組　版◆著者＋編集
編　集◆須藤真己

**[改訂第8版] LaTeX2ε 美文書作成入門**

1997年 9月25日　初　版　第1刷発行
2000年12月25日　第2版　第1刷発行
2004年 2月25日　第3版　第1刷発行
2007年 1月 5日　第4版　第1刷発行
2010年 8月 5日　第5版　第1刷発行
2013年11月25日　第6版　第1刷発行
2017年 1月25日　第7版　第1刷発行
2020年11月27日　第8版　第1刷発行

著　者　奥村晴彦・黒木裕介
発行者　片岡　巌
発行所　株式会社技術評論社
東京都新宿区市谷左内町21-13
電話　03-3513-6150　販売促進部
03-3513-6166　書籍編集部
印刷／製本　日経印刷株式会社

定価はカバーに表示してあります



ISBN978-4-297-11712-2 C3055
Printed in Japan

**[お願い]**

■本書についての電話によるお問い合わせはご遠慮ください。質問等がございましたら，下記までFAXまたは封書でお送りくださいますようお願いいたします。

〒162-0846
東京都新宿区市谷左内町21-13
株式会社技術評論社書籍編集部
FAX：03-3513-6184
「[改訂第8版] LaTeX2ε 美文書作成入門」係

なお，本書の範囲を超える事柄についてのお問い合わせには一切応じられませんので，あらかじめご了承ください。